中 外 物 理 学 精 品 书 系
本 书 出 版 得 到 " 国 家 出 版 基 金 " 资 助

国家出版基金项目
NATIONAL PUBLICATION FOUNDATION

中外物理学精品书系

前沿系列·66

关联电子学

薛增泉　编著

图书在版编目(CIP)数据

关联电子学 / 薛增泉编著. --北京：北京大学出版社，2024.3
(中外物理学精品书系. 前沿系列)
ISBN 978-7-301-34953-3

Ⅰ.①关… Ⅱ.①薛… Ⅲ.①电子学 Ⅳ.①TN01

中国国家版本馆 CIP 数据核字(2024)第 067212 号

书　　　　名	关联电子学 GUANLIAN DIANZIXUE
著作责任者	薛增泉　编著
责任编辑	王剑飞
标准书号	ISBN 978-7-301-34953-3
出版发行	北京大学出版社
地　　　　址	北京市海淀区成府路 205 号　100871
网　　　　址	http://www.pup.cn　新浪微博: @北京大学出版社
电子邮箱	zpup@pup.cn
电　　　　话	邮购部 010-62752015　发行部 010-62750672　编辑部 010-62765014
印　刷　者	北京中科印刷有限公司
经　销　者	新华书店 730 毫米×980 毫米　16 开本　24.75 印张　486 千字 2024 年 3 月第 1 版　2024 年 3 月第 1 次印刷
定　　　　价	88.00 元

未经许可，不得以任何方式复制或抄袭本书之部分或全部内容。
版权所有，侵权必究
举报电话: 010-62752024　电子邮箱: fd@pup.cn
图书如有印装质量问题，请与出版部联系，电话: 010-62756370

"中外物理学精品书系"
（三期）
编 委 会

主　任：王恩哥

副主任：常　凯

编　委：（按姓氏笔画排序，标 * 号者为执行编委）

丁　洪	马余强	王　牧	王力军	王孝群
王恩科	王雪华	牛　谦	石　兢	田光善
冯世平	邢定钰	朱　星	朱邦芬	向　涛
刘　川*	刘魁勇	汤　超	许宁生	许京军
李茂枝	李建新	李新征*	李儒新	吴　飙
汪卫华	张　酣*	张立新	张振宇	张富春
陈志坚*	武向平	林海青	欧阳钟灿	罗民兴
钟建新	段文晖	徐仁新*	徐红星	高原宁
郭　卫	资　剑	龚新高	龚旗煌	崔　田
谢心澄	解士杰	樊铁栓*	潘　鼎	潘建伟

秘　书：陈小红

序　言

　　物理学是研究物质、能量以及它们之间相互作用的科学。她不仅是化学、生命、材料、信息、能源和环境等相关学科的基础,同时还与许多新兴学科和交叉学科的前沿紧密相关。在科技发展日新月异和国际竞争日趋激烈的今天,物理学不再囿于基础科学和技术应用研究的范畴,而是在国家发展与人类进步的历史进程中发挥着越来越关键的作用。

　　我们欣喜地看到,随着中国政治、经济、科技、教育等各项事业的蓬勃发展,我国物理学取得了跨越式的进步,成长出一批具有国际影响力的学者,做出了很多为世界所瞩目的研究成果。今日的中国物理,正在经历一个历史上少有的黄金时代。

　　为积极推动我国物理学研究、加快相关学科的建设与发展,特别是集中展现近年来中国物理学者的研究水平和成果,在知识传承、学术交流、人才培养等方面发挥积极作用,北京大学出版社在国家出版基金的支持下于2009年推出了"中外物理学精品书系"项目。书系编委会集结了数十位来自全国顶尖高校及科研院所的知名学者。他们都是目前各领域十分活跃的知名专家,从而确保了整套丛书的权威性和前瞻性。

　　这套书系内容丰富、涵盖面广、可读性强,其中既有对我国物理学发展的梳理和总结,也有对国际物理学前沿的全面展示。可以说,"中外物理学精品书系"力图完整呈现近现代世界和中国物理科学发展的全貌,是一套目前国内为数不多的兼具学术价值和阅读乐趣的经典物理丛书。

　　"中外物理学精品书系"的另一个突出特点是,在把西方物理的精华要义"请进来"的同时,也将我国近现代物理的优秀成果"送出去"。这套丛书首次成规模地将中国物理学者的优秀论著以英文版的形式直接推向国际相关研究的主流领域,使世界对中国物理学的过去和现状有更多、更深入的了解,不仅充分展示出中国物理学研究和积累的"硬实力",也向世界主动传播我国科技文化领域不断创新发展的"软实力",对全面提升中国科学教育领域的国际形象起到一定的促进作用。

习近平总书记2020年在科学家座谈会上的讲话强调:"希望广大科学家和科技工作者肩负起历史责任,坚持面向世界科技前沿、面向经济主战场、面向国家重大需求、面向人民生命健康,不断向科学技术广度和深度进军。"中国未来的发展在于创新,而基础研究正是一切创新的根本和源泉。我相信"中外物理学精品书系"会持续努力,不仅可以使所有热爱和研究物理学的人们从书中获取思想的启迪、智力的挑战和阅读的乐趣,也将进一步推动其他相关基础科学更好更快地发展,为我国的科技创新和社会进步做出应有的贡献。

"中外物理学精品书系"编委会主任
中国科学院院士,北京大学教授
王恩哥
2022年7月于燕园

内 容 简 介

当微电子发展走向其物理极限的时候,人们开始了对下一代电子器件的思考,描述微电子器件小型化的摩尔定律预言下一代电子器件应该是纳电子器件、分子电子器件。这个发展路线图给人们以很大的启发,同时也产生极大的限制。本书讨论了摩尔定律之外的问题,从另一个角度探讨具有革命性的一代新器件,其理论基础就是关联电子学,关键科学问题是综合场调控复杂流效应。关联电子学涉及基本量子效应、费米气体、费米液体、非费米液体、强关联体系、低维量子限域体系、超流、超导、铁磁体、铁电体、多铁性材料、自旋电子器件、量子信息学、石墨烯、拓扑绝缘体、量子调控、关联电子器件等诸多问题。

本书可供与电子学有关的物理、化学、材料和信息学科的大学生、研究生学习使用,也可供相关工程技术人员及教师参考阅读。

前　言

对关联电子学的考虑开始于 2003 年,那时我正参加中国第二个中长期科技发展规划的战略研究. 我被分配在第 14 项目组,重点研讨基础科学发展的有关问题. 对于基础研究而言,设立重大研究计划,得到确定的经费保障,能更好地带动基础研究和人才培养,促进中国的科技发展. 因此,第 14 项目组,组织了"量子调控"和"蛋白质组"重大科学计划的研究. 这个有关重大科学研究计划的想法不仅获得了批准,还扩大了支持范围. 在科技部领导下,重大科学研究计划加入"纳米研究"和"发育与生殖"后共四项,于 2006 年启动执行. 到 2010 年又纳入了"气候变化"和"干细胞"两项.

"量子调控"研究的目的主要是考虑未来信息社会的发展,其基础是物理学和信息科学. 现今信息社会以微电子和光通信为主要科技,其基础为经典物理学. 在微电子学中主要是电场控制电流的器件及基于磁学特性的存储器件. 微电子器件发展的小型化趋势为摩尔(Moore)定律所描述,芯片上的元件尺寸再小下去,将达到物理极限,出现尺寸效应、维数效应和量子效应. 信息社会将进一步发展到智能信息时代,其基础器件的特征将是综合场调控复杂流,这就要求发展新理论和新技术,从而导致了电子器件发展进入变革时期. 我们认为具有革命性的下一代器件及电路的理论基础是量子调控,关系到物理、信息、材料等学科的交叉研究和发展.

作为下一代电子学重要学科的关联电子学,是量子调控导引下对电子学发展的思考,主要是量子信息科学. 信息科学中的电子学发展经历了真空电子学、微电子学和纳电子学,从 20 世纪初至今人们考虑的工作原理主要是基于经典物理学,而未来的器件、电路将以量子力学为理论基础. 电子学在理论和技术上都将面临变革,因此我们需要跨出现今微电子的范畴,考虑全新的电子学模式和构建思路.基于量子调控理论基础的关联电子学,就是这种思考的尝试,它在考虑未来智能信息社会需求的基础上,研讨了以智能信息为基础的电子学.

因此本书的内容涉及与信息科学有关的量子效应,并在此基础上逐步深入地讨论费米气体、费米液体和非费米液体;接着介绍强关联体系,量子限域体系,超流、超导,铁磁体、铁电体,多铁性材料等内容,这些都是关联电子学的理论知识基础;进而简单介绍自旋电子器件、量子信息学等,作为发展量子信息科学的基本内容;更关键的是关联电子学的器件,以及近几年新发展起来有关的材料、结构和技术,包括石墨烯、拓扑绝缘体、量子调控技术等;最后介绍关联电子器件,主要是近来人们尝试研究的新结构和有关特性.

关联电子学当前仍是一种思想,作为未来的电子学科还仅仅是入门.开展综合场调控复杂流的研究,需要发展新理论、新材料和新技术.对任何人都需要重新学习,特别是对这个新领域有兴趣的学者,需要跨出我们已经熟悉的学科,与邻近相关学科交叉、综合,探索新学科的发展.在编写这本书期间,笔者查阅了有关各学科的知识和最新研究进展,将有益于理解关联电子学的内容选取编入此书,这里向有关作者表示诚心感谢.在此也向关注此书的"中外物理学精品书系"编委会深表谢意!编写一本与未来电子学有关的书,一定有很多不妥和错误之处,敬请读者指正.能引起您的关注,就是对我们的鼓舞和激励,非常感谢!

薛增泉
2011 年 2 月 25 日

目　　录

绪论 ··· 1
　§0.1　社会需求与科技发展 ·· 1
　§0.2　科学预言与技术进步 ·· 6
　§0.3　摩尔定律之外 ··· 10
　§0.4　科学发展的机遇 ·· 15
　§0.5　关联电子学 ·· 17
　§0.6　NBIC 会聚技术 ·· 18
　参考文献 ·· 20

第 1 章　量子效应 ··· 21
　§1.1　量子效应的基本特征 ·· 21
　§1.2　量子力学 ·· 23
　§1.3　宏观量子效应 ·· 24

第 2 章　费米气体 ··· 26
　§2.1　无限深势阱问题 ··· 26
　§2.2　费米统计 ·· 29
　§2.3　电子气体 ·· 31
　§2.4　一维晶格的布里渊区 ·· 33
　§2.5　费米气体模型 ·· 36
　参考文献 ·· 37

第 3 章　费米液体 ··· 38
　§3.1　费米液体模型 ·· 38
　§3.2　费米液体理论 ·· 41

§3.3 弱关联电子液体 ·· 44
§3.4 重费米子化合物 ·· 57
参考文献 ··· 60

第4章 非费米液体 ·· 61
§4.1 非费米液体模型 ·· 61
§4.2 d 和 f 电子金属 ··· 68
§4.3 非费米液体化合物 ·· 76
参考文献 ··· 81

第5章 强关联体系 ·· 82
§5.1 电子强关联 ··· 84
§5.2 轨道电子自由度 ·· 86
§5.3 多场调控 ·· 97
§5.4 强关联自旋动力学 ··· 101
§5.5 碳纳米管的电子-电子强关联 ·· 109
参考文献 ·· 111

第6章 低维量子限域体系 ··· 112
§6.1 标准近似的失效 ·· 112
§6.2 标准近似 ··· 115
§6.3 费米液体理论不适用的实验证据 ··· 117
§6.4 低维系统的基本特性 ··· 120
§6.5 碳纳米管拉廷格液体行为 ·· 125
§6.6 拉廷格液体的实验证明 ··· 134
参考文献 ·· 139

第7章 超流、超导 ··· 140
§7.1 玻色-爱因斯坦凝聚 ··· 140
§7.2 超流 ·· 143
§7.3 超导 ·· 146
§7.4 费米子凝聚态 ··· 152
§7.5 量子霍尔效应的强关联 ··· 154
参考文献 ·· 156

第8章 铁磁体 ·· 157
§8.1 磁学特性 ··· 157

§8.2　铁磁体及铁磁性 …………………………………………… 160
§8.3　反铁磁体、顺磁体和抗磁性 ……………………………… 164
§8.4　永久磁体 …………………………………………………… 166
§8.5　巨磁阻 ……………………………………………………… 167
§8.6　稀磁半导体 ………………………………………………… 170
参考文献 …………………………………………………………… 183

第9章　铁电体 …………………………………………………… 185
§9.1　电介质物理学 ……………………………………………… 186
§9.2　铁电体的结构及特性 ……………………………………… 188
§9.3　铁电体的相变 ……………………………………………… 192
§9.4　庞电阻 ……………………………………………………… 194
§9.5　铁电材料的应用 …………………………………………… 200
参考文献 …………………………………………………………… 202

第10章　多铁性材料 ……………………………………………… 203
§10.1　多铁性概念 ………………………………………………… 204
§10.2　多铁性材料的原子结构 …………………………………… 207
§10.3　多铁性材料的电子结构 …………………………………… 210
§10.4　扬-特勒效应 ……………………………………………… 218
§10.5　多铁性材料特性 …………………………………………… 224
§10.6　磁电感应交叉效应 ………………………………………… 229
§10.7　磁电互补效应 ……………………………………………… 237
§10.8　光感应电磁效应 …………………………………………… 249
§10.9　GaMnAs多铁性存储器件 ………………………………… 251
参考文献 …………………………………………………………… 257

第11章　自旋电子器件 …………………………………………… 259
§11.1　单一自旋导电 ……………………………………………… 260
§11.2　自旋器件基础 ……………………………………………… 264
§11.3　自旋电子能谱实验 ………………………………………… 272
§11.4　自旋电子关联 ……………………………………………… 276
§11.5　自旋传输概念 ……………………………………………… 277
§11.6　自旋电子器件介绍 ………………………………………… 288
参考文献 …………………………………………………………… 292

第 12 章　量子信息学 · 294
§ 12.1　量子信息 · 294
§ 12.2　量子纠缠 · 298
§ 12.3　量子隐形传输 · 304
§ 12.4　量子通信 · 306
§ 12.5　量子密钥 · 311
§ 12.6　量子信息编码 · 314
参考文献 · 318

第 13 章　石墨烯 · 319
§ 13.1　石墨烯的发现 · 320
§ 13.2　石墨烯的结构与特性 · 323
§ 13.3　石墨烯三极管 · 325
§ 13.4　双层石墨烯电子器件 · 327
§ 13.5　石墨烯的奇异特性 · 333
参考文献 · 336

第 14 章　拓扑绝缘体 · 338
§ 14.1　发现与分类 · 339
§ 14.2　基本概念 · 340
§ 14.3　拓扑能带理论 · 341
§ 14.4　三维拓扑绝缘体 · 345
参考文献 · 350

第 15 章　量子调控 · 352
§ 15.1　调控核自旋 · 352
§ 15.2　超导纠缠 · 353
§ 15.3　量子调控工程 · 363
参考文献 · 368

第 16 章　关联电子器件 · 370
§ 16.1　信号放大器件的基本概念 · 370
§ 16.2　三极管设计原理 · 373
§ 16.3　关联电子器件的概念 · 376
参考文献 · 380

绪　　论

微电子器件发展的小型化趋势为摩尔定律所描述,指明了下一代电子学研究的方向,自然也给人们对下一代电子学的认识和思考以框框和限制.下一代电子学对微电子学而言将是深刻的变革,因此将有突破性的进展,只是现今还不为人们所认识.本书就是从目前已研究的纳电子学和分子电子学出发,探讨另一个研究方向——关联电子学,它的诞生将会对科技、经济、社会和人类自身产生巨大的冲击.关联电子学将是电子学中一个新学科,它的出现和发展将与社会、国家发展的需求,以及科学家对物理学和信息学的探讨兴趣有密切关系,而后两者是基础科学发展的动力.在绪论中我们将讨论电子学发展动力、背景和意义.

§0.1　社会需求与科技发展

自然科学是人类认识自然规律的总结,它的发展和丰富标志着人类智能水平的提高.科学发展的动力一方面来源于人们对真理的追求,或者更简单地说是出自科学家的好奇心和特有的兴趣.一些把握了学科某一领域或方向的学者,他们有着强烈的探索欲望,为了弄懂未知的现象,在科学发展的生长点上再前进一步,不辞辛苦地、执着地从事着前所未有的工作,以其惊人的奉献精神,为人类创造知识,开拓科技新领域.科学发展的动力另一方面是社会、国家的需求.回顾科学史,科学上的重大发现中 95% 源于人们对真理的追求,也有少数是社会需求牵引促进的结果.我们这里仅以电子学的发展史为例加以说明.

在物理学的基础上发展起来的电子学,首先是真空电子学.人们在研究稀薄气体环境放电过程中,发现放电空间存在电子,如在真空环境中白炽灯发光时有电子从阴极进入空间,成为真正的自由电子.在研究这类发射电子的过程中,人们发现和认识了电子这个带负电荷的微观粒子.在研究通过空间的电流过程中,人们制造了真空三极管,这是电子学上的第一个放大器件.1905 年第一个真空三极管诞生了,在此基础上人们可以制造各种从简单到复杂的信息加工电路,这是信息科学的一个重要里程碑.本节将以三极电子管为主线介绍电子学发展的简单历程及其主要内容,当初的研究充分体现了科学家追求真理的执着.

0.1.1　真空二极管

白炽灯是美国科学家爱迪生(T. A. Edison)在 19 世纪后期发明的.早期的

灯丝是用碳丝做成的,因为碳材料能耐极高的温度且很少蒸发,但当时仍然存在碳丝很快变细带来的灯泡寿命有限的问题.为了减慢这个变细过程,1883年Edison在真空电灯泡内部碳丝附近安置一条铜丝,希望铜丝能阻止碳丝蒸发,但实验结果令他很失望,铜丝不能如他所愿阻止碳丝的蒸发.电流表偶然碰到外部引出的铜丝时表针摆动,但Edison并没有重视这个现象,只是把它记录在案,并申报了一个未找到任何用途的专利,称之为"爱迪生效应".1885年,英国电气工程师弗莱明(J. A. Fleming)博士深入研究了"爱迪生效应"并产生了兴趣,遂到美国与Edison进行了讨论,但Edison对他一生中最有物理内容的发现表示冷淡.后来Fleming经过反复试验,终于发现如果在真空灯泡里装上碳丝和铜板分别充当阴极和阳极,阳极相对阴极加正电压接通电路,在点亮灯丝时就会有单向电流出现.这就是热电子发射的发现过程,在此基础上,人们发现和认识了电子.

20世纪初,无线电报问世了,它可以进行长距离的电信号传递,这一发明给人们带来了很多便利.无线电报发出的信号是高频无线电波,它是声音信号的载波,收信台必须进行检波,才能从耳机中听出声音来.当时的检波器结构复杂,功效较差,亟待改进.正在研究高频整流器的Fleming突发灵感,设想把爱迪生效应应用在检波器上可能是有用的.图0.1所示是Fleming正在他的实验室从事白炽灯基础上的真空二极管的研究.经过多次实验,1904年Fleming研制出一种能够充当交流电整流和无线电检波的特殊灯泡,并称其为"热离子阀".图0.2所示为他发明的玻璃壳真空二极管,这就是人类制造的第一只真空电子管,尽管当时还不知道热阴极发射的是电子.Fleming认为这是一种"热离子"发射过程,并相信一定可以找到实际用途,如利用新发明的电子管,可以给交变电流整流,使电话受话器或其他记录装置工作起来.Fleming的二极管是一项崭新的发明,在实验室中工作得非常好.可是不知为什么,它在当时实际用于检波器上却很不成功,还不如当时较多使用的矿石检波器可靠,因此对无线电的发展没有产生什么太大的影响.直到真空三极管发明后,电子管才成为实用的重要电子器件.

图0.1　J. A. Fleming博士研究真空二极管　　图0.2　最早的真空二极管

0.1.2 真空三极管

真空三极管的发明者是美国工程师德福雷斯特(L. de Forest). 1899年深秋,意大利发明家马可尼(G. M. Marconi,1909年获得诺贝尔物理学奖)应邀到美国做无线电通信表演. Marconi登上停泊在港口的一艘军舰,将赛艇比赛的消息用无线电报发给《纽约先驱论坛报》总部. 这是一篇4000多字的新闻报道,美国新闻记者们在这一新事物面前感到非常惊奇. 正是在这次表演中,de Forest认识了Marconi. 在会面中Marconi告诉他,要进一步增大无线电的通信距离,需要改进小玻璃管中的金属检波器. de Forest很激动,很想试试自己能否完成这一使命. 不久他辞去了工作,买来一些简陋的器材,在租来的破屋里研究改进检波器. 他花了两三年的时间发明了一种气体检波器,但检波效率并不高,后来又研究能否用"灯泡"进行检波. 1902年他在纽约泰晤士街租了间破旧的小屋,创办了de Forest无线电报公司. 在5年时间内,他连续取得了34项发明专利. 由于他原本家境就不好,再加上辞去工作,因此生活十分贫寒. 为了维持生计,他给富家子弟补习功课,到餐馆去洗盘子,打零工,但这都没有动摇de Forest进行科学研究的决心,充分表现了科学家追求真理的奉献精神. 1904年的一天,de Forest正在实验室里做真空管检波试验时,一位朋友非常惊慌地跑来,喊道:"别干了,英国的Fleming发明了真空二极管."这一消息对de Forest来说犹如晴天霹雳. 他想:难道这几年的心血都要白费了吗? de Forest面对的问题是将工作继续下去,还是放弃这一研究另选目标? 最后,de Forest决定坚持下去,他请一位技师来制作真空管,并对真空管的参量进行检测,以探索进一步提高性能. 一天,de Forest为了测试阳极与阴极距离对检波的影响,在真空二极管的阴极和阳极之间安置了第三个电极,即一片不大的锡箔片. 他惊奇地发现:在第三电极上施加一个不大的电信号,就会使阳极电流产生相应的显著变化. 这说明第三极对阳极电流具有控制作用,即信号放大作用. 他重复做了几遍实验,证实这种物理现象确实存在;进而他还发现,用金属丝代替小锡箔片效果更好. 于是,他把一根白金丝制成网状,封装在阴极和阳极之间. 由于控制极形状像网栅,de Forest把它称为"栅极". 这个三电极结构能够实现电信号放大,这样,世界上的第一个真空三极管诞生了(参见图0.3). 这是1905年发生的事件,是电子学发展历史上的里程碑.

但是,de Forest发明的真空三极管一开始并不被人们所承认. 为了让别人了解真空三极管的功能,他着力宣传真空三极管的作用;用真空三极管把电信号放大,让人们倾听苍蝇在纸上走动的脚步声. 惊奇的人们喊道:"我听见苍蝇的脚步声了!""它很像步兵穿着军靴时操练的脚步声!"人们因此觉得真空三极管不可思议. 即使这样,当de Forest带着他的研究成果去找几家大公司的老板,想说

图 0.3　第一只真空三极管

服他们投资时,其中一家公司的老板怀疑他是个骗子,竟然叫人把他扭送到警局.因发明新型电子管,de Forest 竟无辜受到美国纽约联邦法院的传讯.不久法庭开庭审判他,罪名是公开行骗,推销积压产品,进行商业欺诈;法官认为 de Forest 发明的电子管是一个"毫无价值的玻璃管". de Forest 利用法庭大力宣传自己的三极管,结果这场官司以他的无罪释放告终. 1906 年 6 月 26 日,de Forest 的真空三极管获得美国专利,后来人们把这一天确定为真空三极管的诞生日.即便如此,由于真空三极管当时没有派上用场,也就没有改变 de Forest 一直很穷的窘态,为筹集 15 美元的专利申请费,他整整花了三个星期去打工.在1912 年,他来到加利福尼亚帕洛阿尔托小镇,住在爱默生大街 913 号小木屋,仍坚持不懈地改进三极管.不久他还发现,真空三极管除了可以用于信号放大,还可充当开关器件,其速度要比继电器快上万倍.为了让人们了解真空三极管的重要意义,de Forest 把若干个三极管连接起来,与电话机话筒、耳机相互连接,再把他的手表放在话筒前方,手表的"滴答"声几乎把耳朵震聋,但当时人们的兴趣仍然停留在这是个新奇玩意儿的水平上.后来,电子管受到计算机研制者的关注,计算机的历史也由此跨进电子时代的新纪元.

在帕洛阿尔托市的 de Forest 故居,至今依然矗立着一块小小的纪念碑,以市政府名义书写着一行文字"Lee de Forest 在此发现了电子管的放大作用",用以纪念这项伟大发明为新兴电子工业所奠定的基础. de Forest 是一位多产的发明家,一生获得了 300 余项专利.他的发明为他赢得"无线电之父""电视始祖"和"电子管之父"等多项荣誉称号.

经历了一段相当长的时间之后,人们认识到真空三极管的发明是电子工业诞生的起点. de Forest 自己也非常惊喜,认为"发现了一个看不见的空中帝国".真空电子管的问世,推动了无线电电子学的蓬勃发展,为我们带来了无线通信、无线广播、收音机、雷达、遥感遥控、广播电视、电子计算机等.到 1960 年前后,西方国家的无线电工业年产 10 亿只电子管.电子管除应用于电话放大器、海上和空中通信外,也广泛渗透到家庭娱乐领域,将新闻、教育节目、文艺作品播送到千家万户;就连飞机、雷达、火箭的发明和进一步发展,也有真空电子管的贡献.

真空电子三极管的发明是在电子工业兴起之前,即信息时代的早期,其诞生主要是科学家的兴趣. 它问世后相当长一段时间里不为人们理解,经历了 40 多年的发展,它的重要性才逐渐显现出来. 以其为基础发展起来的无线电广播、无线电通信、雷达、电视和电子计算机,以及有关的电气化、自动化仪器等设备,形成了电子产业和信息工业,特别是在第一、二次世界大战期间,军方的需求加速了电子科学与技术的发展,出现了一批电子工业化大国. 这就是科学家追求科技进步的兴趣促进了电子科学技术的诞生和后来发展的例子.

0.1.3 晶体三极管

在电子学领域中,社会强烈需求促进基础科学发展的一个重要例子是固体晶体管的发明. 不可否认,真空电子管在电子学发展中曾是相当重要的器件,历时 40 余年一直在电子技术领域中占据统治地位,但是真空电子管十分笨重,能耗高、寿命短、噪声大,制造工艺也相当复杂. 第二次世界大战中,电子管的缺点更加暴露无遗. 在雷达工作频段上使用的普通电子管极不稳定,移动式的军用器械和设备上使用的电子管则显得更加笨拙,且易出故障. 因此,电子管本身固有的弱点和迫切的战时需要,促使许多科研单位和广大科学家,集中精力寻找能代替真空三极管的新型电子器件. 20 世纪 40 年代,美国电话电报公司(AT&T)是研究提供远程通信设备的大公司,当时公司所属的贝尔(Bell)实验室已经是世界最大的工业实验室之一. 在 1945 年,贝尔实验室开始考虑长期发展的问题. AT&T 的前总裁韦尔(T. N. Vail),考虑到 A. G. Bell 的电话专利已经期满,公司将面临激烈竞争. 为寻求公司发展,Vail 认为最好的解决方案是开展大陆间电话服务. 这个社会和公司发展的需求,成为研究新型电子放大器件的动力. Vail 希望将 de Forest 发明的真空三极管应用在电话线上进行信号放大,以便能从一个国家到另一个国家进行通话. AT&T 买来了 de Forest 的专利和大量改进的真空电子管,它们允许信号沿线进行有规则的放大,意味着电话交谈能穿过任何距离,可能实现跨海和大陆间通信. 但是真空管放大器是相当不可靠的,消耗功率太大且产生大量的热. 早在 20 世纪 30 年代,贝尔实验室研究主任凯利(M. J. Kelly)认为最好的器件是低功率长寿命的,而真空电子管功率太大,寿命太短. 他认为当时的一种新奇的材料——半导体有希望构造出一种固体电子器件. 当时多数研究者是直接模仿制造真空三极管的方法来制造固体三极管,结果这些尝试都失败了. 在贝尔实验室,从领导者到科学家,他们不受真空电子管结构和工作原理的束缚,选择走一条全新的研究路径,以半导体材料为主,从基本物理概念、量子力学原理出发,探索出了全新的电子放大器件. Kelly 是一位颇有远见的科技管理人员,在第二次世界大战前后,敏锐的科研洞察力促使他果断地决定加强半导体的基础研究,以开拓电子技术的新领域. 在第二次世界大战以后,贝尔实验室正式决定以固体电子器件为主要研究方向,并为此制订了一个庞大的研究计划,发明晶体管就是这个计划的一个重要组成部分. 1945 年夏天,Kelly 将科学家们组织在一起研究半导体开关代替真空管. Kelly 请年轻的物理学家肖克莱(W. B. Shockley)作为研究组的领导. Shockley 聘请了贝尔实验室的实验物理学家布喇顿(W. Brattain)来建立或处理研究实施的有关事情,又聘请了有固体物理研究背景的巴丁(J. Bardeen)参加,从而组成了固体三极管器件研究的骨干队伍. 1946 年 1 月贝尔实验室的固体物理研究组正式成立,这个组以 Shockley 为首,下辖若干小组,其中包括 Brattain 和 Bardeen 在内的半导体小组. 在这个小组中,活跃着理论物理学家、实验专家、化学家、电路专家、冶金专家等多学科各方面的人才. 他们以基本物理现象为基础,以新型电子信号放大器件为目标,通力合作,既善于汲取前人的有益经验,又注意借鉴同时代人的研究成果,博采众家之长. 小组内部广泛开展有益的学术探讨,有新想法、新问题,就召集全组讨论,形成制度和习惯. 在这样良好的学术环境中,大家都充满热情,完全沉醉在理论物理领域的研究与探索中. 在这样目标明确和环境宽松的研究气氛中,科学家们全心投入进行着紧张的研究工作. 最后,Shockley,Bardeen 和 Brattain 三人合作发明了一种三电极半导体固体元件,称为晶体管. 当初晶体管被人们称为"三条腿的魔术师",它的发明是电子技术史中具有划时代意义的伟大事件,它开创了一个崭新的时代——固体电子技术时代. 他们三人也因研究半导体及发明晶体管而共同获得了 1956 年诺贝尔物理学奖.

综合上述晶体管研究、发明过程,可以说明社会、公司发展的需求牵引推动着科学技术的发展,产生了巨大的成果;20 世纪后半期的科学、经济的发展表明,晶体管的发明是人类近百年来最重大的发明,它改变了世界,使人类社会进入了迅速发展的信息时代.

§0.2 科学预言与技术进步

这里不讨论电子学的历史和未来发展的问题,而只是简单地回顾有关部分,它会对我们认识关联电子学有某些启发. 电子物理是从物理学中发展出来的一个学科分支,进而成为信息科学的基础,因此信息科技与物理学有着极其密切的关系,电子学发展的过去是这样,未来也仍是这样. 首先是物理学某个新现象、新效应的发现,引起人们对这一新现象、新效应进一步理解的强烈欲望;取得进展之后,进而会思考如何使这些成果为人们所用,造福于人类. 通常的探索、研究过程为:基础研究、应用研究、技术研究、工程开发、市场营销. 任何一个成熟的产品都将经历这样一个历程,特别是那些对人类社会有重大影响的产品,差不多要经历 40 年,或更多时间. 总结过去表明,物理学上的一个重大发现(开始时不一定显得重大),从人们搞清楚原理,到开始利用大约需要经历 20 年;大约再需要 20 年,才能发展成为成熟产品,它的影响将改变世界. 这里将以电子学为例讨论人类科技进步的历程.

0.2.1 量子力学预言

在 20 世纪 20 年代,物理学家认识到光的本质是电磁波,有时也认为光是粒子. 法国物理学家德布罗意(L. V. de Broglie)研究量子力学的新理论,他认为逆向思维的结果也是真实的,如电子像粒子,某些时候也像波. 瑞士科学家薛定谔(E. Schrödinger)在研究波的表达形式过程中建立了一个数学方程,可以精确地描述电子和原子等微观粒子的所有行为. 在 20 世纪 30 年代,这些模型和方程为人们所接受,学者们试图将其应用于复杂原子系统,像金属和晶态固体材料. 当时将量子力学应用于材料结构与特性的研究始于西方,如德国、英国、美国等,反映了科技的发展与经济基础和发展需求有着密切的关系. 当将晶体中的电子作为波考虑时,得到的共有化电子的运动图像呈现自由单电子行为. 这对于当时人们的常识而言是惊人的,在晶体中运动的电子是自由的,好像那里没有原子存在一样. 这就是单电子近似模型,后来称为费米(Fermi)气体模型,该模型能较好地解释导体和绝缘体的特性. 量子力学的进一步应用是半导体,与导体和绝缘体相比,在当时这是一种神秘晶体,有时有电子导电,有时没有. 导电行为与外界条件有关,如光作用、温度的影响,也因导体不同. 威格纳(E. Wigner)和他的学生塞茨(F. Seitz)在这方面进行了长期和系统的研究工作. 他们第一次给出了不同材料的分类:导电类或不导电类,如金属导电,橡胶不导电,分别为导体和绝缘体. 多数材料归入一类或另一类,但还有一类材料处于两者之间,即它们的电导率是介于金属导体和非金属绝缘体之间. 光照或注入电子时,它们的电导率瞬时是中等的,这类材料归为半导体,这是当初他们给这一类材料的名称.

在 20 世纪 20 年代,半导体材料成为让物理学家有兴趣的研究课题,当时没有人能说清楚半导体是怎样导电的. 为描述半导体导电的物理机制,科学家冥思苦想,设想某个原子能够抓住属于它的电子,远强于其他的电子,这样不同类型原子有不同数量的电子集结在它们周围,这些电子只占原子核周围的特殊位置. 最早关于固体材料导电的形象比喻为戏院中排列的座位,少数电子得到的位置在围绕舞台的第一行,再填入电子只能在下一行的一个位置,如此下去……电子在填充行停留,正像人数很多时戏院里的座位一样,很难空出,而当你的位置周围都有人的时候,就不再有人来找座位. 在绝缘体中,每一行都完全填充,结果电子很难运动;而电子不运动则意味着不导电,不能有电流出现. 但是若你坐在戏院的位置出现了空行或空位,你可能很容易地进行转换座位. 在金属中,最后一些行不是填满的,价电子很少忠于原子,它们趋向漫步于其他原子之间. 这解释了很多电子的运动,意味着金属容易导电. 而在半导体中原子间基本没有电子的运动,但是也有空位及少数原子释放电子. 在某些环境下,通过改变温度或注入能量,这些释放了的电子将开始移动,出现电流,半导体可以或多或少地导电. 这个描述扩展和促进了人们对固体导电的理解,这是半导体物理学的科普表述.

在人们将量子力学用于研究半导体时,考虑了电子的波动性,当其波长可以与晶格常数匹配时发生相干,这就是1928年提出的布洛赫(F. Bloch)波运动模型;并在此基础上发展为固体的能带理论,它较好地解释了半导体的导电行为. 1931年,威尔逊(A. H. Wilson)提出金属和绝缘体相区别的能带模型,并预言金属和绝缘体两者之间存在半导体,并为半导体的发展提供了量子力学理论基础. 在金属的导电电流遵从欧姆定律的基础上,有科学家考虑能否通过外场控制电流. 经过实验尝试发现金属不行,因为有更多的自由电子,产生很强的所谓趋肤效应,屏蔽了外电场对体内电流的调控;而半导体可以通过外场改变材料的导电特性. 人们在解释了半导体的导电机制以后,认为这类材料有较少的载流子,较大的电场渗透深度,有可能通过外场调制晶体内的电流,进而考虑若在两电极间加入平行于通道的电场,将有可能调制通道中的电流,从而实现电信号的放大,这就是后来研制固体三极放大管的量子力学基础.

0.2.2 晶体管的研制

贝尔实验室的Kelly是一位颇有远见的科技管理人员,在第二次世界大战前后,他果断地决定加强半导体的基础研究,以开拓电子技术的新领域. 在此思想指导下成立了半导体三极管的研究小组. 在1945年春,Shockley基于半导体特性设计了外电场能调控电流的固体电子管结构,希望能实现电信号的放大,后来被称为场效应(field effect)晶体管,这也是具有该功能的第一个半导体器件.

场效应晶体管设想是人们提出的第一个固体放大器的具体方案,根据这一方案,贝尔实验室研究者仿照真空三极管的原理,试图用外电场控制半导体内的电子运动. 当时他们要做的器件是一个涂有薄半导体硅层的小圆筒装在小的金属平板电极之间. 对于这样结构方案,当时在伊利诺伊大学工作的电子工程师霍洛尼亚克(N. Holonyak)评论说是一个疯狂的主意. 经过精心制作以后,进行性能测量,却得不到预想的数据,表明这个器件根本不工作. 测试结果是事与愿违,实验屡屡失败. 人们困惑了,为什么理论与实际是矛盾的? 问题究竟出在哪里? Shockley分派Bardeen和Brattain寻找没有放大信号的原因,两人反复测量,再三考虑,进行了大量的检测,但没有任何进展. Shockley对他们没有测到设计结果表示不高兴,但也不去参加实验的具体工作,大部分时间是待在家里考虑理论问题.从物理学的基本观点出发,场效应管的结构和运行原理是正确的,只是当时的材料纯度和加工技术不能实现物理设计.又经过20年,到了20世纪60年代,在硅单晶的纯度和结晶质量得到了极大的提高以及微电子的加工技术达到了微细精确水平的基础上,金属氧化物半导体(MOS)的场效应管(FET)制造出来了.以互补金属氧化物半导体(CMOS)为基础的大规模集成电路的诞生,使微电子发展达到了顶峰,以其为基础的电子工业成为发达国家的经济支柱,人类社会进入了信息时代.这很好地说明了人类科学技术的发展过程正如水滴注入大海:在地球表面层的水循环过程中,水滴通过降水进入土壤,大量水滴集成小溪,经过回转曲折路径,小溪流入河流,诸多小河聚集成大河、大江,最后势不可当地奔腾入海.在科学探索过程中,科学家的一种思想,要经历种种实验检验,也许思路不对,也许条件不满足,需要经过不断修正认识过程,改正错误,创造条件,绕过障碍,曲折前进;只有努力攀登,才能有希望达到成功的顶峰.

  晶体三极管的发明正是经历了这样一个水滴进入大海的过程.Shockley 的场效应管方案不能执行时,Bardeen 和 Brattain 两人最后认为 Shockley 场效应管之路根本不通,需要另辟蹊径,于是开始了一次有重大意义的合作探索,理论家 Bardeen 建议实验方案和说明结果,Brattain 制造器件和进行实验.经过多少个不眠之夜的苦苦思索,他们又提出了一种新的理论,即表面态理论,这一理论认为表面现象可以引起信号放大效应.表面态概念的引入,使人们对半导体的结构和性质的认识前进了一大步.Bardeen 和 Brattain 当时没有将他们的思考和改变了的研究方案告诉 Shockley,所研究的晶体管结构就是后来成功的结型晶体管,它不同于当初 Shockley 提出的场效应概念.Brattain 等认真细致地进行了一系列实验研究,他们意外地发现,当把样品和参考电极放在电解液里时,半导体表面内部的电荷层和电势分布发生了改变,而这正是场效应现象.这个发现使大家十分振奋,进而加快了研究步伐,为检测这个场效应又反复地进行实验.但是在继续的实验中却突然发生了与以前截然不同的现象,接踵而来的新情况大大出乎实验者的预料.人们的思路被打断了,制作实用器件的原计划不得不改变,渐趋明朗的形势又变得扑朔迷离.

  于是人们再次改变思路,继续探索,经过反复分析、计算、实验,1947 年 12 月 23 日,人们终于得到了盼望已久的晶体三极管,图 0.4 是第一只金属丝点接触半导体锗三极管测试装置.在这一天,Bardeen 和 Brattain 把两根触丝放在锗半导体晶片的表面上,当两根金属触丝十分靠近时,放大作用发生了.世界第一只固体放大器件——晶体三极管就这样诞生了.Bardeen 和 Brattain 实验成功的这种晶体管,是金属丝与半导体在某一近邻点上接触,故称点接触晶体管.后来又发展了三明治结构面接触型晶体管,更容易进行大批量工业加工生产,方便电路集成.两天后的圣诞节,贝尔实验室为半导体电子放大管的研究工作取得的进展举行了庆祝会,为他们的成功尽情地庆贺了一番,因为他们理解研究成果的意义,尽管当时他们还没有意识到这是一项将会改变世界的重大发明. 贝尔公司的晶体三极管的发明是一个重大创造,他们很重视新器件的命名问题,因为这关系到有关专利. 他们想了很多名字,但都不满意,最后大家一致推选公司的助理工程师皮尔斯(J. Pierce)给新发明起名,因为他善于构造新名字,被同人称为科学幻想作家. 经过冥思苦想,J. Pierce 给出的名字为"transistor",这是将英文的"trans-resistance"(变换-电阻)两个词结合创造了一个新名词,通常译为晶体管. 贝尔实验室决定 1948 年 6 月 30 日公开他们的新发明. 晶体管的发明是电子学史中具有划时代意义的伟大事件,它开创了一个崭新的时代——微电子科技时代.

图 0.4　第一只金属丝点接触半导体锗三极管测试装置

贝尔实验室发明了晶体管,但当时社会对晶体管本身却不以为然,美国《纽约先驱论坛报》的记者在报道中写道:"这一器件还在实验室阶段,工程师们都认为它在电子工业中的革新是有限的."在公众的心目中,晶体管不过是实验室的珍品而已,估计只能做助听器之类的小东西,不可能派上什么大用场. 为向社会说明晶体管发明的意义,贝尔公司进行了一系列的宣传活动. 事实上,晶体管发明以后,在不长的时间内,它的影响便显示出来,它在电子学领域完成了一场真正的革命.

§0.3　摩尔定律之外

20 世纪 60 年代以来微电子、大规模集成电路和光纤通信技术的进步推动了信息科学的发展,人类社会进入了信息时代. 19 世纪末至 20 世纪初的科学跨时代发展,突破了经典力学,诞生了以量子力学与相对论为代表的近代物理学,而这正是信息时代的科学理论基础. 信息时代的技术基础是基于微电子器件的大规模集成电路的诞生,个人计算机和超级计算机的出现,光电子技术的发展,通信网、计算机网,进而万维网的普及等,这使信息技术取得了具有划时代特征的进展,极大地促进了人类社会发展,而且发展速度愈来愈快,影响愈来愈大.信息科学涵盖信息获取、信息处理、信息传输、信息存储和信息变换等方面,涉及电子器件、集成电路、控制软件、计算理论、信息理论和信息网络等,包括正在发展的纳米器件、分子器件、超高密度集成电路、量子计算和人工神经网计算理论、有线通信网、移动通信等.基于信息科技的快速发展,信息社会也正在迅速发展,并正在孕育着新的科技革命.由于微电子器件和以其为基础的计算机在科技、生产、经济和社会各个领域中发挥着重要作用,作为微电子发展的下一代——纳电子器件,其研究为发达国家政府和国际大公司所重视.自 2000 年以来国际上出现了纳米科技热,它所研究的对象是低维量子限域体系的结构与特性,具有丰富的理论和技术内容.人们认为纳米科技在信息、材料、能源、环境、化学、生物、医学和国防等方面具有广泛的应用前景,目前它已成为全世界关注的重要科技前沿,显示出巨大的应用潜力.其中纳米电子器件及其集成电路将是未来计算机、自动器和通信的基础,为信息科学的发展提供了新的机遇.

  微电子器件小型化的发展趋势为摩尔定律所描述[1].英特尔公司创始人 G. Moore 1965 年在一次演讲时提出:芯片上晶体管数量每 18 个月将会增加 1 倍.当初硅片中只有 64 个晶体管,而到 1999 年的奔腾Ⅲ处理器中晶体管为 2800 万个,奔腾Ⅳ中为 4200 万个,至今双核、多核中晶体管的个数已达 $G(10^{12})$ 数量级.这个发展趋势的统计表现出芯片上晶体管数与年代的关系,如图 0.5 所示.元件数的对数与年代几乎是线性关系,凸显了增长速度快的特征.元件集成度增长的预测为实践所证实,被人们称为摩尔定律(Moore's law).1996 年电子学家和企业家在美国旧金山召开了一次国际会议,研讨了摩尔定律问题,认为过去的 20 年是对的,未来的 15 年也仍然适用.摩尔定律所描述的是微电子器件的尺寸越来越小,芯片上的集成度越来越高,集成电路的综合功能越来越强.摩尔定律既有经济规律的新含义,也有重要的科技意义.由于微电子器件在科技和经济领域中的重要地位和影响,它的小型化发展趋势带动了整个科技的小型化,即科技的发展促使所研究的对象由宏观体系进入纳米体系,这就是所谓的纳米科技.与摩尔定律关系密切的还有生产设备的投资与年代的关系,如图 0.6 所示.1995 年 0.5 μm 尺寸的生产线需要 10 亿美元,而 2010 年 32 nm 尺寸的生产线需要 500 亿美元.巨额的投资,不是一般国家所能承受得了的.微电子器件的发展还有另外一个特征,即平均每个元件的成本越来越低,图中也给出了元件成本与年代的统计关系.有人将生产设备投资与年代的关系以及元件成本与年代的关系分别称为摩尔第二定律和第三定律.在 20 世纪中叶,人类社会进入了信息时代,描述这个时代发展特征的摩尔定律具有重要意义,它所含有的科技内容、经济规

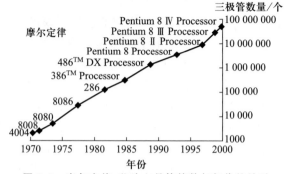

图 0.5　摩尔定律:芯片上晶体管数与年代的关系

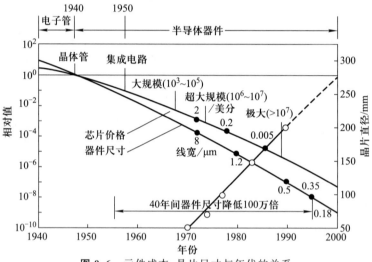

图 0.6　元件成本、晶片尺寸与年代的关系

则是值得研究的,它不只是微电子产业跨国公司为垄断利润所制定的游戏规则,还反映了信息时代高科技产品的高速发展、迅速更新的特点,对于产品的生产过程和销售环节都有影响,因此摩尔定律为人们所广泛地研究. 发展纳电子器件有两条路径:基于微电子加工技术尺寸不断小下去(称为自上而下途径)和基于原子、分子组装构造功能材料或器件(称为自下而上途径),两者的交叉和结合将是纳电子器件及其集成电路发展的新领域. 因发明扫描隧道显微镜(STM)而获得诺贝尔物理学奖的罗雷尔(H. Rohrer)博士给出纳电子器件发展的路线图,见图 0.7,即微电子器件按照摩尔定律,尺寸逐渐小下去,以及以原子、分子组装的纳米功能材料和器件,尺寸逐渐大起来,两个发展趋势在 21 世纪初期的交叠区就是新一代纳电子器件诞生和发展的时期.

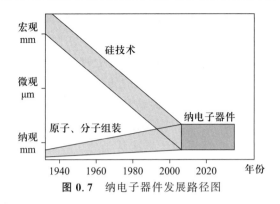

图 0.7 纳电子器件发展路径图

电子器件是功能电路的基础,现今研究的电子器件包含纳电子器件和分子电子器件. 纳电子器件是由低维量子限域特性显著的材料构成的器件,最基本的元件是三极放大管,与其他纳米尺寸的元件和导线组装成电路,进而集成为超高密度($>10^{12}$ 个$/cm^2$)的集成电路. 出于对微电子发展前景的考虑,20 世纪 80 年代兴起了分子电子学的研究热,探索分子电子器件,该器件是以有机单分子或有限个分子为器件的功能材料,现今以化学自组装技术为主进行结构和特性研究. 研究的重点是通过分子间的相互作用,构建分子有序结构,组装分子器件和分子系统,实现信息的获取、处理、存储、传输、显示和操作等功能,分子电子学的最终目标是发展出分子计算机. 分子器件在电学、光学和光电特性上与纳电子器件有着相似的特征,属于同一个范畴,因为尺寸更小,可能是纳电子器件之后更广泛应用的器件.

基于纳电子器件和分子电子器件的集成电路,其信息加工应具有量子计算特性,为此目的近些年发展出了量子信息科学. 量子信息学是由量子物理与信息科学结合而成的新兴交叉学科. 现今研究的重点是量子信息加工,包括:量子逻辑网络、实现量子计算的物理系统、提高运算速度的量子算法、量子编码、克服破坏量子相干性的消相干过程、确保计算的可靠性、量子门和量子器件集成电路等. 在数字信息加工中,经典信息单元为比特(bit),量子信息单元为量子比特(qubit),根本区别在于量子叠加性,经典信息可以看成是量子信息的特例,因此量子信息是经典信息的扩展和完善. 量子信息遵从量子力学的规律,如叠加性、非局域性、不可克隆性等;具有经典信息无法实现的新功能,如加快运算速度、确保信息安全、增大信息容量等,因此量子信息为信息科学的持续发展提供新的原理和技术.

人们早就发现生物系统处理信息的方法不同于现今基于微电子集成电路的计算机,随着信息科技的发展,人们开始关注生物信息加工机制的研究. 在细胞体系中信息的阅读、贮存、转录和翻译均通过分子识别的规则进行. 例如核酸包含了大量的可通过碱基互补匹配识别的分子序列. 当生物体要翻译某一段基因时,相应的调控蛋白质会结合到该基因的启动子区域,进行基因的转录.在生物体中存在大量的信息分子,它们通过在细胞体系中不同区域的浓度差异来实现各种复杂的信息处理和传输过程,这些信息的处理是并行化的.另一方面,生物脑结构的基本单元是神经元细胞,其信息的传输和处理方式与细胞内有较大的不同.它们有较为固定的结构和信息传输方向,离子电脉冲和细胞间的神经传质是信息的主要载体.人脑具有 10^{10} 个神经细胞,可有 10^{15} bit 的信息容量,但消耗功率小于 50 W.生物体系中信息处理方法基于分子计算过程,它们通过复杂的分子网络,对分子信息进行高度并行计算.20 世纪 80 年代以来,人们从生物信息系统中受到启发,发展了人工神经网络模型和并行处理技术,使现代计算机技术得到了进一步的发展,计算性能获得了极大的提高.超级并行处理计算机的内部能配置数千块普通的 CPU(中央处理器)芯片,同一时间内可在多个处理器中执行多个相关的或独立的程序,从而大大提高了计算机处理速度.人工神经网络与计算机的有机结合也为智能计算机的研究开辟了新方向.生物计算的主要特点是极大规模并行处理及分布式存储,它是建立在器件、处理器和存储器之间大量连接的基础上的.而且这种连接是可变的、柔性的和动态的,这是现今微电子器件所无法实现的.人们可以通过将有机功能分子或生物活性分子进行组装,构建出纳米、分子功能单元,从而实现信息的获取、储存、处理和传输等功能.在生物体中一些蛋白质分子同时具有信息存储和开关的功能,例如有一类在细胞的能量传递中起关键作用的蛋白质分子,在蛋白质的活性部位常常存在可氧化还原的金属离子,该离子的价态使蛋白质的状态分为氧化态和还原态,而通过电极电位或化学分子的作用可使蛋白质的状态发生转换,构成纳米级存储单元.20 世纪 80 年代以后,分子器件研究得到了愈来愈多的重视,人们研制出一些重要的器件,如分子晶体管、分子贮存器、分子导线和分子神经元等.这些由分子构建并用于生物样品检测分析的电子器件被称为生物芯片,人们期望利用这些器件构建分子计算机.

  20 世纪最后 10 年人们逐步建设了光纤通信网、计算机网和有线电视网,现今向着三网互通方向改进和扩展,进而将发展成多维网;其中通信网正朝着高速、大容量的宽带综合业务网方向发展.然而发展现有经典信息系统的信息功能存在着极限,进一步发展要求寻找新的原理和方法.运用量子力学特性,在提高运算速度、确保信息安全、增大信息容量和提高检测精度等方面可以突破现有经典系统的极限,量子信息科学就是在此基础上发展起来的新学科.网络和通信系统是现代社会中最重要的信息基础设施,它已渗透到社会的各个领域,成为国家进步和社会发展的基本需求,是知识经济的基础载体和支撑环境.国家信息基础设施面临的科学问题主要体现在网络计算和信息安全的基础研究方面.探索大脑活动功能和信息加工过程是 21 世纪现代科学面临的最大挑战之一,不仅关系到人体健康也涉及智力开发;信息加工的仿生和人机信息交互的发展,促进了认知科学的诞生和发展.认知科学是在心理科学、信息科学、神经科学、语言学等学科的交叉领域发展起来的新学科,它与信息科学有极密切的关系,其发展将扩展信息科学的研究领域.在计算机、自动器和信息网发展的基础上诞生较高智商的机器人,将是21世纪科技高度发展的重要标志.从20世纪90年代初国际上就有些课题组开始研究计算机与人脑的界面,将大脑的信息取出,由机器识别.此方面的研究在低等动物的信息交互和识别上已经取得了非常成功的进展,在人的肢体器官上也实现了简单操控,这主要是将芯片置入人体,通过识别和控制脑电信号来实现的,科学家称这类工作为"芯片人"的研究.

当今谈论纳电子学发展途径和前景时,很多人受摩尔定律(参见图0.5)和Rohrer路线图(图0.7)的影响,束缚在一种传统的框架中.设想当年晶体管研究者若不能摆脱真空电子管结构、工作原理的影响,兴趣必然在后来的所谓真空微电子管,而不会发展出大规模集成电路.传统思想是未来发展的基础,但更多的是对人们新思维的禁锢,这可能严重地束缚了人们对纳米时代科技发展前景的认识和对未来科技发展的思考.现今有些人在探索基于物理学发展的新一代光电功能器件,它可能不局限于纳米尺寸,是具有综合调控功能的复杂器件,这就是本书所要讨论的核心问题.物理学面临新的发展机遇,信息科技也具有革命性发展的可能,即处于革命跃变的前夜.未来的电子器件及其集成电路的功能将会从本质上不同于微电子的,与真空电子和微电子的变革性发展相比,将有更多超出人们预料的特征,这就是本节强调摩尔定律之外的用意所在.

§0.4 科学发展的机遇

量子力学是20世纪初在解释黑体辐射、光电效应、原子光谱等基础上诞生的近代物理中的重要学科,其主要内容涉及普朗克(Planck)常量、光子假设、微观粒子的波粒二象性、海森伯(Heisenberg)不确定性原理和描述粒子运动波函数的薛定谔方程.量子理论成功地解释了20世纪诸多近代科学问题,成为信息时代高科技的基础.

用量子力学处理固体导电问题,经历了几个逐步深入的过程.首先,在金属晶体中的电子是个多体问题,将其经过绝热近似、平均场近似和周期场近似后得到单电子模型,这就是费米气体(Fermi gas)模型,即金属中参与共有化运动的电子相互间没有作用(称为准自由电子),遵从费米统计分布.索末菲(A. Sommerfeld)用单电子理论成功地说明了金属导电问题.进一步考虑晶体点阵的原子核对电子的作用,将其作为准自由电子的微扰,建立了能带理论,说明了半导体的结构与特性.继而考虑电子间的弱相互作用和低能激发情况,修正了单电子近似,给出了费米液体(Fermi liquid)模型.单电子模型和费米液体模型是微电子学发展的理论基础,是量子力学初级应用的结果,创造了 20 世纪人类科技发展的巨大成就.

21 世纪人类面临着利用粒子振幅与相位以及多粒子间的相互作用在更深层次上开展量子力学问题的研究,目前粒子的振幅与相位和多粒子间的相互作用是量子力学在纳米材料、器件和凝聚态体系应用中的重要理论问题.电子自旋、轨道电子云有序结构等多种参量相互耦合呈现丰富的物理内容,将会有层出不穷的新效应和新物质态被发现.量子调控就是研究多粒子间的相位、自旋、轨道电子云等特性,以及它们之间的复杂耦合行为.如何通过外场控制各种流是复杂的动力学问题,如外场调控电子自旋流,电场产生磁性,磁场引起电流,综合场引起复杂流,复杂的磁、电、光、力、热现象,以及多种因素相互竞争产生强耦合的巨大响应,等等.依托未来高新技术研究深层次量子特性的主要内容包括调控方法、调控对象、调控响应,以及用于信息加工的可能性等.

目前与量子调控密切相关的领域有:纳电子学、分子电子学、自旋电子学、轨道电子学、光电子学,以及它们的交叉综合,从而具有复杂、超级的功能,简单器件呈现复杂集成电路的功能,集成体系具有巨大系统的功能,故将产生性能惊人的新一代技术,将会对社会产生变革性的推动作用.作为信息技术基础的微电子器件尺寸将达到其物理极限,这就对信息科技发展提出了严峻的挑战,人类必须寻求新出路.而今以量子效应为基础的信息加工手段已初露端倪,并正在成为发达国家激烈竞争的焦点.我们提出的量子调控就是探索全新的量子现象,构建未来信息技术,实现强关联体系的理论突破,具有明显的前瞻性,有可能 20~30 年后正是在此基础上科技发展突破了传统的物理极限,建立起新的量子信息理论和技术体系,在信息量、传输速度、通信安全和信息功能等方面全面超越现有的信息技术;在高温超导体、巨磁阻、铁电体、多铁性、石墨烯、拓扑绝缘体等电子强关联体系的理论研究方面取得突破,并带动相关基础学科的发展和技术实现.量子理论的发展将为未来信息技术的跨越奠定坚实的基础,其重点研究量子通信的载体和调控原理及方法、电荷-自旋-轨道等关联理论、低维量子限域体系的新量子效应、人工带隙材料、宏观量子效应等.

下一代微电子器件将是以尺寸效应和量子效应为基础的器件,对以现有的微电子器件为基础的信息技术提出了时代的挑战,也为发展新一代信息科技提供了巨大的创新空间.这已成为全世界科技发展战略竞争的焦点之一,也为我国科技复兴提供一次难得的机遇.当前此领域的研究正促进新的功能材料、新的放大器件、新的信息载体、新的传输原理、新的信息调控原理和新的信息处理法则等新体系的出现和形成.在此基础上,我们必将在21世纪初20~30年内开拓出全新的学科和新一代信息技术,而这将对国家经济和社会的进步产生难以估量的作用.当前电子和光电子器件小型化趋势推动了未来新型器件的研制,这是一种路径.另一种路径是凝聚态物理的强关联体系,有关量子效应的深入研究将是创造新型功能器件的更广阔领域,其中涉及多种金属氧化物和稀土金属氧化物体系(钙钛矿结构),这是当前物理学、电子学研究的重要课题,处于取得突破性进展的前夜.在此领域我国有很好的基础,在理论和技术探索上与世界各国处于同一起跑线上.

2003年一颗微波成像卫星所获得的数据,让科学家了解到宇宙中存在暗能量、暗物质,其结构和特性是至今我们所不理解的,科学家称其为双暗.正如17世纪的双环(地球绕着太阳转,月亮绕着地球转),诞生了以牛顿力学为代表的经典物理,带来了工业革命;19世纪末的双云(物理学大厦上空的两朵乌云:黑体辐射的紫外灾难和光速不变),诞生了以量子力学和相对论为代表的近代物理,推动人类进入信息社会.现今21世纪面对的双暗,必将推动科学发展进入又一个新时代,将会给自然、社会和人类自身带来惊人的变革.改革开放以来,中国经济实力增强,国家地位提升,我们具备了参与科学革命的条件,我们有能力为人类的未来做出辉煌的贡献.我们面临着科技发展机遇的同时,也面临着保持经济高速发展的机遇.

振兴中华的重要战略之一就是人才和知识产权.知识产权的关键领域是信息技术,这是信息社会的基础.在信息技术中有希望取得突破性进展,且决定未来人类社会科技水平的基本科学问题是电子强关联体系,就是材料中的电子强相互作用,这正是量子力学理论进一步发展的重要内容,是量子力学深层次的应用的关键课题.

§0.5 关联电子学

微电子学的发展基于量子力学的费米气体模型,即在固体中传输电荷的载流子是准自由电子,呈现单电子行为,不发生碰撞时没有相互作用,这是单电子近似.人们用这种理论成功地解释了金属和绝缘体的导电问题.考虑到晶格点阵对电子输运的散射,人们对费米气体模型进行周期散射修正,将这种散射看作微扰,解释了半导体行为,在此基础上发展了半导体物理学,推动了微电子技术的发展.相对于费米气体模型,人们突破单电子近似,考虑多电子体系,认为电子间存在较强的相互作用,不仅是参与共有化运动的价电子,还有轨道电子;不仅考虑电子电荷,还考虑电子自旋;不仅考虑外场的低能激发产生的微扰,还考虑强场的高能作用产生的巨大响应.这样描述固体中的载流子就超出费米气体模型,物理学发展了费米液体模型,进而又创建了非费米液体模型.后两者描述的是强关联电子的作用,开创了强关联电子物理学(strong correlated electron physics).

按照摩尔定律,微电子器件的发展呈现小型化趋势,当器件的物理尺寸小于载流子的特征长度时,传统的理论不再适用.那么,新的理论应该是基于物理学的费米液体模型和非费米液体模型,即在强关联物理的有关内容中考虑电子的强关联,在此基础上发展强关联电子学(strong correlated electronics).针对微电子学(microelectronics)的单电子近似的物理基础,考虑到下一代电子学的基础是多电子体系以及它们之间的强相互作用,我们这里称与其有关的学科为关联电子学(correlated electronics).在此基础上,利用量子力学固有的叠加性、纠缠性、非局域性和不可克隆性等基础理论研究量子信息处理、通信和计算,则有可能在提高运算速度、增大信息传输容量、确保信息安全等方面突破现有经典信息理论的局限,创新出新一代关键信息技术,从而推动21世纪信息技术的持续发展,建立量子保密通信网络,研制出量子计算机.以量子态作为调控的对象,研究的主要内容有:①量子路由器,实现量子密码局域网;②经由人造卫星或空间站实现不同局域网的量子保密通信;③高效率、低暗计数的红外单光子检测器及单光子源;④量子中继技术和量子存储器,实现远程量子通信;⑤具有可扩展性的多量子比特物理系统;⑥量子算法、量子编码、量子信息论、量子通信和量子计算的复杂度,最终构建量子计算机;等等.

量子调控现象及其参量的测量和表征涉及许多新科技问题,是新现象、新规律发现的基础,是量子调控研究领域中的重要内容之一,主要研究内容有:①量子调控特性的测量、表征原理和技术理论基础;②新型微结构表征或测量技术;③传统仪器的改进和新型仪器的设计、研制;④在各个体系自身系统集成的基础上,进一步研究整个大系统的集成原理、相互之间的耦合或退耦合作用、量子干扰、量子耗散及其控制等.量子调控现象及其参量的测量与表征是前述各项研究的平台和保障,必须给予足够的重视.

目前关联电子学只是一种科学思想,是未来电子学发展的可能路径,但至今仍不为多数人所认识,故所涉及的研究内容、关键科学问题和技术难点是当前探索的主要课题,因此这个科技领域充满了艰难和新奇.

§0.6　NBIC会聚技术

以固体晶体管为核心的微电子技术的发展推动人类社会进入了信息时代,主要特征是信息量猛增和自动化普及.在信息社会发展的下一个阶段,信息量将继续高速增长,同时走向智能化和技术会聚,这个发展趋势已初显端倪. 2004 年 2 月在美国纽约召开了 "NBIC 会聚技术"会议. 会聚技术(converging technologies)是指纳米科技(纳米材料与器件)、生物技术(生物制药及基因工程)、信息技术(先进计算机与通信)、认知科学(认知神经科学)四个领域的协同和融合,其简化英文的联式写为 nano-bio-info-cogno,缩写为 NBIC. NBIC 会聚技术代表着科技研究和开发的新的前沿领域,其发展将显著改善当前迅速发展的四个领域,每一个领域都潜力巨大,其中任何两种、三种或四种技术的会聚,都将产生难以估量的效能. 图 0.8 是其关联示意图[2],基于原子的纳米技术、基于基因的生物技术、基于字节的信息技术和基于神经的认知技术集成为 NBIC 会聚技术,极大地提升了人类改造自身和自然的能力,它将使人类和自然发生惊人的变化,关系到人类生命质量提升和扩展人的技能. NBIC 会聚技术的发展将显著改善当前的研究思路和经济模式,将极大提高整个社会的创新能力和社会生产力水平,从而增强国家的竞争力,也将对国家安全提供更强有力的保障.

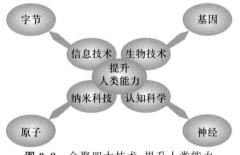

图 0.8 会聚四大技术,提升人类能力

NBIC 会聚技术是正在协调、迅速发展的交叉学科,例如认知科学是研究人类感知和思维信息处理过程的科学,包括从感觉的输入到复杂问题求解,从人类个体到人类社会的智能活动,以及人类智能和机器智能的特征及其之间的关系等. 研究内容包括知觉、学习、记忆、推理、语言理解、兴趣、情感等,统称为意识的高级心理现象;它涉及生物学、心理学、细胞学、脑科学、遗传学、神经科学、语言学、逻辑学、人工智能、信息科学、数学、物理学、材料学、人类学和社会学等多个领域,是多学科交叉研究发展的领域. 纳米、生物、信息、认知四大技术的互补关系描述为:如果认知科学家能够想到它,纳米科学家就能够制造它,生物科学家就能够使用它,信息科学家就能够监视和控制它. 四大技术的融合关系还可以这样理解:纳米技术提供了一种新的有效的发现,在这样的一个尺度下的很多研究和生产制造都产生了前所未有的成就和效果;而生物体,包括生物体的基因是人类很长一段时期以来和今后研究开发的主体对象,也是人类追溯本源、探索最朴实也最玄妙的自然的秘密载体,而纳米量级恰恰是很多生物反

应和功能执行的尺度,因此要系统化地对生物过程进行全面的研究和开发,必须在纳米尺度空间内实现.信息技术发展到今天,已经在社会经济发展中显现出巨大影响,因此将继续成为研究信息存储、计算、处理、分析和传输的得力工具.认知科学的研究集成纳米尺度下获得的生命科学秘密,使人类实现自我了解和自我控制,把人的知识、智能以及技能提升到新的高度.这种"空间-对象-工具-目标"的路径或许可以表征当前最重要的研究与开发的前沿领域.

在 NBIC 会聚技术中,有两种是直接关于人类本身的——生物技术和认知科学,尤其是认知科学的目标又是实现人类的自我了解和自我控制,提升智能和技能水平,因此可以说 NBIC 会聚技术对人类自身给予了更多的关注.最重要的是要通过纳米科技、生物技术、信息技术、认知科学的融合发展,消除学科之间的研究和发展壁垒,使得四门技术在融合发展中迸发出巨大的潜力. NBIC 会聚技术为未来的发展提供了巨大的机遇,第一次使人类能够将自然界、人类社会和科学研究理解为几个紧密相连的复杂而又层次分明的系统,在技术成就不断演进的同时,通过技术整合提高人类能力. NBIC 会聚技术给我们描绘了这样一个前景:人类将在纳米的物质层次重新认识和改造世界,以及人类自身;人类将拥有大量的成本低廉的各种量级的传感器网络和实时信息系统,机器人和软件将实现个性化,所有的器具均由新型智能材料构成,智能系统普遍应用于工厂、家庭和个人;国家也将拥有便携式战斗系统、免受攻击的数据网络和先进的情报汇总系统,国家安全大大增强.

新技术的发展必然会带来与传统和现实社会的冲突,由于 NBIC 会聚技术最"可喜"也是最"可怕"之处是将可能全面影响人类自身能力,因此人们有理由担心其是否会引发"人类技术灾难",因此及早开展与 NBIC 会聚技术研发同步的社会、伦理、环境和法律影响研究,比以往任何时候都显得紧迫与重要.比如克隆技术的发展对人们价值观、家庭伦理、社会道德、法律体系等方面产生了强烈的冲击,尤其是在开始阶段,如果技术判断和决策失误,则会给环境和人类带来不可估量的后果,因此在发展 NBIC 会聚技术的开始阶段就应当关注相应的社会问题,吸引公众的参与和讨论,并制定相应的法律法规,促进新的健康的伦理道德的树立,这也是必须逐渐投入力量加以关注的重要发展领域.

参 考 文 献

[1] Moore G E. Cramming more components onto integrated circuits. Electronics,1965,38(4):114-117.

[2] Canton J. Designing the future:NBIC technologies and haman performance enhancement. New York Academy of Science,2004,186:198.

第 1 章 量子效应

量子效应是近代物理学的重要基础内容之一,认为物质是由微小粒子组成的,粒子的能量、动量取值是量子化的,这类微观粒子具有粒子和波动二象性.本章将从唯象学出发讨论量子效应的有关问题.

§1.1 量子效应的基本特征

19 世纪末和 20 世纪初是一个科学发展跨时代时期,当时经典物理学大厦已经构建完善,但其上空仍有两朵乌云为人们所关注,这就是紫外灾难和光速不变性.对其深入探索的结果是量子力学和相对论的诞生,是近代物理学时代的开始,奠定了 20 世纪人类科技发展辉煌百年的基础.黑体辐射在间接测量物体温度,特别是在天文测定星体的温度上具有重要意义,在 19 世纪末人们已经提出了辐射能量与温度的 4 次方成正比的关系,也认识到了辐射的本质是电磁波,但用经典力学不能给出合理解释.在接下来的具有开创性的有关工作中首先是维恩(W. Wien)给出描述黑体辐射能量的经验公式

$$E(\nu)\,\mathrm{d}\nu = C_1 \nu^3 \mathrm{e}^{-C_2 \nu/T}\,\mathrm{d}\nu, \tag{1.1}$$

式中 ν 是频率,C_1,C_2 是常数,T 是绝对温度,$E(\nu)$ 为黑体辐射能量.式中所描述的低频部分与实验不符合.瑞利(J. W. Rayleigh)给出了另一个经验公式描述,称为瑞利-金斯(Jeans)公式

$$E(\nu)\,\mathrm{d}\nu = \frac{8\pi}{c} kT\nu^2\,\mathrm{d}\nu, \tag{1.2}$$

式中 k 为玻尔兹曼(Boltzmann)常数,c 为真空中光速,其曲线仅在低频部分与实验符合,但高频趋向无穷大,所以当时称为紫外发散灾难.Planck 于 1900 年综合了两个经验公式,给出

$$E(\nu)\,\mathrm{d}\nu = \frac{C_1 \nu^3 \,\mathrm{d}\nu}{\mathrm{e}^{C_2 \nu/T} - 1}. \tag{1.3}$$

当 $\nu \to \infty$ 时式(1.3)趋向式(1.1),$\nu \to 0$ 时式(1.3)趋向于式(1.2),式(1.3)与实验符合得很好.这个公式蕴含着理论本质,Planck 经过深入思考,提出了一个假设:物体以 $h\nu$ 为能量单位吸收或发射能量,h 为常数($h = 6.626 \times 10^{-34}\,\mathrm{J \cdot s}$),这就是著名的普朗克常数.该假设给出了光能量子化的概念,其量子化能量为

$$\varepsilon = h\nu.$$

1905年爱因斯坦(A. Einstein)提出了光子概念,给出了著名的光电效应方程

$$\frac{1}{2}mv^2 = h\nu - E_\Phi, \tag{1.4}$$

式中 v 是光电子运动速度,m 是电子质量,等号左边表示光电子动能,E_Φ 是光电材料的逸出功. 在黑体辐射和光电效应的理论基础上,Einstein 提出了光量子概念,即在此前认为光具有波动性的基础上,又提出光具有粒子性,这就是光的粒子性和波动性的二象性特征.

20世纪初在卢瑟福(E. Rutherford)高能电子散射实验的基础上,人们提出了原子的有核模型,认为原子是由荷正电的核与荷负电的电子组成的,电子排布在不同的轨道上并绕核运动. 1913年玻尔(N. Bohr)提出了原子的量子理论,它包括两个重要概念: 一是原子具有能量不连续的定态,电子的角动量为 $J = n\hbar$,$\hbar = h/2\pi, n = 1, 2, 3\cdots$;二是电子跃迁,电子由高能级 E_m 跃迁到低能级 E_n,将辐射出一个光子(能量为 $h\nu = E_m - E_n$). 1907年 Einstein 将能量不连续概念用于固体比热容问题的讨论,获得了成功. 能量的量子化是人们对物质粒子性(即物质是由微观粒子组成的)认识取得的飞跃进展,量子概念为以后的一系列实验所证实.

de Broglie 在当时深入地研究了微观粒子的粒子性和波动性,并根据这个特性的物理内容将能量 E 和动量 p 分别表示为

$$E = h\nu,$$
$$p = \frac{h}{\lambda}. \tag{1.5}$$

由此提出了物质波假说,与具有一定能量 E 和动量 p 的粒子相联系的波表示为

$$\nu = \frac{E}{h},$$
$$\lambda = \frac{h}{p}. \tag{1.6}$$

由式(1.5)和(1.6)可得到物质波波长

$$\lambda = \frac{h}{\sqrt{2mE}}, \tag{1.7}$$

即粒子的波长 λ 与粒子的质量 m 和能量 E 有关. 对于质量 $m = 9.11 \times 10^{-31}$ kg 的电子,相应的波长为

$$\lambda = \sqrt{\frac{150}{E}} \text{ Å}^{①},$$

1927 年单晶镍薄膜的电子透射实验的衍射图案证实了粒子波的真实存在.

量子效应的另一个重要内容是海森伯不确定性原理. 由于微观粒子具有波粒二象性, 所以不是所有的力学量都能同时具有确定值. 例如在一维(1D)空间中运动的粒子具有动量 p_0, 它的平面波函数表示为

$$\psi_{p_0}(x) \sim \mathrm{e}^{\mathrm{i} p_0 x/\hbar}.$$

其位置分布概率密度表示为 $|\psi_{p_0}(x)|^2 = 1$, 即粒子在空间各点的概率密度是相同的. 这意味着当粒子的动量是确定值时, 粒子的位置是完全不确定的, 即 $\Delta p = 0, \Delta x = \infty$; 反之为 $\Delta x = 0, \Delta p = \infty$. 由此可以进一步导出

$$\Delta p \cdot \Delta x \geqslant \hbar/2, \tag{1.8}$$

这就是海森伯不确定性原理(或称测不准关系), 是物质波粒二象性的反映, 其约化普朗克常数为

$$\hbar = h/2\pi = 1.05 \times 10^{-34} \text{ J} \cdot \text{s}.$$

至此量子效应主要包括物质的微观粒子性、能量量子化、微观粒子的波动性-粒子性以及动量-位置的海森伯不确定性. 这些是量子效应的基本特征, 由此观念出发人们更深刻地从微观结构角度认识了自然界.

§1.2 量子力学

在 1923—1927 年年间, 科学家提出了矩阵力学和波动力学, 前者强调任何物理理论均基于可测量的物理量, 而后者即为 Schrödinger 的波动力学, 基于 de Broglie 的物质波思想, 认为波粒二象性是微观客体的普遍性质. 正是基于这种观点, Schrödinger 找到了量子体系的物质波运动方程, 即波动力学基本方程. 薛定谔方程描述了具有波动性及微观粒子状态的波函数 $\psi(\boldsymbol{r}, t)$, 其中 $\boldsymbol{r}$ 为空间坐标, 一旦 $\psi(\boldsymbol{r}, t)$ 给定, 粒子的任何物理的统计平均值和各种可能测量取值的概率完全确定. 它相当于牛顿方程在经典力学中的地位, 是量子力学的一个基本假设. 自由粒子的能量 $E = p^2/2m$, 其中 m 为粒子质量, 与波相联系参量的圆频率 $\omega = E/\hbar$, 波矢 $\boldsymbol{k} = \boldsymbol{p}/\hbar$. 粒子的平面单色波, 其波函数表示为

$$\psi(\boldsymbol{r}, t) \sim \mathrm{e}^{\mathrm{i}(\boldsymbol{k} \cdot \boldsymbol{r} - \omega t)} = \mathrm{e}^{\mathrm{i}(\boldsymbol{p} \cdot \boldsymbol{r} - Et)/\hbar}, \tag{1.9}$$

式中考虑周期特性, $\hbar = h/2\pi$. 式(1.9)分别对时间和空间求偏导, 则

$$\mathrm{i}\hbar \frac{\partial}{\partial t} \psi = E\psi,$$

---

① $1\text{Å} = 10^{-10} \text{m}$.

$$-\mathrm{i}\hbar\,\nabla\psi = p\psi,$$
$$-\hbar^2\,\nabla^2\psi = p^2\psi,$$

其中 ∇^2 为拉普拉斯算子(Laplacian). 利用式(1.9)得到

$$\left(\mathrm{i}\hbar\frac{\partial}{\partial t}+\frac{\hbar^2}{2m}\nabla^2\right)\psi = \left(E-\frac{p^2}{2m}\right)\psi = 0,$$

或

$$\mathrm{i}\hbar\frac{\partial}{\partial t}\psi(\boldsymbol{r},t) = -\frac{\hbar^2\,\nabla^2}{2m}\psi(\boldsymbol{r},t).$$

将经典能量和动量关系变换为

$$E \to \mathrm{i}\hbar\frac{\partial}{\partial t},$$
$$p \to -\mathrm{i}\hbar\,\nabla.$$

考虑势场 $V(\boldsymbol{r})$,总能量写成

$$E = \frac{p^2}{2m}+V.$$

将上述诸关系作用于波函数上,则

$$\left[-\frac{\hbar^2}{2m}\nabla^2+V(\boldsymbol{r})\right]\psi(\boldsymbol{r},t) = E\psi(\boldsymbol{r},t), \tag{1.10}$$

令

$$H = -\frac{\hbar^2}{2m}\nabla^2+V(\boldsymbol{r}) = \frac{1}{2m}P^2+V(\boldsymbol{r}), \tag{1.11}$$

H 为哈密顿算符(Hamiltonian operator),则式(1.10)改写为

$$H\psi = E\psi. \tag{1.12}$$

式(1.12)是静态薛定谔方程,含时间的薛定谔方程表示为

$$\mathrm{i}\hbar\frac{\partial}{\partial t}\psi = H\psi. \tag{1.13}$$

式(1.12)和(1.13)分别是静态和动态量子力学波动方程,它完全表征了微观粒子的量子特性.

§1.3 宏观量子效应

宏观量子效应是指由大量微观粒子组成的宏观系统在某些条件下呈现出的整体量子现象. 根据量子理论的波粒二象性学说,微观实物粒子会像光波、水波一样,具有干涉、衍射等波动特征,形成物质波(或称德布罗意波). 日常所见的宏观物体,虽然是由服从这种量子力学规律的微观粒子组成,但由于其空间尺度远远大于这些微观粒子的德布罗意波长,其微观粒子所具有的量子特性由于统计

平均的结果而被掩盖了.因此,在通常条件下,宏观物体整体上并不出现量子效应.然而,在温度降低或粒子密度变大等特殊条件下,宏观物体的个体组分会相干地结合起来,通过长程关联或重组进入能量较低的量子态,形成一个有机的整体,使得整个系统表现出奇特的量子性质.例如,原子气体的玻色(Bose)-爱因斯坦凝聚、超流性、超导电性和约瑟夫森效应(Josephson effect)等都是宏观量子效应.

  1924年Bose发表了名为"玻色-爱因斯坦统计"的论文,接着Einstein从根本上完善和发展了这项工作.当他把玻色状态统计的思想应用到由全同粒子组成的玻色原子理想气体时,从理论上预言了"凝聚"现象:在一个临界温度以下,宏观数量的原子将突然凝聚到动量为零的单一量子态上.由于这时形成了宏观量子态,其热力学特性(如比热容)将出现非解析和不连续的行为,这是因为由原子组成的无相互作用系统在宏观尺度上会出现奇特的集体行为,它与体积和粒子数同时趋向无穷且保持密度不变的热力学极限特性有关.

  组成自然界的粒子可分为两大类:玻色子(boson)和费米子(fermion),只有在极低的温度下,二者才表现出各自明显的宏观量子特性.低温下费米子配对重组的超导,也是玻色-爱因斯坦凝聚的一个物理实现.根据Bardeen、库珀(L. N. Cooper)、施里弗(J. R. Schrieffer)建立的超导的微观理论(BCS理论),速率相等、方向相反、自旋也相反的两个电子,在低温下通过与金属晶格上的原子振动交换能量,相互之间产生吸引作用,形成"库珀对"玻色子.大量库珀对电子构成了超导体的基态,形成了具有整体关联的宏观量子态,从而出现了具有零电阻特征的超导现象.

  基于超导体的宏观量子特性,1962年英国物理学家约瑟夫森(B. D. Josephson)预言,若两块超导体间夹有极薄绝缘层,不加电压时有超导电流从一块超导体通过绝缘层流到另一块超导体;如果两端施加电压 V,则有频率为 $f=2eV/h$ 的交变电流通过.这里 e 为电子电荷量,h 为普朗克常数.这些预言均为实验所证实,这种现象后来被称为"约瑟夫森效应".从物理上讲,这个效应说明存在电荷为 $2e$ 的载体,这就是库珀对.当该库珀对由一个超导体穿过两端电压为 V 的极薄绝缘层到达另一块超导体时,该库珀对的能量差为 $2eV$,量子论给出了合理的解释.因此,约瑟夫森效应是一个与库珀对有关的、典型的宏观量子现象.在实验室里,可用频率表示能量,因为频率可以测量得非常精确.因而可利用 $V=hf/2e$ 确定电压,作为电压标准,其精确度可达 10^{-8} V.现在,约瑟夫森效应的器件已成为超导体在弱电信号测量方面的基础应用.

  以上各种现象都是目前科学家所要深入研究的宏观量子效应,也将会有更多的宏观量子效应被发现.

第 2 章 费米气体

费米气体是一种模型.人们在描述固体材料的导电特性时,用费米统计来讨论共有化电子的行为,认为它们是准自由电子.尽管固体是原子密堆的强相互作用体系,但每个格点原子所贡献的价电子却呈现出自由运动的行为.虽然有大量的电子,但它们除相互碰撞外,其他时间不发生相互作用,类似于气体行为,所以对于电子在晶体格点场中运动的多体问题,可以用单电子模型来描述,这个模型体系称为费米气体.

§2.1 无限深势阱问题

20世纪初量子力学成功地应用于固体的导电和导热问题的讨论,这里首先用薛定谔方程讨论金属导电问题.将晶态金属看作金属原子或过渡金属原子相互靠近紧密堆积,由原子间的强相互作用耦合成周期结构的固体.1900年德鲁德(P. Drude)首先提出了金属的自由电子论,认为金属内部有与晶格点阵处于热平衡的"自由电子",它们可以在金属内部自由运动.1928年Sommerfeld提出用量子力学讨论金属的自由电子导电模型,可以此描述金属晶体,在一个孤立的原子中,由于库仑作用电子被束缚在原子核周围,随电子与原子核间轨道半径的增大,电子所处的核势场随之减小;当很多原子相互靠近时,化学键将它们结合成晶体,原子的最外层电子轨道首先发生交叠,这时价电子可以在相似的轨道间运动,称之为共有化运动.参与共有化运动的电子可以离开原来的原子,在整个金属中做自由运动.固体中原子的内层电子轨道变化很小,而外层的电子所处的势场可以近似为晶格势场和其他电子的平均势场的叠加场,图2.1所示为1D势场分布.

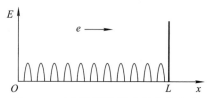

图 2.1 1D无限深势阱中的电势分布

当只考虑金属中 x 轴方向(横向)的原子排列,发生共有化运动时,价电子不仅受点阵正离子的作用,也受其他电子的作用.这时将价电子看成在一个平均场中自由运动的电子.由图 2.1 可以看出,每个正离子位置附近有一个势阱,而离子间势能变化较小.点阵的完善排列在晶体内部形成一个周期势场.在金属中,对于价电子而言,这个周期场的影响较小,可认为金属中价电子在一个近似均匀势场中做"自由"运动.这就是索末菲自由电子模型.下面首先考虑 1D 情况,然后再推广到二维(2D)、三维(3D).在金属中取一块立方体,边长为 L,其中一边坐标为 x,电子被束缚在势阱$[0,L]$中,假设在势阱中电子的势能 V 为 0,即 $V(x)=0, 0 \leqslant x \leqslant L$.这是个无穷势阱,即在晶体外电子的波函数 $\psi(x)=0(x<0, x>L)$.按索末菲模型,要确定金属中的电子状态,可求解薛定谔方程

$$\nabla^2 \psi(x) + \frac{8\pi^2 m}{h^2}[E-V(x)]\psi(x) = 0, \tag{2.1}$$

其中 m 为电子质量,h 为普朗克常数.在金属内部 $V(x)=0, 0 \leqslant x \leqslant L$,所以方程可写为

$$\nabla^2 \psi(x) + \frac{8\pi^2 m}{h^2} E \psi(x) = 0. \tag{2.2}$$

引进动量 $\boldsymbol{p}=m\boldsymbol{v}=h\boldsymbol{k}$,这里 $\boldsymbol{k}$ 为波矢.因为 $E=p^2/2m=h^2k^2/2m$,有 $k^2=(2mE)/h^2$,将它代入式(2.2),得

$$\frac{\mathrm{d}^2 \psi(x)}{\mathrm{d}x^2} + 4\pi^2 k^2 \psi(x) = 0. \tag{2.3}$$

此方程的解为

$$\psi(x) = A\mathrm{e}^{\mathrm{i}2\pi kx} + B\mathrm{e}^{-\mathrm{i}2\pi kx}. \tag{2.4}$$

利用边界条件,当 $x=0$ 时,$\psi(0)=0$,有 $A+B=0, A=-B$,式(2.4)变为

$$\psi(x) = A(\mathrm{e}^{\mathrm{i}2\pi kx} - \mathrm{e}^{-\mathrm{i}2\pi kx}). \tag{2.5}$$

从式(2.5)可知,金属中共有化运动的价电子波函数与真空中自由电子的波函数一样,是平面波,k 为波矢.利用第二个边界条件,当 $x=L$ 时,$\psi(L)=0$,使其结果简化.利用玻恩-冯·卡门(Born-von Karman)假设,设在有限晶体边界之外仍然有无穷多个同样晶体,即有无数个体积为 L^3 的立方体排列延展开去.自由电子在这样一个无限大的周期场里运动,仍然可以用周期性的平面波来描述电子的运动状态,则有

$$\psi(x) = \psi(x+L),$$

即

$$\begin{aligned}\psi(x) &= A(\mathrm{e}^{\mathrm{i}2\pi kx} - \mathrm{e}^{-\mathrm{i}2\pi kx}) \\ &= A(\mathrm{e}^{\mathrm{i}2\pi k(x+L)} - \mathrm{e}^{-\mathrm{i}2\pi k(x+L)}) \\ &= \psi(x+L),\end{aligned} \tag{2.6}$$

必然有

$$\mathrm{e}^{\mathrm{i}2\pi kL} = \mathrm{e}^{-\mathrm{i}2\pi kL} = 1. \tag{2.7}$$

满足式(2.7)的结果有 $kL=n$,n 为正、负整数,即有

$$k = \frac{n}{L}, n = 0, \pm 1, \pm 2, \pm 3, \cdots$$

所以,金属中自由电子的动量为

$$p = kh = \frac{h}{L}n,$$

表示电子的动量是不连续的,是分立的、量子化的. 能量表示为

$$E = \frac{p^2}{2m} = \frac{h^2 k^2}{2m} = \frac{h^2 n^2}{2mL^2},$$

电子的能量也是量子化的.

用同样的方法可以导出 2D 体系的波函数,写为

$$\psi(x,y) = A'\{\mathrm{e}^{[\mathrm{i}2\pi(k_x x + k_y y)]} - \mathrm{e}^{[-\mathrm{i}2\pi(k_x x + k_y y)]}\}. \tag{2.8}$$

在动量平面中,自由电子的动量

$$p_x = \frac{h}{L}n_x, \quad p_y = \frac{h}{L}n_y,$$

式中 n_x,n_y 为正、负整数,即 n_x,$n_y = 0, \pm 1, \pm 2, \pm 3, \cdots$. 在 2D 体系中,电子只能在某些分立的点上取值.

对于 3D 波函数,可写为

$$\psi(x,y,z) = A''\{\mathrm{e}^{[\mathrm{i}2\pi(k_x x + k_y y + k_z z)]} - \mathrm{e}^{[-\mathrm{i}2\pi(k_x x + k_y y + k_z z)]}\}, \tag{2.9}$$

其动量为

$$p_x = \frac{h}{L}n_x, \quad p_y = \frac{h}{L}n_y, \quad p_z = \frac{h}{L}n_z,$$

式中 n_x,n_y,n_z 为正、负整数,即 n_x,n_y,$n_z = 0, \pm 1, \pm 2, \pm 3, \cdots$,其动量空间体积单元为 $p_x p_y p_z$.

在索末菲模型中假设了金属内部自由电子的势能为 0,所以其电子能量为

$$E = \frac{p^2}{2m} = \frac{h^2 k^2}{2m} = \frac{h^2}{2mL^2} \cdot (n_x^2 + n_y^2 + n_z^2). \tag{2.10}$$

因此金属中电子的能量是量子化的,它们只能取不连续的分立的值. E-k 关系对应的是分立的点构成的抛物线. 对于宏观体系,通常总是考虑电子数很多的情况,这些电子的能量与动量相邻值之间的差别非常小,在处理这类问题时,往往可以把 E-k 关系看作连续变化的. 而对于有限原子数构成的纳米体系,必须考虑分立量子态的影响,即呈现出的显著的量子效应.

1D 电子系统处于基态时,由于最大的动量是 p_F,因而电子的最大能量为

$$E_\mathrm{F} = \frac{P_\mathrm{F}^2}{2m} = \frac{h^2}{2m}k_\mathrm{F}^2, \tag{2.11}$$

即费米能量.

同样,可以求得 2D 体系的费米动量所对应波数 k 的公式为

$$k_F = \sqrt{\frac{N}{2\pi L^2}} = \sqrt{\frac{n}{2\pi}}, \qquad (2.12)$$

式中 N 为体系的电子总数.由此可见,对于 2D 电子体系,在 2D 动量空间中,当体系处于 0K 温度时,电子填满半径为 k_F 的圆,圆外没有电子.

也可求得 3D 体系的费米动量公式为

$$k_F = \sqrt[3]{\frac{3N}{8\pi L^3}} = \sqrt[3]{\frac{3n}{8\pi}}. \qquad (2.13)$$

当体系处于基态时,电子填满半径为 k_F 的球,球外没有电子.

综合上述的 1D,2D,3D 情况,可以看到,电子体系的基态填满了动量空间中一个有限区域,即 3D 是球,2D 是圆,1D 是线段.为了表述方便,这个填满电子的区域都称为费米球,而这个区域的边界都称为费米面.这样,3D 的费米面是球面,2D 的费米面是圆周,1D 的费米面只是两个点 $\pm k_F$.不同维数电子体系的费米面的这种差别是特别重要的,可以看出:①态密度 $D(E)$,在 1D 系统中 $D(E) \propto E^{-1/2}$,在 2D 系统中 $D(E)$ 为常数,在 3D 系统中 $D(E) \propto E^{1/2}$;②费米波数 k_F,在 1D 系统中 $k_F \propto n$,在 2D 系统中 $k_F \propto n^{1/2}$,在 3D 系统中 $k_F \propto n^{1/3}$.这些差别构成了 1D 系统特殊的电学特性,这是维数效应的重要内容.

§2.2 费米统计

从物质由原子、分子组成的观点出发,20 世纪初在量子力学诞生的同时,也发展出了统计物理,其中与量子力学密切相关的是量子统计,包括费米统计和玻色统计.考虑一个处于平衡态的孤立系统,具有确定的粒子数 N、体积 V 和能量 E.我们以 $E_l(l=1,2,3,\cdots)$ 表示粒子的各能级,ω_l 表示能级 E_l 的简并度,a_l 表示处于各能级上的粒子数,满足粒子数守恒和能量守恒条件为

$$\sum_l a_l = N, \quad \sum_l E_l a_l = E. \qquad (2.14)$$

费米微观粒子是不可分辨的,遵从泡利(Pauli)不相容原理,每个量子态上最多只能容纳一个粒子,a_l 个粒子占据能级 E_l 上的 ω_l 个量子态,相当于从 ω_l 个量子态中挑出 a_l 个为粒子所占据,有

$$\frac{\omega_l!}{a_l(\omega_l - a_l)!}$$

种可能方式.将各能级上的结果相乘就得到费米系统与分布 $\{a_l\}$ 相对应的微观状态数为

$$\varOmega_F = \prod_l \frac{\omega_l!}{a_l(\omega_l - a_l)!}. \tag{2.15}$$

将上式两边取对数

$$\ln\varOmega_F = \sum_l [\ln\omega_l! - \ln a_l! - \ln(\omega_l - a_l)!],$$

设 $a_l \gg 1, \omega_l \gg 1, \omega_l - a_l \gg 1$，上式可近似为

$$\ln\varOmega_F = \sum_l [\omega_l \ln\omega_l - a_l \ln a_l - (\omega_l - a_l)\ln(\omega_l - a_l)]. \tag{2.16}$$

令 a_l 有 δa_l 的变化，$\ln\varOmega_F$ 将有 $\delta\ln\varOmega_F$ 的变化，为使 $\varOmega_F$ 有极大值，必有 $\delta\ln\varOmega_F = 0$，得到

$$\delta\ln\varOmega_F = \sum_l [\omega_l \ln\omega_l - a_l \ln a_l - (\omega_l - a_l)\ln(\omega_l - a_l)]\delta a_l = 0.$$

由于 δa_l 不是任意的，必须满足式(2.14)的守恒条件. 用拉氏乘子 α 和 β 乘以方程组(2.14)的两式，并从 $\delta\ln\varOmega_F$ 中将其减去，得

$$\sum_l [-\ln a_l - \ln(\omega_l - a_l) - \alpha - \beta E_l]\delta a_l = 0.$$

根据拉氏乘子法原理，上式中每一个 δa_l 的系数都必须为 0，有

$$-\ln a_l - \ln(\omega_l - a_l) - \alpha - \beta E_l = 0,$$

即

$$a_l = \frac{\omega_l}{e^{\alpha + \beta E_l} + 1}. \tag{2.17}$$

式(2.17)称为费米分布，拉氏乘子由式(2.14)确定，即

$$\sum_l \frac{\omega_l}{e^{\alpha + \beta E_l} + 1} = N, \quad \sum_l \frac{E_l \omega_l}{e^{\alpha + \beta E_l} + 1} = E. \tag{2.18}$$

式(2.17)给出了费米系统在最概然分布下处于 E_l 能级上的粒子数. 若能级 E_l 有 ω_l 个量子态，则处于其中任何一个量子态上的平均粒子数应该是相同的. 因此能量为 E_l 处于量子态 ω_l 上的平均粒子数为

$$f = \frac{1}{e^{\alpha + \beta E} + 1}, \tag{2.19}$$

式(2.19)就是费米分布函数.

遵从费米统计的粒子体系，粒子是全同的(不可区分)，粒子的自旋为半整数($\pm 1/2$)，满足泡利不相容原理，即每个能量量子态最多只含有自旋方向相反的两个电子. 相似地，粒子是全同的，粒子的自旋为整数，每个量子态可容纳粒子数不受限制，则该系统遵从玻色统计，可得到玻色分布函数

$$f = \frac{1}{e^{\alpha + \beta E} - 1}. \tag{2.20}$$

上式与式(2.19)相比，形式相近，只是分母上差一符号，两者可写成

$$f = \frac{1}{e^{\alpha+\beta E} \pm 1}, \qquad (2.21)$$

式(2.21)中正号为费米分布函数,负号为玻色分布函数.这是两种微观粒子的统计分布函数,它们描述了大量微观粒子的量子统计特性.

§2.3 电子气体

金属中共有化电子称为准自由电子,电子的自旋为 $\pm 1/2$,故遵从费米统计,用费米分布函数来讨论金属中的电子行为.当温度为 T 时,能量为 E 的量子态上的电子数为

$$f = \frac{1}{e^{\alpha+\beta E} + 1}.$$

考虑自旋在动量方向的投影有两个可能值,在体积 V 内,在能量范围 dE 内,电子的量子态数为

$$\frac{4\pi V}{\hbar^3}(2m)^{3/2} E^{1/2} dE. \qquad (2.22)$$

在体积 V 内,能量 dE 内的平均电子数为

$$\frac{4\pi V}{\hbar^3}(2m)^{3/2} \frac{E^{1/2} dE}{e^{\frac{E-E_F}{kT}} + 1}. \qquad (2.23)$$

在给定粒子数 N 时,温度 T 和金属逸出功 E_F 的关系由

$$\frac{4\pi V}{\hbar^3}(2m)^{3/2} \int_0^\infty \frac{E^{1/2} dE}{e^{\frac{E-E_F}{kT}} + 1} = N. \qquad (2.24)$$

确定.由式(2.24)可知,E_F 是温度 T 和电子密度 N/V 的函数.

费米分布函数描述了费米粒子系统的重要特性,下面做进一步的讨论.

(1) $T=0\text{K}$ 的电子分布

用 E_{F0} 表示温度为 0K 的电子气体的费米能级.由式(2.19)可知 $f=1$ 时 $E<E_{F0}$,$f=0$ 时 $E>E_{F0}$,即 E_{F0} 以下所有能级被电子占据,E_{F0} 以上所有能级为空态.如图 2.2 所示,在 $T=0\text{K}$ 时,在 $E<E_{F0}$ 的每个量子态上,平均电子数为 1;在 $E>E_{F0}$ 的每个量子态上,平均电子数为 0. E_{F0} 是 0K 时系统电子的最大能量,可由此定义求出

$$\int_0^{E_{F0}} \frac{4\pi V}{\hbar^3}(2m)^{3/2} E^{1/2} dE = N.$$

将上式积分可求出

$$E_{F0} = \frac{\hbar^3}{2m}\left(\frac{3}{8\pi} \frac{N}{V}\right)^{2/3}, \qquad (2.25)$$

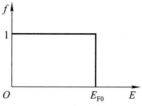

图 2.2 $T=0K$ 的费米函数

称 E_{F0} 为费米能级. 令

$$E_{F0} = \frac{p_F^2}{2m},$$

可得

$$p_F = \left(\frac{3}{8\pi}\frac{N}{V}\right)^{1/3}\hbar^{\frac{3}{2}}, \tag{2.26}$$

p_F 是 0K 时系统电子的最大动量,称为费米动量. 0K 时电子气体的总能量为

$$U = \frac{4\pi V}{\hbar^3}(2m)^{3/2}\int_0^{E_{F0}} E^{1/2}dE = \frac{3}{5}NE_{F0}. \tag{2.27}$$

由式(2.27)可知,0K 时电子的平均能量是 $(3/5)E_{F0}$.

(2) $T>0K$ 时的电子分布

由式(2.14)可知

$$\begin{cases} f>1/2, & E<E_F, \\ f=1/2, & E=E_F, \\ f<1/2, & E>E_F. \end{cases} \tag{2.28}$$

如图 2.3 所示,式(2.28)说明 $T>0K$ 时,在 $E<E_F$ 的每个量子态上,平均粒子数大于 1/2,在 $E>E_F$ 的每个量子态上,平均粒子数小于 1/2. 只有 E_F 在 kT 的附近能量范围内,电子的分布与 $T=0K$ 时的分布有差异. 费米分布函数描述费米粒子系统的统计行为,它是一种量子气体系统. 在原子存在强耦合的金属系统中,由价电子贡献的参与共有化运动的电子,呈现准自由电子行为,即可将每个电子看作在晶格点阵原子实的电场和其他电子的平均场中运动的自由电子,这种电子系统称为费米气体.

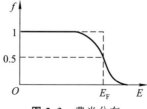

图 2.3 费米分布

§2.4 一维晶格的布里渊区

如果不考虑晶格原子对电子的作用,电子的能量是自由电子的动能,可表示为

$$E_0(k) = \frac{\hbar^2}{2m} k^2, \tag{2.29}$$

它是一条抛物线. 对于实际的材料,电子是在晶格原子的点阵中运动的,晶格原子将影响电子的运动状态. 若晶格常数为 a,当 $k = 2\pi n/(2a)$ 时,一级近似波函数的结果有无穷大项,这与它及这些项应该很小的假设不符. 这是因为在 $k \neq 2\pi n/(2a)$ 时,微小的周期势对电子波不产生明显的影响,电子几乎是自由的. 但当电子波长 ($\lambda = 1/k$) 是 $2a$ 及其整数倍时,微小的周期势场对电子波的影响将很大,电子的行为不再是自由的. 当电子波长等于两个原子间距(或其整数倍)时,晶格中各原子对行波反射的作用互相增强. 因为每隔一个原子,反射波的相位增加 2π,即各原子的反射波是相位相同的,由于原子数很多,反射波可能叠加到不再存在前进波的程度.

为了描述晶格周期势对电子波的作用,可采用简并微扰方法求解能量本征值. 当 $k = 2\pi n/(2a)$ 时,E_n 的一级近似解 E_n^+ 及 E_n^- 可表示为

$$E_n^{\pm} = E_k^{(0)} \pm |V_n|, \tag{2.30}$$

式中 V_n 为周期势场 $V(x)$ 展开式中第 n 项振幅,由式(2.30)可见,在 $k = 2\pi n/(2a)$ 处,由于周期性微扰势场的作用,能量本征值将从原来的 $E_k^{(0)} = \hbar^2 k^2/(2a)$ 增加或减小 $|V_n|$. 这样,k 值离开 $k = 2\pi n/(2a)$ 时,能量从 $(E_k^{(0)} + |V_n|)$ 和 $(E_k^{(0)} - |V_n|)$ 各按抛物线的形式向上和向下弯曲,逐渐过渡到 $\hbar^2 k^2/(2m)$. 结果,在 $\pm 2\pi n/(2a)$ 处出现禁带,能态存在于 $-2\pi/(2a)$ 和 $2\pi/(2a)$ 之间.

对于周期势场微扰作用的物理过程,可以这样来理解:当波长为 $\lambda = 1/k$ 的电子德布罗意波在 1D 晶格中传播时,该平面波会受到晶格中各个原子的散射,由于晶格常数是 a,电子波在相邻两原子间来回一次的波程为 $2a$,因而相邻两原子上所产生的反射波到达所考察的某一点时,它俩的波程差为 $\Delta l = 2a$,于是,这两个反射波之间的位相差为

$$\Delta \phi = \frac{\Delta l}{\lambda} 2\pi = \frac{2a}{\lambda} 2\pi. \tag{2.31}$$

对于波长很长的电子波,$\lambda \gg a$,此时 $\Delta \phi \ll 2\pi$,当各个原子上的反射波达到考察点时,它们的位相角分布在 0 至 2π 的整个范围内,因而所有的反射波相互抵消,这时原来的电子波基本上不因晶格原子的反射而衰减,它能继续向前传播. 这说明,对于波长很长的电子波(电子的动量很小)其运动基本上不受晶格的影响.

当电子的动量增加,即电子的波长缩短时,由式(2.31)得到,相邻原子上反射波的相位差 $\Delta\phi$ 不断增加,这时各反射波之间的抵消就不完全,晶格原子对电子波的传输发生了影响,于是电子的能谱 $E(k)$ 就偏离了自由电子的能谱 $E_0(k)$。如图 2.4 所示,在 $k=0$ 的附近,实线与虚线(自由电子能谱)很接近,当 k 增大时两者有不同。随着波长进一步增大,两者差别就不断增大,特别是当 $\lambda=2a$ 时,出现了非常特殊的情况,此时由式(2.31)可看到,各原子上的反射波的相位差将是 2π 的整数倍,也就是说,所有的反射波都是同位相的,它们叠加在一起相互加强,这时晶格原子的反射对原来的电子波产生强烈的影响,这说明波长为 $\lambda=2a$ 的电子波不能在晶格中继续传输。与 $\lambda=2a$ 相对应的波数为

$$k_{\mathrm{B}} = \frac{2\pi}{\lambda} = \frac{2\pi}{2a}. \qquad (2.32)$$

因此,波数为 k_{B}(动量为 $p_{\mathrm{B}}=2\pi\hbar/2a$)的电子将受到晶格原子的强烈反射,导致电子的能谱 $E(k)$ 在 k_{B} 上发生了跳跃,出现了能隙 2Δ,参见图 2.4。当 $\lambda=2a/l$ ($l=1,2,3,\cdots$)时,各个晶格原子上反射波也都是同位相的,于是这些波长的电子波也会受到晶格原子的强烈反射,因此在下面一系列的波数上

$$k_{\mathrm{B}}^{(l)} = \frac{2\pi l}{2a}, \quad l=\pm 1,\pm 2,\cdots \qquad (2.33)$$

电子的能谱都会出现不连续。这说明,当考虑了晶格原子排列周期后,在电子动量空间中,存在着一系列特殊的点 $k_{\mathrm{B}}^{(l)}$,这些点的波数由式(2.33)确定。在这些点上,电子的能谱不连续,存在着能隙。这些特殊的 $k_{\mathrm{B}}^{(l)}$ 将动量空间分成许多区域,在每一个区域内部,电子的能谱是连续的;在不同的区域之间,电子的能谱发生跳变,分开的能量间隔为 $E_{\mathrm{G}}=2|V_n|$,这里 V_n 为势的大小,称 E_{G} 为带隙或禁带。因此,晶格中电子的能谱是分成一段一段的,如图 2.4 所示,每一段连续能谱称为一个能带,在能带之间存在着能隙。由 $k_{\mathrm{B}}^{(l)}$ 所分割成的区域称为布里渊(Brillouin)区,其中动量最小的区域称为第一布里渊区,接着的是第二、第三布里渊区等等,各个布里渊区所占据的动量范围为(见图 2.4)。

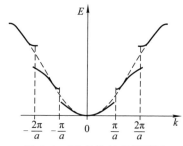

图 2.4 1D 晶体的布里渊区

第一布里渊区 $-1/2a<k<1/2a$,
第二布里渊区 $-2/2a<k<-1/2a$, $1/2a<k<2/2a$,
第三布里渊区 $-3/2a<k<-2/2a$, $2/2a<k<3/2a$,
......

每个布里渊区的长度都是 $1/a$,每个布里渊区的能谱组成一个能带. 这些特殊的波数 $k_B^{(l)}$ 就是布里渊区的边界,对于 1D 晶格,第一布里渊区的边界是两个点 $\pm\pi/2a$.

至此我们已经讨论了两个特征波数: k_F 和 $k_B^{(l)}$, 由式 (2.33) 可见, 布里渊区边界 $k_B^{(l)}$ 由晶格常数 a 决定, 与电子数目的多少无关. 对于费米波数 k_F, 它完全由电子的密度 n 决定, 与晶格结构无关. k_F 是基态中电子的最大动量所对应的波数,而 $k_B^{(l)}$ 则是电子能谱不连续的位置.

对于 1D 体系,相邻两动量状态之间的波数间隔为 $\Delta k=\pi/L$, 每个布里渊区是 π/a, 因而每个布里渊区中的动量状态数目为

$$\frac{\pi/a}{\pi/L}=\frac{L}{a}=N, \tag{2.34}$$

它正好等于 1D 晶格中原子的数目 N. 因为每个波数 k 对应于一个能级 $E(k)$, 每个布里渊区中的能谱组成一个能带, 每个能带中包含有 N 个能级. 由于每个能级上可容纳两个电子(具有不同自旋), 所以每个能带(或者每个布里渊区) 可容纳 $2N$ 个电子. 如果晶格中的每个原子具有两个价电子, 则在晶格中共有 $2N$ 个电子, 它们正好填满第一布里渊区(或第一能带), 这时电子的费米波数为 $k_F=2\pi n/4=(2\pi N/L)/4=\pi/2a$, 它与第一布里渊区的边界 $k_B^{(l)}$ 相重合. 对于不同的材料, 每个原子上的价电子数不一样, 电子的线密度 n 不一样, 因而能带中电子的填充情况也不相同.

与 1D 情况相似,可以讨论 2D, 3D 的布里渊区及其边界. 这样我们可得到不同维数晶格的布里渊区及其边界的形状, 如表 2.1 所示. 不同维数体系的费米球和费米面的形状参见表 2.2. 比较费米面和布里渊区边界的形状, 就可以看到, 1D 体系有特殊性. 对于 1D 体系, 费米面和第一布里渊区的边界都是两个点, 它们有可能相互重合, 例如, 当每个原子有两个价电子时, 两者重合. 对于 2D 体系, 费米面是圆周, 布里渊区边界是直线围成的面积, 两者只能相交或相切, 不能重合. 对于 3D 体系, 费米面是球面, 布里渊区边界是由平面组成的多面体, 两者也不重合. 因而 1D 体系与 2D, 3D 体系有显著差别, 对于 1D 体系, 费米面可以和布里渊区边界重合; 但是, 2D, 3D 体系则不能. 正是由于这个差别, 使得 1D 体系容易发生相变, 从而可能导致不是导体; 而 2D, 3D 则可能不发生显著改变导电特性的相变.

表 2.1　三种维数的布里渊区及其边界

维数	布里渊区	布里渊区的边界
1D	线段	点
2D	多边形	直线
3D	多面体	平面

表 2.2　不同维数的费米球和费米面

维数	费米球	费米面
1D	线段	两点($\pm k_F$)
2D	圆	圆周
3D	球	球面

由于固体晶格点阵对电子运动的影响会使能带结构发生变化,而且会显著地影响量子态的分布和态密度,这就是能带论的基础.以此为基础,从物理上很好地说明了固体材料的金属、半导体和绝缘体特性.这些成果的物理基础就是费米气体模型.

§2.5　费米气体模型

20 世纪初 Drude 和 Sommerfeld 用模型表征了金属特性[1],在这个模型中,金属中原子的价电子被描述为导带中非相互作用的电子气.假设在它们之间或者粒子(电子)与晶格正电荷离子之间没有力作用.在其中,这些电子气传输是弹道的,直到它们彼此碰撞.在室温下计算不同金属的电阻时德鲁德模型是成功的,由已知的欧姆定律给出

$$\rho = \frac{m_e}{ne^2 \tau}, \tag{2.35}$$

式中,τ 是碰撞间隔时间,为平均自由距离除以电子的平均速度.基于电子系统的费米分布函数,考虑了泡利不相容原理,电子以费米速度运动,在很宽的温度范围呈现自由电子气的特征,能与实验很好地一致.后来将这类束缚于凝聚态中的电子称为准自由电子,其体系为自旋 1/2 的 N 个费米粒子的自由气体,单粒子本征态是波矢为 k 的平面波,自旋投影为 $\sigma_z = \pm 1/2$,具有能量 $\varepsilon_k = (\hbar k)^2/2m$.基态称为费米海,所有单粒子态填充到极限波矢 $k_F = (3\pi^2 N)^{1/3}$.在此基础上定义费米动量、能量和速度分别为

$$p_F = \hbar k_F = \hbar(3\pi^2 N)^{1/3}, \quad \varepsilon_F = \frac{p_F^2}{2m}, \quad v_F = \left(\frac{d\varepsilon}{dp}\right)_{p_F} = \frac{p_F}{m}. \tag{2.36}$$

在费米面单位体积单位能量的态密度为

$$\frac{dn}{d\varepsilon} = \frac{3Nm}{p_F^2},\tag{2.37}$$

低温静态特性完全决定于态密度. 例如, 比定容热容和磁化系数可写为[2]

$$c_V = \frac{\pi^3}{3} k_B^2 \frac{dn}{d\varepsilon} T, \quad \chi = \mu^2 \frac{dn}{d\mu},\tag{2.38}$$

以上各参量为费米气体模型给出的结果. 但有些金属在低温时与索末菲理论描述的特性发生偏离, 例如碱金属 (Li, Na, K 等, 全具有 ns^1 电子结构) 在低温时的比热容 c 与温度 T 的关系偏离线性, 对过渡金属如 Fe 和 Mn 而言线性很差, 对次金属如 Bi 和 Sb 而言线性情况更坏, 这些现象偏离了费米气体模型, 在后面我们将讨论费米液体理论处理有关的问题.

参 考 文 献

[1] Maple M B, Baumbach R E, Hamlin J J, et al. New correlated electron physics from new materials. Physica B, 2009, 404(19).

[2] Leggett A J. A theoretical description of the new phase of liquid ^{3}He. Rev. Mod. Phys., 1975, 47: 331—414.

第 3 章 费米液体

在费米气体的基础上进一步考虑电子间的相互作用.当电子间的相互作用较弱时,其模型为费米液体. 朗道(L. D. Landau)1956 年创建了费米液体理论,1962 年由于他在凝聚态物理方面的杰出贡献获得诺贝尔物理学奖. 表征费米液体的方法很多,这里我们从简单直观的角度讨论费米液体的基本理论和表述方法.

§3.1 费米液体模型

当考虑凝聚态物质中含有的大量粒子之间的相互作用时,其中决定物质传输特性的载流子,不再是准自由电子,这时粒子间存在强相互作用. 为了处理这样体系,人们发展出费米液体模型,或称为朗道-费米液体理论[1]. 费米液体模型初期所讨论的费米子激发只是弱相互作用,产生的载流子是质量更大的准粒子,它们有无限的寿命. 对这类体系在公式表述形式上,与费米气体的相同,参量可以一一对应,但有些参量的内容含义不同. Landau 当初的处理思想是从费米气体的粒子间不存在相互作用开始,经过物理上的绝热条件来开关粒子间的相互作用,这样由费米气体演化为费米液体,由此引进了准粒子概念. 这类存在相互作用粒子的系统行为由费米液体或量子液体理论描述. 在费米液体中,起重要作用的是粒子的集体态. 通常在足够高的温度时,体系的行为类似非相互作用系统. 若温度足够低,只存在少数低能粒子,它们之间很少散射,因此准粒子间相互作用很弱. 费米液体理论的首先应用是有关超流和高温超导行为的讨论. 在对有关 He-I 态问题的研究过程中,人们发展了超流理论,这是第一个量子液体理论[2],它描述所谓玻色液体,即相互作用粒子的量子系统,遵从玻色统计. 这些液体有其他多种形式表述的类型,统称为费米液体理论. 这一体系为自旋 1/2 的粒子所构成,遵从费米统计. 对于金属中的电子,可以想象每个电子周围聚集着其他电子云,因此变成准粒子,具有有效质量 m^*. 准粒子数量等于金属中自由电子数 N,以平面波形式运动,动量为 $\boldsymbol{P}=\hbar k$,自旋投影 $\pm 1/2$,遵从泡利不相容原理. 在基态时,准粒子填充费米海到费米动量. 在激发态时,准粒子离开填充态进入空态,可描述为在某指定的态 (P,σ),其准粒子数为 $n(P,\sigma)$,则准粒子的能量表示为

$$\varepsilon(P) = \frac{P^2}{2m^*}, \tag{3.1}$$

准粒子系统的费米速度和态密度分别表示为

$$v_F = \frac{p_F}{m^*}, \quad \frac{\mathrm{d}n}{\mathrm{d}\varepsilon} = \frac{3Nm^*}{p_F^2}, \tag{3.2}$$

这是从式(2.36)和(2.37)简单地用有效质量 m^* 代替 m 得到的。这样费米液体系统的行为表示在形式上与费米气体的相似,但一些参量的含义上有显著不同。在费米液体理论中 Landau 做了另一个假设：准粒子的相互作用可以考虑围绕粒子的自洽场,所以实际系统的能量不等于 N 个准粒子能量的和,而是与分布有关的函数。在形式上描述 Landau 定义的准粒子能量表示为

$$\varepsilon = \varepsilon_0(P, \sigma) + \delta_{(P, \sigma)}^F, \tag{3.3}$$

式中 $\varepsilon_0(P, \sigma)$ 是准粒子在 $T = 0\mathrm{K}$ 的能量,$\delta_{(P, \sigma)}^F$ 是与其他准粒子相互作用的平均场效应贡献的能量,定义为

$$\delta_{(P, \sigma)}^F = \frac{1}{2} S_{\sigma'} \int f(P, \sigma; P', \sigma') \delta n(P, \sigma) 2 \frac{\mathrm{d}p_x \mathrm{d}p_y \mathrm{d}p_z}{(2\pi\hbar)^3}, \tag{3.4}$$

式中,函数 $f(P, \sigma; P', \sigma')$ 是两个准粒子相对散射大小,通常是反演对称的,即 $f(P, \sigma; P', \sigma') = s(P', \sigma'; P, \sigma)$。$\delta n(p, \sigma) = n - n_F$,即考虑态密度相对平衡值 n_F 有小的偏离。这里费米面附近准粒子与低能激发具有长寿命的电子系统相互作用,由此可以解释低温($T \ll T_F$)费米系统特性,给出系统总能量为

$$E = E_0 + \sum_{P, \sigma} \int \delta \varepsilon(P, \sigma) \delta n(P, \sigma), \tag{3.5}$$

这表明总能量并不正好是每个准粒子的能量和。在低温($T: 1 \sim 10\mathrm{K}, T \ll T_F$),费米液体模型预测磁化系数 χ、比热容 c 和电阻率 ρ 与温度 T 的关系[3],表示为

$$\chi = \chi_0, \quad \chi_0 = \chi_0(m^*), \tag{3.6}$$

$$c = \gamma_0 T, \quad \gamma_0 = \gamma_0(m^*), \tag{3.7}$$

$$\rho = \rho_0 + AT^2, \tag{3.8}$$

这些公式对于各向同性的 3D 系统是有效的。磁化系数和比热容在费米气体模型中有同样的形式。在由准粒子的有效质量给出系数 γ_0 的关系式中

$$\gamma_0 = \left(\frac{\pi}{3N}\right)^{2/3} \frac{m^*}{\hbar}. \tag{3.9}$$

式(3.8)是考虑在费米球表面能量薄层中两个电子散射,参见图3.1,由于能量和动量守恒,它表明电子-电子散射率 τ_{e-e} 反比于温度的平方。

式(3.6)和(3.7)由实验确定,对多数正常金属而言,电阻预测是困难的,在样品中通常杂质很多,系数 A 太小。近些年,人们在实验研究一类称为重费米子(heavy fermions, HF)化合物的新材料,有可能进行费米液体电阻定律方面的

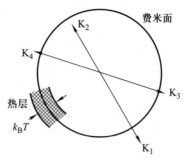

图 3.1 电子-电子散射图,在近费米面薄层中两个电子从初态 K_1 和 K_2 散射进入终态 K_3 和 K_4

研究. HF 材料是金属间化合物,通常含有稀土或锕类原子(U,Ce,Yb,如 URu_2Si_2 在低于 $T_C=0.8K$ 时是 HF 超导体),有部分填充 4f 或 5f 电子壳层. 在低温情况下,f 电子强耦合形成导带,导致有效质量 m^* 增强,达到电子质量的 $100\sim 1000$ 倍,使 $\gamma_0(m^*)$,$\chi_0(m^*)$ 和 $A(m^{*2})$ 都得到增强. 例如常规金属有

$$\gamma_0^m : 1 \sim 10 \ \frac{mJ}{mol \cdot K^2}, \tag{3.10}$$

而对 HF 有

$$\gamma_0^{HF} : 100 \sim 1000 \ \frac{mJ}{mol \cdot K^2}. \tag{3.11}$$

对于 URu_2Si_2,$\gamma_0^U = 180 \ mJ/(mol \cdot K^2)$. 图 3.2 表明了低温 $CeAl_3$ 的摩尔热容与温度 T 的关系,图 3.3 表明了低于 100mK 的 $CeAl_3$ 电阻率与温度的关系,从而实验验证了朗道-费米液体理论[4].

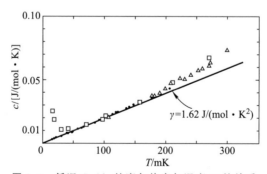

图 3.2 低温 $CeAl_3$ 的摩尔热容与温度 T 的关系

在 HF 化合物中,发现很大的 A 与增强的电子比热容间有普适关系,如门胁(Kadowaki)和伍兹(Woods)发现 HF 化合物的电阻系数 A 与比热系数 γ_0^2 的线性关系,如图 3.4 所示[5],实线对应于 $A/\gamma_0^2 = 1\times 10^{-5} \mu\Omega \cdot cm(mol \cdot K/mJ)^2$,虚线对

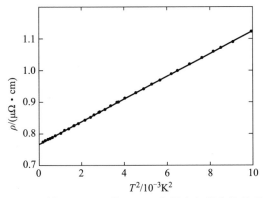

图 3.3 低于 100mK 的 CeAl$_3$ 电阻率与温度的关系

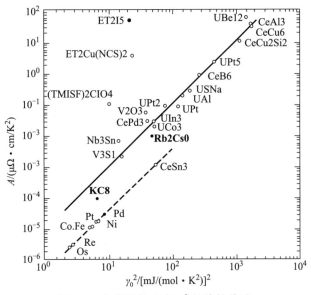

图 3.4 电阻系数 A 与 γ_0^2 的线性关系

应于 $A/\gamma_0^2 = 0.4 \times 10^{-6} \mu\Omega \cdot cm(mol \cdot K/mJ)^2$. 研究表明多数 HF 的实验结果与朗道-费米液体理论能很好地一致. 然而, 近些年一类新化合物在低温显示出的物理特性显著地偏离了式(3.6)—(3.8), 这些化合物已证明为非费米液体, 这将在以后讨论.

§3.2 费米液体理论

这里用哈密顿量和重整化群的方法进一步表征费米液体理论. 在费米气体

模型中,金属中的电子之间完全没有相互作用,这是一种简单的近似.若考虑系统中存在电子间的相互作用,其哈密顿量表示为

$$H = \sum_k \varepsilon_0(\boldsymbol{k})n(\boldsymbol{k}) + \frac{1}{2V}\sum_{k,k'} f(\boldsymbol{k},\boldsymbol{k}')n(\boldsymbol{k})n(\boldsymbol{k}'), \qquad (3.12)$$

式中 $n(\boldsymbol{k})$ 是波矢 $\boldsymbol{k}$ 的电子密度.式(3.12)右侧第一项是系统的动能,第二项则是电子之间的相互作用能.如果没有第二项,这个系统就简化为费米气体.反之,若考虑了电子间的相互作用,应包括电子间散射、BCS 相互作用、密度-密度相互作用等,其哈密顿表示为

$$H = \sum_k \varepsilon_0(\boldsymbol{k})n(\boldsymbol{k}) + \frac{1}{2V}\sum_k \delta(\boldsymbol{k}_1+\boldsymbol{k}_2-\boldsymbol{k}_3-\boldsymbol{k}_4) \times$$
$$V(\boldsymbol{k}_1,\boldsymbol{k}_2,\boldsymbol{k}_3,\boldsymbol{k}_4)\psi'(\boldsymbol{k}_1)\psi'(\boldsymbol{k}_2)\psi(\boldsymbol{k}_3)\psi(\boldsymbol{k}_4). \qquad (3.13)$$

这里暂不考虑电子自旋,则电子之间的相互作用可考虑为电子间的散射.散射前两个电子的动量分别为 $\boldsymbol{k}_3,\boldsymbol{k}_4$,经由相互作用 $V(\boldsymbol{k}_1,\boldsymbol{k}_2,\boldsymbol{k}_3,\boldsymbol{k}_4)$ 被散射至相空间的动量分别为 $\boldsymbol{k}_1,\boldsymbol{k}_2$,$\delta$ 函数表示过程中动量守恒.式(3.13)所描述的相互作用还是太复杂,涉及各种可能的作用过程.

为了进一步讨论电子间的相互作用,这里引进重整化群概念[6].重整化群是描述系统基态和其附近激发态之间关系的一种方法,可以用其来区分不同相互作用对一个系统的基态及附近激发态的重要性.由重整化群的计算得知,某相互作用的重要性与其在相空间中所占的区域大小成正比.因此,只要能估算出一个相互作用在相空间中所占的区域大小,即可得知哪些相互作用是主要的,哪些是可以忽略的.首先,假设温度不是很高而且相互作用也不是很强,如只考虑在费米面附近电子间的相互作用.再考虑两个电子分别以动量 $\boldsymbol{k}_3,\boldsymbol{k}_4$ 入射,由于动量守恒,加上只有费米面附近才有贡献,所以允许的区域是相当狭小的,如图 3.5 所示.基本上只有在球心相距 $\boldsymbol{P}=\boldsymbol{k}_3+\boldsymbol{k}_4$ 且两个球面相交附近的区域,才有满足动量守恒条件.但总动量 $\boldsymbol{P}=\boldsymbol{k}_3+\boldsymbol{k}_4=\boldsymbol{0}$ 除外,在这种特别的情形下,原先狭小的区域,由于两个球面重叠,可允许的区域变成了整个球面.根据重整化群的结果,由于这一特殊的相互作用在相空间中所占的区域很大,它对于基态及附近激发态是十分重要的.它的重要性就是 BCS 相互作用,哈密顿表示为

$$H_{\text{BCS}} = \frac{1}{2V}\sum_{k,k'}\Delta(\boldsymbol{k},\boldsymbol{k}')\psi'(\boldsymbol{k}')\psi'(-\boldsymbol{k}')\psi(\boldsymbol{k})\psi(-\boldsymbol{k}), \qquad (3.14)$$

该相互作用描述一对电子 $(\boldsymbol{k},-\boldsymbol{k})$ 被散射成另一对电子 $(\boldsymbol{k}',-\boldsymbol{k}')$.

另一种类型的相互作用则是考虑一个电子以动量 $\boldsymbol{k}_3$ 入射,之后被散射至动量 $\boldsymbol{k}_1$ 的各种可能性.这和前面的例子十分类似,在一般的情形下,若动量转换 $\boldsymbol{Q}=\boldsymbol{k}_1-\boldsymbol{k}_3$ 不为零,允许的相空间也是相当狭小的.但若动量转换 $\boldsymbol{Q}=\boldsymbol{0}$,相空间变成了整个球面.此时对应的相互作用表示为

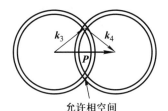

图 3.5 弱相互作用下可允许的相空间

$$H_\mathrm{F} = \frac{1}{2V} \sum_{k,k'} F(k,k') \psi'(k) \psi'(k') \psi(k) \psi(k'), \quad (3.15)$$

这个密度–密度相互作用成为式(3.12)中起主要作用的部分. 由于它描述电子以动量 (k,k') 入射, 但散射后的动量并无改变, 称为前向散射. 至此, 式(3.12)中的相互作用只剩下 BCS 相互作用. 一般而言, 如果电子间相互作用是吸引的, 则电子对跃迁的概率较大, 所导致的相态为超导体. 反之, 如果电子间相互作用是排斥的, 则是前向散射的概率较大, 所导致的相态就是费米液体. 这是弱相互作用的情况, 当这个作用很强时, 费米液体会变得不稳定, 将发生新的相变.

此前我们只考虑温度低及相互作用弱的情形, 粒子的密度分布函数与自由电子气的费米分布函数相差不大. 为了便于描述, 将密度改变量引入为变量, 表示为

$$\Delta n(k) = n(k) - \Theta(k_\mathrm{F} - k). \quad (3.16)$$

经过计算及简化, 原先的哈密顿量可用密度改变量表示为

$$H = \sum_k \varepsilon(k) \Delta n(k) + \frac{1}{2V} \sum_{k,k'} f(k,k') \Delta n(k) \Delta n(k'). \quad (3.17)$$

式中右边第一项是重整化了的粒子能量, 第二项则是粒子间的相互作用能. 从形式上看, 粒子间的相互作用和式(3.12)相同, 但粒子的能量不再是原先的, 由下式描述为

$$\varepsilon(k) = \varepsilon_0(k) + \frac{1}{V} \sum_{k'<k_\mathrm{F}} f(k,k'). \quad (3.18)$$

这是因为当多放入一个电子进入系统时, 除了原先的动能外, 还要附加整个费米面内电子的相互作用项, 参见图 3.6 所表示的相互作用下粒子能量重整化的示意图, 图中从左至右, $\varepsilon_0(k)$ 为没有粒子加入的费米分布, $\varepsilon(k)$ 为与费米海相互作用的重整化, $E(k)$ 为多个粒子和空穴的重整化. 加入粒子的系统经过弛豫后, 和原先相比, 系统并不是多了一个电子, 而是一个准粒子. 基本上, 这个准粒子可以看成原先的电子加上其他电子的扰动. 这个准粒子和原先的电子可以是完全不同的. 如果不止放进一个电子, 而是一次放进几个电子, 问题就更复杂了(参见图 3.6 最右边部分). 这需要进一步引进平均场假设来处理粒子间的相互作用,

将密度改变量由其平均值取代,则粒子的能量就变成

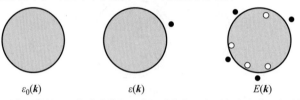

图 3.6 相互作用下粒子能量重整化的示意图

$$E(\boldsymbol{k}) = \varepsilon(\boldsymbol{k}) + \frac{1}{V} \sum_{\boldsymbol{k}'} f(\boldsymbol{k}, \boldsymbol{k}') [\Delta n(\boldsymbol{k}')]. \tag{3.19}$$

由于粒子的能量隐含了粒子本身的分布函数,因此可以用自洽的方式解出. 式(3.19)是一般描述费米液体中粒子能量最常见的表示方式,而其物理图像如图 3.6 所描述. 知道了费米液体中粒子的能量关系式,就可用以计算各种不同的物理量,其中关键是一个类似电子的准粒子存在,它是体现体系整体特征的粒子. 这种模型使得费米液体和费米气体系统表征在形式上并没有太大的不同,从而有利于人们的理解,但在粒子特性上,体系行为有显著的不同.

§3.3 弱关联电子液体

3.3.1 Thomas-Fermi 散射

在费米气体中,引进了电子关联的影响,我们考虑在铜氧化物超导体的一个平面中填隙氧缺陷荷电的影响,参见图 3.7. 假设氧原子从金属带捕获 2 个电子,由 $2s^2 2p^4$ 变为 $2s^2 2p^6$,这个缺陷成为阴离子,有 2 个电子的净电荷. 氧原子的近邻电子势和电荷密度将减小. 若模拟这个材料中的电子态密度,则该态密度具有荷势态密度(density of states, DOS),可以想象这个局域电荷密度的减小,抬高了缺陷附近 DOS 抛物线,参见图 3.8 所示的电荷缺陷附近 DOS 抛物线位移,左图为缺陷附近的电荷分布,右图为远离缺陷周围的电荷分布. 这将引出离开缺陷的自由电子电荷流. 在缺陷附近(由于 $e<0$,有 $e\delta(r)<0$)电子密度为

$$n(r) \approx \int_0^{E_F + e\delta U(r)} D(E) \mathrm{d}E, \tag{3.20}$$

当离开缺陷时, $\delta U(r) = 0$,有

$$n(r) \approx \int_0^{E_F} D(E) \mathrm{d}E, \tag{3.21}$$

态密度改变

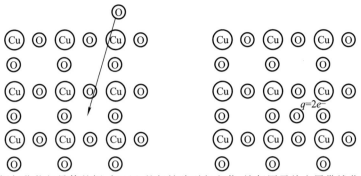

图 3.7 铜氧化物超导体的铜-氧面上的氧缺陷引起电荷,该氧原子从金属带捕获 2 个电子

$$\delta n(r) \approx \int_0^{E_F+e\delta U(r)} D(E)dE - \int_0^{E_F} D(E)dE. \tag{3.22}$$

若 $|e\delta U| \ll E_F$,有

$$\delta n(r) \approx D(E_F)(E_F + e\delta U - E_F) = e\delta U D(E_F). \tag{3.23}$$

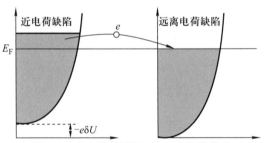

图 3.8 荷电缺陷附近 DOS 抛物线位移

对于静电势荷电问题可以求解泊松(Poisson)方程

$$\nabla^2 \delta U = 4\pi\delta\rho = 4\pi e\delta n = 4\pi e^2 D(E_F)\delta U. \tag{3.24}$$

取 $\lambda^2 = 4\pi e^2 D(E_F)$,有 $\nabla^2 \delta U = \lambda^2 \delta U$,得到解

$$\delta U(r) = \frac{q e^{-\lambda r}}{r}, \tag{3.25}$$

其中,$1/\lambda = r_F$ 为托马斯-费米(Thomas-Fermi)散射长度,表示为

$$r_F = (4\pi e^2 D(E_F))^{-1/2}. \tag{3.26}$$

估计方势阱的距离,可表示为

$$r_F^2 = \frac{a_0 \pi}{3(3\pi^2 n)^{1/3}} \approx \frac{a_0}{4n^{1/3}},$$

$$r_F \approx \frac{1}{2}\left(\frac{n}{a_0^3}\right)^{-1/6}. \tag{3.27}$$

在 Cu 中,$n \approx 10^{21}$ cm^{-3}(从 $a_0 = 0.53$ Å 估计出),代入式(3.27)得

$$r_{\rm FCu} \approx \frac{1}{2} \frac{(10^{21})^{-1/6}}{(0.5 \times 10^{-8})^{-1/2}} {\rm cm} \approx 5 \times 10^{-9} {\rm cm} = 0.5 \text{ Å}. \tag{3.28}$$

若在 Cu 中加入缺陷,缺陷离子势影响的屏蔽距离为 $r > 1/2$ Å. 现在考虑 Cu 或其他金属中电子边界势. 如图 3.9 所示,带边态能量上升,散射长度减小. 在弱金属化合物如 YBCO 中,价态是空的,载流子(电子)数量减小,散射长度增加,由于有关系

$$r_{\rm F} \sim n^{-1/6}, \tag{3.29}$$

这将扩展势范围,引起势下降或结合更多态,从而产生一个自由价态键. 现在设想用离子集中的系统代替一个缺陷,假设减少载流子密度(即在 Si 本征半导体中,加入掺杂剂,或用压力调制),将增加散射长度,引起某些态是空的,产生从金属到绝缘体的突然相变,这个行为解释了某些过渡金属氧化物、玻璃态、无定形半导体等中的莫特绝缘体(Mott insulator, MI)相变.

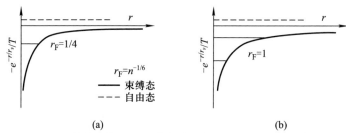

图 3.9 屏蔽缺陷势:(a) 屏蔽长度增加,(b) 自由态变为束缚态

3.3.2 准粒子

这里讲到的准粒子是个新概念,需要做进一步的说明.

(1) 粒子与空穴

在 $T = 0$ K 状态下,粒子和空穴是在非相互作用系统中激发的,考虑 N 个自由费米子系统,在体积 V 中,每个粒子质量为 m. 本征态是反对称的,与 N 个不同的单粒子态有关,粒子波函数表示为

$$\psi_p(\boldsymbol{r}) = \frac{1}{\sqrt{V}} {\rm e}^{{\rm i} \boldsymbol{p} \cdot \boldsymbol{r}/\hbar}. \tag{3.30}$$

占据每个态的概率为 $n_p = \theta(p - p_{\rm F})$,这里 $p_{\rm F}$ 是费米动量,系统的能量为

$$E = \sum_p n_p \frac{p^2}{2m}. \tag{3.31}$$

系统的 $p_{\rm F}$ 由下式给出

$$\frac{N}{V} = \frac{1}{3\pi^2} \left(\frac{p_{\rm F}}{h} \right)^3. \tag{3.32}$$

在 $T = 0$ K,加一个粒子到最低态 $p = p_{\rm F}$,有化学势

$$\mu = E_0(N+1) - E_0(N) = \frac{\partial E_0}{\partial N} = \frac{p_F^2}{2m}. \tag{3.33}$$

若在激发系统中,将使一定粒子数横过 E_F 面,产生粒子和等数量低于费米面的空穴.这些是元激发,表示为 $\delta n_p = n_p - n_p^0$,对于粒子和空穴进一步表示为

$$\delta n_p = \begin{cases} \delta_{p,p'} & \text{粒子}, p' > p_F, \\ -\delta_{p,p'} & \text{空穴}, p' < p_F. \end{cases} \tag{3.34}$$

若考虑热起伏产生激发,只有 $\delta n_p \sim 1$ 激发,能量在 E_F 附近的 $k_B T$ 范围内,如图 3.10 所示,对于这些激发态系统是稳定的.非相互作用系统的能量改变可用占据函数表示为

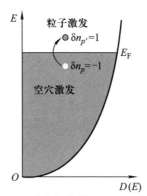

图 3.10 费米气体的粒子和空穴激发

$$E - E_0 = \sum_p \frac{p^2}{2m}(n_p - n_p^0) = \sum_p \frac{p^2}{2m} \delta n_p. \tag{3.35}$$

这个系统与粒子库接触,在理想接触情况下,对于 $T=0\text{K}$ 粒子的自由能为 $F = E - \mu N$,可进一步表示为

$$F - F_0 = \sum_p \left(\frac{p^2}{2m} - \mu \right) \delta n_p. \tag{3.36}$$

式中,p 是动量,$\frac{p^2}{2m} - \mu$ 是自由能,它相应于将粒子激发到费米面 E_F 外,参见图 3.11,相应于将空穴激发到 E_F 内的 $\delta n_{p'} = -\delta_{p,p'}$ 为空穴自由能.由于 $\mu = p_F^2/2m$,在 $p = p_F$ 任何一个粒子的自由能是 0.这样,激发自由能可写为

$$\frac{p^2}{2m} - \mu, \tag{3.37}$$

它总是正的,即系统是稳定的.

(2) 准粒子和准空穴

现在讨论在 $T=0\text{K}$ 时,考虑具有相互作用偏离平均距离的粒子系统,参见

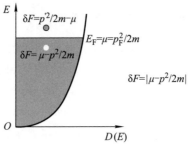

图 3.11 粒子或空穴的自由能 $\delta F = |p^2/2m - E_F| > 0$

图 3.12. 盒中的粒子间平均距离为 a，相互作用能表示为 $(e^2/a)e^{-a/r_F}$。设想这个系统经历一个缓慢地演化过程，从 0 时刻的非相互作用系统开始，在 t 时刻开始演化成为相互作用系统（即发生相互作用 $U \approx (e^2/a)e^{-a/r_F}$）。设理想系统的本征态用 n_p^0 表征，那么相互作用系统的本征态将从 n_p^0 演化到 n_p。实际上若系统是各向同性的并保持基态，即有 $n_p^0 = n_p$，则这是绝热过程。在这个方法中，某些情况下（如超导、磁体）将忽略相互作用系统的本征态。若加动量为 p 的粒子到非相互作用的理想系统中，缓慢地开始相互作用。在 $U=0$ 时加入粒子，缓慢开始扰动使一个粒子接近另外一个粒子，相互作用的粒子是不稳定的，图 3.13 示出了粒子间相互作用形成准粒子的演化过程，图中用椭圆阴影表示粒子及其电子云，演化过程改变了这个单粒子的有效质量，但没有改变其激发的动量。由于动量守恒，产生动量 p 的激发（粒子及其电子云），称这个粒子和电子云为准粒子。在同样的方法中，若引进空穴动量 p 低于费米面，开始相互作用，产生准空穴。注意若准粒子的寿命 $\tau < t$，这个绝热过程的开始将是困难的，之后的过程是不可逆的。若缩短演化时间达到 $\tau \gg t_1$，那么 U 的过程可能不是绝热的，系统不是在基态演化。这样，困难在于粒子能量不是在费米面附近。有少数几个态产生准粒子–空穴激发，可用激发微扰讨论准粒子的寿命，该寿命正比于费米面以上的动量平方，表示为 $\varepsilon = p^2/2m - p_F^2/2m \approx v(p-p_F)$。为了估计这个寿命，现在考虑具有动量为 p_1 的粒子，在费米面以上 $(p_1 > p_F)$，与之作用的粒子在费米面以下 $(p_2 - p_F)$，具有动量为 p_2。激发的结果是两个新粒子出现在费米面以上，具有动量 p_3 和 p_4，所有其他态被填充，参见图 3.14。这同样可以解释为动量 p_1 衰减到动量 p_3 和动量 p_2 衰减到 p_4。用费米黄金定律表征，这个过程总概率表示为

$$\frac{1}{\tau} \propto \int \delta(\varepsilon_1 + \varepsilon_2 - \varepsilon_3 - \varepsilon)\,d^3p_2 d^3p_3, \quad (3.38)$$

式中，$\varepsilon_i = p_i^2/2m - E_F$，$i=1,2,3,4$。这个积分要满足能量和动量守恒，则有

$$p_1 > p_F, p_2 < p_F, p_3 > p_F, p_4 = |\boldsymbol{p}_1 + \boldsymbol{p}_2 - \boldsymbol{p}_3| > p_F \quad (3.39)$$

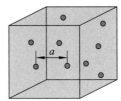

图 3.12 费米液体模型:在无限深阱中一组相互作用的粒子

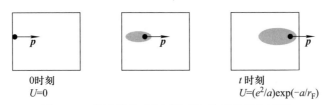

图 3.13 粒子间相互作用形成准粒子的演化过程

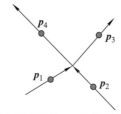

图 3.14 在费米面以上具有动量 p_1 的粒子($p_1>p_F$)与一个费米面以下具有动量 p_2($p_2<p_F$)的粒子作用,结果在费米面以上出现具有动量 p_3 和 p_4 的两个新粒子

必然有 $\varepsilon_1+\varepsilon_2=\varepsilon_3+\varepsilon_4>0$,粒子 p_3 和 p_4 必须高于费米面. 由于 $\varepsilon_2<0$,若 ε_1 很小,那么有 $\varepsilon_2(|\varepsilon_2|<\varepsilon_1)$ 同样小,结果只有 ε_1/E_F 大小的态与 k_1 散射,满足能量守恒和遵从泡利原理. 这样,限制 ε_2 在费米面附近宽度为 ε_1/E_F 窄壳层内,其减小的散射概率因子为 $1/\tau$. 现在考虑动量守恒,约束态 k_3 和 k_4 表示为

$$k_1-k_3=k_4-k_2. \tag{3.40}$$

由于 ε_1 和 ε_2 限制在费米面附近的窄壳层内,所以对应粒子 3,4 的 $\varepsilon_3,\varepsilon_4$ 要求满足 $k_1-k_3=k_4-k_2$ 限制,它们为允许态,见图 3.15,图(a) 动量 p_1 的准粒子衰减经由准空穴激发动量 p_4 的准粒子. 可同样描述为动量 p_1 的粒子和动量 p_2 的空穴衰减为动量 p_3,p_4 粒子. 能量守恒要求 $|\varepsilon_2|<\varepsilon_1$,这样就将 ε_2 约束在费米面附近宽度为 ε_1/E_F 的窄壳层内. 图(b) 动量守恒 $k_1-k_3=k_4-k_2$ 的进一步约束使达到态的系数为 ε_1/E_F. 准粒子的寿命正比于 $(\varepsilon_1/E_F)^{-2}$. 若取 k_1 固定,那么对于允许态 2 和 3 用旋转矢量 $k_1-k_2=k_4-k_3$ 得到;然而,这个旋转严格地限

制了粒子必须保留在费米面以上,而粒子 2 在费米面以下,这个约束终态进一步将散射概率因子减小为 ε_1/E_F. 这样,散射概率 $1/\tau$ 正比于 $(\varepsilon_1/E_F)^2$,导致足够小的能量激发总是满足长寿命和可逆约束条件的. 这类准粒子只与小量的其他粒子相互作用属于托马斯-费米散射(即在距离 $\approx r_F$ 内),显著减小了散射概率.

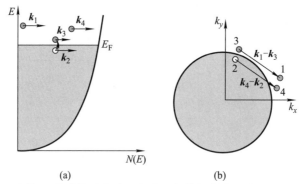

图 3.15 (a)动量 p_1 的准粒子衰减经由准空穴激发动量 p_4 的准粒子,(b)动量守恒 $k_1-k_3=k_4-k_2$ 进一步约束可达到态的系数,其为 ε_1/E_F

(3) 准粒子的能量

在非相互作用的费米气体系统中,激发是从占据态到空态的分离过程,若占据基态为 n_p^0,有

$$\delta n_p = n_p - n_p^0. \tag{3.41}$$

在低温条件下,对于 $p \approx p_F$ 有 $\delta n_p \sim 1$,这里粒子有足够长的寿命 $\tau \gg t$. 强调一下只有 δn_p 是重要的,而不是 n_p^0 或 n_p,因为后者的物理关系没有强调准粒子态. 在远离费米面时,它们是不稳定的. 用 δn_p 描述理想系统,则有

$$E - E_0 = \sum_p \frac{p^2}{2m} \delta n_p. \tag{3.42}$$

对于存在相互作用的系统,则 $E(n_p)$ 将变得复杂. 若 δn_p 很小(接近系统的基态),可以将其展开为

$$E(n_p) = E_0 + \sum_p \varepsilon_p \delta n_p + O(\delta_p^2), \tag{3.43}$$

式中,$\varepsilon_p = \delta E/\delta n_p$. 这里 ε_p 与系统体积无关. 若 $\delta n_p = \delta_{p,p'}$,那么 $E \approx E_0 + \varepsilon_{p'}$,就是动量为 p' 的粒子能量为 $\varepsilon_{p'}$. 实际中,只需要考虑在费米面附近的 ε_p,那里 δn_p 是有限的,所以可以近似地认为

$$\varepsilon_p \approx \mu + (p - p_F) \cdot \nabla_p \varepsilon_p |_{p_F}, \tag{3.44}$$

式中,$\nabla_p \varepsilon_p = v_p$ 是准粒子的速度. $N+1$ 个粒子系统的基态由另加一个粒子 $\varepsilon_p = \varepsilon_F = \mu = \partial E_0/\partial N$ 得到($T = 0$K),也可由此式定义化学势 μ. 利用系统的对称性可以进一步讨论关于 ε_p 的其他性质. 若考虑与自旋 σ 相关的特性,在时间

可逆情况下,有 $\varepsilon_{p,\sigma}=\varepsilon_{-p,-\sigma}$;在别洛索夫-扎鲍廷斯基(Belousov-Zhabotinski, BZ)反射下,有

$$\varepsilon_{p,\sigma}=\varepsilon_{-p,\sigma}, \tag{3.45}$$

所以有 $\varepsilon_{p,\sigma}=\varepsilon_{-p,\sigma}=\varepsilon_{p,-\sigma}$,即没有外磁场时,$\varepsilon_{p,\sigma}$ 不依赖于 σ.进而,各向同性系统 ε_p 与磁场 $|\mathbf{p}|$ 有关,即可表示为 $\varepsilon_p(|\mathbf{p}|)$,其 $\mathbf{p}$ 和 $\mathbf{v}_p=\nabla\varepsilon_p(|\mathbf{p}|)=(\mathbf{p}/|\mathbf{p}|)(\mathrm{d}\varepsilon_p(|\mathbf{p}|)/\mathrm{d}|\mathbf{p}|)$ 是平行的.现有

$$\mathbf{v}_{p_F}=\frac{\mathbf{p}_F}{m^*}, \tag{3.46}$$

式中,m^* 为粒子的质量.在非相互作用的系统中,态密度为

$$D(E_F)=\frac{1}{2\pi^2}\left(\frac{2m}{\hbar^2}\right)^{3/2}E_F^{1/2}=\frac{mp_F}{\pi^2\hbar^3}, \tag{3.47}$$

式中,$\mathbf{p}=\hbar\mathbf{k}$ 和 $E=p^2/2m$.这样对于在费米面上相互作用系统,有

$$D_i(E_F)=\frac{m^* p_F}{\pi^2\hbar^3}, \tag{3.48}$$

式中,m^*(这里 $m^*>m$,但不总是这样)是考虑实际准粒子的质量,可以看作包裹粒子,运动时必须一起拉动这个包裹粒子.这样用有效质量描述了粒子间的相互作用,保持了描述非相互作用系统的函数形式.

3.3.3 费米液体

为进一步理解费米液体特性,这里主要介绍 Landau 的费米液体理论,并引用他导出的公式.费米液体理论是超导和超流理论的出发点,构造费米液体要么从多体图像出发,要么从唯像学观点出发,Landau 选择了后者.费米液体理论有 3 个基本内容:①保留用量子数描述准粒子的动量和自旋;②超过某个时间 t,用绝热过程开始粒子-粒子的相互作用得到系统的相互作用能;③能够描述寿命 $\tau\gg t$ 的准粒子的激发态.

(1) 粒子间相互作用

系统的热力学特性与自由能 $F-F_0$ 有关,在 $T=0\mathrm{K}$ 时,表示为

$$F-F_0=E-E_0-\mu(N-N_0). \tag{3.49}$$

由于准粒子是绝热过程形成的,在 N 粒子的理想系统中,加 1 个粒子到系统中,增加了 1 个实际粒子,则有

$$N-N_0=\sum_p\delta n_p. \tag{3.50}$$

因为

$$E-E_0\approx\sum_p\varepsilon_p\delta n_p, \tag{3.51}$$

得到自由能

$$F - F_0 \approx \sum_p (\varepsilon_p - \mu) \delta n_p. \tag{3.52}$$

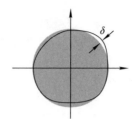

图 3.16 费米面小畸变正比于 δ

对于存在相互作用的激发系统,粒子激发引起费米面的扭曲,其畸变量正比于 δ,如图 3.16 所示.在理论和实验有效情况下,必须有

$$\frac{1}{N} \sum_p |\delta n_p| \ll 1, \tag{3.53}$$

式中,$\delta n_p \neq 0$,$\varepsilon_p - \mu$ 与 δ 有同样量级,所以有

$$\sum_p (\varepsilon_0 - \mu) \delta n_p \sim O(\delta^2). \tag{3.54}$$

相应地在能量的泰勒(Taylor)展开级数中加进一项,则自由能改变为

$$F - F_0 = \sum_p (\varepsilon_0 - \mu) \delta n_p + \frac{1}{2} \sum_{p,p'} f_{p,p'} \delta n_p \delta n_{p'} + O(\delta^3), \tag{3.55}$$

这里

$$f_{p,p'} = \frac{\delta E}{\delta n_p \delta n_{p'}} \tag{3.56}$$

是由 Landau 加入的与自由能改变有关的项.由于对于所有 p 的求和正比于体积 V,对于 F 必然有 $f_{p,p'} \sim 1/V$.因此 $f_{p,p'}$ 为准粒子间相互作用,每一项扩展到整个体积 V,所以相互作用概率是 $\sim r_F^3/V$,这样有

$$f_{p,p'} \sim r_F^3/V. \tag{3.57}$$

由于 δn_p 的大小受在费米面附近量级限制,若只考虑在费米面上的 $f_{p,p'}$(假设费米面上只发生连续的和缓慢变化的作用过程),则 $f_{p,p'}$ 可表示为

$$f_{p,p'}|_{\varepsilon_p} = \varepsilon - \mu. \tag{3.58}$$

由于与自旋有关的 $f_{p,p'}$ 的对称和反对称特性,在没有外场并在时间反演时,系统应该是不变的,所以有

$$f_{p\sigma,p'\sigma'} = f_{-p-\sigma,-p'-\sigma'}; \tag{3.59}$$

在反对称系统中,有

$$f_{p\sigma,p'\sigma'} = f_{-p\sigma,-p'\sigma'}, \tag{3.60}$$

那么有

$$f_{p\sigma,p'\sigma'} = f_{p-\sigma,p'-\sigma'}. \tag{3.61}$$

由此必然是 f 与自旋 σ 和 σ' 的相关取向有关,所以有两个独立的量 $f_{p\uparrow,p'\uparrow}$ 和 $f_{p\uparrow,p'\downarrow}$. 可以将它们分为对称和反对称两部分

$$f^{s}_{p,p'} = \frac{1}{2}(f_{p\uparrow,p'\uparrow} + f_{p\uparrow,p'\downarrow}),$$
$$f^{a}_{p,p'} = \frac{1}{2}(f_{p\uparrow,p'\uparrow} - f_{p\uparrow,p'\downarrow}), \tag{3.62}$$

式中上角标"s"表示对称部分;"a"表示反对称部分,$f^{a}_{p,p'}$ 表示交换作用. 上式或表示为

$$f_{p\sigma,p'\sigma'} = f^{s}_{p,p'} + \boldsymbol{\sigma} \cdot \boldsymbol{\sigma}' f^{a}_{p,p'}, \tag{3.63}$$

这里 $\boldsymbol{\sigma}$ 和 $\boldsymbol{\sigma}'$ 是自旋泡利矩阵. 对于各向同性的理想系统,$f^{a}_{p,p'}$ 和 $f^{s}_{p,p'}$ 只依赖于 $\boldsymbol{p}$ 和 $\boldsymbol{p}'$ 间的 θ 角,故可以展开 $f^{a}_{p,p'}$ 和 $f^{s}_{p,p'}$ 为

$$f^{\alpha}_{p,p'} = \sum_{l=0}^{\infty} f^{\alpha}_{l} P_{l}(\cos\theta), \tag{3.64}$$

其中 $\alpha =$ a,s;按惯例这些 f 参量表示的还原项为

$$D(E_{F})f^{\alpha}_{l} = \frac{Vm^{*}p_{F}}{\pi^{2}\hbar^{3}} f^{\alpha}_{l} = F^{\alpha}_{l}. \tag{3.65}$$

(2)准粒子的局域能

现在考虑存在某些激发准粒子 $\delta n_{p'}$ 间相互作用的系统,对于这个系统加入一个动量 $\boldsymbol{p}(\delta n_{p'} \to \delta n_{p'} + \delta_{p,p'})$ 的准粒子,参见图 3.17[7]. 加入一个粒子到均匀的系统中将产生一个使准粒子恢复平衡的力. 从式(3.55)可知加入准粒子的自由能表示为

$$\bar{\varepsilon}_{p} - \mu = \varepsilon_{p} - \mu + \sum_{p'} f_{p',p} \delta n_{p'}, \tag{3.66}$$

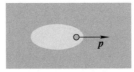

图 3.17 加入一个粒子到均匀的系统中将产生一个准粒子恢复平衡的力

令 $f_{p,p'} = f_{p',p}$,式中右边的最后两项是式(3.55)中的 $O(\delta^{3})$. 第二项 μ 描述准粒子自由能,ε_{p} 为准粒子局域能,$\bar{\varepsilon}_{p}$ 的梯度是系统施加在加入准粒子上的力. 当准粒子加到系统中时,系统变为不均匀,导致 $\delta n_{p'} = \delta n_{p'}(r)$. 系统将反抗不均匀减小自由能,导致 $\nabla_{r}f = 0$. 然而,由于加入粒子时式(3.65)是不均匀的,有非零梯度,增加了自由能. 这样,系统将施加力

$$-\nabla_{r}\bar{\varepsilon} = -\nabla_{r}\sum_{p'} f_{p,p'} \delta n_{p'}(r) \tag{3.67}$$

到加入的粒子上,产生与其他粒子的相互作用.

(3) 准粒子平衡分布

在有限温度下,准粒子的平衡分布对系统的特性起重要作用,能量改变为

$$E - E_0 = \sum_p \varepsilon_p \delta n_p + \frac{1}{2} \sum_{p,p'} f_{p',p} \delta n_{p'} \delta n_p. \tag{3.68}$$

假设 $\Sigma_p |\langle \delta n_p \rangle| \ll N$,为了将态密度改变展开,将其表示为

$$\delta n_p = \langle \delta n_p \rangle + (\delta n_p - \langle \delta n_p \rangle), \tag{3.69}$$

式中第一项是 $O(\delta)$,第二项是 $O(\delta^2)$,这样有

$$\delta n_p \delta n_{p'} \approx -\langle \delta n_p \rangle \langle \delta n_{p'} \rangle + \langle \delta n_p \rangle \delta n_{p'} + \langle \delta n_{p'} \rangle \delta n_p. \tag{3.70}$$

将式(3.69)代入式(3.68),得

$$\begin{aligned} E - E_0 &\approx \sum_p \varepsilon_p \delta n_p - \frac{1}{2} \sum_{p,p'} f_{p',p} \langle \delta n_p \rangle \langle \delta n_{p'} \rangle + \sum_{p,p'} f_{p',p} \langle \delta n_p \rangle \delta n_{p'} \\ &\approx \sum_p \left(\varepsilon_p + \sum_{p'} f_{p',p} \langle \delta n_{p'} \rangle \right) \delta n_p - \frac{1}{2} \sum_{p,p'} f_{p',p} \langle \delta n_p \rangle \langle \delta n_{p'} \rangle \\ &\approx \sum_p \langle \varepsilon_p \rangle \delta n_p - \frac{1}{2} \sum_{p,p'} f_{p',p} \langle \delta n_p \rangle \langle \delta n_{p'} \rangle + O(\delta^4). \end{aligned} \tag{3.71}$$

再讨论以前费米子占据非相互作用系统的概率,得到

$$n_p(T,\mu) = \frac{1}{1 + \exp\beta(\langle \varepsilon_p \rangle - \mu)} \tag{3.72}$$

或

$$\delta n_p(T,\mu) = \frac{1}{1 + \exp\beta(\langle \varepsilon_p \rangle - \mu)} - \theta(p_F - p), \tag{3.73}$$

至少对于各向同性系统,这个表示是有效的. 在费米面附近的 $k_B T$ 范围内,有

$$\langle \varepsilon_p - \varepsilon_p \rangle = \sum_{p'} f_{p',p} \langle \delta n_{p'} \rangle, \tag{3.74}$$

p 在费米面上的位置必是独立的,为常数. 再考虑将其用勒让德(Legendre)多项式展开

$$\begin{aligned} \langle \varepsilon_p - \varepsilon_p \rangle &= \sum_{p'} f_{p',p} \langle \delta n_{p'} \rangle \\ &\propto \sum_l \int d^3 p f_l P_l(\cos\theta) \langle \delta n_{p'} \rangle \\ &\propto f_0 \int d^3 p \langle \delta n_{p'} \rangle = 0, \end{aligned} \tag{3.75}$$

式中第二行到第三行表示系统的各向同性,$\langle \delta n_{p'} \rangle$ 与 θ 是独立的. 由于粒子数守恒,对于高次项的 δ,有

$$n_p(T,\mu) = \frac{1}{1 + \exp\beta(\varepsilon_p - \mu)} + O(\delta^3). \tag{3.76}$$

(4) 准粒子的有效质量 m^*

将动量求和用积分表示为

$$\sum_p \to V \int \frac{\mathrm{d}^3 p}{(2\pi\hbar)^3}, \tag{3.77}$$

则体积 V 的准粒子净动量为

$$p_{qp} = 2V \int \frac{\mathrm{d}^3 p}{(2\pi\hbar)^3} p n_p, \tag{3.78}$$

即费米液体的动量. 由于粒子数等于准粒子数, 准粒子流表示为

$$J_p = 2V \int \frac{\mathrm{d}^3 p}{(2\pi\hbar)^3} v_p n_p \tag{3.79}$$

或者由于动量正好是粒子质量的倍数, 与这个流有关的动量为

$$p_p = 2Vm \int \frac{\mathrm{d}^3 p}{(2\pi\hbar)^3} v_p n_p, \tag{3.80}$$

式中, $v_p = \nabla_p \varepsilon_p$ 是准粒子的速度, 所以有

$$\int \frac{\mathrm{d}^3 p}{(2\pi\hbar)^3} p n_p = m \int \frac{\mathrm{d}^3 p}{(2\pi\hbar)^3} \nabla_p \varepsilon_p n_p. \tag{3.81}$$

将 n_p 任意改变, 回顾 ε_p 与 n_p 的关系, 结果有

$$\delta \varepsilon_p = V \sum_{\sigma'} \int \frac{\mathrm{d}^3 p}{(2\pi\hbar)^3} f_{p,p'} \delta n_{p'}. \tag{3.82}$$

式(3.82)意味着

$$\int \frac{\mathrm{d}^3 p}{(2\pi\hbar)^3} p n_p = m \int \frac{\mathrm{d}^3 p}{(2\pi\hbar)^3} \nabla_p \varepsilon_p n_p$$
$$+ mV \int \frac{\mathrm{d}^3 p}{(2\pi\hbar)^3} \sum_{\sigma'} \int \frac{\mathrm{d}^3 p}{(2\pi\hbar)^3} \nabla_p (f_{p,p'} \delta n_{p'}) n_p, \tag{3.83}$$

进行分部积分(在最后部分让 $p \to p'$), 得到

$$\int \frac{\mathrm{d}^3 p}{(2\pi\hbar)^3} \frac{p}{m} n_p = \int \frac{\mathrm{d}^3 p}{(2\pi\hbar)^3} \nabla_p \varepsilon_p n_p$$
$$- V \int \frac{\mathrm{d}^3 p'}{(2\pi\hbar)^3} \int \frac{\mathrm{d}^3 p}{(2\pi\hbar)^3} \delta n_{p'} f_{p,p'} \nabla_{p'} n_{p'}. \tag{3.84}$$

由于 $\delta n_{p'}$ 是任意的, 它必须有自积分等于

$$\frac{p}{m} = \nabla_p \varepsilon_p - \sum_{\sigma'} V \int \frac{\mathrm{d}^3 p'}{(2\pi\hbar)^3} f_{p,p'} \nabla_{p'} n_{p'}, \tag{3.85}$$

系数 $\nabla_{p'} n_{p'} = \dfrac{-p}{p'} \delta(p' - p_F)$. 利用系统各向同性积分可以是等价的, 假设 p 平行于 z 轴, 由于讨论的是费米面上系统的特性, 取 $p = p_F$, θ 为 p 和 p'(或 z 轴) 间的夹角. 由于费米面为 $|(\nabla_p \varepsilon_p)_{p=p_F}| = v_F = p_F / m^*$, 有

$$\frac{p_F}{m} = \frac{p_F}{m^*} + \sum_{\sigma'} \int \frac{p'^2 \mathrm{d}p \mathrm{d}\Omega}{(2\pi\hbar)^3} f_{p\sigma, p'\sigma'} \frac{p}{p'} \delta(p' - p_F). \tag{3.86}$$

对于费米面 $p/p' = \cos\theta$, 估算全部 p 的积分, 可以得到

$$\frac{1}{m} = \frac{1}{m^*} + \frac{v_{p_F}}{2} \sum_{\sigma,\sigma'} \int \frac{\mathrm{d}\Omega}{(2\pi\hbar)^3} f_{p\sigma, p'\sigma'} \cos\theta, \tag{3.87}$$

这里系数 $1/2$ 是考虑对加入自旋求和. 若现在对两个自旋 σ 和 σ' 求和, 只有 f 的对称部分 (求和产生 $4f^s$) 存在, 有

$$\frac{1}{m} = \frac{1}{m^*} + \frac{4\pi v_{p_F}}{(2\pi\hbar)^3} \int \mathrm{d}(\cos\theta) f^s(\theta) \cos\theta. \tag{3.88}$$

勒让德多项式中对 f 展开为

$$f^\alpha(\theta) = \sum_l f_l^\alpha P_l(\cos\theta). \tag{3.89}$$

由于 $p_0(x) = 1, p_1(x) = x$, 有

$$\int_{-1}^{1} \mathrm{d}x p_n(x) p_m(x) \mathrm{d}x = \frac{2}{2n+1} \delta_{nm}, \tag{3.90}$$

最后

$$D(0) f_l^\alpha = \frac{V m^* p_F}{\pi^2 \hbar^3} f_l^\alpha = F_l^\alpha, \tag{3.91}$$

可发现有

$$\frac{1}{m} = \frac{1}{m^*} + \frac{F_l^s}{3m^*} \tag{3.92}$$

或者 $m^*/m = 1 + F_1^s/3$. 有效质量不可能是直接实验测量的, 它在很多实验中为间接测量量, 包括比定容热容为

$$c_V = \left(\frac{\partial E/V}{\partial T}\right)_{VN} = \frac{1}{V} \frac{\partial}{\partial T} \sum_p \varepsilon_p n_p. \tag{3.93}$$

对于高次项的 δ, 在 ε_p 和 n_p 两者中可以忽略小量 $f_{p,p'}$, 有

$$c_V = \frac{1}{V} \sum_p \varepsilon_p \frac{\partial n_p}{\partial T}. \tag{3.94}$$

回顾态密度表示 $D(E) = \sum_p \delta(E - \varepsilon_p)$, 同样讨论非相互作用系统, 忽略 $\partial \mu / \partial T$, 可得到

$$c_V = \frac{1}{V} \int \mathrm{d}\varepsilon D(\varepsilon) \varepsilon \frac{\partial}{\partial T} \frac{1}{\exp\beta(\varepsilon - \mu) + 1}, \tag{3.95}$$

这个积分用于评估非相互作用系统是等价的, 从而得到结果

$$c_V = \frac{\pi^2}{3V} k_B^2 T D(E_F) = \frac{k_B^2 T m^* p_F}{3\hbar^3}. \tag{3.96}$$

这样, 测量电子贡献于 c_V 产生关于等效质量 m^* 和 F_1^s 有关信息. 其他与测量有

关的朗道参量,摘要地列于表 3.1.

表 3.1 朗道的 F_n^a 和实验测量量间的费米液体关系

参量	费米液体	费米液体/费米气体
比定容热容	$c_V = \dfrac{m^* p_F}{3\hbar^3} k_B^2 T$	$\dfrac{c_V}{c_{V_0}} = \dfrac{m^*}{m} = 1 + F_1^s/3$
压缩系数		$\dfrac{\kappa}{\kappa_0} = \dfrac{1+F_0^s}{1+F_0^s/3}$
声速	$c^2 = \dfrac{p_F^2}{3mm^*}(1+F_0^s)$	$\left(\dfrac{c}{c_0}\right)^2 = \dfrac{1+F_0^s}{1+F_1^s/3}$
自旋极化系数	$\chi = \dfrac{m^* p_F}{\pi^2 \hbar^3} \dfrac{\beta^2}{1+F_0^a}$	$\dfrac{\chi}{\chi_0} = \dfrac{1+F_1^s/3}{1+F_0^a}$

注:脚标 0 表示没有相互作用的费米气体的物理量.

§3.4 重费米子化合物

1979 年人们发现重费米子化合物,它是最早发现的费米液体行为明显的材料,直至 1991 年,细致的实验测量结果表明其多数参量呈现偏离费米液体特性. 这里对其费米液体行为做简单讨论.

最先是在铈(Ce)和铀(U)化合物中发现了重费米子(HF)系统,由于其 $4f$ 和 $5f$ 电子态相当接近费米面,在室温下局域内 f 动量有类似于磁矢量弱相互作用的居里-外斯(Curie-Weiss)特性. 由于局域动量,电子传输特性显示出导电电子的非相干散射. 当低温时,局域动量行为使得电子特性与窄带电子一致,其相干温度表示为 T_{HF}. 在费米液体(FL)的朗道理论中,假设在接近费米面附近时,非相互作用的单电子图像将演变为相互作用的电子态. 若相互作用过程是绝热的,状态可用准粒子描述,由于与介质中其他围绕准粒子的相互作用,它有一个增大的有效质量. 在足够低的温度(远低于费米温度)下,常用热力学参量描述系统的特性,引进输运电子的有效质量. 在常规金属中,有效质量 m^* 是自由电子质量 m_e 的量级,而在重费米子系统 m^* 的值可能大到 $10^3 m_e$. 20 世纪 90 年代,人们首先发现重费米子化合物具有 FL 行为,进一步研究发现很多 HF 化合物偏离了 FL,从而发展了非费米液体(NFL)模型. 我们将在第 4 章进行讨论,这里只讨论 HF 化合物有关 FL 特性的问题. 单个准粒子具有的能量表示为

$$\varepsilon_k^0 = \frac{\hbar^2 k_F}{2m^*}(|k|-k_F), \qquad (3.97)$$

式中 k 是波矢,$k_F = (3\pi^2 n)^{1/3}$ 是费米波矢,这里 n 是电子密度. 式(3.97)定义了

有效电子质量 m^*. 准粒子加入系统中时,其能量为

$$\varepsilon_k = \varepsilon_k^0 + \frac{1}{V}\sum_k f(k,k')\delta n(k'), \tag{3.98}$$

式中,V 是系统的体积,$f(k,k')$ 是准粒子相互作用函数. 从式(3.98)可得到加入准粒子的能量不是单独粒子的能量 ε_k^0,而是与其他粒子有关. $\delta n(k)=1$ 表示激发一个准粒子,而 $\delta n(k)=-1$ 是激发一个准空穴. 这里 k 表示为 (k,σ),具有 σ 自旋量子数(↑)或(↓). 将 $f(k,k')$ 表示变换为自旋对称和自旋反对称函数,即

$$f(k\uparrow,k'\uparrow) = f^s(k,k') + f^a(k,k'),$$
$$f(k\uparrow,k'\downarrow) = f^s(k,k') - f^a(k,k'). \tag{3.99}$$

费米液体理论的约束条件是所涉及的粒子动量近费米面附近,有 $|k| \approx |k'| \approx |k_F|$. $f^{a,s}$ 函数可用勒让德多项式对 P_L 展开,表示为

$$f^{a,s}(k,k') = \sum_{L=0}^{\infty} f_L^{a,s} P_L(\cos\theta), \tag{3.100}$$

式中,$\cos\theta = (k,k')/k_F^2$. 系数 $f_L^{a,s}$ 是 Landau 给出的无量纲量,则朗道参量表示为

$$F_L^{a,s} = \frac{m^* k_F}{\pi^2 \hbar^2} f_L^{a,s}. \tag{3.101}$$

费米液体的热力学函数是可以计算的,结果表明它是温度的平滑函数. 在重费米子化合物中,在费米能级上的态密度是非费米液体行为,有

$$N(0) = \frac{m^* k_F}{\pi^2 \hbar^2}, \tag{3.102}$$

式中,准粒子的有效质量 m^* 与电子质量 m_e 的关系由反对称朗道参量给出

$$\frac{m^*}{m_e} = 1 + \frac{F_L^a}{3}. \tag{3.103}$$

泡利极化系数与温度无关,其形式为

$$\chi = \frac{\mu_0 \mu_B^2 m^* k_F}{\pi^2 \hbar^2} \frac{1}{1 + F_0^a}, \tag{3.104}$$

式中,F_0^a 为反对称朗道参量. χ 相对非相互作用系统的泡利极化系数,有明显的增强,有效质量与电子质量的关系为 $m^*/m_e = (1+F_0^a)$. 在 FL 理论中的比热容表示为

$$\frac{c_V}{T} = \gamma = \frac{m^* k_F k_B^2}{3\hbar^2}, \tag{3.105}$$

相对于非相互作用系统的增强系数为 m^*/m_e,比热容直接给出有效质量 m^* 的信息. 威尔逊(Wilson)比例 R_W 与泡利极化系数 χ 和电子比热容系数 γ 的关系为

$$R_W = \frac{\pi^2 k_B^2}{3\mu_0 \mu_B} \frac{\chi}{\gamma} = \frac{1}{1 + F_0^a}, \tag{3.106}$$

在非相互作用系统中,$R_W = 1$. 电阻率为

$$\rho = \rho_0 + AT^2, \tag{3.107}$$

式中,ρ_0 是由于杂质、缺陷决定的电阻率,A 为系数. FL 理论很好地描述了金属的低温特性(关于磁性和超导相变). 在重费米化合物中,高温局域动量行为偏离 FL 理论有关的低温相干态,有显著增加的有效质量 m^*. 比热容、极化系数和电阻率与温度的关系分别为 $c(T) = \gamma T$, $\chi(T) = $ 常数和 $\rho(T) = \rho_0 + AT^2$, 威尔逊比率值在 2~5 之间时,为 HF 系统,可认为 F_0^a 是负朗道参量. 系数 A 相对 γ 由经验门胁-伍兹(Kadowaki-Woods)关系表示为 $A/\gamma^2 \sim 10~\mu\Omega \cdot cm \cdot K^2 \cdot mol^2 \cdot J^{-2}$. 在 FL 理论中,自旋起伏对 HF 系统给出关联项,比热容表示为 $c(T) = \gamma T + \delta T^3 \ln(T/T^*)$,其中 T^* 是特征自旋函数温度. 从室温到低温电阻测量表明,多数 HF 化合物显示近藤(Kondo)效应,近藤哈密顿描述单个磁杂质的交换作用(有自旋,自旋角动量量子数为 S),具有导电电子,表示为

$$H = -2J_s \cdot S. \tag{3.108}$$

对于负耦合参量,在低温杂质自旋是完全补偿的,形成近藤单态,电阻率遵从 $-\ln(T/T_K)$ 行为. 近藤单态的结合能表示为

$$k_B T_K \propto \frac{1}{N(0)} \exp\left(-\frac{1}{JN(0)}\right). \tag{3.109}$$

HF 材料可认为作为近藤晶格具有磁杂质阵列的结构. 在近藤晶格中,低温下的散射可以相干,导致电阻率快速下降,有 T^2 的关系. 通常,借用近藤效应补偿 f 动量,导致非磁基态的形成,即由于 Rudermann-Kittel-Kasuya-Yosida (RKKY) 相互作用,f 动量间的反铁磁相互作用提供了导电电子. 这个相互作用在 HF 系统倾向形成磁基态. 能量与 RKKY 作用相联系,有

$$k_B T_{RKKY} \propto J^2 N(0), \tag{3.110}$$

考虑用 T_K 和 T_{RKKY} 定义比例,多尼亚克(Doniach)提出系统的低温基态是近藤散射和 RKKY 相互作用的直接结果. 可构造多尼亚克相图,参见图 3.18. 图中

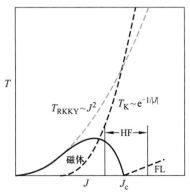

图 3.18 多尼亚克相图

浅色和深色虚线分别是 T_{RKKY} 和 T_K 温度,实线是温度范围,低于图中右下虚线(FL 温度). HF 化合物通常是接近磁不稳定的近藤效应和 RKKY 相互作用竞争的结果.

参 考 文 献

[1] Leggett A J. A theoretical description of the new phase of liquid ^{3}He. Rev. Mod. Phys. ,1975,47:331-414.

[2] Abrikosov A A,Khalatnikov I M. The theory of a fermi liquid(the properties of liquid ^{3}He at low temperature). Rep. Prog. Phys. ,1959,22(1):329.

[3] Kaveh M and Wiser N. Electron-electron scattering in conducting materials. Advances in Physics,1984,33(4):257-372.

[4] Andres K,Graebner J E,Ott H R. 4f-virtual-bound-state formation in CeAl$_3$ at low temperatures. Phys. Rev. Lett. ,1975,35:1779.

[5] Kadowaki K,Woods S B. Universal relationship of the resistivity and specific-heat in heavy-Fermion compounds. Solid State Commun. ,1986,58:507-509.

[6] 林秀豪. 费米液体(Fermi liquid). 物理双月刊,2002,24(5):622-626.

[7] Friman B,Rho M,Song C. Scaling of chiral Lagrangians and Landau Fermi liquid theory for dense hadronic matter. Phys. Rev. C,1999,59:3357.

第 4 章 非费米液体

在 20 世纪 50 年代末到 60 年代初费米液体(FL)理论的提出成为物理学的重要进展,它成功地描述大量金属和金属合金的特性,但经深入研究后发现很多材料特性与费米液体理论不相符,在没有统一公认的模型出现之前,将其称为非费米液体(non-Fermi liquid, NFL)模型,如高温超导体、电荷密度波、重费米子合金、2D 电子气、量子霍尔系统等. 1991 年测量 $Y_{1-x}U_xPd_3$ 系统的比热容、磁化率、电阻率的结果与 FL 模型很不一致,激起人们从实验和理论去理解 NFL 行为. 重新审查 1979 年发现的重费米子材料,发现这类材料多数具有显著的 NFL 行为,进而在一系列块体 d 和 f 电子材料中发现 NFL 特征. 这些现象是研究 NFL 的基础,现今还没有成熟的理论模型对于 NFL 行为的普遍描述,这里以当今人们研究的主要问题为例进行讨论.

§4.1 非费米液体模型

在 1991 年,Seaman 等[1]在研究 $Y_{1-x}U_xPd_3$ 系统的比热容、磁化系数和电阻测量时,测量结果显著地与费米液体模型不一致. $Y_{1-x}U_xPd_3$ 化合物是电子-电子强相互作用系统,f 电子系统的 NFL 行为具有弱指数定律关系特征,在低温 $T<T_0$ 时其电阻率与温度的关系表示为

$$\rho(T) \propto \left[1 - a\left(\frac{T}{T_0}\right)^n\right], \tag{4.1}$$

式中 $|a|\sim 1, n\sim 1-1.5$. 比热容与温度的关系为

$$\frac{c(T)}{T} \propto -\left(\frac{1}{T_0}\right)\ln\left(\frac{T}{T_0}\right) \text{ 或 } T^{-1+\lambda}, \lambda \sim 0.7-0.8; \tag{4.2}$$

磁化系数与温度的关系为

$$\chi \propto \left[1 - \left(\frac{T}{T_0}\right)^{1/2}\right], -\ln\left(\frac{T}{T_0}\right) \text{ 或 } T^{-1+\lambda}, \lambda \sim 0.7-0.8. \tag{4.3}$$

图 4.1 给出 $Y_{0.8}U_{0.2}Pd_3$ 材料的电阻率 ρ、比热容与温度的比值 c/T,以及磁化率 χ 与温度的关系特性[2]. 这些结果表明超出了费米液体模型,引起人们关注 NFL 理论和实验有关的问题. 由于在研究凝聚态电子相互作用的理论模型中包含大量粒子间的强相互作用,凝聚态所涉及的宏观系统是由无穷多微观粒子组成的,在宏观上对系统进行测量时有确定的参量和缓慢变化的过程;而微观上粒

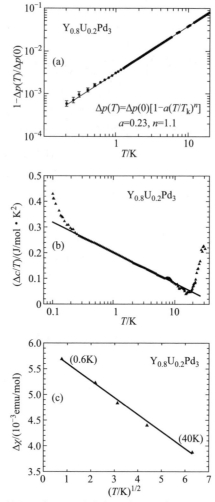

图 4.1 $Y_{0.8}U_{0.2}Pd_3$ 的电阻率 ρ、比热容与温度的比值 c/T，磁化率 χ 与温度的关系

子相互作用是迅速变化的. 对由微观粒子组成的宏观系统的认识可以是个缩放比例过程, 在此基础上建立了越来越多的模型用于宏观描述. 通常, 实验结果表现为系统的某些特性消失(称为不相关的), 而另一些特征显现或放大(称为相关的), 显然系统的宏观特性与相互作用密切相关. 在比例缩放中那些不变的行为类似于在势场中的机械运动, 即有一个平衡点, 它不改变, 这个点称为固定点. 在比例缩放中宏观状态可能达到某个稳定的固定点, 而微观状态仍在改变, 固定点描述了系统的宏观行为, 它通常是大量的微观粒子的统计结果. 有个特殊情况, 认为作用明显地偏离了固定点, 但比例没有改变, 称产生这类偏离的作用为临界

扰动.在某些情况中,由于固定点偏离的不同,导致固定点合成了固定线,沿着这个线运动可以表征临界耦合行为.临界作用的例子是前向散射,粒子散射的开始和最终方向是相同的.另一个例子是归一化质量,用来定义表征粒子的宏观质量.同样非前向散射过程,其中作用粒子的总动量为0,但进入和出去的粒子方向是不同的.非前向散射相应于库珀通道,它是临界行为在重整化群中呈现树枝状分布,分别为相关的或不相关的吸引或排斥相互作用.当前向散射相互作用变成固定点时,描述它的物理学为朗道-费米液体理论.在微观模型中粒子可能有很强的相互作用,而费米液体(FL)理论中的费米子激发元是弱相互作用,它们的特性多数类似于简并费米气体(在温度 $T=0K$),将导致这些粒子具有有限寿命,但准粒子通常具有无限的寿命.Landau 当初描述这个理论时,说当缓慢地(绝热的)达到强相互作用时,你将能验证系统宏观特性的很多预言.非前向散射相互作用在朗道理论中必须是能量改变较小和不相关的,是可以忽略的.前向散射相互作用是属于费米液体理论中的相互作用,深入分析理论图像模型的临界相互作用固定点,可给出真实现象的描述.基态相应于低于费米面的所有量子态被费米准粒子占据,但其分布在费米面以上仍是不连续的,系统具有转动不变性,意味着粒子数和费米动量不依赖于模型描述的相互作用.这些粒子的多数不能直接看到,只是意义上的准粒子,它是个集体行为,在费米面附近满足条件 $|p-p_F| \leqslant T$,这里 p 是准粒子动量,p_F 是费米动量.准粒子的寿命与温度有关 $\tau \propto T^{-2}$ 和 $kT \ll \varepsilon_F$,这里 ε_F 是费米能.熵和比热容是粒子理想气体的重要参量,具有有效质量为 $m^* = p_F/v_F$,这里费米速度 $v_F = [\partial \varepsilon / \partial p]_{p_F}$.可压缩度 $\frac{N}{m} \frac{\partial \mu}{\partial N}$ 和磁极化系数 χ 总是正的(μ 是化学势,N 是总粒子数).相互作用感应费米液体振荡,称为零场模式,与密度-密度关联函数中的极子有关,有 $\omega = u_z k$,这里 u_z 是零声速.费米液体行为破坏了吸引相互作用,导致超导不稳定态;或强排斥相互作用,导致密度波不稳定.对于费米液体行为的另一种可能是临界费米液体,由于增强了费米准粒子的散射,系统行为不再是具有非相互作用问题的连续体,但仍保持大量的费米液体特性.近藤问题表明非费米液体行为源自费米准粒子增强散射的结果,玻色子场的存在可能破坏费米液体态,如标准玻色子或拉廷格(Luttinger)玻色子.在此基础上发展了拉廷格理论、玻色-爱因斯坦凝聚、近藤效应等非费米液体理论.

1. 拉廷格理论

在单位体积的费米液体中大量粒子与费米能有关,对于非相互作用的费米粒子气体表征用同样的公式,则单位体积内粒子数表示为[3]

$$N = \int_{G(0,k) \geqslant 0} \frac{2 d^d k}{(2\pi)^d}, \qquad (4.4)$$

式中,ω 为频率,d 为维数,$G(\omega,k)$ 是格式(Green)函数,其主要特性:第一,与频率的关系为 $G(\omega) \sim \omega^{-1}, \omega \to \infty$. 第二,$G(\omega,k)$ 的极子在复频率平面中满足条件 $(\mathrm{Re}\omega)(\mathrm{Im}\omega)<0$. 第三,在费米面上(定义 $G(0,k) \geqslant 0$ 范围的边界)自能不异常. 实际上,对于非相互作用的费米气体,有 $G_0(\omega,k) = [\omega - \varepsilon(k) + \mu]^{-1}$. 当这个条件满足时,它可能代替粒子密度定义式(4.4)的右边,有

$$N = -2\mathrm{i}\lim_{t \to -0} \int \frac{\mathrm{d}^{d+1}k}{(2\pi)^{d+1}} G(k) \mathrm{e}^{-\mathrm{i}\omega t}$$

$$= 2\mathrm{i} \int \frac{\mathrm{d}^{d+1}k}{(2\pi)^{d+1}} \left(\frac{\partial \ln G}{\partial \omega} + \Sigma \frac{\partial G}{\partial \omega} \right). \tag{4.5}$$

式(4.5)中的最后一等式可表示为

$$2\mathrm{i} \int \frac{\mathrm{d}^{d+1}k}{(2\pi)^{d+1}} \frac{\partial \ln G}{\partial \omega}, \tag{4.6}$$

利用式(4.6)进一步积分式(4.4),式(4.5)中 Σ 是自能. 拉廷格理论是基于密度-密度关联函数的分析,讨论费米面附近范围内,在格林函数表示中存在低能粒子-空穴激发的感应异常. 这个近似在1D系统中有实际应用,例如表征朝永振一郎(Tomonaga)-拉廷格液体. 在低能激发范围有明显关系 $\exp[(2\pi\mathrm{i}/L) \int \mathrm{d}x n(x) | G \rangle]$, 这里 $|G\rangle$ 是基态,L 是系统尺寸,$n(x)$ 是在 x 处的粒子密度. 这个态有波矢 $2\pi N/L$, 与密度-密度关联函数有关,相对于基态这个波矢应等于 $2k_\mathrm{F}$, 这样就建立费米动量和粒子密度之间的关系. 当 $G(\omega)^{-1}$ 在费米面上有奇异时,相应于BCS超导体的自能为

$$\Sigma = \frac{\Delta^2}{\omega + \xi(k) - \mathrm{i}\delta \mathrm{sign}\xi(k)}, \quad \xi = \varepsilon(k) - \mu, \tag{4.7}$$

式中,Δ 是超导隙,$\delta \to +0, \xi = 0, G(\omega)^{-1} \sim -\Delta^2/\omega$. 对于粒子数的关联公式应包括式(4.5)的两项,式中第二项为关联拉廷格理论表征,有

$$N' = 2\mathrm{i} \int \frac{\mathrm{d}^{d+1}k}{(2\pi)^{d+1}} (G_0 - G) = -2\mathrm{i} \int \frac{\mathrm{d}^{d+1}k}{(2\pi)^{d+1}} \Sigma G_0 G. \tag{4.8}$$

在式(4.7)中极子是处于复平面的上半平面中,有 $\varepsilon(k) < \mu$, 这导致了式(4.5)的第二项有非零贡献. 与电荷密度波情况相比,有 $\Sigma = \phi^2/[\omega + \xi(k) + 2\mu + \mathrm{i}\delta \mathrm{sign}\xi(k)]$, 这里 Φ 是电荷隙,对于 $\xi(k) < 0$, 极子为 $\mathrm{Im}\omega < 0$, 此理论表明不存在关联. 对于 BCS 超导体,存在这样关联的拉廷格理论,式(4.4)等号右侧表示为

$$N' = \int \frac{\mathrm{d}^d k}{(2\pi)^d} \left[\mathrm{sign}\xi(k) - \frac{\xi(k)}{\sqrt{\xi(k^2) + \Delta^2}} \right],$$

$$= -\int \frac{\mathrm{d}^d k}{(2\pi)^d} \mathrm{sign}\xi(k) \frac{1}{2} \left[\frac{\Delta}{\xi(k)} \right]^2 + O\left\{ \left[\frac{\Delta}{\xi(k)} \right]^4 \right\}, \tag{4.9}$$

式中,等号右侧第一项方括号表示在 BCS 态与正常态间占据态数的不同,有

$2|v_k|^2 - 2\theta_H(-\xi)$,这里 θ_H 是赫维赛德(Heaviside)阶梯函数. 若化学势固定在带隙中心 $\mu=0$,对于 $N'=0$,拉廷格理论是精确的. 若固定粒子数,由于 μ 在超导态中移动,将存在较小的关联作用,甚至达到半填充. 这个关联同样关系到在 0K 凝聚能量 $\Delta F(\mu) + F_s - F_n$,这里 F_s 是超导态的自由能,F_n 是正常态的自由能,有关系

$$N' = -\frac{\partial}{\partial \mu}\Delta F. \tag{4.10}$$

这意味着关联理论通常在能带底附近或量子临界点附近,将最大地远离半填充. 在这个范围中凝聚能随化学势变化最迅速,这种情况在某些方面类似于玻色-爱因斯坦凝聚. 低于临界温度,玻色子总数接近零动量粒子数,即在凝聚态玻色子粒子数是宏观的大量,与系统中的粒子总数有关. 在上述的情况中,意味着在热力学极限反常的关联函数,表示为 $iF^*(1,2) = \langle N+2|\psi^\dagger(1)\psi^\dagger(2)|N\rangle \neq 0$,即当加一对电子到系统中时,有一定的概率,将以库珀对进入凝聚态. 凝聚态振幅为 $\Phi(x) = iF(x,x) = \Delta/g$,这里 g 是平均场超导耦合参数,凝聚态分数为 $(1/N)\int dx_1 dx_2 |F(1,2)|^2 \sim \rho(\varepsilon_F)\Delta$,这里 $\rho(\varepsilon)$ 是态密度. 若这两个量变成宏观大小,则违反式(4.4). 正如在玻色-爱因斯坦凝聚中,每个库珀对的总动量为 0. 而对于粒子-空穴凝聚态情况,粒子-空穴对的总动量是 $Q\neq 0$,相对带隙的中心保持占有态的对称性,并不违反理论结果.

2. 近藤效应

在凝聚态物理中最重要的研究问题之一是金属非费米液体行为,其中近藤效应是其重要内容. 这个效应是在稀磁合金中观察到的,稀磁合金是由少数磁杂质原子(如 Fe 或 Ni)溶解在非磁性金属(如 Cu 或 Al 等)中而得到的. 在正常费米液体金属中,电阻总是随温度降低而缓慢减小,遵从 $1+\alpha T^2$ 关系,在 $T=0K$ 到达有限值. 近藤效应是在低温下电阻显著增加,在中等温区它近似于 $\ln(1/T)$ 关系,接近 $T=0K$ 时为 $1-\alpha T^2$ 关系(见图 4.2). 近藤效应表明这个电阻之所以增加是因为导电电子与磁杂质原子间的交换作用使得散射增加了. 近藤效应描述了与单个杂质的相互作用的哈密顿算符,写为

$$H = \sum_{k,\alpha}\varepsilon(k)c_{k\alpha}^\dagger c_{k\alpha} + J\sum_{k,k',\alpha,\alpha'}(c_{k'\alpha'}^\dagger \boldsymbol{\sigma}_{\alpha,\alpha'} c_{k\alpha})\cdot \mathbf{S}, \tag{4.11}$$

式中,第一项描述导电电子,第二项为交换作用,$\boldsymbol{\sigma}_{\alpha,\alpha}$ 是泡利矩阵,S 是杂质自旋 1/2 算符,$J>0$ 是反磁体耦合常数. 由于相互作用涉及 4 个费米子算符,可简单地将相互作用项看作与外场的相互作用,在二级微扰理论中它变成 4 个费米子为一体. 但现在这个问题中不是这种情况,作为杂质有个内在的自由度(自旋),它可能跳动. 通常的磁性杂质和 3-费米子图像不显示任何异常. 引进赝势费米子算符 $d_\beta^\dagger$ 和 d_β 来修正杂质费米子局域化行为. 这样,应加"运动学"项

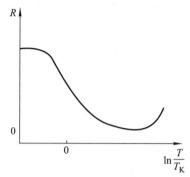

图 4.2 近藤效应

$\sum_\beta 0 d_\beta^\dagger d_\beta$ 到哈密顿算符中,在相互作用项中用 $d_{\beta'}^\dagger c_{k'\alpha'}^\dagger c_{k\alpha} d_\beta$ 代替 $c_{k'\alpha'}^\dagger c_{k\alpha}$. 用图 4.3 表示近藤效应的自能,若用实线表示导电电子,虚线表示杂质,那么导致贡献的自能呈现二级相互作用顶点(玻恩近似). 自能的物理来源可解释为:引入 s^- 电子与杂质自旋作用,结果杂质和电子自旋两者发生翻转,翻转后的自旋再与电子作用,恢复它的原来自旋态. 净效应是 s 电子从它的原始态散射出去,具有有限的寿命. 若假设态密度具有洛伦兹宽度 W,ρ_F 是在费米能级上的态密度,那么对于半填充带,有对数形式的顶点,表示为

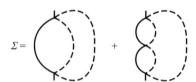

图 4.3 在玻恩近似中的近藤效应的自能

$$J\rho_F \ln\left(\frac{W}{2\pi T}\right),$$

这个结果描述了在近藤效应的温度行为. 在 $T=0K$ 时,发生偏离,用 $1-\alpha T^2$ 解释在低温的行为. Abrikosov 等对自能贡献给出了用镶嵌图的表示,从图 4.3 中得到,插入更多的费米子赝势泡,有

$$\frac{J}{1-2J\rho_F \ln\left(\frac{W}{2\pi T}\right)},$$

在有限近藤温度下,发生偏离,其温度表示为

$$T_K = \frac{W}{2} e^{-1/2\rho_F J}. \tag{4.12}$$

$T<T_K$ 通常称为"近藤问题"范围,将发生相变,这意味着微扰理论失效. 当微扰

理论不适用时,预示着相变.接近温度 T_K 时出现临界现象,低于 T_K 时受量子行为控制,导致问题不能用简单的微扰处理.只有 $T=0K$ 时发生相变,在这个温度下导电电子屏蔽局域磁矩和形成杂质的束缚单态.安德森(Anderson)模型描述定点杂质作用,导电电子的杂化带的哈密顿为

$$H = \sum_a \varepsilon_d d_a^\dagger d_a + U n_{d\uparrow} n_{d\downarrow} + \sum_{k,a} \varepsilon(k) c_{ka}^\dagger c_{ka} + \sum_{k,a} (V_K d_a^\dagger c_{ka} + V_K^* c_{ka}^\dagger d_a), \quad (4.13)$$

这个模型是可积分的,存在精确解.近藤模型在强耦合区对应于安德森模型,有

$$U = \frac{3}{4} \frac{t^3}{J^2},$$

$$\Delta = \frac{3}{8} \frac{t^3}{J}. \quad (4.14)$$

对于 1D 情况,则为 $t = W/4$ 和 $\pi \sum_k |V_K|^2 \delta(\omega - \varepsilon_k) \approx \Delta =$ 常数,这是参量控制束缚态共振宽度,在 ε_d 存在非相互作用($U=0$)极限.相似地,安德森模型的强耦合区($U \gg \pi\Delta, \varepsilon_d < 0$)相应于近藤模型,具有温度

$$T_K = U \left(\frac{\Delta}{2U}\right)^{1/2} e^{-(\pi U/8\Delta)+(\pi\Delta/2U)}. \quad (4.15)$$

在 $T=0K$ 的强耦合区中,存在不变性,导致费米子局域化电子的最大值和谱函数赝费米子变成均匀的(各向同性函数 $f(x_1, x_2, \cdots) = a^\gamma f(x_1/a, x_2/a, \cdots)$).这里比例系数 a 是任意实数,γ 是比例指数,赝费米子传播是 $G(\omega) \propto \Delta^{-\gamma} \cdot (\alpha T - i\omega)^{\gamma-1}$,其中 $\omega \ll T \ll \Delta$,这里 $\gamma > 0$,$\Delta(T)$ 是相关温度,α 是常数.当 $\gamma = 1$ 时,传播是指数衰减的,当 $\gamma \neq 1$ 时对应低功率情况.从而,顶点含有 $2m$ 赝费米子平台和 $2n$ 费米子平台,变成 $\Gamma_{m,n} \propto \Delta^{m\gamma} (\alpha T - i\omega)^{1-n-m\gamma}$,磁极化率是 $\chi \sim T^{\gamma-1}/\Delta^\gamma$.精确的数值和分析计算表明,在 $T=0K$ 时,χ 保持有限值.由于杂质自旋淬灭,导致 $\gamma=1$ 和自旋有限寿命为 Δ^{-1} 指数衰减.对于 $T \ll T_K$ 情况赝费米子自能 Δ 的自洽决定于 $\Delta(T) \simeq T_K + (\pi\sqrt{3}/4)T$.最后导致磁极化率的居里-外斯行为,表示为

$$\chi \sim \left(T_K + \frac{\pi\sqrt{3}}{4} T\right)^{-1}, \quad (4.16)$$

修正温度与电阻的关系为

$$R \sim 1 - \frac{\pi^2}{4} \frac{T^2}{T_K^2}, T \ll T_K, \quad (4.17)$$

对于高于 T_K 的温度,电阻保持为

$$R \sim \frac{3\pi^2}{16} \ln^{-2}\left(\frac{T}{T_K}\right), \quad (4.18)$$

这可理解为高温的弱耦合区与低温强耦合区的交叉. 当初的近藤问题现在可以理解为晶格模型的精细行为, 即系统含有几个杂质是未知的, 原因之一是存在局域自旋间的相互作用. 在二级微扰理论中, 自旋-自旋相互作用用 Ruderman-Kittel-Kasuya-Yosida (RKKY) 哈密顿表示为

$$H'_{RKKY} = -\frac{9\pi}{8} n_c \frac{J^2}{\varepsilon_F} \sum_{(ij)} \frac{S_i \cdot S_j}{r_{ij}^3} \left[2k_F \cos(2k_F r_{ij}) - \frac{1}{r_{ij}} \sin(2k_F r_{ij}) \right], \quad (4.19)$$

式中, n_c 是导电电子密度. 式(4.19)表明了相互作用振荡与自旋间距离的关系, 由于导电电子被局域, 感应自旋极化的弗里德(Friedel)振荡. 为方便研究 RKKY 作用, 进行傅立叶变换对理解基态是有益的, 它是解释极化系数的基础. 若极化系数达到最大, 在零波矢时, 相互作用有利于铁磁基态的形成. 若波矢达到 $Q = (\pi/a, \pi/a)$ (对于 2D, 晶格为 a), 则相互作用将有利于反铁磁基态的形成. 在任意一种情况下, 有序将抑制近藤效应. RKKY 相互作用特征能量比例为 $T_{RKKY} = J^2/\varepsilon_F$, 通常在近藤温度时具有优势, 至少在弱耦合区. 例如, 在基态若考虑刚好两个杂质具有反铁磁 RKKY 耦合, 它们将形成单态, 与导电电子相互作用困难. 然而, 在强耦合区, 在导带电子与局域自旋间形成局域单个态, 将感应淬灭局域动量, 导致 RKKY 的哈密顿失效. 这样, 系统的精细行为变得与尺寸、交换耦合强度、导电电子密度有关. 一个重要问题是在 $T_{RKKY} \ll T_K$ 和 $T_{RKKY} \gg T_K$ 区之间改变是平移还是交叉. 两个杂质近藤问题的研究表明在通道间存在小的不对称, 出现近藤区和 RKKY 区的交叉. 电子-电子相互作用可感应打开局域动量与导电电子间的几个自旋交换通道. 在模型中, 考虑单个杂质原子的近藤效应在最强屏蔽通道中的吸引, 局域对称保持离散电子的通道量子数不变. 而在晶格中, 当它们在杂质态间传播时, 导电电子是允许改变通道的. 这意味着近藤效应在几个通道中相干, 可用多通道近藤问题的哈密顿表示为

$$H = -t \sum_{\lambda=1}^{M} \sum_{(ij)} c_{i\alpha}^{(\lambda)\dagger} c_{j\alpha}^{(\lambda)} - \mu \sum_i c_{i\alpha}^{(\lambda)\dagger} c_{i\alpha}^{(\lambda)} + J \sum_{k,k',\alpha,\alpha'} (c_{i\alpha}^{(\lambda)\dagger} \sigma_{\alpha,\beta} c_{i\beta}^{(\lambda)}) \cdot S_i. \quad (4.20)$$

与单通道问题不同, 在不对称区表现为费米液体行为, 当长度比例大于 v_F/T 和时间比例大于 $1/T_K$ 时, 两个通道模型的基态含有非费米液体特性, 在近藤区, 涉及自旋激发. 实际上, 自旋极化系数显著偏离费米液体行为. 更普遍的是, 当通道数 M 大于 $2S$ (这里 S 是杂质的自旋)时, 更容易观察到非费米液体行为.

§4.2 d 和 f 电子金属

20 世纪 80 年代, 在超导体的 d 和 f 金属或合金材料中发现导电电子的非费米液体(NFL)行为, 引起学者的关注, 对其所做的进一步探索, 成为 NFL 的重

要内容和深入研究的基础.在过去30年的研究中,人们提出了一些理论模型讨论 NFL 的特性,这里做简单介绍.

1. 费米液体理论

(1) 单杂质多通道近藤模型

单杂质多通道近藤模型的哈密顿写为

$$H_K = \sum_{k,m,\sigma} \varepsilon_k a_{km\sigma}^\dagger a_{km\sigma} + J \sum_{k,k',m\sigma,\sigma'} S a_{km\sigma}^\dagger \boldsymbol{\sigma}_{\sigma\sigma'} a_{k'm\sigma'}, \quad (4.21)$$

式中,S 为自旋算符,J 是反铁磁耦合系数,$\boldsymbol{\sigma}$ 是泡利矩阵,m 为轨道通道数或自由度.杂质附近的导电电子自旋被束缚,部分或全部补偿杂质自旋.通常轨道自由度或通道数 m、导电电子和杂质自旋 S 的关系存在三种类型:① 若 $m=2S$ 导电电子通道数(或能级)刚好满足补偿杂质自旋进入单态,产生正常费米液体行为.对于单电子带,这刚好是正常近藤问题,系统温度低于近藤温度 T_K,导电电子全部屏蔽局域杂质自旋;② 若 $n<2S$,杂质自旋没有完全补偿,由于存在的导电电子自由度不足,产生单基态;③ 若 $n>2S$,杂质自旋过补偿,临界行为(自旋影响导电电子,是指数关系或对数行为,测量的量类似磁阻或比热容)建立于温度或外场趋于 0 的情况.对于稀释杂质的多通道近藤模型有精确解,三种情况是普遍非费米液体行为,表现为 $\chi,c/T$ 与温度 $T^{[4/(n+2)]-1}$ 的关系.对于 $n=2,S=1/2$ 情况,在临界点附近 $H=T=0$,接近指数行为,变为简单的对数关系,在低温 T 和 0 场磁化率 χ 有 $c/T\sim\ln(T/T_K)$ 关系.这个两通道模型预言 $T\to0$,0 场时,电阻率为 $\rho-\rho_0\propto AT^{1/2}$.至今,实验结果显示非费米液体行为,在压缩或晶格畸变中是普遍的,是基础理论更具挑战的研究领域.

(2) 量子临界点理论

非费米液体行为通常发现于磁有序相附近,在相图中,非费米液体态在 $T=0$K 时系统出现磁不稳定.相比之下,经典的相变在非 0K 温度,由温度作为控制参量驱动,有热起伏.而量子相变的控制参量可以不是温度,而是外部压力、掺杂或磁场等,在 0K,呈现量子参量起伏.这样在 0K 附近控制参量调节系统,可横过量子临界点,从有序态朝向非有序态演变.尽管这个量子相变的定义只在 $T=0$K 严格有效,在足够接近这个温度时,系统的行为仍然可确定量子临界点.在某些有限温度,经典相变 T_c 用偏离关联长度和关联时间表征.这样在相变时有序参量起伏与频率 ω^* 关联消失.若温度超过起伏频率,则在经典系统中呈现量子系统行为.在路径积分的方法学中,d 维量子系统($T=0$K)可看作 $(d+z)$ 维经典系统,这里 z 是动力学的比例系数.这样可以应用有限温度临界点描述量子临界现象.由于实验只能在 $T\neq0$K 下进行,可在相图中用温度或频率比例行为寻找量子临界点.在有限温度范围内,量子临界点起伏特性预言实验是可以做到的.有关模型可分成两组,图 4.4 所示为粒子耦合的两类模型:弱耦合与强耦合(AFM 是反铁磁,FS 是费米面,NFL 是非费米液体,QP 是准粒子)[4],第一组为弱耦合近似,从费米液体探索不稳定和从量子临界点处探索磁性不稳定,即弱耦合的平均场图像.第二组是强耦合近似,从磁性探索局域磁矩的存在,在不稳定期间,磁有序消失且出现近藤晶格.

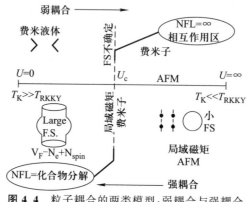

图 4.4　粒子耦合的两类模型:弱耦合与强耦合

在临界浓度可改变的 $U_{0.2}Y_{0.8}Pd_3$ 合金中发现非费米液体行为,Andraka 和 Tsvelik 基于不寻常的低温行为,在 1991 年第一次建议用量子临界点模型,对量子相变进行了缩放比例分析.在 1993 年 Tsvelik 和 Reizer 在理论模型中精确地预言了磁场、比热容和磁化的关系.通常在朗道模型中缩放比例采用扩展比例公式,在临界温度 T_c(有限温度)描述二级相变附近的临界行为.比例分析被 Andraka 和 Tsvelik 用作理论讨论,假设存在超缩放比,在理论模型上施加很强的约束,只存在低于最大的临界尺寸(上临界尺寸表示为 d_c^+,多数情况是等于 $4-z$,这里 z 是动力学指数).超缩放比例建议自由能异常部分用朗道模型,表示为

$$F = -T^{1+d/z} g\left(\frac{h_i}{l^{\beta_i}}\right), \tag{4.22}$$

式中,g 是 h_i 的某些功能(一般为磁场)参数,β_i 是比例指数.用相对温度 $t=(T-T_c)/T_c$ 代替 T,在朗道模型中,取 $T_c=0K$,用有限温度二级相变代替量子相变.在式(4.22)中,g 与 f_1 和 f_2 有关.为了实验研究非费米液体系统,这里进行比例分析,假设在式(4.22)中自由能用单一形态给出.在不同温度和磁场强度测量中,得到比热容和磁化率值,温度偏离有 $\chi \propto T^{-\eta}$ 形式.实际比例行为在较宽的温度范围(即 $c/T \propto -\ln T$),当 $t \to T$ 时,与磁场 H、比热容 c 和磁化强度 M 关系,表示为

$$\left.\begin{array}{l}\dfrac{c(H,T)}{T}-\dfrac{c(0,T)}{T}=f_1\left(\dfrac{H}{T^{gb}}\right),\\ M=\dfrac{H}{T^{\eta}}f_2\left(\dfrac{H}{T^{\mu}}\right).\end{array}\right\} \qquad (4.23)$$

实验观察得到有关量的比例不是费米液体的. $\beta>1$ 是非费米液体的基础, $\beta\leqslant 1$ 则单离子或者关联行为可能引起起伏, 而实验观察到 c/T 有对数偏离现象. 上面的缩放比例(已知超比例或非高斯行为)已被实验观察到, 在比热容测量中以 $\ln T$ 偏离. 相反问题是 c/T 和 M 比例是磁场(式(4.23))的函数, 当是弱耦合的高斯行为(这里 c/T 等效于 $\gamma_0-a\sqrt{T}$)时, 在实验中出现不一致的结果. 在系统中磁化率、比热容和电阻均显示为非费米液体行为. 若在低温, 磁化系数也不适合预言的 $\chi\propto T^{-\eta}$ 指数定律形式. 所有可能的温度区需要执行比例式(4.23)来决定 η 值. χ 的实验值有时发现为有限值, 而不是低温偏离. 掺杂的 UPt_3 和 $CeCu_{6-x}(Au,Ag)_x$ 的磁极化系数满足修正了的居里-外斯定律, 为 $1/\chi=1/\chi_0+aT^{\eta}$ 形式. 在这些情况中, 偏离量 $\widetilde{\chi}=(1/\chi-1/\chi_0)^{-1}\propto T^{-\eta}$, 有

$$\left(\dfrac{H}{M}-\dfrac{1}{\chi_0}\right)^{-1}=\dfrac{1}{T^{\eta}}f\left(\dfrac{H}{T^{\beta}}\right). \qquad (4.24)$$

在测量热力学或动力学特性的比例分析中, 采用等效温度是一种方法, 可推测在 $T=0K$ 时量子临界点的行为. 由于比例分析产生了另外 $\beta>1$ 的情况, 导致在量子临界点的起伏, 即在 $T=0K$, 这个特性超出了单离子理论.

(3) 自旋起伏理论

用重整化群理论研究量子临界点现象, 假设存在导电电子, 系统的物理维数为 d, 等效维数为 $d+z$, 这里 z 是动力学临界指数, $z=2$ 对应于反铁磁, $z=3$ 对应于铁磁. 系统在临界点以上表示为 d_c^+, 当 $d+z>4$, Millis 假设除 2D 反铁磁(即 $d=z=2$)高于 d_c^+ 外, 所有的系统为费米液体态. 接近量子临界点关联时间 τ 与偏离关联长度 ξ 满足关系 $\tau\propto\xi^z$. 各种模型的结果都与维数 d、临界指数 z、约化温度 T/T^* 有关, 这里 T^* 为特征温度. d 可调控, 它与哈密顿参量有关, 如压力、掺杂或磁场. 在高斯固定点情况下, 相互作用为可忽略的小值. 用定量的相图描述不同情况, 对于 3D 反铁磁, 图 4.5 中给出量子临界点的不同范围, 在 I-III 区域, 分界线为 T_I 和 T_{II}, 在这些范围内出现交叉温度. 在区域 I, ξ 的起伏能量远大于 k_BT, 呈现量子特性, 出现费米液体行为, 有 $c/T=\gamma+\alpha_1T^2\ln T+\alpha_2T^2+\cdots$ 关系. 与区域 II 交叉处, 改变为 $T_I\propto(\delta-\delta_c)^{z/2}$, 意味着在反铁磁情况的线性行为. 区域 II 是量子-经典交叉区, 能量小于 k_BT. 在经典区域 III, 有 $T_{II}>(\delta-\delta_c)^{z/d+z-2}$ 关系, 关联长度由 T 控制, 而不是 $(\delta-\delta_c)$. 对比热容和电阻率而言, 从实验测量上区别 II 区和 III 区是可能的. 由经典高斯行为发

现,在相图的很大范围内,由于量子问题变为等效经典问题,相互作用可忽略. 在 3D 系统中,在反铁磁情况有 $c/T = \gamma_0 - a\sqrt{T}$, $\chi \sim T^{3/2}$ 和 $\rho = \rho_0 + cT^{3/2}$ 关系;在铁磁情况有 $c/T = a\ln(T_0/T)$ 和 $\rho = \rho_0 + cT$ 关系.

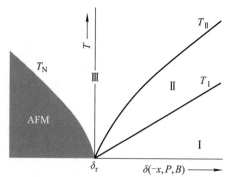

图 4.5 相互作用的 3D 反铁磁(AFM)量子临界点(QCP)的定性相图

2. 自洽重整化模型

在自洽重整化模型的研究中,本小节将用接近磁相变的自旋起伏解释分离磁系统中的临界行为,并给出几个关于非费米液体行为的理论预言. 在高于 $T=0$K 时弱相互作用的自旋起伏相变就是基于这个理论. 自洽重整化模型给出更多模式-模式系统处理方法,在波矢 $q=0$ 时,自旋起伏对于反铁磁序有 $q=Q$. Millis 和 Hertz 理论应用这个模型处理系统的动量问题,在重费米子系统中,只有几个样品出现低温非费米液体特性. 用这个模型处理分离 d 电子系统,描述了一些重费米子系统实验近量子临界点特性,如 $Ce_{1-x}La_xRu_2Si_2$ 样品. 这个理论不包括任何一类微观无序,揭示了掺杂系统中无序与自旋起伏相互作用问题. Millis 和 Hertz 模型提供的结果与经典的相比较,说明自洽重整化模型是一种近似. 在自洽方式中考虑自旋起伏的不同模式,现象学的自洽重整化模型是基于动力学磁化系数的假设. 接近量子临界点时,降低温度会导致偏离费米液体行为,为了计算温度与比热容、电阻数值上的关系,需要实验测量反铁磁耦合与离散间的关系. 表 4.1 分别给出了(a) Millis 和 Hertz,(b) Moriya 等,(c) Lonzarich 等提出的非费米液体行为自旋起伏理论的温度关系,即比热容、磁化系数、电阻率与温度的关系. 与 Millis 和 Hertz 的自旋起伏模型相比,Lonzarich 考虑自洽重整化模型加上自旋起伏模式间的耦合. 模式-模式耦合显著地与温度有关,见图 4.5, 这个结果预言了非费米液体的比热容、电阻率与温度的关系. 在 $T=0$K 时,比热容 c 与温度 T 的关系为 $c/T|_{T\to 0} = \gamma_0 - a\sqrt{T}$,电阻率 ρ 与温度 T 的关系为 $\rho = \rho_0 + cT^\alpha$,这里 $\alpha = 3/2$,在反铁磁相中不稳定. 增加温度,模式-模式耦合增加,这时 c/T 遵从 $-\ln T$ 关系,电阻遵从指数定律,取 $\alpha=1$. 对于费米液体行为,

c/T 与电阻有 T^2 关系. 增加 γ_0 将恢复电阻的 $\Delta\rho(T) \propto (\pi/8\gamma_0^{0.5})T^2 \propto AT^2$ 关系, 但是数值 γ_0 表明了对于费米液体的有效温度范围, 例如在 $A \propto 1/\sqrt{\gamma_0}$ 时将偏离铁磁稳定相. 考虑均匀磁场 H 的影响, 有利于理解磁场感应非费米液体行为. 在均匀磁场中, 反铁磁动量起伏主要是减小通过 H 感应和自旋密度的 $Q+q$ 成分来控制模式-模式耦合. 在临界场 H_c, 交叉动量以 $1/\chi_Q$ 湮灭; 在过临界场时, Moriya 和 Takimoto 期望值在 γ_0 和 $(H^2-H_c^2)$ 的缩放比之间. 在铁磁不稳定或 2D 反铁磁起伏情况下, 不同于图 4.4 所示的两种模型 (弱与强) 的耦合中的量子临界点的预言. 在铁磁不稳定情况下, q 与自旋起伏能量有关, 不同于反铁磁情况, 动力学系数有不同形式. 表 4.1(b) 列出了自洽重整化模型理论的结果, 温度关系有利于理解低温极限. 自洽重整化群理论同样预言了在高温的交叉温度关系, 如对于 3D 有反铁磁的 $c/T \sim -\ln T$ 和 $\gamma_0 - AT^{1/2}$ 行为.

表 4.1 非费米液体行为自旋起伏理论的温度关系:
(a) Millis/Hertz, (b) Moriya 等, (c) Lonzarich, 对于比热容、磁化率、电阻率与低温极限

(a)

	AFM, $z=2$, $d=3$	AFM, $z=2$, $d=2$	FM, $z=3$, $d=3$	FM, $z=3$, $d=2$
c/T	$\gamma - a\sqrt{T}$	$c\ln(T_0/T)$	$c\ln(T_0/T)$	$T^{-1/3}$
$\Delta\chi$	$T^{3/2}$	$\chi_0 - dT$		
$\Delta\rho$	$T^{3/2}$	T	T	
$T_{N/c}$	$(\delta_c-\delta)^{2/3}$	$\delta_c-\delta$	$(\delta_c-\delta)^{3/4}$	$\delta_c-\delta$
T_{I}	$\delta-\delta_c$	$\delta-\delta_c$	$(\delta-\delta_c)^{3/2}$	$(\delta-\delta_c)^{3/2}$
T_{II}	$(\delta-\delta_c)^{2/3}$	$\delta-\delta_c$	$(\delta-\delta_c)^{3/4}$	$\delta-\delta_c$

(b)

	Ferro, 3D	Ferro, 2D	AFM, 3D	AFM, 2D
c_m/T	$-\ln T$	$T^{-1/3}$	$\gamma_0 - aT^{1/2}$	$-\ln T$
χ_Q	$T^{-4/3}$	$-T^{-1}/\ln T$	$T^{-3/2}$	$-(\ln T)/T$
$\Delta\rho$	$T^{5/3}$	$T^{4/3}$	$T^{3/2}$	T

(c)

	Ferro, 3D ($d=z=3$)	Ferro, 2D ($d=2; z=3$)	Antiferr, 3D ($d=3; z=2$)
c/T	$-\ln T$	$T^{-1/3}$	$\gamma + \sqrt{T}$
$\Delta\chi$	$T^{-4/3}$	T^{-1}	$T^{-3/2}$
ρ	$T^{5/3}$	$T^{4/3}$	$T^{3/2}$

3. 局域偏离费米液体模型

对于非费米液体行为（图 4.4 左边），前面讨论了自旋起伏理论,现在转向关联能如何引起量子临界行为的问题(图 4.4 右边). 考虑局域量子相变产生的所谓"近藤晶格"系统,其中每个单胞在晶格中含有杂质原子,而不是稀释情况的近藤系统. 在一个临界点,局域保留作为临界模式与长程有序参量起伏共存的痕迹. 与前面理论相比,其中动力学自旋磁极化率 $\chi(q,\omega,T)$，在接近有序波矢 Q 时是单调的. 局域偏离理论预言,局域 $\chi(q,\omega,T)$ 是同样单调的,即预言每个布里渊区特定的频率和温度关系可表示为

$$\chi(q,\omega,T)=\frac{1}{f(q)+A\omega^{\alpha}M(\omega/T)}, \qquad (4.25)$$

式中,$M(\omega/T)$ 是比例函数, $f(q)$ 是 RKKY 相互作用函数,指数 $\alpha(\alpha\neq 1)$ 是非普适的. 均匀的 $q=0$,自旋磁化率修正的居包-外斯形式为 $\chi=1/(\theta+BT^{\alpha})$,这里 θ 是常数. 这个形式又可表示为 $\chi^{-1}-\chi_0^{-1}\sim T^{\alpha}$,通常在非费米液体系统中可以检测到. 对于每个局域动量,临界自旋波 RKKY 相互作用产生起伏磁场. 这个起伏场阻碍局域杂质的导电屏蔽,呈现近藤物理临界现象,2D 自旋起伏形成有利于新类型的量子临界点的出现.

对于多通道近藤模型,近藤温度 T_K 是特征温度,在单通道近藤样品中,发生围绕导电电子杂质补偿 $S=1/2$ 磁自旋. T_K 值可用于评估交叉温度下发生的非费米液体行为. 用近藤温度可表示局域杂质导电电子交换 J 导带的带宽、费米能 ε_F,若在费米能级上的态密度为 $N(0)$,则有

$$k_B T_K \approx \varepsilon_F \exp[-1/(N(0)J)]. \qquad (4.26)$$

无序产生的宽度值与 $N(0)$ 或 J,或者与两者叠加有关,无序出现温度低于平均值 $T_k(=T_{k0})$ 的非费米液体行为. 在现象学近似中,对这些偏离费米液体的讨论是建立在早期的理论上. 最先在 $UCu_{5-x}Pd_x$ 样品中,检测到一定的非均匀 NMR 线展宽和奈特位移数据. 对其进行讨论,用假设无序使其值分布为 $N(0)J$,其中最简单的是高斯分布. 数据表明有相对窄的分布 $P(\lambda)$ 和毫秒量级宽的 w. 这个分布可用于计算 $T_k=(\varepsilon_F/k_B)\exp(-/\lambda)$ 和 $P(T_k)=|d\lambda/dT_K|P(\lambda)$ 的关系,有

$$P(T_K)=\frac{1}{\sqrt{2\pi}}\frac{1}{wT_K\ln^2(\varepsilon_B/k_BT_K)}$$

$$\times \exp\left\{\frac{-\frac{1}{2}}{w^2\ln^2(\varepsilon_F/k_BT_{K0})}\left[\frac{\ln(T_K/T_{K0})}{\ln(k_BT_K/\varepsilon_F)}\right]^2\right\}. \qquad (4.27)$$

T_K 的指数行为被 λ 展宽 $P(T_k)$ 和歪斜,直到较高的值. 这个模型的重要性为 $T_K=0$ 时,$P(T_k)$ 是有限值. 由近藤温度分布,在磁场 H 中样品平均磁化强度和

温度 T 的函数关系表示为

$$\langle M(H,T)\rangle = \int_0^\infty M(H,T;T_K)P(T_K)\mathrm{d}T_K. \quad (4.28)$$

用布里渊函数表示原子磁响应的通常动量量子数 J，其关系为

$$M(H,T;T_K) = \frac{2J+1}{2J}\coth\left[\left(\frac{2J+1}{2J}\right)Y(T_K)\right]$$
$$-\frac{1}{2J}\coth\left[\left(\frac{1}{2J}\right)Y(T_K)\right], \quad (4.29)$$

式中，$Y(T_K) = 8\mu_B JH/[k_B(T+T_K 2^{1/2})]$. 采用"近藤无序"模型，假设：(a) 近藤杂质模型描述集体行为，(b) 无序将决定近藤温度范围（未消除局域自旋，保持某种平均 T_{K0}），对窄的高斯分布可以拟合为一级相. 为了最好地拟合在低温测量的 M 数据，可调整式(4.27)的 4 个拟合参量（分布宽度 w，平均近藤温度 T_{K0}，费米能 ε_F，角动量 J）. 在这个公式中用检测 NMR 线宽和奈特位移的适当参量，对 $UCu_{5-x}Pd_x$ 样品的实验结果进行讨论，针对 UCu_4Pd 样品评价数值 $P(T_K)$ 对 T_K 的偏离（式(4.26)）. 当讨论自旋-自旋 RKKY 相互作用时，主要涉及低能范围的物理问题，如低能的红外截止问题. 讨论集中在 Cu 的 NMR 研究和动力学平均场理论（忽略 RKKY 相互作用），探索如何产生非费米液体行为，特别是无序相互作用和强电子-电子关联，这个理论的核心是基于相对小的无序量. 由于在未减弱的局域动量和导电电子之间存在强局域关联，实验结果显示有不成比例的低温热力学行为和传输特性，结果与多数的研究数据很好地一致. 在几个非费米液体的系统中，研究主要集中在预言温度与电阻的线性行为. T_K 分布模型的优点是不需计算集体有序晶格的产生，在低温稀释系统中保持没有减弱的作用. 最近，对无序的相互作用和近量子邻近点自旋起伏的研究工作表明，直到 $T\to 0K$ 磁性被抑制，无序量的 AT^α 有 $1\leqslant\alpha\leqslant 1.5$ 关系. 在这个理论中 Rosch 指数无序用参量 x（测量杂质的有关散射长度）表示，在 $x=0$ 是完善有序样品，而 $x\geqslant 0.1$ 则是很无序的. 图 4.6 表明的 $\rho=\rho_0+AT^\alpha$ 的指数关系，其中 $\alpha=\mathrm{d}\ln\Delta\rho/\mathrm{d}\ln T$. 对于 α 交叠区预言图 4.6 中存在温度函数关系和无序结构，从纯净的极限移向很小的无序. 在最低温度费米液体值为 1.0 到 2，然后随高温上升达到几乎为 2，接着单调下降直到更高温度；画出的 α 与 T 关系符合理论预言，除去最差的 $x>1$ 极限情况. 当 $T\to 0$ 时，x 随温度单调增加接近 1.5.

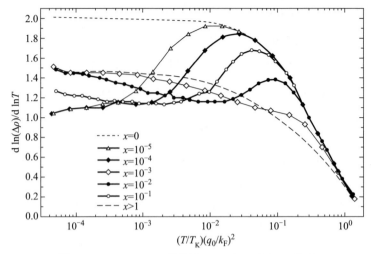

图 4.6 $\rho=\rho_0+AT^\alpha$ 的指数 $\alpha(=\mathrm{d}\ln\Delta\rho/\mathrm{d}\ln T)$ 关系

§4.3 非费米液体化合物

近些年发现重费米子(HF)系统行为很明显地偏离费米液体理论[3]的发现,吸引了很多人的研究兴趣.这些材料含有 U,Ce,Yb 等过渡金属,具有掺杂非磁元素.它们的宏观特性呈现非费米液体(NFL)行为,如比热容与温度关系 $c/T\sim -\ln(T/T_0)$ 或 $c/T\sim\gamma_0-\alpha T^{1/2}$、磁化系数与温度关系 $\chi\sim 1-bT^\beta$ 或 $\chi\sim -\ln(T/T_0)$、非二次方电阻关系 $\rho\sim AT^\alpha(\alpha<2,$可正可负$)$. c/T 关系异常等行为是 NFL 行为的主要特征.

1. 非费米液体行为

在 FL 理论中,当 $T\to 0K$ 时,温度关系系数 γ 发生显著偏离,意味着在费米面上发生量子态偏离.但应用 FL 理论的简单形式不能对其进行修正,称其为非费米液体.现在,还没有理论模型能够提出对 NFL 行为的普适描述.通常是从寻找量子临界点问题入手,研究其物理特性.趋向磁不稳定是非费米液体行为的重要问题,在多尼亚克相图中,给出 HF 化合物相变参数,参见图 4.7,J 是耦合强度参量,T 是温度.在多尼亚克相图内,当单离子 Kondo 散射变得比 RKKY 相互作用更重要时,磁性消失.在重整化中,反铁磁(AF)和 FL 行为可考虑两个竞争结果的固定点.当温度降低时,系统从高温局域动量行为演化到这些固定点中的一个,在图 4.8 中给出了流程图.箭头曲线表示相应于 T_K/T_{RKKY} 不同值,发展趋向量子临界点(QCP).反铁磁的 QCP 存在意味两个固定点(AF 和 FL)连接之间新的不固定点.对材料的宽范围,T_K/T_{RKKY} 接近临界值.这些材料将演化为 FL 或 AF 点,趋向接近下一个固定点.它们的特性出现在超大的温度范围,激发和相互作用将显示 QCP 的物理特性. 由于 f 电子系统显示 NFL 特性不像 QCP 那样明显,为了描述其微观机制引入其他模型来说明 NFL 行为,其中单个离子近藤模型是比较成功的. 这类模型建议无序起重要作用,如 NFL 系统的多数是化学取代基或稀释化合物,通常呈现无序. 在 f 电子系统中,最重要的有关路径建议如下:一是两通道的近藤效应. 杂质 f 电子自旋是过屏蔽的,导电电子自旋与杂质位置的电子反铁磁产生一个相互作用. 二是较宽的近藤温度分布. 这里近藤效应在每个 f 电子杂质上建立不同的温度比例,产生宽范围有效的近藤温度,平均分布产生动力学特性,遵从 NFL 行为. 三是在 $T=0K$ 时接近 QCP,发生磁或超导相变,由于外参量如流体静力学或化学压力等,或者自发发生,或者趋向 0K. 其热力学特性由集体模式决定,在接近临界点相应有序参量的起伏. 四是格里菲斯相模型. 由于无序,在顺磁相接近 QCP 时出现磁性原子团.

通常 NFL 特性出现在 d 过渡金属系统中,例如,在 $x=0.025$ 的 Ni_xPd_{1-x} 有铁磁性 QCP. 比热容、电阻率和磁化系数显著偏离标准的 FL 行为,可能是由于近铁磁 QCP. 同样在 1D 系统可发现 NFL 行为,可用拉廷格液体理论描述. 在这些 1D 系统中,相互作用强于 FL,可导致自旋电荷分离. 量子线和某些有机 1D 导体可用拉廷格液体模型描述,已知显示高 T_c 铜盐偏离 FL 特性的行为. 建议用量子临界点费米液体模型描述,作为现象学近似高温超导体的行为,给出自旋和电荷磁化系数合理的形式. 相比 FL,自旋和电荷分离是强相互作用关联,有低频行为. 在 $T \to 0K$ 时变为与温度无关,给出散射比例是线性的. 在温度和有效质量的关系中,接近费米面时有对数偏离特性.

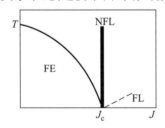

图 4.7 HF 系统 NFL 范围接近磁不稳定

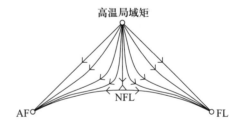

图 4.8 Kondo 晶格流程图

2. 相变临界点

(1) 多通道近藤效应

如前面描述的,在单通道近藤效应中,f 电子系统的物理特性可用 Landau 的 FL 理论给出部分说明. 要对这个模型进行简单修正,可讨论多通道近藤效应的 NFL 行为. 在过补偿的多通道近藤模型中,M 表示自旋 $-\frac{1}{2}$ 导带交换与单杂质自旋 S_1 耦合,满足条件 $M/2 > S_1$,结果存在比完全补偿杂质更多的导电自旋. 在最简

单的情况 $S_1 = \frac{1}{2}$，为 2 个通道近藤效应(TCKE). 由于存在 2 个导带自旋 $\frac{1}{2}$ 对杂质自旋过补偿，导致基态的自旋将是 $\frac{1}{2}$，随电子离开杂质位将产生反铁磁行为. 在重整化群中，由磁化系数相互作用引进动能. 由于在这个固定点动能是 0，近藤效应的强耦合 $(J\rightarrow\infty)$ 使固定点不稳定，使这个相图等效模型回到弱耦合极限 $(J=0)$，弱耦合固定点是不稳定的. 这样，弱和强耦合极限两者都是不稳定的. 因而在中等强度耦合变得有重要意义，由其可给出简并基态和 NFL 能量谱，可得到比热容系数和每摩尔杂质的自旋极化系数的偏离，对于 $T\rightarrow 0K$，有

$$\frac{\varepsilon(T)}{T} = -\frac{A'}{T_K}\ln\frac{T}{bT_K} + B',$$

$$\chi(T) \sim -\frac{1}{T_K}\ln\frac{T}{b_x T_K}, \quad (4.30)$$

式中，$A' = 0.251R, b = 0.41, b_x$ 量级是 1，B 是温度独立的电子或晶体场本底参量. 电阻率表示为

$$\rho(T) \sim 1 - a\left(\frac{T}{T_K}\right)^{1/2}, \quad (4.31)$$

式中，a 的量级为 1. 然而，当 c/T 和 χ 出现对数偏离时，对于 $T < 0.05 T_K$ 范围观察到 $\rho \sim 1 - \alpha T^{1/2}$ 行为. 在中等温度范围 $0.05 T_K < T < T_K$, $\rho \sim 1 - \alpha T$，导电自旋的 2 个通道中杂质有效自旋为 $\frac{1}{2}$，而杂质自旋的简并不提升，不像平常的近藤问题. 这个过剩简并表明每摩尔杂质的净过剩熵为 $1/2R\ln 2$. 用外加磁场，这个过剩熵可以恢复，它将提升简并度. 对于四极多通道近藤效应(QKE)，这里 f 离子的四偶极矩与导电电子作用，它们的自旋提供 2 个通道，磁化系数不再是对数偏离，而是

$$\chi(T) = \chi(0)\left[1 - b'\left(\frac{T}{T_K}\right)^{1/2}\right], \quad (4.32)$$

这反映了 NFL 行为.

(2) 近藤无序模型

若材料有较大的无序，近藤温度 T_K 可能提升. 每个磁杂质周围，反铁磁耦合产生电子(假设有效自旋 $\frac{1}{2}$ 杂质磁矩)，在不同 T_K 值的近藤效应将发生. 这个分布的平均可给出热力学描述的传输特性，由于等效费米温度范围展宽，有 NFL 类的关系，基本是未抵消的磁矩贡献于 NFL. 在这种情况中，作为无序影响和强关联的结果产生 NFL 态. 这个模型的重要性在于由于 f 电子与导带电子间的局域化关联是中等的，无序在局域化磁矩的晶格模型中是放大的. 实际产生

的局域能量分布展宽,一些局域位置没有减弱,具有很低的近藤温度,在低温起支配作用,使热力学传输产生高于无序金属基态激发的稀释气体行为.这些未减弱磁矩导致 NFL 相的形成.在 $UCu_{5-x}Pd_x(x=1,1.5)$ 样品中,对 Cu 的 NMR 实验研究中揭示,存在很强但不均匀的 NMR 线展宽.这个展宽可用近藤无序的模型解释,假设是受完全无关联自旋的影响.由近藤耦合常数 $N(0)$ 描述导电电子海中的每一个耦合,在样品中遵从随机分布的规则.用 Pd 代替 Cu,可以假定这个分布来源于局域无序感应.热力学参量是取近藤自旋响应耦合常数平均分布的计算结果.在 $N(0)J$ 与 T_K 指数关系中,近藤温度分布展宽表于图 4.9 所示的 UCu_4Pd(虚线)和 $Ucu_{3.5}Pd_{0.5}$(点线)样品中.阴影区表示低于 T_K 自旋未消除的区域.近藤无序模型导致传输特性的退相干,有相当的无序长度.根据局域近藤理论,在每一个 f 位,从局域 f 壳层参量的分布产生等效无序很强的重整化,导致导带电子宽度量级.尽管由于在低温相干,系统有低电阻,相应于中等 f 电子数量.在低温无序是破坏相干的根源,导致近藤散射行为退相干.对于比热容、磁化率和电阻率的预言可表示为

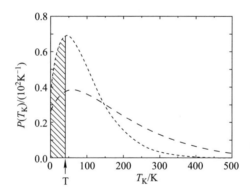

图 4.9 UCu_4Pd(虚线)和 $UCu_{3.5}Pd_{0.5}$(点线)的近藤温度分布,阴影区为低于 T_K 自旋未消除区域

$$\begin{aligned} c(T) &\sim -T\ln(T/T_0), \\ \chi(T) &\sim -\ln(T/T_0), \\ \rho(T) &\sim 1-aT, \end{aligned} \quad (4.33)$$

这些关系描述了 NFL 特性,是检测样品具有 NFL 行为的参照.

(3)接近量子临界点

当温度趋向 $T=0K$,临界铁磁或反铁磁发生相变时,产生量子临界点(QCP),用某些外参量,如压力或掺杂浓度的 δ 函数等描述.在 $QCP(\delta=\delta_c)$,由低温热力学决定,用集体模式描述有序参量的波动,而不是用在 FL 中单个费米子激发描述,这呈现出了 NFL 显著的特性.NFL 行为可能同样发生在量子自旋

玻璃态或超导相变附近.像有限温度的配对物(热引起的经典相变),量子相变用偏离态关联长度 ξ 和偏离弛豫时间 ξ_τ 表征.临界起伏导致这些偏离长度和时间范围是量子起伏而不是热决定的.与经典临界点不同,QCP 的动力学和静电的行为是耦合在一起的.有限的频率或有限的温度将影响 QCP 系统行为,用动力比例指数 z 表征系统的偏离 ξ_τ,动力比例指数 z 强烈地影响静临界行为. z 取值 2,3 和 4 分别对应于反铁磁、纯铁磁和含杂质铁磁. d 维量子系统相应经典的有效维数 $d_{\text{eff}}=d+z$.当研究在 QCP 处非 0 温度对游离费米子系统的影响时,用重整化群理论表明(参见图 4.5[5]),在温度 T 与控制参量 δ 的相图中,I 区是无序量子区,II 区是微扰经典区,III 区是经典高斯区.不同区用线分开,通过比热容计算给出特性关系,分别表示为

$$T_{\text{I}} \sim (\delta-\delta_c)^{z/2},$$
$$T_{\text{II}} \sim (\delta-\delta_c)^{z/(d+z-2)},$$
$$T_{\text{III}} \sim (\delta_c-\delta)^{z/(d+z-2)}, \qquad (4.34)$$

关联长度 ξ 对于 I 和 II 区是一样的.对于经典区,即上面的 QCP, $d=3$ 时比热容和电阻率近似有反铁磁 ($z=2$) QCP,温度关系为

$$c(T)/T = \gamma_0 - \alpha T^{1/2},$$
$$\rho(T) \sim T^{3/2}; \qquad (4.35)$$

对于铁磁 QCP,有

$$c(T)/T \sim -\ln(T/T_0),$$
$$\rho(T) \sim T^{5/3}. \qquad (4.36)$$

在自洽重整化(SCR)理论中有同样预言,其自洽方法考虑自旋起伏有不同模式的耦合.尽管是很初步的,其理论可能描述 f 电子系统.假设围绕磁相边界存在着弱的反铁磁区,有各种反常特性,起主要作用的是由于交换而增强的自旋起伏.在这个理论内, $d=3$ 预言对于 $c(T)$ 和 $\rho(T)$ 与温度有关行为可用 NFL 系统的唯象学描述,QCP 理论给出磁化系数和比热容关系,表示为

$$M = \frac{B}{T^\gamma} f\left(\frac{B}{T^{\beta+\gamma}}\right),$$
$$\frac{c(B,T)}{T} - \frac{c(0,T)}{T} = g\left(\frac{B}{T^{\beta+\gamma}}\right), \qquad (4.37)$$

式中, $f(x)$ 和 $g(x)$ 是非异常函数.对于这个比例关系,考虑理论是量子栗弗席兹(Lifshitz)点,可用场感应 QCP,这时用 $\Delta B=B-B_c$ 和 $c(B_c,T)$ 代替 B 和 $c(0,T)$.在量子栗弗席兹点模型中,NFL 行为发生在经典高斯区的近量子栗弗席兹点.对于 3D 游离反铁磁,预言奈尔温度与压力的关系为

$$T_N \sim (P_c-P)^{4/5}; \qquad (4.38)$$

预言比热容和电阻率与温度的关系分别为

$$c(T)/T \sim T^{1/4},$$
$$\rho(T) \sim T^{5/4}. \tag{4.39}$$

尽管没有发现实际 NFL 系统遵从这些关系，在 $CeCu_{6-x}Au_x$ 材料中，在 QCP 附近出现奇异行为可能有类似的关系。

关于 NFL 行为及模型的讨论是凝聚态物理、量子力学和材料科学领域有兴趣的研究课题，首先提出了很多模型，其次尝试了多种材料体系，这里不做一一介绍，本节仅讨论比较重要的部分，作为对 NFL 理解的入门，是继续深入研究的初级基础。

参 考 文 献

[1] Seaman C L, et. al. Evidence for non-Fermi liquid behavior in the Kondo alloy $Y_{1-x}U_xPd_3$. Phys. Rev. Lett., 1991, 67: 2882.

[2] Maple M B, et. al. Single-ion scaling of the low-temperature properties of f-electron materials with non-Fermi-liquid groundstates. J. Phys.: Condens. Matter, 1996, 8: 9773.

[3] Pivovarov E. Aspects of non-Fermi-liquid metals. California Institute of Technology, Pasadena, 2002, 3-20.

[4] Stewart G R. Non-Fermi-liquid behavior in d- and f-electron metals. Rev. Mod. Phys., 2001, 73: 797.

[5] Franse J J M. Non-Fermi liquid behavior in Uranium-based heavy-Fermi compound. Pedro Miguel De lemos Correia Estrela, 2000, 11-30.

第 5 章 强关联体系

20 世纪 80 年代以来先后出现了高温超导体、巨磁阻、庞磁阻、稀磁半导体、多铁性材料、石墨烯、拓扑绝缘体等新材料和有关器件，它们的物理机制成为人们感兴趣的研究课题，在固态物理和化学领域也是一个新挑战. 目前研究已深入到强关联电子体系，涉及的材料主要是过渡金属化合物和稀土化合物，特别是氧化物. 过渡金属(transition metal，TM)氧化物结构，按化学键分为离子键、共价键、金属键等，构成了分子或周期固体的单胞. 对这类 TM 氧化物特性有重要影响的作用有电子-电子相互作用、电子-晶格相互作用、缺陷及复杂结构的作用，这些作用关系到电荷、自旋和轨道自由度等. 重要的是多体问题，包含的粒子数是 $10^{23}/cm^3$ 量级. 这将涉及很多传统的理论，但多数是不适用的，所以开展这个领域的研究是有相当难度的，但这也是科学家们非常感兴趣的基本科学问题. 在一些材料中电子间的库仑排斥作用是很重要的，导致显著的物理特性，这些材料通常归为强关联电子系统. 费米气体的图像是电子间没有相互作用，它描述了简单金属特征，由于模型的简单，限制了它的更多应用. 通常电子被局域的时候，首先呈现磁学特性. 在 20 世纪 60 年代到 80 年代，物理学研究发现由于电子间的强相互作用，越来越多的复杂系统显示出了新的现象，而对其机制的理解却进展很慢. 最近十几年，人们探索了低维材料，发现了新物质相，它们具有一些不寻常的电学和磁学特性. 它们可能是金属或超导体，但不遵从费米液体理论；或者是磁性绝缘体，但不显示通常的磁有序相. 因为这些材料构建出了相当复杂的原子排列，本章将要对此进行深入探讨.

100 多年来从量子力学和统计物理角度对固体特性的讨论，经历了一个不断深化的过程，如前面讲到的几种模型：费米气体、费米液体、非费米液体等，从不考虑固体中共有化电子间的相互作用，到考虑电子间的弱相互作用，到较强的相互作用，到进一步讨论电子间的强相互作用，不仅涉及价电子，还关系到轨道电子. 费米气体和费米液体模型成功地解释了金属和半导体，是微电子学的物理基础. 微电子学的重大成就深刻地影响了人类社会，使之进入了快速发展的信息时代. 微电子器件主要是利用价电子的电荷属性，其进一步发展将考虑电子的自旋属性、轨道电子云分布以及它们之间的耦合和相互作用. 这方面的内容是强关联物理讨论的领域，是量子力学和统计物理在凝聚态物理中应用的发展. 因此电子强关联体系有丰富的理论内容，更有重要的应用前景，它将涉及现今为人们所关注的智能电子器件和新型催化体系等.

什么是关联(correlations)？通常,一个粒子自由度的行为与另一个粒子自由度的行为有关,称这样两个粒子间发生了关联.考虑粒子运动,若一个粒子运动与其他粒子运动无关,则这个系统是自由的.在理论物理中,将费米子(fermions)和玻色子(bosons)作为标准粒子.在量子统计中,这两种粒子是不同的.例如,费米子不能占据同一能级,这表征了两个费米子间的某种联系,但这种联系不是这里所说的关联,因为它们只是统计原则.真正的关联是由于粒子间的相互作用或考虑无序系统的平均,关联的费米子系统是由于相互作用,这是因为量子物理存在一个基态(不是简并的),它没有任何动力学问题,可以看作激发真空态,将某些低位激发取作基本单元,粒子处在高于真空的能级.这样,在低能(低温)多体系统中可认为是稀释气体激发.为了理解复杂多体系统行为,首先假定激发间的相互作用很小,再考虑在弱相互作用下稀释气体的费米子和玻色子系统行为.对费米子系统而言,它涉及费米液体和拉廷格液体,而在费米液体中,在无激发时存在类似自由的费米子,但这些费米子的特征参量不再是与其他粒子无关的,其系统的总体行为类似于费米气体.费米液体的理论基础仍是微扰理论.在拉廷格液体中,元激发不再是费米子,集体激发占有优势,本质上是玻色子行为.它们的集体行为很像弦振荡,由无穷多小段运动构成,这个概念主要关系到 1D 或准 1D 系统.对于费米子金属,如碳纳米管(carbon nanotube, CNT)等理论应用是成功的,但对于玻色子系统在光学晶体和自旋长链中的行为仍不能解释.

  钙钛矿结构的过渡金属氧化物是一类重要的强关联体系.20 世纪 80 年代高温超导材料的发现导致这个领域的研究进展迅速.强关联体系可能颠覆能带理论的一般信念,更多地解释了新领域物理特性,是当今人们仍在继续研究的课题,如高温超导、巨磁阻、多铁性耦合等.强关联电子学可看成不同于半导体电子学,后者认为电子具有负电荷彼此以库仑力排斥.在多电子系统中,考虑电子间存在强相互作用的电子学称为关联电子学.关联电子学给出电子群概念,在这个强关联影响下,电子很难运动.在固体中每个局域的原子位之间有排斥力,称为液体系统.稍施加磁、电、光、力、热等外场,就会引起液体-晶体的动量改变,或固体中的某种电子相变,从而导致电、磁和光等特性发生显著的改变.高温超导体的现象学是相当简单的,在铜氧化物中加入或减少电子,可能使非金属材料变成金属,这就是超导体,其下一步相变就是绝缘体.高温超导体是典型的强关联电子材料,目前对其做出解释仍是困难的,难点在于得到适合的晶体结构能嵌入电子.人们通过对这种电子类型的高温超导体的观察,发现过渡金属氧化物中的过渡金属元素,从 Ti 到 Cu 都有可移动的 d 电子.在磁性氧化物中有很大的势能,并产生磁阻.在半导体中电子数密度为 $(10^{14} \sim 10^{15})/cm^3$,电子运动是相互无关的,可以作为独立粒子处理.在这个概念基础上设计出了电子器件,单电子近似是这类器件的理想模型,是现今微电子器件研究得最多的一类.与单电子近似不同的是电子关联体系,该体系可看作一群电子在一起,呈现集体行为. 理论处理上考虑最小化的可能,如在 50 nm 原子团中有上百万个电子足够定义电子相,所以对于最小化将不是问题. 在此基础上,人们讨论电子强关联问题,进而探索关联电子学的有关内容.

§5.1 电子强关联

微电子学是建立在量子力学的费米气体、费米液体模型和大数粒子宏观统计的基础上,成功地描述了晶体的原子结构和电子结构,特别是半导体和金属的能带结构,以及载流子的输运特性. 这些描述固体中弱相互作用的理论使微电子学及其产业取得了人类科技史上辉煌成就. 当今,人们在深入挖掘微电子学的潜力的同时,也在探索多粒子体系中存在强相互作用的量子理论和基于其上的新型器件,本文超出了描述微电子发展进程的摩尔定律,从电子强关联出发,讨论了轨道电子学、自旋电子学等有关概念和现象,进而介绍量子调控概念,说明当前研究的热点,最后以薄膜电子器件为例讨论了新型电子器件的运行基础.

物质的物理特性主要取决于原子的价电子在晶体中的行为. 晶体中在电子运动的各个方向上能量是不相同的,因此按量子力学概念,在动量-能量(波矢-能量)空间描述电子可能的取值是量子化的,称为量子态. 具有相同能量的量子态,在单位体积中的数量称为态密度 $D(E)$,它是能量的函数,各种晶体量子态的分布称为能带结构. 电子占据各种量子态的概率由费米分布函数描述,在绝对零度($T=0$K)时,电子占据的最高能态称为费米能级(或费米面). 在 $T=0$K 时,低于费米能级的所有能级全为电子所占据,高于费米能级的所有能级全空着,所以费米能级是个参考能级. 在此基础上考虑电子间的强关联,通常是对相似参量进行修正,描述集体行为,扩展准粒子概念,在传统理论框架中加入新内容,从而发展了理论体系,更严谨地描述了新现象和新效应. 以此思路,现如今人们已经对电子强关联材料进行了相当广泛的研究. 这里举例讨论几种与电子强关联有关的主要材料.

对于金属中的关联问题,这里重提前面第 3 章中有关费米液体概念. 在费米液体模型中,激发过程是低能级占据态的电子在外场作用下,跃迁到高能级空态上,对于其他占有态和空态没有影响. 而在存在电子间强相互作用的体系中,激发是个复杂过程,涉及很多电子态,故技术处理上应采用重整化群方法描述. 通常原子的活泼性取决于价电子,构成块体的主要特性取决于费米面附近的电子,这是在温度不是很高的情况下,即室温附近,远离费米面的电子对于基态体系的物理性质影响不是很大. 在弱相互作用下,费米液体的电子分布函数偏离费米分布函数不是太远,故可采用平均场近似. 当一个电子进入体系时,除原先的动能外,还要加上整个费米面内的电子的相互作用项.结果经过扰动后,体系不只是多了一个电子(准自由电子),而是多了一个粒子,这个粒子可以看作准自由电子加上其他电子的扰动,后部分称为密度起伏,这就是费米液体中的电子.如果一次进入几个电子,情况就更复杂了.为描述这类情况,物理学引进平均场概念来处理电子间的交换作用问题,即粒子的动能写为

$$E(\boldsymbol{k}) = \varepsilon(\boldsymbol{k}) + \frac{1}{V}\sum_{\boldsymbol{k}'} f(\boldsymbol{k},\boldsymbol{k}')\langle \Delta n(\boldsymbol{k}')\rangle. \tag{5.1}$$

式(5.1)与式(3.19)相同,表示费米液体体系中的粒子(电子)能量,即含粒子本身的分布函数,要确定其值需要自洽求解.对于由弱相互作用导出的结果,在强相互作用时,就会发生不稳定.这里以磁不稳定为例,说明非费米液体问题.考虑电子自旋,电子间相互作用是短程的,用哈伯德(Hubbard)模型来描述,哈密顿量表示为

$$\begin{aligned}H = (-1)\sum_{\langle r,r'\rangle}\big[\psi_{k\uparrow}^{*}(r)\psi_{k\uparrow}(r')\psi_{k\downarrow}^{*}(r')\psi_{k\downarrow}(r)\big] \\ + U\sum_{r}\psi_{\uparrow}^{*}(r)\psi_{\uparrow}(r)\psi_{\downarrow}^{*}(r)\psi_{\downarrow}(r),\end{aligned} \tag{5.2}$$

等式右侧第一项是电子的动能,第二项是电子间的交换能.如果前者远大于后者,电子表现为平面波形式运动,这是费米气体准自由电子行为.如果后者的相互作用远大于前者,电子运动过程中将损失动能,电子间因相互排斥而分离,产生空间波函数的反对称性.这时可考虑电子的自旋分布体系具有不对称性,出现体系总自旋不为0的状态.从平均场假设,自旋向上的电子受到自旋向下的电子排斥,能量增加;相应地自旋向下的电子能量减小,结果产生体系的自旋对称性破坏,或称对称性破缺.物理术语是电子的能量受到重整化,结果表示为

$$\begin{aligned}E_{\uparrow}(\boldsymbol{k}) = \varepsilon(\boldsymbol{k}) + U(n_{\uparrow}), \\ E_{\downarrow}(\boldsymbol{k}) = \varepsilon(\boldsymbol{k}) + U(n_{\downarrow}),\end{aligned} \tag{5.3}$$

式中U是交换能,在有些材料中,自旋向上和自旋向下的能量不相等.描述自旋相互作用函数可表示为

$$X(U) = \mu_U^2 D(E_F)\frac{1}{1-\frac{1}{2}UD(E_F)}. \tag{5.4}$$

当交换作用强度(交换能)$U=0$时,$X(U)$为泡利磁化系数.当U增大到某个值,式(5.4)发散,这是个临界值,即稍加磁场,体系的平均自旋就突变.这个现象表明费米液体基态的不稳定,达到了相变点后,就进而相变成为铁磁相态.由于自旋电子学有重大的应用前景,是当前强关联电子学中研究较多的领域.费米液体模型是关联电子学的基础,其在电子学领域,甚至在信息科学领域的应用是未来相当长一段时间内科技发展的重要方向.

§5.2 轨道电子自由度

电子强关联体系是凝聚态物理正在取得迅速进展的重要方向,主要探索和研究强关联体系中的新型信息载体,信息传输过程和动力学,调控机制和规律,相关的器件物理等领域.研究的主要内容有:①氧化物和稀土氧化物中的结构及电子强关联,涉及高温超导体、巨磁阻、稀磁半导体、铁电体、多铁性材料、石墨烯、拓扑绝缘体、玻色-爱因斯坦凝聚等的理论和实验问题;②电子-电子、电荷-自旋、电荷-轨道电子、自旋-轨道电子等关联作用,如图 5.1 所示[1],图(a)电荷、自旋与轨道电子,图(b)轨道电子云与能级,JT 为杨-特勒(Jahe-Teller)相变.固体中的电子不仅具有电荷属性,还与自旋和轨道有关,在目前微电子中基本没有考虑后两者,它们可能发展形成新的自旋电子学与轨道电子学.轨道电子有其电子云分布和能级关系,参见图 5.1(b),这将是载流子与其发生作用及外场激发过程的基础,将是关联电子学讨论的重要内容.近年来人们提出了半金属(half metals)概念,即在这类金属中只有一种取向自旋电子参与导电,在此基础上发展了自旋电子学.图 5.2 给出考虑电子的自旋时,铁磁材料的态密度 $D(E)$ 分布[2],在费米能级附近只有一种自旋电子态密度分布,就是模拟计算的 Fe,Co 和 Ni 的自旋态.可能的自旋态有两种:一种是在自旋向上的态占优势,另一种是自旋向下的态占优势.图 5.2 表明 Fe 属于第一种,Ni 和 Co 属于第二种.这样,有一类材料在费米能级附近只存在自旋向上电子的态密度,而自旋向下的为 0. 具有半金属特性的某些过渡金属氧化物是自旋电子学的重要功能材料.

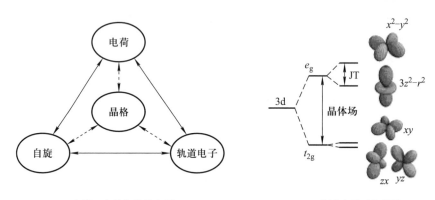

(a) 电荷、自旋与轨道电子   (b) 轨道电子云与能级

图 5.1 关联作用

1. 晶格电子

上述有关特性是以轨道电子自由度为基础的,这里首先讨论与理解固体中

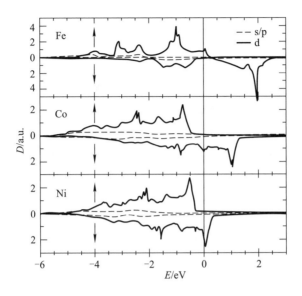

图 5.2 在费米能级附近一种自旋电子态密度分布

电子行为有关的参量:电荷($-e$)、自旋($S=\pm 1/2$)、轨道对称.要研究电子-轨道作用,势必将更多地涉及轨道、自由度概念.这里的轨道是指电子密度分布概率或电子云的形状.在原子物理、周期表中用经典轨道概念 1s,2s,2p,3s,3p,3d,4s,4p,4d,4f,5s,5p,5d,5f,6s,6p,… 描述在原子、分子、固体中的轨道,因为电子占据要遵从泡利不相容原理,即每个轨道最多只容纳自旋方向不同的 2 个电子.轨道简并度与能量的关系表示为:$1\times 1s, 1\times 2s, 3\times 2p, 1\times 3s, 3\times 3p, 1\times 4s, 5\times 3d$.遵从构造原理(aufbau principle):从下至上,依次填 2 个电子.过渡金属氧化物通常有部分填充的 d 轨道,加上有稀土原子参与的化合物将涉及周期表中的 54 个元素,包括从Ⅱ族到Ⅲ族间的金属、镧系和锕系.关于元素的轨道或电子云分布有:1s 轨道是球形,无简并.2p 是双球相连,类似哑铃形,如图 5.3 所示,有 3 个方向,在直角坐标系中表示为 $2p_x, 2p_y, 2p_z$,三者具有同样的能量,为三重简并.3d 轨道主要是多个椭球相接连,有方向性,如图 5.4 所示,同样也存在简并,电子云分布归为 e_g 和 t_{2g} 两类,总共有五种结构,其中 e_g 有两种结构:$3d_{x^2-y^2}$ 和 $3d_{z^2-r^2}$,两者形状差别较大. t_{2g} 电子云分布有三种结构:$3d_{xz}, 3d_{yz}, 3d_{xy}$,为三重简并.还应该注意,波函数的符号表示了波函数的不同方向,在直角坐标中 2p 电子云的符号如图 5.5 所示,分别是 x,y,z 轴方向叠起的双球,其接触面是垂直所选方向过坐标原点的 2D 平面.对于 3d 轨道,其中 e_g 通常为配位体的 σ 键,与配位基相连接. t_{2g} 为 π 键,与配位基相连接,如图 5.6 所示.

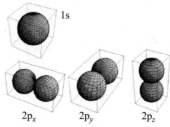

图 5.3 原子的 1s 和 2p 轨道的电子云分布形状

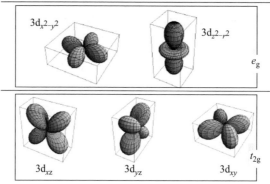

图 5.4 3d 轨道

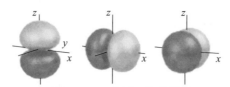

图 5.5 2p 电子云的符号

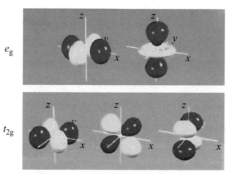

图 5.6 3d 轨道波函数的符号

在离子体系的晶格能模型中,长程的库仑吸引力与离子壳层重叠的短程排斥力平衡,其中排斥力可近似表示为

$$E_r = \frac{B}{R^n}, \tag{5.5}$$

式中,R 是两离子间的距离,B 和 n 是给定离子的常数. 对于卤化物和氧化物,其晶格能表示为

$$U_l = -Nz_1 z_2 e^2 A_m \frac{1-\frac{1}{n}}{4\pi\varepsilon_0 R}, \tag{5.6}$$

式中,A_m 为马德隆(Madelung)常数. 用库仑长程吸引力简单估算离子晶体的结合能,离子间的相互作用能写为

$$E_c = \frac{z_1 z_2 e^2}{4\pi\varepsilon_0 R}. \tag{5.7}$$

例如氯化钠(NaCl)离子晶体,见图 5.7,每个阳离子(Na^+)有距离为 R 的 6 个阴离子(Cl^-),距离为 $\sqrt{2}R$ 的 12 个近邻的阴离子(Cl^-),距离为 $\sqrt{3}R$ 的 8 个次近邻的阴离子(Cl^-),……,在这种情况下,离子键能表示为

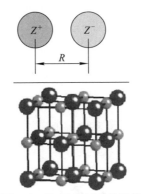

图 5.7 NaCl 离子晶体结构

$$E_i = -e^2 \frac{6 - \frac{12}{\sqrt{2}} + \frac{8}{\sqrt{3}} + \cdots}{4\pi\varepsilon_0 R}. \tag{5.8}$$

NaCl 是典型的离子晶体,是很好的绝缘体. 至于晶体的导电特性,则需要考察其电子结构. 可以从能带填充情况对随温度下降金属电导率上升而非金属电导率减小现象加以解释. 图 5.8(a)给出了非金属的能带结构,在价带和导带间存在能隙,即禁带,价带被电子填满,导带是空的,通常费米能级处于禁带之中. 若出现载流子,必然是价带的电子被激发到导带,产生电子-空穴对,分别在价带和导带中传输电荷,所以随着温度升高,激发的电子-空穴对增加,电导率上升. 如图

5.8(b)所示,金属的能带是没有被电子全部填充,准自由电子很容易被激发到空态,贡献于电流传输.对于过渡金属氧化物,晶体场分裂导致 t_{2g} 带被填满,出现带隙,呈现绝缘体行为.当电子的排斥能 U 大于位置间相互作用能 W,即 $U>W$ 时,发生莫特-哈伯德(Mott-Hubbard)相变.电子驱动结构畸变,也就是打开 1D 结构派尔斯(Peierls)隙,称为派尔斯相变(即产生电荷密度波),这些都是局域化行为.描述轨道电子输运特性,采用哈伯德模型:在同一个原子上,电子(空穴)之间只有排斥作用,这是一个近似,但原子内部的排斥,在很多情况都否定了能带理论.在最简单情况,只有 1 个 s 轨道的 1D H 原子链,每个位置贡献 1 个电子.按能带理论,它具有半满的金属带.考虑轨道间只有小的交叠,这是低 β、窄带隙和高有效质量 m^* 情况.基态是电子局域在每个原子上,如图 5.9 所示[3].由于电子间的排斥导致局域化,如果从轨道 I 移 1 个电子到另一个原子 A 上,要求能量为 E.这个过程表示为 $U=I-A$,这时在 1 个原子上存在 2 个电子的排斥能.若在链上的原子是 H,如图 5.10 所示,则有 $U=I-A=13.6\text{eV}-0.8\text{eV}=12.8\text{eV}$,这个能量是相当大的.当位置间相互作用 W 较小时,这个排斥驱动半填满能带为绝缘体.单一能带哈伯德模型的哈密顿写为

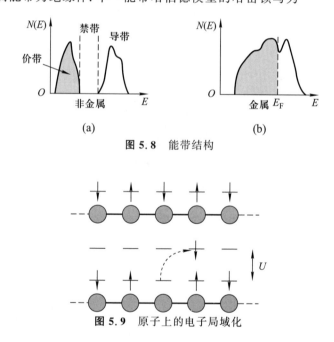

图 5.8 能带结构

图 5.9 原子上的电子局域化

$$H=-t\sum_{\langle ij\rangle,\sigma}c_{i\sigma}^+c_{j\sigma}+U\sum_i n_{i\uparrow}n_{i\downarrow}, \tag{5.9}$$

式中,t 是转移积分,其值大小表示位置间有强的交叠,即有较大的 W.U 是抵制 2 个电子占据的哈伯德参数.这样 U 希望局域化,而 t 倾向退局域化.两者竞争,

U 倾向激发电子到另一个轨道,但必须克服莫特-哈伯德带隙才能进行输运. 在过渡金属晶体中,改变占据涉及轨道自由度、晶体场、能带结构、哈伯德能 U、交换规则(哈伯德定律)等,可表示为

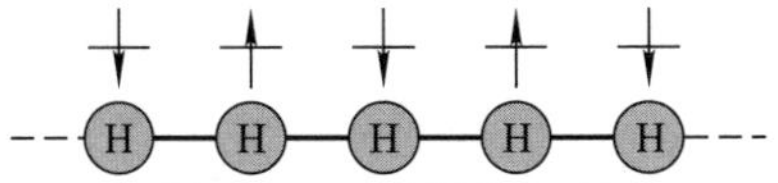

图 5.10 H 原子 1D 链

$$U = E_0(N-1) + E_0(N+1) - 2E_0(N). \tag{5.10}$$

精细平衡的相关系统可能相当接近带边 $U \sim W$. 在改变温度 T、压力 P、填充和结构等情况下,可能发生具有特异性的相变.

2. 钙钛矿结构

过渡金属氧化物的原子结构基本重复单元可分为:TM-O_6 的八面体(如图 5.11(a)所示),TM-O_5 的方金字塔(如图 5.11(b)所示)和 TM-O_4 的平面体(如图 5.11(c)所示). 由基本重复单元构造的典型结构是钙钛矿(perovskites)结构,参见图 5.12,主要是 ABO_3 类立方体结构. 如图 5.12(a)所示 ABO_3 类钙钛矿结构中心是过渡金属(B),面心是氧(O),顶角是稀土金属或Ⅱ族金属(A),图(b)是其原子堆积,而图(c),(d)则是另两种钙钛矿结构的原子堆积. 图 5.13(a)示出了氧化物中 3d 能级的分裂,氧化物中随着晶体的形成,库仑势导致轨道 3d 能级简并的耦合和提升,形成分裂能带. 图 5.13(b)表明原子排布结构:从左至右为自由离子、立方、正金字塔结构,分别具有 3d(5)能级, $e_g(2)$, $t_{2g}(3)$ 能带和 $b_{1g}(x^2-y^2)$, $a_{1g}(z^2-r^2)$, $b_{2g}(xy)$, $e_g(xz,yz)$ 能带. 根据洪德(Hund)定律:①最大自旋多样性,在不同轨道电子具有平行自旋 S,②最大总轨道角动量 L,③最大总角动量 J. 配位体场与交换相互作用间的竞争,使在最大有序中平行自旋的电子趋向到 e_g 能级,即为洪德第一定律,立方结构中的 3d 能级耦合形成能带结构,e_g, t_{2g} 能带间出现禁带,t_{2g} 能带为自旋配对电子所填满,e_g 为空带. 由

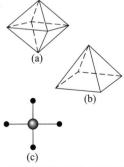

图 5.11 过渡金属氧化物的基本重复单元

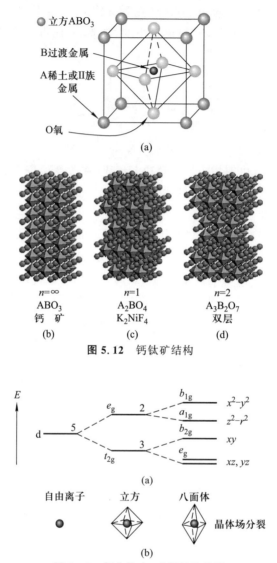

图 5.12 钙钛矿结构

图 5.13 氧化物中 3d 能级的分裂

于洪德定律导致系统可能提升电子到 e_g 态,使得电子自旋平行达到最大有序结构,如图 5.14 所示,图(a)为 Fe^{2+} 和 Co^{3+} 的能带被电子占据情况,图(b)为 Mn^{2+} 的. 晶格与轨道电子相互影响,轨道能对晶格的扬-特勒(Jahn-Teller)耦合(静电的或动力学的)产生了扬-特勒畸变,并发生了轨道简并. 由于电子占据的不均衡,形成不均衡力,造成畸变,这就是扬-特勒畸变,如 t_{2g} 有 1,2,4,5 个电子或 e_g 有 1,2 个电子. e_g 能级上有最多的电子,这就是 e_g 最大效应,如图 5.15 所

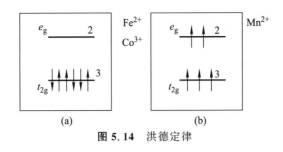

图 5.14 洪德定律

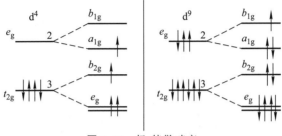

图 5.15 扬-特勒畸变

示,扬-特勒畸变导致 e_g 能带被更多电子占据.轨道间的相互作用使问题变得复杂,通常存在超交换作用,如 3d-2p-3d 间的超交换作用导致 AFM 交换作用,表示为 $pd\sigma=$AFM,由于泡利不相容原理使其反平行排列,如图 5.16 所示,通过共价键杂化使电子自旋反转.在平行排列的 TM 占优势的系统中,如镍化物和铜化物(包括 HTSC),有可能发生超相互作用.驱动力为杂化,有 $J=4t^2/U$.在 Rb_2CrCl_4 中与超相互作用联系的 JT 畸变导致 FM 相互作用.泡利不相容原理使其反平行排列,而洪德定律激励平行排列,后者发生在不同轨道上,参见图 5.17.关于自旋电子的排列,还需要考虑双交换作用,少数自旋电子跃迁到有利于自旋最大的多样性(洪德定律)状态,参见图 5.18 所示的高自旋的铁,Fe^{2+} (d^6) 上反自旋的电子会跳到 Fe^{3+} (d^5) 的能带上.但多数自旋是 FM,可能是少数自旋跃到下一个位置,退局域的最低能为 E,驱动形成 FM.过渡金属氧化物,包括电荷、自旋和轨道耦合动力学等突出特征,形成复杂的量子电子材料,如气体类相、液晶类相、晶体类相、电子相分离、图案形式等.在这些结构中局域化起重要作用,关联物理意味着电子被局域于原子位置,其中有占据轨道,通过超相互作用形成局域自旋取向,由此人们认识了量子电子的结构,进而构造多种有序图案.以 $LaVO_3$ 为例,参见图 5.19 所示轨道电子云与自旋结构,其中 La 是+3 价,O_3 是−6 价,V 是+3 价.可以代替 V 的元素有 Sc,Ti,Cr,Mn,Fe,Co,Ni,Cu,Zn. 尽管是立方结构,但是各向异性的.V^{3+} 意味 $3d^2$ 的部分 t_{2g} 被占据.形成的轨道-自旋图案是自旋 z:FM 链,自旋 xy:AFM,轨道:d_{yz} 和 d_{xz} 在 x,y,z 轴方向改

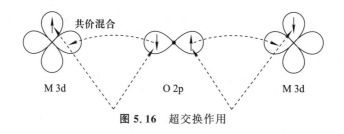

图 5.16 超交换作用

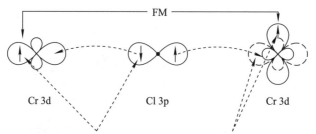

泡利不相容原理驱动为反平行排列　　洪德定律倾向平行排列(不同轨道)

图 5.17 超相互作用的自旋排列

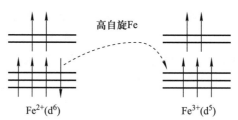

图 5.18 双交换作用

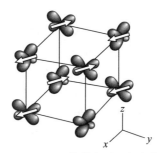

图 5.19 $LaVO_3$ 轨道电子云与自旋结构

变. 图 5.20 是 $LaMnO_3$ 的有序图案, La 是 +3 价, O_3 是 -6 价, Mn 是 +3 价, Mn^{3+} 意味着 $3d^4$ 被占据, 是一个扬-特勒(JT)系统. 由于 JT 轨道简并提供一个电子, 有利于 $3d_{z^2-r^2}$ 或 $3d_{x^2-y^2}$ 被占据, 参见图 5.21, 线性连接 $3d_{x^2-r^2}$ 和

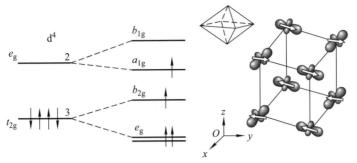

图 5.20　LaMnO$_3$ 的有序图案

3d$_{y^2-r^2}$ 中的掺杂,如用 Sr 代替 La 部分原子,La 是+3 价离子,Sr 是+2 价,结果加入了空穴,见图 5.21,相当大的掺杂要求克服电荷、自旋、轨道长程有序.图 5.22 给出了掺杂 A$_2$BO$_4$ 体系的自旋、电荷和轨道有序.(RE,A)$_2$O$_2$MO$_2$ 结构中 RE 为 La^{3+},A 为 Sr^{2+},它是通过空穴掺杂形成的平板结构.对于镍酸盐(La,Sr)$_2$O$_2$NiO$_2$,可写成 La$_{2-x}$Sr$_x$NiO$_4$,其 $x=1/3$ 的 NiO$_2$ 平面结构是对角电荷-自旋条纹结构,参见图 5.23(a),表明了某种自旋序结构.图 5.23(b)为铜氧化物 (La/Nd,Sr)$_2$O$_2$CuO$_2$,可写成 La$_{1.875}$Sr$_{0.125}$CuO$_4$,当加入 La 代替 Nd 时,有水平条纹结构.图 5.23(c)为锰酸盐(La,Sr)$_2$O$_2$MnO$_2$,写成 La$_{1.5}$Sr$_{2.5}$MnO$_4$,尽管是半掺杂,仍不是金属.在 t_{2g} 和 FM 近邻间 AFM 的自旋有序,e_g 突出其间,导致在 FM 中 zig-zag 对角链结构,轨道序(对角)规则是各向异性的.若进行调控,在关联电子学中需要能量是 eV 量级,使金属变为绝缘体.在很低能量 E 时可能发生从铁磁(ferromagnetism,FM)到(antiferrmagnetism,AFM)的相变,原子间的微小扰动可引起晶体结构巨大的变化,从而进行关联电子的开关.相变到 Pr$_{0.55}$(Ca,Sr)$_{0.45}$MnO$_3$ 的双临界点,如图 5.23(d)所示,轨道序(orbit ordor,OO)绝缘态与金属态 FM 竞争,由 Ca/Sr 的比例决定畸变转变临界点.控制转变 3d 电子跃迁,T_{CO} 和 T_{FM} 共同决定双临界点.在施加外加磁场时电阻有巨大的改变,CMR 相变从电荷序(charge ordor,CO)绝缘体到 OO 绝缘体.从绝缘体到 FM 金属,熄灭了畸变,导致电子相分离,抑制长程有序(LRO),外磁场 B 引起的突变、X 射线辐照、电流注入、电子束辐照、杂质掺杂等可进行开关变换.过渡金属氧化物是自旋电子学的主要材料,其磁性为 e_g 和 t_{2g} 之间耦合的洪德定律所描述的半金属铁磁材料.自旋电子学理想的 TMR 系统,包括 La$_{1-x}$Sr$_x$MnO$_3$,其 x 在 0.2 到 0.5 之间,以及 Sr$_2$FeMoO$_6$($T_{FM}=420$K)和 SrCrReO$_6$($T_{FM}=615$K).在强关联体系中,考虑到光的作用,发展了有关的光-自旋-轨道电子学,如图 5.24 所示,用光驱动产生庞磁-光效应、庞磁阻效应、超快响应等,并实现了光开关、石墨的微极化、OO 态光熔化等,使关联电子学涉及更广泛的领域.

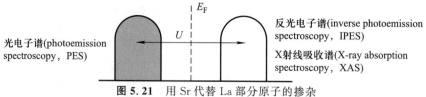

图 5.21　用 Sr 代替 La 部分原子的掺杂

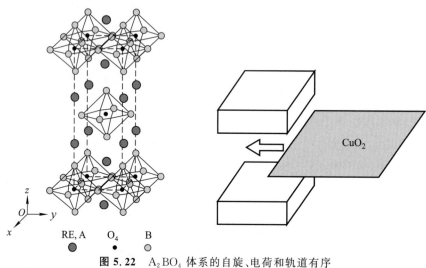

图 5.22　A_2BO_4 体系的自旋、电荷和轨道有序

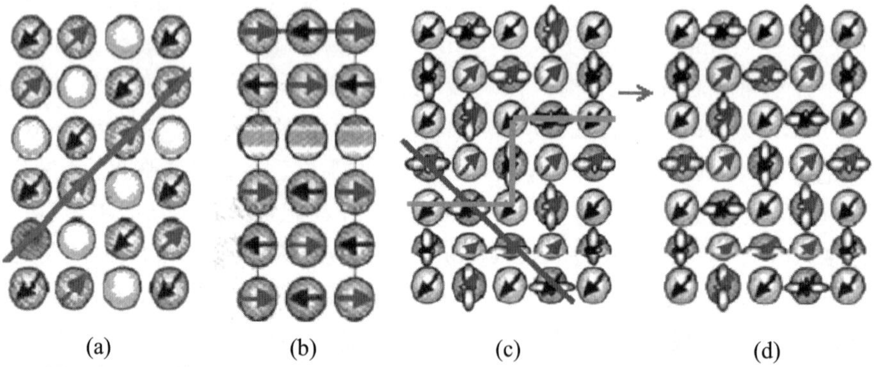

图 5.23　(a)镍酸盐$(La,Sr)_2O_2NiO_2$的对角电荷-自旋条纹结构,(b)铜氧化物$(La/Nd,Sr)_2O_2CuO_2$的水平条纹结构,(c)锰酸盐$(La,Sr)_2O_2MnO_2$的结构,(d)$Pr_{0.55}(Ca,Sr)_{0.45}MnO_3$的双临界点结构

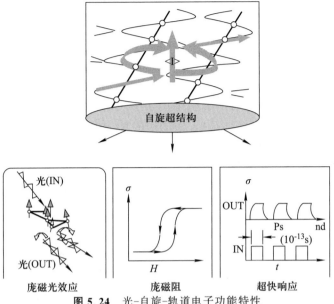

图 5.24 光-自旋-轨道电子功能特性

强关联体系目前是物理学基本理论研究的重要内容,处于取得突破性进展的前夜,为国内外物理学家、电子学家、材料学家所关注. 以维数效应、尺寸效应和量子效应为基础的器件,为发展新一代信息科技提供了巨大的创新空间. 这已成为全世界科技发展战略竞争的焦点之一,也为我国科技复兴提供一次难得的机遇. 在关联电子学方面,我国有很好的基础,在理论和技术探索上与世界各国处于同一起跑线上.

§5.3 多场调控

作为信息技术基础的微电子将达到其物理极限,这就对信息科技的发展提出了严峻的挑战,人类必须寻求新的出路,而以量子效应为基础的新的信息加工技术已初露端倪,这就是量子调控. 由此人们开辟了一个新途径,探索全新的量子现象,构建未来信息技术,实现强关联体系的理论突破,建立新的量子信息理论和技术体系. 量子信息技术在信息量、传输速度、通信安全和信息功能等方面已全面超越了现有的信息技术;高温超导体、巨磁阻、铁电体、多铁性材料、石墨烯、拓扑绝缘体等电子强关联体系的理论研究已取得突破,带动了相关基础学科的发展和技术实现. 量子调控是基于量子力学所描述的多粒子体系的强关联、相位相干和纠缠等特性,通过外场来调制系统结构和载流子行为,是量子信息加工、量子计算和量子通信进一步发展的基础. 量子调控对象,从对简单体系的单一调控发展到对基于电子、光子、声子、自旋、轨道电子、量子态等复杂体系的综合调控;调控方法,从目前广泛使用的简单低层次的经典调控方法发展到对电、磁、光、力、热、声子等全面的、深层次的高级量子调控.调控响应,是指在多种外场作用下,产生多种流的综合效果,显示极强的信息加工能力,称其为巨大响应效应.最终将开创出基于量子调控的新一代技术,预期这种技术将具有相干性好、可集成控制、快速操作、功能集成和低功耗等现代技术所无法具备的特征.

当前面临着如何利用粒子振幅、相位和多粒子相互作用在更深层次上开展量子力学研究的问题.对于粒子的相位相干和多粒子间的相互作用是量子力学在纳米材料、器件和凝聚态体系应用方面的重要理论问题.电子自旋、轨道电子云排布、有序结构等多种参量相互耦合将呈现出丰富的物理内容、层出不穷的新效应和新物质态.量子调控就是研究多粒子间的相位、自旋、轨道电子云等特性,及其之间的复杂耦合行为.通过外场控制各种流,是复杂动力学问题,如调控电子自旋流、电场产生磁性、磁场引起电流、综合场引起复杂流,以及复杂的磁、电、光、力、热现象,多种因素相互竞争产生强耦合的巨大响应特性,等等.

十几年的研究发现,在低维体系中存在没有预料到的金属态,它与传统的观念相矛盾,如认为玻色子存在两个基态[4]:凝聚的超导态或局域的绝缘态.人们在几个薄合金膜的实验中,观察到了玻色金属相,突破了超导体和绝缘体之间直接转换.这里将分析超导体-绝缘体间的转换,进而讨论插入金属相的玻色子的有关问题.讨论玻色金属的有关理论,特别是关于金属相为玻璃态的观点,如推测可能是涡流玻璃态,在铜氧化物超导体中得到了验证.已经知道电子相互作用可能产生新的多体态,像超导和磁性;缺陷破坏了完善导体,导致电子局域化,甚至在极端情况,单电子被缺陷散射,仍可得到超导性.低温时介质晶格中电子间的吸引作用产生无电阻态,在这种状态中,电荷载流子是电子对,即库珀对.然而,库珀对的形成不是超导的充分条件,当所有库珀对成为单量子态时,才能观察到超导性.这样,对于费米子由于泡利不相容原理,在单量子态上容纳宏观的粒子数是不可能的.当库珀对的旋转半径小于相互作用的空间时,成为玻色子,在单量子态上发生宏观粒子数占据是容许的,导致了相位相干退局域化,可以采用简化处理,认为库珀对是简单电荷 $2e$ 的玻色子,这里 e 是电子电荷.由于玻色子可能导致超导,可预想它们可能同样存在金属态.然而,简单量子力学原理,排除了这种可能性.

在低维(≤2D)体系,即使在很低的温度下,甚至在无序中仍可能保持金属特性.当存在排斥性的弱相互作用时,基态呈现铁磁性,而不是金属性.然而,在2D半导体异质结上,显示存在强相互作用,形成了金属态,但有关机制仍没有确定,是需要进一步研究的课题.在固体物理的 2D 体系范围,玻色子态或电子金属态的有关问题是当前具有挑战性研究内容,涉及一系列的理论问题.首先关注的是 2D 体系中存在的玻色金属态,由于在 2D 体系中相位相干是代数衰减的,导致单电子被无序局域,产生绝缘态,如图 5.25(a) 所示;而超导态为库珀对的数量变化范围很宽,如图 5.25(b) 所示[4]. 玻色金属态最简单的考虑是相位和粒子数共轭变化,这样海森伯不确定原理限制了精确定量的测量,结果玻色子可能要么是粒子数的本征态,要么是相位的本征态. 相位的本征态是超导体,粒子数的本征态为绝缘体. 在扩散传输的边缘,库珀对失去相位相干,处在绝缘体和超导体之间的转换点,导电是建立在电荷为 $2e$ 的玻色子基础之上,电导量子为 $(2e)^2/h$. 实验上,在光学晶体或薄膜中,用改变激光的强度,或者减小膜的厚度,或者垂直方向加磁场的方法,能使超导体变为绝缘体. 减小厚度,增加边界散射,这样可由无序驱动发生相转换. 而外加磁场阻止拓扑学上的激发,导致涡流破坏了整体的相位相干. 由外场条件控制量子临界点转换,出现了物理学上独立的调制参量. 在早期 InO_x 膜和沉积在 Ge 上 Bi 无序膜的场调制绝缘体-超导体转换的实验中,显示了类似于图 5.26 中所示的结果.

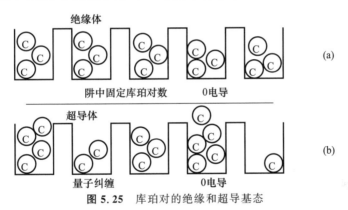

图 5.25 库珀对的绝缘和超导基态

Philips 等[4]实验研究了 Ga,Al,Pb 和 In 的均匀无序膜,当薄膜厚度连续减少时,在低温下超导破坏之后,会发生电阻连续变化现象. 制备这种薄膜可用溅射或蒸发方法沉积在特定的基底上,用液氦冷却,制备均匀无序膜(无序是原子尺度上的). 图 5.26[4]是 Ga 沉积在 Al 基底上的薄膜,测量薄膜的电阻,显示温度趋向 $T=0$ K 时,电阻是平滑变化的指数关系,出现了真正的金属相. 这类 Ga/Al 膜是粒子膜,耦合常数 g(在这种情况下是无序度),驱动超导态衰变为金属态的临界值 g_c. 实验测量的结果,如图 5.26 所示,在 $T=0$ K 时,金属相电阻湮灭的临界值 g 与 g_c 有某种指数关系. 这个实验观测结果对于构建金属相理论具有重要的作用. 这种原子级的粒子结构薄膜的导电特性对于膜的平均厚度非常敏感,实验中膜厚从 12.75Å 改变到 16.67Å(自上而下),其导电呈现绝缘体、半导体、金属、超导体特性,而且随温度 T、压力 p 的变化而发生改变. 对于

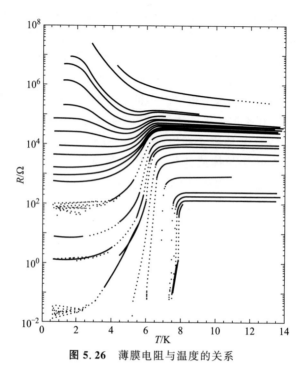

图 5.26　薄膜电阻与温度的关系

足够薄的膜,得到了绝缘态行为.在低温和非零磁场时,理论上预言很小的电阻,其阻值与温度有指数关系,表示为 $R(T) \propto \exp[-C(|\ln T|/T)]$,这里 C 是作为超导量子隧穿的一个期望常数.至今已有多个研究小组测量了电阻的大小,但都不是预期的指数关系.当外加磁场增加时,在功率耗散点,温度的影响是显著的,表明金属态不是简单加热造成的.这里可能发生了玻色子-费米子间的转换.研究的重点问题是在 2D 系统中玻色金属的理论模型,涉及粒子膜导电的金属必须是无序的,载流子主要是激发的库珀对,在粒子间隧穿的振幅为 J,粒子荷电能为 E_c.可用这样的模型描述从超导到金属的直接转变.由于电极散射,引起超导淬灭,显示正常金属行为.在给定的参量下,玻色子导电存在临界粒子尺寸,呈现玻色金属相.薄膜中占据量子态的行为,可以使体系呈现为超导体,其状态与多种外场有关.图 5.27(a)示出了 Ge/Al 膜的电导率 σ 与温度 T、压力 p 的关系,图(b)为压力 p-温度 T 的相图,影线区是玻色金属态范围.当压力增加时,超导和金属态的温度都增加,对于研究室温工作的器件,这是非常重要的.玻色金属膜的电阻随温度 T、压力 p 和磁场 H 改变.这个物理现象,如用其作为构造器件的基础,可能制造全新功能的器件.如果我们现在还不能摆脱传统的观念,仍以 MOS 器件结构为蓝本,以类似于 Ga 粒子膜具有特异性质的材料为通道,考虑界面特性匹配,若源(S)、漏(D)电极、门电极(G)不是传统的一般金属

(Cu,Al),而是可以集电、磁、光、机械(压电陶瓷)特性于一体的材料,过渡金属(稀土)氧化物的钙钛矿结构是最有希望的,则对于这样结构的器件,可通过外场控制量子态、载流子. 外场可以是电场、磁场、光、压力(压电陶瓷)和温度,不仅可以调控电流、自旋、多种载流子,而且可以调控原子结构、量子态等. 这是一个复杂的、多信息加工的情况,归结为综合场调控复杂流的技术. 综合场包括电流感应磁场和力感应电场等. 复杂流包括 x 轴方向的场感生 y 轴方向的流,这是个张量的多元关系. 基于这个思想构造未来的器件,可能完全摆脱现有已知的框架,构造全新的器件,它的功能将会是惊人的.

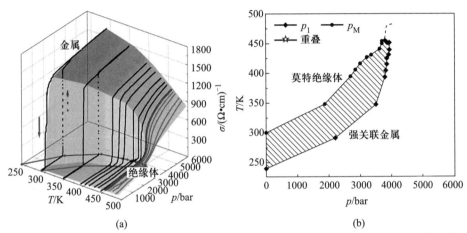

图 5.27 (a) Ga/Al 膜的电导率 σ 与温度 T、压力 p 的关系;(b) 压力 p-温度 T 的相图

以上所表述内容的基本物理基础是量子效应,构造新型器件的概念归结为量子调控. 基于量子调控物理思想,探索未来电子器件是极其先进的科学思路,为我国第二个中长期科学和技术发展规划的重要内容之一,2006 年科技部领导组织启动了重大基础研究的量子调控计划,从而对这类器件、电路和信息加工开展了系统深入的基础研究.

§5.4 强关联自旋动力学

在近代物理中能带理论成功地描述了固体特性,作为出发点,这里选用电子的动能和库仑相互作用,考虑原子核的规则排列,但忽略了电子间的相互排斥,它与晶格能大小是同样量级,甚至是其两倍. 基于费米液体理论:在某种条件下,相互作用系统的电子本征态可能绝热相变为非相互作用的系统. 这样费米液体理论能很好地描述简单的 3D 金属和半导体体系. 但是也有熟知的费米液体理论失败的情况,如 1D 金属是所谓朝永振一郎-拉廷格理论描述那样,不像费米气体,也不是弱相互作用.实际上,没有尖锐的费米边,分别为占据态和非占据态(甚至在 $T=0K$).以前,1D 金属在自然界中实现是极困难的,因为准 1D 电子系统在实际材料中常出现派尔斯不稳定,晶格自发地无序或相变为绝缘体,同时出现自旋密度波,或者是磁有序态通过自旋关联势感应产生带隙.若有效电子-电子相互作用足够强,绝缘态取代了高维系统中费米液体的行为,应该是可用能带理论描述的金属态.在材料中这可能涉及 d,f 电子与紧束缚在原子实的电子的相互作用,导致它们束缚在一起.特别是每个原子有整数个电子的情况,它们通常宁愿局域在原子附近,也不愿遭受其他电子的碰撞,从而具有某种量子力学动能,而不是形成费米液体.结果为经常在很多材料系统中出现的莫特绝缘体,如图 5.28 所示[5].在莫特绝缘体中电子的激发要求较高的能量,因为从原子上移

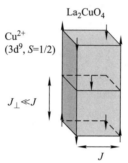

图 5.28 绝缘的 La_2CuO_4 的磁结构

走局域电子到下一个原子必须克服在原子附近局域电子很大的库仑排斥能.它释放电荷激发的能隙大于典型的温度能量级,即自旋自由,度给出低能激发模式,称为自旋波.可采用通常的自旋哈密顿形式,表示为

$$H = \sum_{ij} J_{ij} S_i S_j, \quad (5.11)$$

式中 J_{ij} 是交换参量,符号和大小决定于近邻磁性原子轨道相对取向.对 La_2CuO_4 材料而言,图 5.28 所示的为其绝缘的磁结构,d 轨道表明它的 J_{ij} 是固定参量.由于 J_{ij} 随原子 i 和 j 的分离而迅速下降,通常只考虑最近邻相互作用就能得到很好近似.对 2D 平方晶格(作为层状结构 La_2CuO_4)的 H 激发谱,有 1 个轨道为

$$\hbar\omega = 4SJ\sqrt{1-\gamma^2(q)}, \quad (5.12)$$

式中 $\gamma(q)=(1/2)[\cos(q_x a)+\cos(q_y a)]$,$a$ 是原子最近邻距离.这是自旋波传播关系,也表明实际空间和倒易空间的关系.图 5.29 给出了表示对 2D 平方晶格具有最近邻交换作用能 J 和自旋 S 的自旋波.由于 J 的典型能量是 1~100meV,用中子非弹性散射可很容易检测出自旋波.相关微扰耗散理论表示为

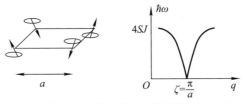

图 5.29　2D 平方晶格具有最近邻交换作用能 J 和自旋 S 的自旋波

$$\frac{\partial^2 \sigma}{\partial \Omega \partial \omega} \propto [1 - e(-\hbar\omega/k_B T)]^{-1} \chi''(q,\omega), \quad (5.13)$$

式中 $\chi''(q,\omega)$ 为中子散射截面,正比于波矢的虚部,$\chi(q,\omega)$ 为能量有关的动力学极化系数,它描述了磁场产生磁化 M,表示为

$$M(q,t) = \chi H(q) \exp(-i\omega t). \quad (5.14)$$

在自旋波散射中,动力学极化系数由 δ 函数给出,其关系表示为

$$\chi''(q,\omega) = \pi (g\mu_B)^2 \delta(\hbar\omega - \hbar\omega(q)). \quad (5.15)$$

根据这个色散关系,对于一些点是非零的. 比例常数选择极限 $q=\omega=0$ 的定义与极化系数一致,它的实部 $\chi'(0,0)$,在标准磁学实验中可测量. 在莫特绝缘体中,自旋波有效库仑相互作用是如此之强,以致所有的电子被局域化. 在相对的另一个极限中,是电子非相互作用的气体,原则上可以理解自旋激发是同样的. 低能激发(激发能远小于费米能)中,在费米面附近电子自旋分裂,在倒易空间不同的位置传播. 图 5.30 示出了在非相互作用的电子气体中磁激发的表示,有连续展宽的激发谱形式,因为自旋分裂激发具有同样能量且有很多不同的波矢,例如,0 能量激发产生具有波矢 $0 < q < 2k_F$. 从费米黄金规则得到截面和动力学极化系数,表示为

$$\chi''(q,\omega) = \pi \sum_k [f(E_{k+q\uparrow}) - f(E_{k\downarrow})] \delta(E_{k+q} - E_k - \hbar\omega), \quad (5.16)$$

式中,f 是费米函数. 箭头表示自旋向上态和自旋向下态,为

$$\text{Im} \lim_{\varepsilon \to 0}(x + i\varepsilon)^{-1} = -\pi\delta(x), \quad (5.17)$$

通常写成

$$\chi_0(q,\omega) = \sum_k \frac{f(E_{k+q\uparrow}) - f(E_{k\downarrow})}{\hbar\omega - (E_{k+q} - E_k) + i\varepsilon}. \quad (5.18)$$

可理解 $\varepsilon \to 0$ 时,它给出了简单金属磁化谱的描述,用其可以很好地描述金属 Na. 不幸的是连续自旋激发谱的权重如此之弱,以至于用非弹性中子散射谱很难观测. 在两种极限情况中(分别是很强和很弱的相互作用),至少在原则上电子的磁动力学可很好理解. 现在感兴趣的是中等情况,有效电子-电子相互作用不可忽略但也没有很强到能感应局域化. 这是实际强关联金属情况,如高温超导

体.引起人们兴趣的不只是超导的物理原因,还有费米液体理论是否有效.由于用中子散射测量动力学极化系数$\chi(q,\omega)$,可获得电子-电子相互作用的信息,能精确地给出相关能量和长度比例,故认为其宽度是这些材料的重要指标.

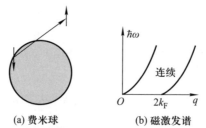

(a) 费米球　　　　(b) 磁激发谱

图 5.30　在非相互作用电子气体中磁激发表示

1. 弱关联金属

在铁磁固体中电子-电子相互作用是根本的,由于泡利原理在自旋三线态(具有非零总自旋)的两个电子必是分开的反对称态,导致它们库仑排斥最小.对于 Fe 或 Ni,用考虑具有相反自旋电子间的排斥势来构造铁磁固体的定量模型.为简化起见,假设这个势完全局域,有 $V_{\uparrow\downarrow}(r)\propto U\delta(f)$ 关系.这似乎是不实际的,因为 d 和 f 电子是短程的,原子内部电子间的库仑相互作用趋向于比长程部分有更强的相互作用.在铁磁有序态中有非零的磁化系数 M,这个势导致自旋向上和自旋向下电子间与 k 无关的能差为 $\Delta\propto UM$,与外加磁场和波矢有关.在前面的公式中,由于内部项正比于 $UM(q)$ 的增强,导致总极化系数变为

$$\chi(q,\omega)=\frac{\chi_0(q,\omega)}{1-U\chi_0(q,\omega)}, \tag{5.19}$$

式中

$$\chi_0(q,\omega)=\sum_k\frac{f(E_{k+q\uparrow})-f(E_{k\downarrow})}{\hbar\omega-(E_{k+q}-E_k-\Delta)+\mathrm{i}\varepsilon}. \tag{5.20}$$

在简化公式中略去了一些常数,得到几个重要的结果:①由于自旋向上和自旋向下能带分裂,连续态产生新带隙,极化系数增强.②进而归一化系数有磁极子加到连续谱上,大小取决于虚部条件 $\chi(q,\omega)$,这些极子相应于集体模式.③图 5.31 给出了全部激发谱,图(a)表示自旋向上和自旋向下的能带分开,图(b)表示金属铁磁体的自旋激发谱.用集体模式容易解释自旋波的形成,类似前面讨论莫特绝缘体中的自旋波.在 2D 反铁磁体(有序波矢接近 0,对于铁磁体有 $q=0$)中,它们的存在总是打破磁有序态中的旋转对称结构,称为戈德斯通(Goldstone)模式.在 Fe,Ni 中可能观察到这些自旋波,其他铁磁体用中子非弹性散射可以检测.其他元素金属,如 Cr 和 Mn,经历相变产生称为自旋密度波态.这可类似地理解为 1D 金属的派尔斯不稳定.

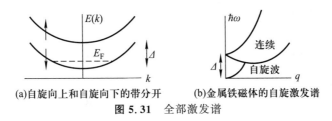

(a) 自旋向上和自旋向下的带分开　　(b) 金属铁磁体的自旋激发谱

图 5.31　全部激发谱

2. 轨道简并

在过渡金属氧化物构成的各向同性的 3D 键网中,价电子通常在不同轨道间选择,并会通过晶格无序自发消除轨道简并,称为扬-特勒效应. 当晶格无序包围过渡金属离子时,产生与化学成分有关的扬-特勒效应共操作,导致长程轨道有序. 如图 5.32 所示,在 $KCuF_3$ 中的轨道有序,其位置中交替出现 Cu 空穴,这里 Cu 是 +2 价态,由于扬-特勒效应共操作,轨道被占据. 每个铜原子有 4 个短键和 2 个长键,导致局域对称,如图 5.33 所示,轨道占据决定邻近位 Cu 空穴自旋间的磁交换作用. 定量处理不同过渡金属时,考虑古迪纳夫-金森(Goode-

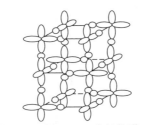

图 5.32　在 $KCuF_3$ 中的轨道有序

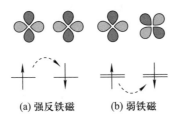

(a) 强反铁磁　　(b) 弱铁磁

图 5.33　按古迪纳夫-金森规则的正交轨道占据近邻晶格位置

nough-Kanamori)准则,参见图 5.33,在近邻晶格位置,若正交轨道占据,如图(a)所示,若交换耦合是强的,成为反铁磁,如图(b)所示,若交换耦合是弱的,形成铁磁. 作为这些规则的结果,$KCuF_3$ 是极好的准 1D 反铁磁材料,沿着晶体轴有强的反铁磁相互作用,而沿两个垂直轴是铁磁相互作用. $KCuF_3$ 是第一个研究较多的实际化合物,实验观察到两个自旋子连续理论预言的 1D 反铁磁性. 相似的样品是 $LaMnO_3$,其莫特-哈伯德绝缘体有近立方晶格结构,参见图 5.34,

在理想的立方结构中离子的晶体场分裂. 上边 2 个是 e_g 轨道,下边 3 个是 t_{2g} 轨道,其电子自旋统调遵从洪德定律;Mn^{3+} 离子的总自旋是 $S=2$,由扬-特勒效应提升轨道简并. 样品含有 Mn 的 +3 价态,电子结构为 $3d^4$. 对于 Cu^{2+},Mn^{3+} 是离子共操作扬-特勒效应,约在 800K 导致轨道有序,可用 X 射线或中子衍射观

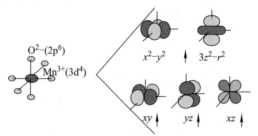

图 5.34 在理想立方 $LaMnO_3$ 结构中离子的晶体场分裂.
上边 2 个是 e_g 轨道,下边 3 个是 t_{2g} 轨道

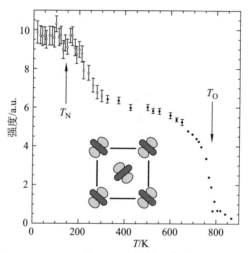

图 5.35 $LaMnO_3$ 的 X 射线衍射强度与温度的关系,
插图为垂直于 c 轴轨道有序图案

察,如图 5.35 所示,在 $LaMnO_3$ 中轨道有序的超导衍射强度与温度的关系. 插图表明近立方结构的截面,垂直于 c 轴电子云轨道有序图案. 沿共轴(纸面外),在最近邻位置同样轨道被占据. 依照古迪纳夫-金森规则,在垂直 c 轴平面,这个轨道有序图形导致铁磁交换作用,形成沿着 c 轴为反铁磁相互作用. 磁有序结构是线性的,在很低温度下这些规则可用中子衍射实验检测. $LaMnO_3$ 磁有序态的自旋动力学有关特性是高度各向异性的,沿着 ab 平面传播铁磁自旋波,而沿 c 轴为反铁磁的,图 5.36 示出了绝缘体 $LaMnO_3$ 的磁结构. 图 5.37 所示为在

LaMnO₃ 中的磁子色散谱. 如铜氧化物一样, 用化学替位同样可掺杂锰氧化物. 由于附加的轨道自由度导致相图比铜氧化物更复杂, 参见图 5.38 中 $Pr_{1-x}Ca_xMnO_3$ 的相图, 图中有 Mn^{3+} 的 e_g 轨道, Mn^{4+} 的 t_{2g} 轨道. 化合物相图给出晶体结构的细节, 具有 Mn-Mn 跳跃参量(小导带宽度), 趋向莫特绝缘体态, 示出了静态有序图案, 其中扬-特勒离子为 Mn^{3+}, 交替的非扬-特勒离子为 Mn^{4+}. 这些电荷有序态与不同周期的轨道有序相关, 故产生了绝缘的 LaMnO₃ 特性. 同时显示磁有序和强关联类似的电荷和自旋密度波相变, 在图 5.38 的相图中, 这些电荷序相的自旋动力学特性是相当复杂的, 仍然是被关注研究的问题. 其他锰氧化物家族有大的自旋-电子作用范围, 如 $La_{1-x}Sr_xMnO_3$ 显示金属相. 在金属相中轨道有序被导电破坏, 而在低温情况下这些态趋向铁磁有序, 其机制归因于金属锰氧化物中的铁磁有序, 称为双交换, 它完全不同于超交换机制: 原子实自旋 $t_{2g}(S=3/2)$ 的铁磁统调, 每个 Mn 离子倾向于跳跃到 e_g 能级导电, 由于原子内的洪德规则, 故降低它们的能量. 由于缺少轨道有序, 在金属相中的自旋动力学特性是异常简单的.

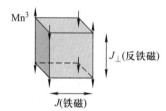

图 5.36 绝缘体 LaMnO₃ 的磁结构

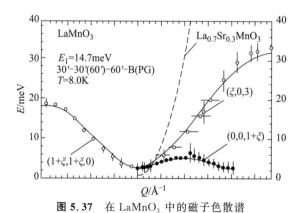

图 5.37 在 LaMnO₃ 中的磁子色散谱

对轨道有序态中各向异性的观察结果参见图 5.39, 该图示出了在铁磁金属态中 $La_{0.7}Pb_{0.3}MnO_3$ 的磁极子谱. 该磁极子谱表明完善的各向同性, 它适用海森伯模型. 在所有晶体方向, 用铁磁最近邻交换耦合表示为

$$\hbar\omega = 6SJ[1-\gamma(q)], \tag{5.21}$$

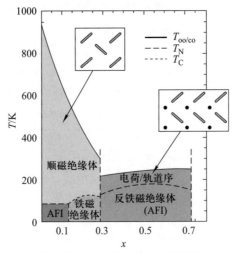

图 5.38　$Pr_{1-x}Ca_xMnO_3$ 的相图

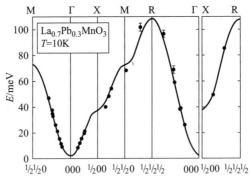

图 5.39　在铁磁金属态中 $La_{0.7}Pb_{0.3}MnO_3$ 的磁极子谱

这里

$$\gamma(q) = \frac{1}{3}[\cos(q_x a) + \cos(q_y a) + \cos(q_z a)]. \quad (5.22)$$

这个完善的各向同性自旋动力学特性,最近在绝缘的钛氧化物中被观察到,如 $LaTiO_3$ 和 $YTiO_3$,参见图 5.40,在铁磁有序态的 $YTiO_3$ 的磁极子谱中实线是海森伯各向同性模型的拟合结果. 这些材料有同样的近立方晶体结构,如 $LaMnO_3$,和同样的晶体场能级像(参见图 5.34). 而 Ti^{3+} 只有一个 d 电子与 t_{2g} 多重耦合,轨道简并大于锰氧化物的. 此外, t_{2g} 轨道远离氧离子,导致通过扬-特勒效应的耦合基本上是很弱的. 现行的理论说明各向同性的自旋动力学轨道谱的起伏,类似于金属锰氧化物中的情况. 而与锰盐相比,在钛氧化物中没有由于电荷感应出现的轨道起伏,可认为它们是自发的零点起伏,粗略地类似于在液体 He 中的原子零点运动.定量地描述这些轨道量子起伏是近年来比较活跃的研究课题.

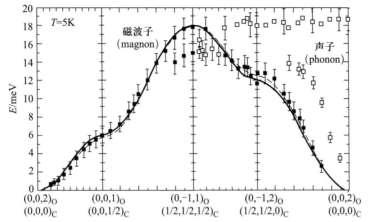

图 5.40 在铁磁有序态的 $YTiO_3$ 的磁极子谱,实线是海森伯各向同性模型拟合

§5.5 碳纳米管的电子-电子强关联

碳纳米管(carbon nanotube, CNT)是理想的电子传输体,因为它有稳定的原子和电子结构.单壁碳纳米管(single-walled carbon nanotube, SWNT)和纳米管束被认为有最好的电子传输特性,在低磁场下可观察到电子进入 CNT 后能保持同样的自旋,这表明 CNT 是自旋极化的.在 CNT 的 MOS 器件结构中,改变门电压可以明显地改变 CNT 的能谱,也可能感应自旋反转.实验观察指出存在明显的电子-电子关联.假设 CNT 与多体量子态有关,可用模型解释这个实验结果.图 5.41(a)是一根金属性碳纳米管的 AFM 像[5],在 Si/SiO_2 的基底上沉积 25 nm 厚的 Al 作为电极,再加上 5 nm 厚的 Pt 作为背门电极.为了使 Al 为非超导态,垂直于基底需加最小磁场 $B=200$ mT.测量高度是 1.4 nm,有两个 Al/Pt 电极,间距为 200 nm.图 5.41(b)示出了在低温下 SWNT 的输运特性,dI/dV_D 与 V_G 的关系:中间深色表示 $dI/dV_D=0$,其上、下灰色区相应于高的 dI/dV_D.对于不同 V_G 测量得到多条 I-V_D 曲线.图 5.41(c)为体系能级图,实线为用式(5.23)计算的能量 U 与 V_G 的关系,在管上分布有 $n-1,n,n+1$ 个过剩电子.虚抛物线表示激发态.通过电路,电子注入或离开碳管.在低 V_D 下,发生相继的电子数(例如 n 和 $n+1$)传输时,在两个 E 点间发生的变化,对于产生跃迁的 V_D,正比于两个抛物线间能量差(灰色区域).图 5.41(d)相应于图 5.41(c)的 V_G 和 V_D 的跃迁图.实线为库仑阻塞(coulomb blockade, CB)区,那里没有电流(灰色)和电导.它们的斜率由两条抛物线与横向距离决定,在这里是相等的.图 5.41(e)示出了激发态为抛物线的能带图,n 个电子取代抛物线表示的

基态. 在基态能量 I 点中断,标志为两个态间的内跃迁. 图 5.41(f)相应于实验数据图 5.41(b)的 CB 的跃迁图区.

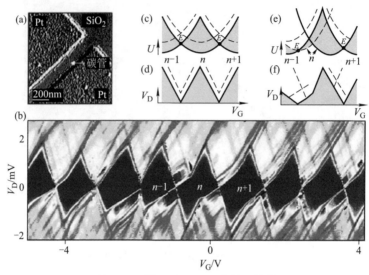

图 5.41 低温下 SWNT 的输运特性

上述实验中样品的室温电路电阻为 $2M\Omega$,接触电阻约 $500k\Omega$,样品室的温度为 5mK,加偏置 DC 电流(I)通过 CNT. 第三电极距离碳管为 $3\mu m$,通过门电极(在图像外边)控制改变碳管的静电势. 在图 5.41(b)中用电导 dI/dV_D 表示 V_D 和门电压 V_G 的关系. 该实验结果与以前的 SWNT 的弹道输运的实验数据是相似的. 例如,当在低偏压扫描时,得到周期序列峰,这就是碳管的 CB 现象. 在库仑峰间的深色区没有电流通过器件,因为若再加上 1 个电子需要更大的能量. 在这个 CB 区系统保持基态,碳管上具有过剩电子数为 n. 库仑峰对应两个不同电子数量基态间发生跃迁. 在高 V_D(超过 CB 区时),观察到传输的电流阶梯式增加. 这个阶梯式输运结果涉及激发态需要很好地从基态分离. 所测量的碳管的能量谱不是连续的而是分离的,预期该碳管是有限长度的. 考虑系统的能量作为外加电压 V_G 和 V_D 的函数,计算模拟测量谱,从右边结和左边结分别通过电子数 n_r 和 n_l,假设结电容和偏压是对称的,在碳管上过剩电子数 $n=n_r-n_l$,则相应能量表示为

$$U = E_C\left(n - \frac{C_G V_G}{e}\right)^2 - \frac{n_r + n_l}{2}V_D + E_k, \tag{5.23}$$

式中 $E_C = e^2/2C_\Sigma$ 是加上一个电子的库仑能,符号 C_Σ,C_G 分别表示碳管的总电容和门电容,E_k 是电子动能. 作为 V_G 函数的能量 U 是抛物线形状,图 5.41(c)中的实线给出了三个基态,具有电子数分别为 $n-1,n,n+1$,它们是等距的. 由

通过两抛物线的电子数量差,可以从能级图上导出通过器件电流的条件. 图 5.41(d) 中的实线给出传输条件,在电压 V_D 和 V_G 作用下,电子可能注入或离开 CNT. 灰区表明 CB 区,虚线表示激发态跃迁. 对介观器件(如半导体量子点和单电子三极管)进行特性测量,可以得到三角形的 CB 区. 与图 5.41(b) 的数据比较,用这个模型,观察到右边的结果明显地偏离了模型的预言. 甚至在同一个 CB 区内,数据的转换曲线也没有同样的斜率,拐点和弯曲是多次发生的,这样的拐点表示系统发生了不同基态的转换. 当在这个转换中过剩电荷 n 没有改变时,称其为内在变换. 对于外部变换,则 n 会发生改变且有电流通过 CNT. 假设 C_G 只与 CNT 的形状和电极有关,可以建立新模型定量解释这些数据. 对于大的金属电极结构,因外场在金属内完全被屏蔽,导致其状态与电容无关,这个特性与屏蔽长度相比是很小的,可以认为粒子波函数的电子密度有特殊的分布,这些状态的各种结构将引起电容的改变. 另外一个可能是电子-电子关联使得电容与有效屏蔽和多体态有关,在这里的模型中 C_G 依赖于 n 和 CNT 的激活能,引起抛物线的横向位移(相对于基态的). 这表明在图 5.41(e) 中,相似于图 5.41(c),除具有相同电子数 n 的两个抛物线彼此相对移动外,还导致了在 I 点的变化,使基态能量发生不连续变化. 相应的变换图(参见图 5.41(f)),出现变换曲线有不同斜率和不连续的拐点. 更复杂的多拐点和弯曲的其他部分(参见图 5.41(b))表明实验结构是比图 5.41(f) 更复杂的,可能涉及多于两个抛物线和位置,与 V_D 有关,但在这个模型中没有考虑.

关于 CNT 中的电子-电子相互作用的过程细节当前还仅处于初期探索阶段,其磁场激发谱呈现出相当复杂行为,特别是还得到了可重复的精确实验测量数据,要想进而给出明确理论分析结果,还需要深入进行大量工作.

参 考 文 献

[1] Tokura Y. Correlated-electron physics in transition-metal oxides. Phys. Today, 2003, 56(7):50-55.

[2] Knorren R, Bennemann K H, Burgermeister R, et al. Dynamics of excited electrons in copper and ferromagnetic transition metals: Theory and experiment. Phys. Rev. B, 2000,61(9): 9427.

[3] Ilani S, Yacoby A, Mahalu D, et al. Microscopic structure of the metal-insulator transition in two dimensions. Science, 2001, 292(5520): 1354-1357.

[4] Phillips P, Dalidovich D. The elusive Bose metal. Science, 2003, 302(5643): 243-247.

[5] Tans S J, Devoret M H, Groeneveld R J A, et al. Electron-electron correlations in carbon nanotubes. Nature, 1998, 394: 761-764.

第 6 章 低维量子限域体系

低维系统不仅存在着维数效应,同时还存在着尺寸效应,呈现出显著的低维量子限域特性. 在晶体势中用电子气的运动图像,以及彼此间的弱相互作用,加之晶格振动的散射足以解释金属、半导体甚至简单的金属相变为超导体的原因. 在磁学材料中,自旋自由度受限为局域电子,可以解释各种磁学特性. 近 20 年来不断发现的具有新特性的材料和现象不能用这两种图像来解释. 这些新奇材料通常是各向异性的、准 1D 或准 2D 的. 需要考虑电子的强相互作用,但该作用不足以强到局域化程度. 因此低维量子限域体系将涉及一系列新方法、新概念、新效应和新原理,是当今人们非常关注的研究领域.

从 20 世纪以来,量子力学和统计物理为我们解释了块体态物质行为. 但除孤立粒子情况之外,用强作用力的基本定律处理 $10^{23}/cm^3$ 电子体系是困难的. 人们在只有少数概念和数学表达的情况下,发展出了定性和初步定量的理论,解释了固体的电学和磁学特性. 模拟计算求解是理解有关机理的重要手段,大量的实验研究的目的在于努力控制半导体和磁性材料的结构和特性,已制造出了晶体管的基本元件、磁存储器件和其他功能硬件. 本章仅简单地讨论传统观点在面对新奇材料时的无能为力,从而对固体理论和量子力学提出了挑战,主要内容是电子-电子强相互作用物理和在低维空间,0D、1D、2D 系统中出现的新问题. 例如,在 1D 中单电子态是很难本征表示的,可尝试用集体电荷和自旋激发代替,即在 1D 固体中,电子分裂成自旋和电荷自由体. 自旋和电荷分离是一个新概念,因此需要发展新理论、设计新实验,以便证实理论的预言,以及用大量数学求解和数字模拟,来表征低维量子限域体系. 在强关联电子物理中,已经取得了重要进展,有些科学家也因此而获得了诺贝尔奖. 这里首先回顾典型的探索研究,讨论不能给予说明的实验结果,通常的理论争论关系到为什么这些情况下标准近似(standard approaches)预言是失败的. 用强关联电子(strongly correlated electrons)描述更广泛一类问题,将涉及强相互作用或低维的单粒子散射过程,本章将集中讨论低维量子限域系统有关的理论内容和实际应用前景.

§6.1 标准近似的失效

自 21 世纪初以来纳米科技迅速发展,人们发现标准近似理论在处理低维体系时并不适用,例如 Mermin-Wagner 理论认为在低维不能发生态密度分布,这就自发地打破了连续对称(特别是转动)特性.尤其是,在有限温度的 3D 体系中,存在海森伯反铁磁,而在 2D 体系中,在有限温度情况下热起伏禁止了有序的存在.对于这些现象可简单地认为,其波长(能量)与近邻间的相对角 θ 的改变有关,正比于 $(\nabla\theta)^2$,在傅立叶空间为 $q^2\theta_q\theta_{-q}$.这意味着局域角的平方正比于波矢 $\langle\theta_q\theta_{-q}\rangle$ 的积分;用经典起伏-分散理论讨论,意味着有 $\langle\theta^2\rangle\propto\int d^dq(k_BT/q^2)$ 关系.在 2D 中,这个积分偏离对数的行为,证实了存在不合理的长程有序.在 0K 温度,反铁磁长程有序可以存在.在 1D,甚至在 0K 温度,量子起伏有相似的作用,破坏了长程有序,即不存在反铁磁或超导长程有序.对于准粒子近似,正统的经典理论和简单的量子起伏都显得无能为力,甚至长程有序也不能建立.低于有序温度将有集体模式,在整个长距离传播中材料呈现大尺寸有序,这是强散射准粒子或赝隙现象.考虑在弱耦合、中等耦合和强相互作用之间的低维效应,可知物质的行为与维数有关,这进一步充实了维数效应的内容.

1. 弱耦合与中等耦合的低维效应

(1) 1D

在高维空间体系中,相空间中泡利不相容原理给出:费米面上的散射速率正比于 $(T/E_F)^2$.相对费米面的宽度为 T/E_F 量级,由此预期热力学特性将不受准粒子所处宽度 $(T/E_F)^2\ll T/E_F$ 的影响.在 1D 体系中,这个结论是不适用的,其准粒子理论给出的宽度正比于 T,从而使费米液体理论无效.另外,在低温热力学函数以 $\ln T$ 方式偏离,更特殊的是在费米面图像中,1D 体系是由 2 个特殊点 $(\pm k_F)$ 构成的.由于 $(\pm k_F)$ 附近电子-电子散射产生的电子和空穴态导致材料超导和电荷密度波 $(2k_F$ 电子-空穴)的出现,产生了强相互作用,在低温时则异常增强.这个相互作用导致的惊人结果是费米液体的不稳定,形成相当不同的量子态,称为拉廷格液体.常用重整化群理论或玻色子化理论讨论有关现象,导致同样的最终图像,即自旋和电荷的集体模式作为基本激发.在拉廷格液体图像中,它代替费米液体作为通常 1D 体系中的限域情况,自旋和电荷以准粒子形式分离,成为真正以不同速度传输的激发元.在有机导体和碳纳米管中实验显示出了这类现象,出现了自旋、电荷分离,这是强相互作用的结果.

(2) 2D

与 1D 体系情况相反,准粒子图像不能适用于 2D 体系,例如,图 6.1 所示的化合物 $\kappa-(ET)_2Cu[N(CN)_2]Cl$ 是 2D 费米液体[1].在 2D 体系中,当费米面具有嵌套特性,或进入微扰区时,理论上只有弱的对数修正费米液体理论标准相空间.现在考虑后者情况,2D 体系在很宽的温度范围出现起伏区,主要变量是平均场相变温度,令与集体模式扰动的关联长度为 ξ,与费米面上的准粒子散射速率成正比,即有 $(T/v_F)\int d^{d-1}q(q^2+\xi^{-2})^{-1}\propto T\xi^{3-d}/v_F$ 关系.在 $d=2$;它变为

ξ/ξ_{th},这里 $\xi_{th}=\hbar v_F/k_BT$ 是德布罗意波长.当 $T\to 0K$ 时,相关长度较大地偏离 ξ_{th},意味着偏离散射速率,而这与准粒子图像有很大矛盾.物理上,当相关长度变得远大于德布罗意波长时,在局域有序背景中会出现准粒子运动.那么在 $T=0K$ 费米面上赝隙是有序态的先驱征兆.当温度降低时,由于散射(速率正比于 $T\xi/v_F$)可能在费米面上打开一段带隙,即赝隙,进而发生相变.

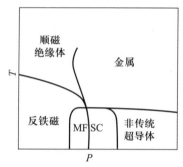

图 6.1 准二维有机化合物 κ-$(ET)_2Cu[N(CN)_2]Cl$ 的相图

2. 强相互作用

相互作用很强时,电子将避免在局域彼此接近.当奇数个电子局域在第 n 个原子上时,电荷不运动,有低的自旋自由度.与准粒子图像相比,这是半填充带的金属情况.这些系统中的低能物理现象表现为相互作用电子被局域,可用调制的海森伯哈密顿量描述.近些年,对发生强相互作用的莫特图像描述有所增加.研究从准粒子态扩展到局域态的相变,通常大的相互作用效应与莫特相变有关,这是一级相变,其物理机制很容易理解.无限维极限情况的计算表明,在莫特绝缘体中,很多特性与维数的关系不是很强,特别是在高能情况,这就是为什么无限维方法有用.在低维会呈现莫特绝缘体模型所描述集体模式引起的先驱效应.在无限维中莫特相变不打破任何对称,而在低维则可能发生对称破缺.例如,V_2O_3 可以显示这种相变打开带隙,这关系到晶格对称改变和轨道简并.最近发现在 2D 有机导体中,存在显著的莫特相变例子,参见图 6.1,系统是半填充的,横轴为压力,纵轴为温度.从模型观点,增加压力意味着原子轨道较大的重叠和动能增加.在这个相图中,低压下体系要么是在高温下的顺磁绝缘体,要么是在低温下的反铁磁绝缘体.在高压下,发生的一级相变导致金属态和低温下的 d 波超导体态.

3. 理论方法的挑战

强关联电子海森伯模型的最广泛研究之一称为哈伯德的哈密顿,表示为

$$H=-\sum_{\langle ij\rangle\sigma}p_{i,j}(c_{i\sigma}^\dagger c_{j\sigma}+c_{j\sigma}^\dagger c_{i\sigma})+U\sum_i n_{i\uparrow}n_{i\downarrow}, \qquad (6.1)$$

式中,操作因子 $C_{i\sigma}$ 表示在位置 i 自旋 σ 电子湮灭,矩阵 $c_{i\sigma}^{\dagger}$ 表示为产生 1 个电子的操作数,由 $n_{i\sigma} = c_{i\sigma}^{\dagger} c_{i\sigma}$ 定义.对称的跃迁矩阵 $t_{i,j}$ 取决于能带结构,由两个自旋分别向上和向下的电子占据 1 个态,为了屏蔽库仑相互作用需要给出能量 U.这个哈密顿量是电子强关联的简化描述,最重要的是有个参量最小值,能够用来描述局域化和退局域化两个极限情况,以及在两个极限间发生的莫特相变.考虑在近邻态间的跳跃,可用单一参量描述能带的情况.在弱耦合情况下,当 $U/t \ll 1$ 时,可以用标准准粒子近似.在强耦合情况下,当 $U/t \gg 1$ 时,将这个哈密顿变换为在低能和半填充情况,即为自旋的海森伯哈密顿.这样,在两个强和弱耦合极限,以及中等耦合区有个适当的开始点.在半填充情况用海森伯模型讨论高温超导体变为铁磁绝缘体.在低能和远离半填充情况,哈伯德模型改变一个变量,称为 t-J 模型,在高温超导体中得到了广泛应用.对于给定系统,若 U/t 很大或很小,从第一性原理计算是很困难的.但来自化学的启发提示我们可进行非强制局域态密度近似(LDA)计算.通常,哈伯德哈密顿是一个等效哈密顿.在某些情况下很有用,如在 $U<0$ 情况研究 s 波超导模型.尽管事实上几乎在 40 年前就有建议,但是现在就变得可以理解中等耦合和低维情况.至今已经发展出了各种方法来研究这个模型,在 1D 体系中,精确解是相当困难的,电子气线性发散,其解有相对场论类的根,用场论的类重整化群、玻色子化和正交场理论解释是成功的.

§6.2 标准近似

在早期的量子力学中,用布洛赫理论解释了为什么固体的周期阵列中单电子本征态是平面波,并用波矢和量子态数加以描述,形成了能带论.在磁绝缘体情况,海森伯模型用自旋自由度描述局域电子的相互作用.在表述不同材料的特征中,非局域电子的退局域化是非常有用的概念.

1. 准粒子和费米液体理论

在描述体系相互作用的平均场理论图像中,出现了简单得多的电子波函数,产生了一个反对称的布洛赫的单粒子本征态.现今得到这个单粒子本征态最好的方法是 LDA,这个方法基于密度泛函理论,为此 W. Kohn 和 J. Pople 获得了 1998 年诺贝尔化学奖.图 6.2 是从 LDA 计算得到的高温超导家族的 La_2CuO_4 单粒子本征态的能带结构[2].横轴表示波矢,曲线表示能带.遵从泡利不相容原理,用最低能态填充建立了 0K 温度的多体态.考虑电子占据量子态概率的费米分布函数,将波矢空间分为填充态和未填充态,其参考能级为费米面.当能带为完全填充或完全未填充时,材料为绝缘体或半导体;最高填充粒子的能带未满的材料是导体.金属中最后填充的能带伸展到几个 eV,室温下相应的能量是很小的(1/40eV),通常在 LDA 计算精度之内.假设考虑相互作用,即从 LDA 计算哈密顿全填充的矩阵中含有准粒子间的相互作用项.尽管在执行这个程序时,考虑大部分相互作用被屏蔽了,剩余的应该是短程的.进而考虑由单反对称产生的波函数不是哈密顿的本征量,在物理图像中,包含在相互作用中,粒子彼此散射,改变了动量和能带量子态数,但是,泡利不相容原理限制终态的相空间.事实上,它能提供的仅是微扰理论情况,包括电子-电子相互作用,费米面附近的电子激发仍用单粒子描述,这些激发称为准粒子.这是第一步,称为金属的朗道-费米液体理论.然而,能带结构是复杂的,建议在低能费米子激发情况中,只考虑费米面附近的能带,得到的有关概念对于理解多数材料的结构和特性是有用的.从一个材料到另一个材料激发粒子的有效质量不同,或是更精细的能级分裂,但定性图像是相当不同的.如今,在实验中可看到同步辐射 X 射线源高角分辨力的光电谱(ARPES)测量结果.在这些实验中不仅可测量发射电子能量,同时还可分辨平行于表面的动量,从而保持了从材料中发射出电子的动量特性.系统的能量本征态有很强的 2D 特性,可获得需要的所有量子数.

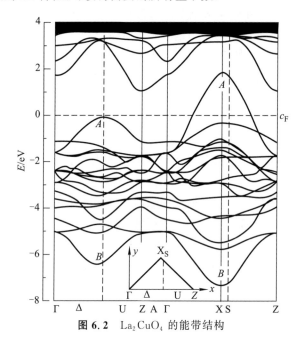

图 6.2　La_2CuO_4 的能带结构

2. 费米液体动力学和相变

对于如此复杂的单粒子特性,通常需要测量热力学量,如磁化系数、比热容、电阻等.在系统中加入或去掉的粒子后,外部探针可测量产生的粒子-空穴激发,在这种情况朗道-费米液体理论预言相互作用平均场理论是有效的.对于非相互作用的粒子很好描述,例如比热容随温度是线性的变化.磁化系数应该与温度无关,自由电子的泡利极化系数同样是正比于单激发粒子密度.在实际中,费米液体理论表明存在一个增强因子$(1+F_0^a)^{-1}$,这里 F_0^a 是相互作用量,通常这个相互作用是由相变产生的.在 $F_0^a=-1$ 的情况,相应于$(1+F_0^a)^{-1}=\infty$,意味着偏离本征态磁化系数.对于铁磁体,这表明铁磁态打破了自旋不变性,引起相变.另一个例子是由于相互作用产生超导相变,它打破了导体的不变性.这个相互作用导致的相变可以是相当敏感的,例如,在传统超导情况中,电子-声子相互作用,导致准粒子间的相互吸引,这是超导态的最终原因.发现和表征由相互作用引起的所有的物质可能态,是一个需要深入研究的领域.

当前能带理论工作主要是从大多数材料原子结构的 s 和 p 轨道导出能带结构,在某种情况,具有 d 和 f 电子材料,是完全不适用的,V_2O_3 是这种样品之一.能带结构成功地预言了金属,而在低压和低温下,它是反铁磁的绝缘体,即电子不运动(绝缘体),形成自旋的上-下交替态(反铁磁).来自材料中这些粒子的相互作用受大动能的影响,导致微扰理论失效,这是强耦合效应.为了求解强关联特性,很多人在这个磁学领域进行了多年研究,给出许多预言,一些中子散射实验验证了一些预言,还有很多现象至今不能理解.

§6.3 费米液体理论不适用的实验证据

低维导体可以是有机分子材料或其他低维纳米材料,尽管有些结构相当复杂,通常用泡利原理在接近费米面的 LDA 能带模型来讨论低维材料的特性,一般情况是只有一个能带.进而人们又发现在不同轴向上这个能带中的简并态可能很不同,在这种各向异性的情况中,电子或在 1D 体系中运动或 2D 体系中运动,后者是高温超导情况.本节将从此出发讨论非费米液体物理.

1. 1D 自旋-电荷分离

电子限定在一个空间方向上运动时,它们不可避免地彼此作用,这个相互作用与各向同性体系中的相比将有某些增强.当用理论解释时,在 1D 体系中不是费米液体的准粒子,而是拉廷格液体,自旋和电荷集体谐振是一个初期激发态.这里引用两个准粒子图像失败的实验例子,考虑准 1D 有机导体的 $(TMTTF)_2X$ 系列的正常相,(这里 TMTTF 是二硫化四硫富瓦烯分子,$X=PF_6,Br,\cdots$,为无机单价阴离子).如图 6.3 所示,在温度低于 T_p 以后电阻上升,它表述了从金属到绝缘体的相变行为,低于 T_p 产生热激活电荷载流子.在绝缘体能带图像中,对于自旋情况有同样热激活行为,在绝缘体中产生自旋横过带隙激发准粒子.在图 6.3 中给出$(TMTTF)_2X$ 系列的两个成分的电阻率与温度关系,插图为温度与磁化系数的关系.图 6.3 插图表明激发没有影响自旋取向,实验得到了常规的自旋系数 χ_s 与温度 T_p 的关系.在核磁共振(NMR)实验中,成功地探测了在低维有机导体中的不寻常行为,特别是温度与核自旋晶格弛豫速度的关系表明有 T_1^{-1} 的核自旋和电子自旋耦合超精细相互作用关系,T_1^{-1} 的测量可能给出关于电子自旋激发的信息. 在费米液体中,当 $(T_1 T)^{-1}$ 与温度无关时,在 1D 体系中理论给出的 $(T_1 T)^{-1}$ 表示为

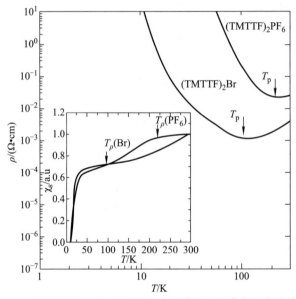

图 6.3　对于 $(TMTTF)_2 X$ 系列 2 个成分的电阻率与温度的关系

$$(T_1 T)^{-1} = C_1 T^{K_\rho - 1} + C_0 \chi_s^2(T), \tag{6.2}$$

式中,指数 $K_\rho \geqslant 0$ 为集体电荷自由度的常数,它给出了 $(T_1 T)^{-1}$ 的指数增强定律与反铁磁自旋有关. 当 $K_\rho = 0$ 时,$(TMTTF)_2 X$ 的 1D 绝缘体中电荷自由度被冻结,绝缘体行为 $T_1^{-1} \sim C_1 + C_0 \chi_s^2$ 趋向不变. 在这个温度下发现所有这类材料为绝缘体,而在 3D 体系中磁性或晶格长程有序趋向稳定化. 在各种准 1D 有机材料中,$TTF[Ni(dmit)_2]_2$ 材料不呈现长程有序. 这个系统在低温时保持指数增强,对于温度从 300K 到 1K 或更低($K_\rho \approx 0.3$),有 $(T_1 T)^{-1}$ 关系,如图 6.4 所示.

2. 二维赝隙

在图 6.2 给出了 $La_2 CuO_4$ 的能带结构,铜和氧轨道组合形成占据的价带,对应于 2D 平面的 CuO_2 原子排列. 这样,电子输运基本限域在 2D 体系中,这类材料呈现很强的各向异性输运特性. 由于费米能级上的能带交叉,故预期是金属特性,但因为强相互作用,$La_2 CuO_4$ 是反铁磁绝缘体. 当 La^{3+} 阳离子取代 Sr^{2+} 阳离子时,出现非局域的导电相,电子从 CuO_2 相移去,最终 $La_{2-x} Sr_x CuO_4$ 变为高温超导体. 有很多高温超导体都有 CuO_2 成分,而且可以掺杂,这些相的

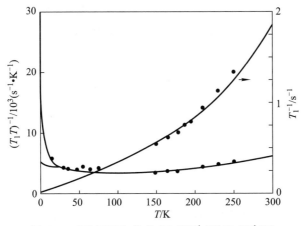

图 6.4 $(TMTTF)_2X$ 的 $(T_1T)^{-1}(X)$ 和 $T_1^{-1}(O)$ 与温度的关系,实线相应于拉廷格液体预言

物理特性是相当相似的. 对于反铁磁特性,在空穴掺杂(或电子)情况,当每个 CuO_2 有 1 个电子对时,它们变为超导体. 加入空穴,高温超导转变温度 T_c 增加,对应着最佳掺杂达到最大的 T_c, 然后,随过掺杂增加 T_c 减小. 对于相图的掺杂区,可用费米液体近似描述. 其样品可用角分辨光电子谱(ARPES)进行分析,但在 $La_{2-x}Sr_xCuO_4$ 样品上做 ARPES 实验是困难的. 在图 6.5(a) 中[3],实线是计算能带结构得到的费米能级的位置. 图 6.5(b) 表明沿着 $(0,0)$ 到 (π,π) 各种方向的波矢得到的 ARPES 谱. 从能带结构预期的波矢谱,相对于费米面定义特征谱,在 0 能量光发射强度是峰位,即最大值部分. 当沿着 $(0,0)$ 到 (π,π) 方向看时,产生惊人的结果,见图 6.5(c). 发射光谱曲线的结构是可从费米面的量子态预期的,称作赝隙现象. 它是作为能隙打开后的费米能级(因此称赝隙,在波矢空间由于 0 能量激发留下的). 在 2D 体系中的能带,允许波矢覆盖 k_xk_y 平面的有限范围,这是布里渊区. 画出能量相应于在 z 方向给定的波矢,在平行于 k_xk_y 面切割这个面. 或者它是连接布里渊区的一个边到另一个边的一条线,或者是在区内的封闭线. 这样在布里渊区存在几条费米线. 若用 ARPES 测量覆盖的布里渊区,会发现在掺杂的高温超导体中,有时费米能级位置是不正确的,与能带结构的计算不一致. 这可能否定标准近似,或者存在准粒子和费米线,或者是绝缘体在 0 能量下不存在单粒子态.

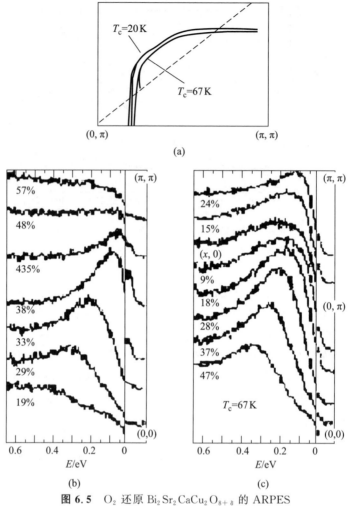

图 6.5　O_2 还原 $Bi_2Sr_2CaCu_2O_{8+\delta}$ 的 ARPES

§6.4　低维系统的基本特性

针对上述实验中存在的先前理论在低维系统中的失效,这里讨论低维系统的基本特征,它是维数效应的基础. 从 2D 电子气(2DEG)样品的特征出发,进行定量描述. 2DEG 是观察量子效应的重要系统,现今研究的两个基本系统是 Si 的金属-氧化物-半导体场效应晶体管(MOS-FET),图 6.6 是个典型的 Si(100) 面的能带结构,在氧化物(SiO_2)和 p 型 Si 间界面形成 2DEG,图中 E_C 是导带底,E_V 是价带顶,E_F 是费米能级,V_G 是门电压. 2DEG 可通过施加门电压 V_G 静

电感应产生结构调整. 2DEG 的薄层电子密度可表示为

$$n = \frac{\varepsilon}{ed}(V_G - V_t). \qquad (6.3)$$

式中, ε 是介电常数, d 耗尽层厚度, V_t 是势垒产生的阈值电压. 其他有关 2DEG 的重要系是调制掺杂的 GaAs-AlGaAs 异质结系统. AlGaAs 中带隙宽于 GaAs 的, 用改变掺杂可以在禁带中移动费米能级. 当材料接触时, 建立了统一的化学势, 在界面形成反型层. 用调制掺杂产生 2DEG 可以挤进窄通道选择纳米尺度的空间区. 最简单的横向约束技术是由分裂金属门产生的, 控制界面的 2DEG 如图 6.6 所示, 典型的能带结构由图 6.7 示出, 不同禁带宽度接触形成界面处的 2DEG.

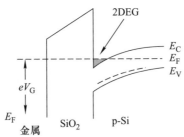

图 6.6 在氧化物(SiO_2)和 p 型 Si 间界面形成 2DEG

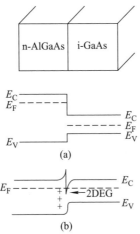

图 6.7 n-AlGa As 和 i-GaAs 间界面的能带结构, (a)电荷转移前, (b)电荷转移后

1. 低维系统的基本特性

令 z 轴垂直 2DEG 的平面, 波函数简化为

$$\Psi(r,z) = \chi(z)\psi(r), \qquad (6.4)$$

式中, r 是 2DEG 平面内的位置坐标. 假设所有的距离都远大于原子间距, 这样可用有效质量近似. 三角势垒有限势的近似表示为

$$U(z) = \begin{cases} \infty, z < 0, \\ Fz, z > 0. \end{cases} \qquad (6.5)$$

对于波函数 $\chi(z)$ 可写出薛定谔方程为

$$\frac{\partial^2 \chi}{\partial z^2} + \frac{2m}{\hbar^2}(E - Ez)\chi = 0. \qquad (6.6)$$

引进无量纲变量

$$\zeta = \left(z - \frac{E}{F}\right)\left(\frac{2mF}{\hbar^2}\right)^{1/3} \qquad (6.7)$$

代替 z, 则局域长度表示为

$$\ell_F = \left(\frac{2mF}{\hbar^2}\right)^{-1/3}. \qquad (6.8)$$

在 z 轴方向局域长度的表征起重要作用, 由式(6.6)有

$$\chi'' - \zeta\chi = 0. \qquad (6.9)$$

对给定边界条件下的解, 考虑在 ∞ 和 0 情况. 在 $z=0$, 解的形式为

$$\chi(\zeta) = A\,\mathrm{Ai}(\zeta), \qquad (6.10)$$

式中 $\mathrm{Ai}(\zeta)$ 函数定义为

$$\mathrm{Ai}(\zeta) = \frac{1}{\sqrt{\pi}}\int_0^\infty \cos\left(\frac{u^3}{3} + u\zeta\right)\mathrm{d}u. \qquad (6.11)$$

对于大的正 ζ, 指数衰减为

$$\mathrm{Ai}(\zeta) \approx \frac{1}{2\zeta^{1/4}}\mathrm{e}^{1\,(2/3)\,\zeta^{3/2}}, \qquad (6.12)$$

当大的负 ζ 时是振荡的, 表示为

$$\mathrm{Ai}(\zeta) \approx \frac{1}{|\zeta|^{1/4}}\sin\left(\frac{2}{3}|\zeta|^{3/2} + \frac{\pi}{4}\right). \qquad (6.13)$$

用 ζ_n 方程根定义能量谱 E, 表示为

$$\mathrm{Ai}(\zeta) = 0, \quad E_n = -E_0\zeta_n, \qquad (6.14)$$

这里

$$E_0 = \left(\frac{\hbar^2 F^2}{2m}\right)^{1/3}, \qquad (6.15)$$

有 $\zeta_1 \approx -2.337, \zeta_2 \approx -4.088$. 归一化常数 A_n, 对每个能级定义为

$$A_n^{-1} = \int_0^\infty |\chi_n(z)|^2 \mathrm{d}z, \qquad (6.16)$$

归一化电子密度 $A_n|\chi_n(z/\ell_F)|^2$, 参见图 6.8. 对于平面运动, 每个能级产生亚带, 能

量为

$$E_{nk} = E_n + E(k) = E_n + \frac{\hbar^2 k^2}{2m}, \quad (6.17)$$

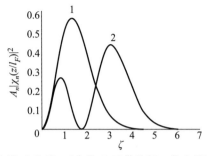

图 6.8 对于第一(曲线 1)和第二(曲线 2)亚带的归一化电子密度 $A_n|\chi_n(z/l_F)|^2$

其中有效质量 m 远小于电子质量. 在三角形势垒,有斜率 F,局域长度 $l_F = (\hbar^2/2mF)^{1/3}$,即式(6.8).

2. 态密度

态密度 $D(\varepsilon)$ 定义为能量间隔 $\varepsilon \sim \varepsilon + d\varepsilon$ 中量子态数,表示为

$$D(\varepsilon) = \sum_\alpha \delta(\varepsilon - \varepsilon_\alpha), \quad (6.18)$$

式中 α 是用量子数表征的组态. 在现在情况中,它包括亚带量子数 n,自旋量子数 σ,谷量子数 v(对于 n-型材料)和平面准波矢 k. 若相对自旋峰和谷能谱是简并的,可以定义自旋简为 ν_s,谷简并为 ν_v,得到

$$D(\varepsilon) = \frac{\nu_s \nu_v}{(2\pi)^d} \sum_n \int d^d k \delta(\varepsilon - E_{nk}), \quad (6.19)$$

这里,$D(\varepsilon)$ 为每单位体积中的量子态数,d 是空间尺寸. 对于 2D 情况,可得到

$$D(\varepsilon) = \frac{\nu_s \nu_v m}{2\pi \hbar^2} \sum_n \Theta(\varepsilon - E_n), \quad (6.20)$$

式中,$\Theta(\varepsilon - E_n)$ 为阶跃函数. 在给定亚带内与能量无关. 在有限势内存在几个亚带,总态密度可表示为一组台阶,如图 6.9 所示. 在低温($kT \ll E_F$)所有的态被填充.

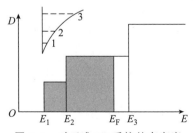

图 6.9 对于准 2D 系统的态密度

在费米面壳层中电子密度与能量关系是线性的,表示为

$$n_s = n_r \frac{\nu_s \nu_\nu m E_F}{2\pi \hbar^2} + C, \tag{6.21}$$

式中,C 为常数,n_r 是横向模式数,在每个亚带费米波矢取决于

$$k_{Fn} = \frac{1}{\hbar} \sqrt{2m(E_F - E_n)}. \tag{6.22}$$

式中,E_n 为低于费米面的边界.若气体限定在窄通道情况,平面波退耦合的波函数表示为

$$\psi(r) = \eta(y) \frac{1}{N} e^{ik_x x}, \tag{6.23}$$

式中 N 是归一化系数.能量表示为

$$E_{nsk} = E_n + E_s(k_x) = E_n + E_s + \frac{\hbar^2 k_x^2}{2m}, \tag{6.24}$$

式中,E_n,E_s 分别表征在两个轴方向(z 和 y)势约束中的能级.对于方形盒子约束,能量表示为

$$E_s = \frac{(s\pi\hbar)^2}{2mW^2}, \tag{6.25}$$

式中 W 是通道宽,对于抛物线约束 $U(y) = (1/2)m\omega_0^2 y^2$(典型的分裂门器件),有

$$E_s = (s - 1/2)\hbar\omega_0. \tag{6.26}$$

通常引进部分态密度,对于量子态分别为 $k_x > 0$ 和 $k_x < 0$,$g^{\pm}$ 表示为

$$g_s^+(\varepsilon) = \frac{v_s v_\nu}{2\pi} \left(\frac{dE_s(k_x)}{dk_x} \right)^{-1} = \frac{v_s v_\nu}{2^{3/2}\pi\hbar} \frac{\sqrt{m}}{\sqrt{\varepsilon - E_{ns}}} \tag{6.27}$$

总态密度

$$g^+(\varepsilon) = \frac{v_s v_\nu \sqrt{m}}{2^{3/2}\pi\hbar} \sum_{ns} \frac{\Theta(\varepsilon - E_{ns})}{\sqrt{\varepsilon - E_{ns}}}, \tag{6.28}$$

式中 $E_{ns} = E_n + E_s$.

对于抛物线约束情况,态密度与能量的关系如图 6.10 所示,图中实线为准 1D 系统态密度,虚线为量子态数.

由量子力学导出的固体中量子态密度是描述材料电子结构和特性的基础,直接表明了维数效应的基本内容,图 6.11 给出了量子态密度 $D(E)$ 与维数的关系,对于简单结构,3D 是抛物线,2D 是台阶形,1D 迅速衰减的脉冲形,0D 是分立的棒.

这些特征决定了不同维数载流在产生和输运方面的差异.描述这个差异的另一个重要参量是极化函数 $\chi(Q)$,这里 Q 是波矢.$\chi(Q)$ 描述不同维数体系的

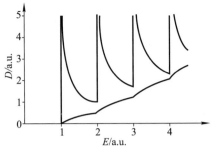

图 6.10 准 1D 系统(实线)态密度、态数(虚线)与能量的关系曲线

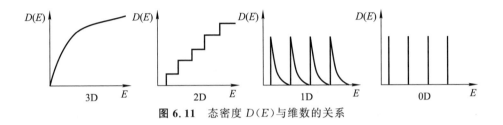

图 6.11 态密度 $D(E)$ 与维数的关系

稳定性和相变特征,如图 6.12 所示,当 $Q=2k_F$ 时,1D 的 $\chi(Q)$ 发散,2D 不连续,3D 存在拐点. 对于 1D 系统,$\chi(Q)$ 的发散表明系统的不稳定,通常发生 Perlers 相变,系统由导体变为绝缘体,这是 1D 系统不同于其他维数系统的重要特性,相关的进一步讨论参见文献[4].

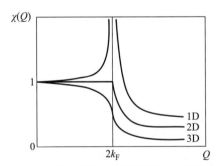

图 6.12 极化函数 $\chi(Q)$ 与波矢 Q 的关系

§6.5 碳纳米管拉廷格液体行为

迄今为止,1D 金属的电学特性吸引关注已超过 60 年,1950 年 Tomonaga 是最早开始这项研究工作的,后来 Luttinger 继续进行[2],现在已经很清楚电子-

电子相互作用改变了费米面形状,并导致普适的费米液体理论失效,这表明存在于弱相互作用系统中的准粒子权重 Z_F 消失了. 这导致非费米液体态,通常称为拉廷格液体(LL),有时称为朝永振一郎-拉廷格液体. 这个"拉廷格液体"名字是 Haldane 给出的,描述了 1D 导体的普适低维特性. 普适性意味着表征这个特性不依赖于模型细节的相互作用势等物理特性,只用少数临界指数参量即可. 在 1D 体系中存在两个点的费米波矢 $\pm k_F$,在纳米管中色散关系是高度线性的,假设左右运动粒子具有费米速度 v_F, 它可以等效地表示为集体等离子体激发非相互作用密度波形式的玻色子系统,一个简单的无自旋单通道系统,这些玻色激发表示为位移场 $\theta(x)$,其态密度函数为 $\rho(x) = \pi^{-1/2} \frac{\partial \theta(x)}{\partial x}$. 用电子-电子相互作用描述这些密度函数的双线性耦合,这个相互作用问题在位移场理论中,其哈密顿表示为

$$H = \frac{\hbar v_F}{2} \int dx \left(\Pi^2(x) + \frac{1}{g^2} \left[\frac{\partial \theta(x)}{\partial x} \right]^2 \right), \quad (6.29)$$

式中, $\Pi(x)$ 是对场 $\theta(x)$ 的正则动量, g 为无量纲参数. 在长波极限中,可近似 1D 相互作用势的傅立叶变换,有常数 $V_0 = V(0) - V(2k_F)$,在式(6.29)中无量纲参数 g 给出为

$$g = [1 + V_0/\pi \hbar v_F]^{-1/2}. \quad (6.30)$$

对于排斥的相互作用,通常有 $g < 1$,小的 g 意味着强相互作用. 极限 $g = 1$ 表示为费米气体, $g \to 0$ 导致经典的维格纳晶体. 式(6.29)相当于倍频振荡,可以精确求解. 物理上可以用玻色子公式描述波函数,给出解释. 对于向右或向左运动的电子可表示为($r = R/L$ 或 $\pm$),写成

$$\psi_r(x) \simeq \frac{1}{\sqrt{2\pi a}} \exp \left(irk_F x + ir\sqrt{\pi} \theta(x) + i\sqrt{\pi} \int^x dx' \Pi(x') \right) \quad (6.31)$$

形式,式中 $a \approx 1/k_F$ 是晶格常数. 这是个简单材料,在 $T = 0K$ 情况下,当 $g < 1$ 时,费米面是不清楚的,接近 k_F 时,相互作用有指数关系. 物理上,这是因为电子是不稳定粒子,将自发的衰减为集体等离子体模式,包括自旋($-1/2$)的自由度,研究发现自旋和电荷等离子体同时退耦合,并且分别以不同速度($v_c \neq v_s$)传输. 这个现象称为自旋-电荷分离,这意味着在 LL 中自旋和电子自由度将是空间分离的. 在费米液体中有 $v_c = v_s$,将不出现这个分离特征. 自旋-电荷分离是本征的动力学现象,超出了热力学范围,将涉及 LL 的稳定激发问题. 在玻色子等离体中,容易建立自旋-电荷分离现象,预期的基本准粒子具有分数统计学特征,相似于分数霍尔效应(FQHE)中的准粒子. 于 1D 体系中的哈伯德链,在低温下呈现 LL 行为,给出自旋子(spinon)和空穴子(holon)的激发概念. 对于无自旋系统,可用弱杂质势准粒子散射产生分数电荷 ge 和统计角 πg,其中分数电荷可能

有任意值,甚至是无理数值.用统计的准粒子模型可完全表征普遍的 LL 理论特征.在 20 世纪 70 年代,主要的兴趣集中在 1D 有机化合物链上,其中 LL 行为是难于建立的,因为 1D—3D 交叉重叠的复杂,加上相变到其他态,掩盖了电荷-自旋分离的现象.几年前,有报告称在半导体量子线中传输 FQHE 的边态,实验观察到了 LL 行为.在金属 CNT 中,理论预言 LL 行为之后,很快在 SWNT 中实验观察到了 LL 的传输现象.现在同样有几个其他的理论建议探索块体体系中的 LL 态,即在超强磁场或有序堆积 CNT 的 2D 阵列中研究 3D 的隧穿态密度(TDOS).当用碳管测量电导 G 作为门电压 V_G 的函数时,对于金属管,G 与 V_G 无关;对于半导体管有 G 随 V_G 指数变化.预言通过金属 SWNT 传输可能预期有 LL 行为.从石墨片特殊的能带结构,金属 SWNT 特征色散表明在图 6.13,金属 SWNT 能带结构图,在两个费米点附近左右方向运动分为 $\pm k_F$,分别相应于 K 和 K',左(−)和右(+)运动产生线性联系亚晶格 $p=\pm$.由于掺杂或门电压作用,费米能级(虚线)从中心位置移动.能带结构显示有两个费米点 $\alpha=\pm$,围绕每个费米点具有向右和向左方向运动($r=\pm$)分支.这些分支是高度线性的,具有费米速度,$v_F\approx 8\times 10^5$ m/s.在碳原子的六角晶格中,亚晶格态的散射使右和左运动与 $p=\pm$ 有关.取能量范围 $E<D$,即对于管半径 R 截止带宽为 $D\approx hv_F/R$,典型 SWNT 的 D 将是 1eV 量级.更大的能量范围,考虑 SWNT 的稳定结构,可能更深入地揭示 LL 物理内容.与传统体系相比,半导体量子线、SWNT 中的 LL 效应不受限于 meV 范围,可以在室温观察到.其他优点是在常规的 1D 体系中引进线性化关系近似,理论基础是在 SWNT 中传输的弹道特性,SWNT 各种实验中的弹道传输有很大差异和不确定性.理论分析表明在 SWNT 中缺少扩散项,在几微米的范围具有弹道传输的行为.除 SWNT 的 LL 效应,在 MWNT 中观察到 TDOS.MWNT 是由几层石墨片卷成的,假设是弹道传输,它的不完全屏蔽扰乱了 LL 行为,即在 MWNT 中以扩散传输为特征,理论上预言有不确定的动量.

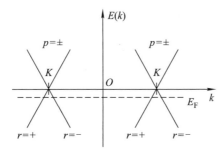

图 6.13 金属 SWNT 能带结构图

1. 拉廷格液体理论

CNT 的电子特性是基于石墨中 π 电子的特殊结构,有 2 个线性独立的费米面,是 2 个点 ak,$a=\pm$ 代替连续费米面,能量范围 $E<1eV$,围绕费米点的色散,用线性关系可以很好地近似. 在六角晶格单胞中含有 2 个原子,波函数表示为

$$\varphi_{pa}(r)=(2\pi R)^{-1/2}\exp(-i\alpha kr). \qquad (6.32)$$

在每个费米点有 2 个亚晶格的动量 $p=\pm$,相应的有 2 个简并 Bloch 态. 这里 r 是点 (x,y) 的位矢,考虑 r,对 CNT 修正重整化. 在每个亚晶格分别定义布洛赫函数,在其他处它们消失,这可以解释在布洛赫函数项中的电子传输特性. Mh 等的石墨片等效低能理论预言在 2D 中是无质量的狄拉克-哈密顿算符(Dirac Hamiltonian),这个结果同样可用 $k\cdot p$ 理论得到. 将石墨片卷成筒导致一般金属 SWNT 能带结构,正如图 6.13 所示[5]. 费米波矢为 k,这里 x 轴取沿着管轴的方向,沿圆周改变为 $0<y<2\pi R$,横向运动被量子化,波函数的贡献正比于 $\exp(imy/R)$. 而角动量态激发为 $m=0$,具有很大能量量级,$D\approx 1eV$. 在等效低能理论中,可以省略去 $m=0$(假设 SWNT 没有掺杂)的所有传输带. 显然,纳米管形成 1D 量子线具有在费米能级交叉的 2 个传输带. 与传统的 1D 导体相比,这是严格的 1D 体系填充到最高能级(eV). 对于电子自旋操作,$\sigma=\pm$ 波函数可写成

$$\Psi_\sigma(x,y)=\sum_{pa}\varphi_{pa}(x,y)\psi_{pa\sigma}(x), \qquad (6.33)$$

这里引进了缓慢变化的 1D 费米操作算符 $\varphi_{pa}(x)$,只与 x 坐标有关. 忽略库仑相互作用,哈密顿表示为

$$H_0=-h\upsilon_F\sum_{pa}p\int dx\psi_{pa\sigma}^\dagger\delta_x\psi_{-pa\sigma}. \qquad (6.34)$$

从亚晶格($p=\pm$)描述左运动,如图 6.13 所示,可知 2 个 1D 的狄拉克-哈密顿在每个自旋方向上 $\alpha=\pm$ 具有无质量特征. 完善的接触和纯净 SWNT 预期有量子电导 $G_0=4e^2/\hbar$. 由于加工难以达到足够好的接触,这个值至今尚未在实验中被精确地观察到. 明显地,其振荡周期为标准波长 $\lambda=\pi/k_F$ 时,可观察到波长为

$$\lambda=\frac{\pi}{k_F},\frac{\pi}{q_F},\frac{\pi}{k_F\pm q_F}. \qquad (6.35)$$

这里掺杂决定的波矢 $q_F=E_F/\hbar\upsilon_F$,式(6.35)与相互作用强度有关.

2. 电子-电子相互作用

现在考虑由于任意势 $U(r-r')$ 调控的库仑相互作用,这个调制势的细节将与基底的特性、附近的金属门电极、几何结构有关. 在最简单情况中,束缚电子和绝缘基底的影响用介电常数 ε 描述,对于没有外场屏蔽的体系表示为

$$U(r-r')=\frac{e^2/\varepsilon}{\sqrt{(x-x')^2+4R^2\sin^2[(y-y')/2R]/a_z^2}}. \qquad (6.36)$$

式中,$a_z \approx a$ 表示电子与核间的平均距离,R 是半径. 对于石墨烯,忽略了相对论效应和自旋-轨道耦合. 电子-电子相互作用用二次量子化哈密顿描述,表示为

$$H_I = \frac{1}{2}\sum_{\sigma\sigma'}\int d\boldsymbol{r}\int d\boldsymbol{r}'\psi_\sigma^\dagger(\boldsymbol{r})\psi_{\sigma'}^\dagger(\boldsymbol{r}')U(\boldsymbol{r}-\boldsymbol{r}')\psi_{\sigma'}(\boldsymbol{r}')\psi_\sigma(\boldsymbol{r}). \quad (6.37)$$

相互作用式(6.37)可简化为 1D 形式,用插入扩展式(6.34)表示电场操作因子,这是新的 1D 模型,结果看上去相当复杂,表示为

$$H_I = \frac{1}{2}\sum_{pp'\sigma\sigma'}\sum_{\{\alpha_i\}}\int dx\, dx' V_{\alpha_i}^{pp'}(x-x')\psi_{p\alpha_1\sigma}^\dagger(x)\psi_{p'\alpha_2\sigma'}^\dagger(x')\psi_{p'\alpha_3\sigma'}(x')\psi_{p\alpha_4\sigma}(x)$$

$$(6.38)$$

存在 1D 相互作用势时,表示为

$$V_{\{\alpha_i\}}^{pp'}(x-x') = \int dy\, dy'\varphi_{p\alpha_1}^*(r)\varphi_{p\alpha_2}^*(r')U(r-r'+p\mathrm{d}\delta_{p_i-p'})\varphi_{p'\alpha_3}(r')\varphi_{p\alpha_4}(r). \quad (6.39)$$

这些势只与 $x-x'$ 和 1D 费米子量子态密度有关,其相互作用涉及不同晶格的 $p \neq p'$,对于式(6.37)中的 r 和 r',需要考虑亚晶格间的位移矢量. 为了简化 1D 相互作用式(6.38),用动量守恒,假设 $E_F \neq 0$,结果电子-电子散射可能被忽略. 存在前散射过程,有 $\alpha_1 = \alpha_4$ 和 $\alpha_2 = \alpha_3$. 相应地,背散射过程有 $\alpha_1 = -\alpha_2 = \alpha_3 = -\alpha_4$. 可定义势为

$$V_0(x-x') = \int_0^{2\pi R}\frac{dy}{2\pi R}\int_0^{2\pi R}\frac{dy'}{2\pi R}U(r-r'). \quad (6.40)$$

对于未屏蔽的库仑相互作可用式(6.36)进行评估. 由式(6.39)和(6.40)可知,前散射相互作用势为 $V_0(x) + \delta_{p,-p'}\delta V_p(x)$,且

$$\delta V_p(x) = \int_0^{2\pi R}\frac{dy\, dy'}{(2\pi R)^2}[U(x+p\mathrm{d}_x, y-y'+p\mathrm{d}_y) - U(x, y-y')],$$

$$(6.41)$$

式中 r 和 r' 是不同亚晶格的位置. 关于石墨网格离散的重要性质是保持低能连续近似. 用 $V_0(x)$ 处理 2 个亚晶格,导致前散射相互作用部分只耦合成总的 1D 电子态,表示为

$$H_I^{(0)} = \frac{1}{2}\int dx\, dx'\rho(x)V_0(x-x')\rho(x'). \quad (6.42)$$

式中 1D 态密度是 $\rho = \sum_{p\alpha\sigma}\psi_{p\alpha\sigma}^\dagger\psi_{p\alpha\sigma}$. 电子-电子相互作用有显著的影响,意味着 LL 行为. 由于库仑相互作用的长程范围,从这些纳米管圆周导出的所有短程相互作用平均振幅是相当小的,其最严重的情况也只引起指数小的隙. 对于 $|x| \gg a$,详细分析表明 $\delta V_p(x) = 0$. 而对于 $|x| \leqslant a$,由于库仑相互作用在式(6.42)前面加一项. 在小长度尺寸,亚晶格外部和内部相互作用的不同,可从微观考虑评

估 $\delta V_p(0)$. 考虑前散射的贡献，表示为

$$H_{\mathrm{f}}^{(1)} = -f\int \mathrm{d}x \sum_{paa'\sigma\sigma'} \psi_{pa\sigma}^{\dagger}\psi_{-pa'\sigma'}^{\dagger}\psi_{-pa'\sigma'}\psi_{pa\sigma}. \tag{6.43}$$

式中，$f/a = \gamma_{\mathrm{f}} e^2/R$，对于扶手椅形 SWNT 估计 $\gamma_{\mathrm{f}} \approx 0.05$. 由于这些短程相互作用可由管周的平均得到 $f \propto 1/R$，而 f 是很小的. 相似的理由应用到式(6.40)，背散射贡献 $\alpha_1 = -\alpha_2 = \alpha_3 = -\alpha_4$. 因为相位振荡因子. 只有 $|x-x'| \leqslant a$ 的不湮灭项有贡献，可等效地取局域相互作用. 进而，仅考虑相互作用部分，不区分亚晶格的关系，导致有

$$H_{\mathrm{f}}^{(2)} = b\int \mathrm{d}x \sum_{pp'a\sigma} \psi_{pa\sigma}^{\dagger}\psi_{p'-a\sigma'}^{\dagger}\psi_{p'a\sigma},\psi_{p-a\sigma}. \tag{6.44}$$

从非屏蔽相互作用式(6.36)，导出 $b/a = \gamma_{\mathrm{b}} e^2/R$ 具有 $\gamma_{\mathrm{b}} \approx \gamma_{\mathrm{f}}$. 例如屏蔽库仑相互作用，只可能有 $b \gg f$. 进一步可采用玻色化近似，为这个目的，第一需要非相互作用哈密顿式(6.34) 1D 的狄拉克模型的标准形式. 用开关到右和左 $(r=\pm)$ 方向运动完成，它是亚晶格态 $p=\pm$ 的线性组合. 在这个表示中，应用玻色化公式归一化式(6.31)，现在有 4 个玻色子相位场 $\theta_a(x)$ 和规范动量 $\Pi_a(x)$. 从联合电荷和自旋自由度可以得到 4 个通道，以及对称和反对称 2 个费米点的线性组合 $a = \mathrm{c}^+, \mathrm{c}^-, \mathrm{s}^+, \mathrm{s}^-$，则 H_0 和 $H_{\mathrm{f}}^{(0)}$ 的玻色化表达式为

$$H_0 = \sum_a \frac{\hbar v_{\mathrm{F}}}{2}\int \mathrm{d}x [\Pi_a^2 + g_a^{-2}(\partial_x \theta_a)^2],$$

$$H_{\mathrm{f}}^{(0)} = \frac{2}{\pi}\int \mathrm{d}x\,\mathrm{d}x' \partial_x \theta_{\mathrm{c}^+}(x) V_0(x-x') \partial_{x'} \theta_{\mathrm{c}^+}(x'). \tag{6.45}$$

这里，$H_{\mathrm{f}}^{(1,2)}$ 的玻色化形式导致在 θ_a 场中 $a \neq \mathrm{c}^+$ 的非线性. 尽管式(6.45)的玻色化给出 $g_a = 1$(式(6.30)和(6.31))，相互作用将重整化这些参量. 实际上，在长波极限中，$H_{\mathrm{f}}^{(0)}$ 可能合成为 H_0，当所有其他通道归一化耦合常数 f 产生于很小的 $g_{a \neq \mathrm{c}^+} = 1 + f/\pi\hbar v_{\mathrm{F}} \simeq 1$ 时，用加入

$$g_{\mathrm{c}^+} = g = \{1 + 4\widetilde{V}_0(k \simeq 0)/\pi\hbar v_{\mathrm{F}}\}^{-1/2} \leqslant 1 \tag{6.46}$$

进行修正. 4 个模式的等离子体速度为 $v_a = v_{\mathrm{F}}/g_a$，荷电(c^+)模式传输速度显著高于 3 个中性模式的. 对于长程相互作用式(6.46)，在 $V_0(k)$ 对数奇点要求红外截止 $k = 2\pi/L$，又由 SWNT 的有限长度 L，则有

$$g = \left\{1 + \frac{8e^2}{\pi\kappa\hbar v_{\mathrm{F}}}\ln(L/2\pi R)\right\}^{-1/2}. \tag{6.47}$$

由于 $hc/e^2 \approx 137$，可得到 $v_{\mathrm{F}} = 8 \times 10^5$ m/s，估计 $e^2/\hbar v = (e^2/\hbar c)(c/v) \approx 2.7$，$g$ 的典型范围是从 0.2 到 0.3. 这个估计不只是 L 和 R 对数关系，还可应用到所有 SWNT 上估算动量($L/R \approx 10^3$). LL 参量 g 的式(6.47)可写成

$$g = \left(1 + \frac{2E_{\mathrm{c}}}{\Delta}\right)^{-1/2}, \tag{6.48}$$

式中,E_c 是荷电能,Δ 是单粒子空间. 理论预言 LL 参量估计是 $g_{th} \approx 0.28$. 得到 g 值很小意味着绝缘基底上单根金属 SWNT 是强关联系统,呈现显著的非费米液体行为. 从式(6.44)清楚知道,对于 $f = b = 0$,SWNT 是 LL 系统,故必须加上非线性项效应,它与耦合常数 f 和 b 有关. 这可能意味着重整化群的近似解和 Majorana 重整化可以很好地表征 CNT 的非费米液体基态. 从这个分析发现对于较高温度且指数小的能隙,表示为

$$k_B T_b = D \exp\left(-\frac{\pi \hbar v_F}{\sqrt{2} b}\right). \quad (6.49)$$

引出电子-电子背散射过程,用 LL 模型充分描述了 SWNT,其 $H_1^{(1,2)}$ 等被忽略,量级大小为 $T_b \approx 0.1 \text{mK}$.

3. 电极与碳管接触的散射函数

在典型实验条件下,通常 SWNT 与电极接触是不完善的,由 TDOS 控制的电导受电子隧穿进入 SWNT 的限制. TDOS 显示指数定律行为,在低能范围被抑制,其指数定律的 $\alpha > 0$ 与实验结构有关. 通常是大的块体电极隧穿进入 SWNT,由于电子可能只在一个方向运动而导致电子累积增加. 在接近边界(取 $x = 0$)处,对于条件 $(x, x') \ll v_F t$,单电子格林函数表示为

$$(\psi(x, t), \psi^\dagger(x', 0)) \propto t^{-(1/g + 3)/4}. \quad (6.50)$$

电场操作因子的边界散射维数是 $\Delta = (1/8)g + 3/8$,对于块体电极的散射维数为 $\Delta = 1/16(1/g + g) + 3/8$,用定义 TDOS 作为电子格林函数,从式(6.50)发现 TDOS 随能量弱化指数定律表示为

$$\rho(E) \propto (E/D)^\alpha. \quad (6.51)$$

这里指数给出末端隧穿指数为

$$\alpha_{\text{end}} = 2\Delta - 1 = \left(\frac{1}{g} - 1\right)/4. \quad (6.52)$$

同样地可以导出块体电极的隧穿指数为

$$\alpha_{\text{bulk}} = 2\Delta - 1 = \left(\frac{1}{g} + g - 2\right)/8. \quad (6.53)$$

由于 $g < 1$ 而 $\alpha > 0$,在两种情况中 TDOS 湮灭,而使能量 E 接近于 0. 对于费米液体,两个指数是 0. 若传输受到隧穿弱接触影响,从金属电极到 SWNT,完全是非线性的,与温度相关的不同电导为 $G(V, T) = dI/dV$,可能是进行评估的最接近形式. 若 V 表示横过弱连接的电位降,得到

$$G(V, T) = A T^\alpha \cosh\left(\frac{eV}{2k_B T}\right) \left|\Gamma\left(\frac{1+\alpha}{2} + \frac{ieV}{2\pi k_B T}\right)\right|^2, \quad (6.54)$$

式中,Γ 表示 gamma 函数,A 是非普适参数,与结的细节有关. 指数 α 或者是碳管末端或者是块体电极隧穿指数,与实验几何结构有关. 若电极是在有限温度,

由式(6.54)导出

$$-df/dE = \frac{1}{4k_B T \cosh^2(eV/2k_B T)}. \tag{6.55}$$

明显地,量 $T^{-\alpha}G(V,T)$ 应该是普适变量 $eV/k_B T$ 的函数.

4. 交叉纳米管

在更复杂的结构中可能观察到更特殊的关联效应,最简单的例子是交叉 CNT 的实验,如图 6.14 所示,假设点接触 2 个金属 SWNT,用 g 参量表征. 外电子库可以是索末菲类的辐射边条件构成,为了简化接触,取不考虑自旋单通道情况,对于研究多终端朗道尔-比特克(Landauer-Büttiker)结构,这个近似是普适的,有关系

$$\left(\frac{1}{g^2}\partial_x \pm \frac{1}{v_F}\partial_t\right)(\theta_i(x=\mp L/2, T)) = \frac{eV_i}{\sqrt{\pi}\hbar v_F} \tag{6.56}$$

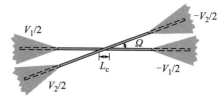

图 6.14 交叉 CNT 结构用改变角 Ω,接触长为 L_c,考虑点接触,$L_c \leqslant a$

表示 1D 关联. 用两端电压 V_i,这里 $i=1,2$ 表示这个结注入粒子,流出的粒子假设是守恒的,没有反射. 考虑在 $x=0$ 处的耦合点,这种接触情况至少有两种不同耦合机制. 第一,存在静电相互作用 $H_c^{(1)} \propto \rho_1(0)\rho_2(0)$,玻色化结果表示为

$$H_F^{(1)} = \lambda \cos|\sqrt{4\pi}\theta_1(0)| \cos|\sqrt{4\pi}\theta_2(0)|, \tag{6.57}$$

有足够强的关联 $g<1/2$. 第二,从一个导体到另一个导体是单电子隧穿. 对于 $g<1$ 隧穿总是不相关的(除非接触是非常好的),可用微扰理论处理. 若隧穿只有很少电子,应该主要考虑式(6.57)中 $H_c^{(1)}$ 的影响. 对于 $g>1/2$,可用微扰处理,但对强相互作用情况 $g<1/2$,传输可定量表示. 为了进一步研究这种情况,现在转到线性组合 $\theta_\pm(x) = [\theta_1(x) \pm \theta_2(x)]/\sqrt{2}$,哈密顿是退耦合的 $H_+ + H_-$,表示为

$$H_\pm = \frac{\hbar v_F}{2}\int dx \left[\Pi_\pm^2 + \frac{1}{g^2}(\partial_x \theta_\pm)^2\right] \pm (\lambda/2)\cos[\sqrt{8\pi}\theta_\pm(0)]. \tag{6.58}$$

对于场 $\theta_\pm$,等效边条件式(6.56)为简单替代 $V_{1,2} \to (V_1 \pm V_2)/\sqrt{2}$. 式(6.58)右侧积分项是完全退耦合情况,对于弹性势散射每项是可区别的,对于无自旋的 LL 具有有效的相互作用强度参量 $g'=2g$. 对于金属 CNT,式(6.58)的哈密顿

表示了拉廷格液体行为,在式(6.56)条件下用边界正交场理论可以精确求解.可用该解得到任意的 g,T,V 和 λ 值.对于在 0K 温度 $g=1/4$ 的电导 $G_1/G_0=I_1/(e^2V_1/\hbar)$,其中 λ 为能量比例,改变交叉电压 V_2 给出如图 6.15 所示的曲线.相比发现非关联情况,G_1 对于 V_1 和 V_2 两者是敏感的(在费米液体中,G_1 是简单常数).在 $V_2=0$,传输被抑制,对于 $V_1\to 0$,g 与 0 偏置呈现的异常(ZBA)有关.明显地,若 $|V_1|=|V_2|$ 在管 1 中将抑制电流,在管 2 中存在可测量的电荷密度.结果在增加交叉电压 V_2 时,ZBA 在 $V_1=0$ 下沉之后转向上升的峰值.非线性敏感的 $G_1(V_1,V_2)$ 对 V_2 关系是 LL 行为的指纹,在交叉的 MWNT 的实验中观察到了这个关系.

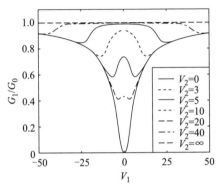

图 6.15 对于 $g=1/4$,计算 $T=0$,$G_1/G_0=I_1/(e^2V_1/\hbar)$ 结果

5. 自旋输运

LL 最主要的特征是电子电荷分数化和自旋-电荷分离,至今少有实验证实在 LL 中自旋-电荷分离的结果发表,在 CNT 中这是可能的.探索 CNT 的光电发射可能是有希望的实验方法,其中自旋传输实验将展示在完善结构中自旋-电荷分离行为.这样实验中,在弱接触两个铁磁库系统测量 SWNT 的 I-V 特性,磁化取向 m_1 和 m_2 间的角可取 $0\leqslant\varphi\leqslant\pi$ 的任意值,对于 $\varphi=0$,π 可以得到特定的结果.对于费米液体自旋传输有很多理论和实验的详细研究.建议用金属接触铁磁电极隧穿结,Brataas 等计算了相角 ϕ 与电流 I 的关系.假设同样的结和铁磁参量,得到

$$\frac{I(\phi)}{I(0)}=I-p^2\frac{\tan^2(\phi/2)}{\tan^2(\phi/2)+Y}, \tag{6.59}$$

式中,极化矢量 $0\leqslant p\leqslant 1$ 是铁磁库的自旋相关 DOS 中的参量,$Y\geqslant 1$ 是相对自旋混合电导.对于任意 $\varphi>0$ 存在自旋堆积效应,电流将被抑制.最大抑制系数为 $1-P^2$,发生在反平行磁化 $\varphi=\pi$ 条件下.若自旋-电荷分离,详细分析将表明式(6.59)描述电流是合适的.但有两个重要差别:第一,电流 $I(0)$ 对于平行磁化

将有指数定律$(V/D)^{\alpha/2}$关系,这里$\alpha>0$是块体/末端隧穿系数.更重要的是,参量Y将与V和T有关,当$V,T\to 0$时,将发生分支,相应于$Y\propto[\max(eV,k_BT/D)]^{-\alpha}$.当$\varphi\to 0$时,由于自旋电荷分离完全破坏,发生自旋堆积效应.

§6.6 拉廷格液体的实验证明

导体中的电子传输用费米液体理论很好描述,它假设费米面E_F附近的电子态本质上不因库仑相互作用改变.然而,在 1D 体系中,尽管弱的库仑相互作用也会引起很强的扰动,导致体系呈现拉廷格液体行为,它预言了不同于 2D 和 3D 的特性.对于 1D 体系,在费米面附近隧穿进入的电子被很强地抑制,不像 2D 和 3D 金属的行为.在 1D 半导体纳米线的实验中还没有发现拉廷格液体理论所预言的行为.在分数量子霍尔效应中所看到的带边激发与拉廷格液体行为一致.SWNT 的电导显示了拉廷格液体行为.

用静电力显微镜(EFM)研究金属 CNT 的弹道电导特性,以观察其 LL 行为.当 CNT 被缚在金属电极上时,EFM 的测量表明在纳米管/金属界面形成了势垒,经由隧穿态密度(TDOS)计算,可分析在 CNT 器件中的 LL 行为.用测量纳米管/金属界面隧穿电导作为温度和电压的函数,在金属 SWNT 中实验,结果表明 TDOS 是指数定律行为.

1. 碳纳米管中电子输运

以门电极为基底上有 1 μm 厚的 SiO_2 膜,以此为样品,与 CNT 接触的电极为 Cr/Au,测量两电极间的电阻.用原子力显微镜(AFM)选择样品,由 SWNT(1~2 nm)组成的纳米管束置于在两电极间.SWNT 束与两电极接触的结构如图 6.16(a)所示,接触是成功的.用静电力显微镜(EFM)直接探测 SWNT 导电特性.AFM 针尖具有电压 V_{tip} 扫描碳管样品,见图 6.16(b).针尖与样品间静电力表示为

$$F = \frac{1}{2}\frac{dC}{dz}(V_{tip}+\varphi-V_G)^2, \tag{6.60}$$

 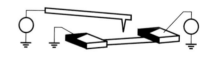

(a) 2.5nm 的 SWNT 束的 AFM 像,Au 电极间距离为 1μm

(b) EFM 装置

图 6.16

式中,V_G 为样品内电压,φ 是功函数,C 为针尖-样品电容. AFM 工作在恒高模式,间歇接触的 AFM 模式,为了检测静电力,用 AC 势振荡,产生的力表示为

$$F_{AC}(\omega) = \frac{dC}{dz}(V_{tip} + \varphi)V_G(\omega). \tag{6.61}$$

用锁相放大器记录振荡的信号,信号大小与 $V_s(\omega)$ 成正比. EFM 产生信号正比于局域电压,同时正比于电容的微分,与几何结构有关,dC/dz 不是沿管距离的函数.

2. 金属 SWNT 中的弹道输运

测量的器件结构如图 6.16 所示,2.5 nm 直径 SWNT 束的电阻为 40 kΩ,与门电压无关. 测量在大偏压下的饱和电流为 50 μA,推断束中有 2 个金属 SWNT. 图 6.17 所示为 SWNT 束的 EFM 像[6],以及沿管束的测量电压波动的线迹. 整个长度上电势变化很小,基本是平滑的,表明在测量范围内具有确定的固有电阻 R_i. 考虑有限测量的结果,估计 CNT 束的 R_i 最大为 3 kΩ. 当针尖扫描时,保持碳管电导不变,图 6.17 是 SWNT 束的 EFM 像,在下电极加 AC 电压 100 mV,上电极为地,沿管束长的 AC-EFM 信号表明在接触电极处发生电位

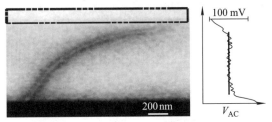

图 6.17　SWNT 束的 EFM 像和 AC-EFM 测量的接触电极的电位降

降,其中上、下电极测量出的接触电阻,分别为 28 kΩ 和 12 kΩ. 由于针尖与样品耦合和大的金属电极分布电容,需要考虑所测量数据的背景信号. 对每个样品的测量,用四端朗道尔公式 $R = (\hbar/4e^2)(1-T_i)/T_i$ 估算,这里 T_i 为沿管长传输率,发现其值大于 0.5. 这表明大多数电子通过束传输没有发生散射,在室温传输其弹道的长度超过 1 μm. 这确认金属 SWNT 弱散射理论预言的结果. 这与以前的低温传输测量是一致的,它表明长金属 SWNT 的行为相似于单量子点,金属 SWNT 的室温测量显示较低的两端电阻,所测量 40 kΩ 电阻的主要部分来自接触,表示进入和离开 SWNT 束的传输系数相当小和接触电阻非理想.

3. 碳纳米管的拉廷格效应

测量 SWNT 束的电导作为温度和电压的函数,实验结果发现电导及微分电导与温度、偏压的关系分别是指数定律,这个指数函数形式与理论预言很好地一致. SWNT 与金属电极接触有足够的面积和强度,使其能够较准确地探测纳米材料的电学特性. 例如,单根管是半导体还是金属性的与管的结构特性有关,通

过束的电子输运显示束内单金属管行为.用沉积金属电极研究管与管束电接触情况,测量两种几何结构碳管束的传输特性,图 6.18 给出了对于块体接触的金属束在不同温度下测量两端电导 G 作为门电压 V_G 的函数.在低温可清楚地看到,在每次注入电子时发生库仑振荡.温度与振荡的关系引发电荷能 U 改变,对于这个样品是 1.9 meV.温度高于 20 K 时,热能超过了电荷能的改变(有 $k_B T > U$, k_B 是玻尔兹曼常数,T 是温度),导致几乎完全抹去库仑振荡,表现出电导与门电压无关.在图 6.18 中插图为电导与温度的关系,表明电导随着温度迅速下降到很小值,从外推至 $T=0$K,$G=0$.图 6.19 是对于 4 个单根 CNT 束样品测量 G 与 T 关系,图中表明测量数据(实线)近似于指数行为,有 $G \propto T^\alpha$ 关系.发生库仑阻塞效应的范围被限制在低温.用库仑阻塞修正已知的温度关系以后,修正数据(虚线)表明在更大的温度范围为指数定律行为,但具有稍有不同的指数.高

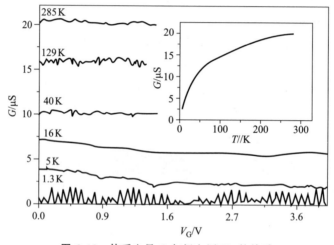

图 6.18 体系电导 G 与门电压 V_G 的关系

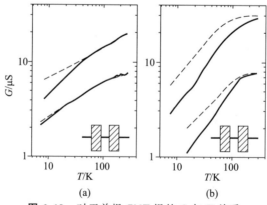

图 6.19 对于单根 CNT 绳的 G 与 T 关系

于 $T\approx 100$ K 时，一些样品 G 达到饱和．实验中很多时候观察到了饱和，但不是所有的样品．在 8 K 和 300 K 时，对块体接触样品的修正数据表明了近似指数定律行为，分别具有指数 $\alpha_b\approx 0.33$ 和 0.38．在末端接触样品情况中，从 10 K 到 100 K 修正数据表明了近似指数定律行为，对于 2 个样品具有指数 $\alpha_e\approx 0.6$．图 6.20(a)[7] 的上插图表明从各样品的温度关系确定的指数．用"x"和"o"分别标识块体接触和末端接触碳管．这里的块体接触是金属电极较大面积包裹碳管，而末端接触为碳管在金属电极表面之上．块体接触的表现指数 $\alpha_b\approx 0.3$ 系统地低于末端接触碳管样品 $\alpha_e\approx 0.6$．在图 6.20 的 2 个插图表明测量的微分电导 dI/dV 与外加电压 V 的关系，注意是对数坐标．图 6.20(a)是线性响应，$G(T)$ 表明 dI/dV 正比于一个常数．在高偏压，dI/dV 随 V 增加而增加．在高偏压范围，不同温度曲线下降重合为一个曲线．这些曲线在对数-对数坐标中是粗糙的线性，它意味着微分电导是指数关系 $dI/dV\propto V^\alpha$，这里 $\alpha=0.36$．在最低温度 $T=1.6$ K，这个指数定律行为是稳定的，在电压 V 从 1 到 100 mV 重复测量超过 20 次．图 6.20(b) 上插图表明 dI/dV 作为 V 的函数，图示为纵向接触的样品．在低偏置 $eV\ll k_BT$，电导再一次显示与温度的关系是常数，而高偏压 dI/dV 增加．对于 $V>30$ mV 斜率减小发生在偏离之前，高偏压数据遵从近似指数定律．在中等电压范围有精确的指数定律行为，尽管数据范围太小，但仍然能说明问题．若直线拟合范围在 9 mV$<V<$32 mV，得到指数是 $\alpha=0.87$．对于近似指数定律行为可能的解释是在这些数据与隧穿势垒有很强的关系，在高电压增加了隧穿系数，这将导致在整个势垒中激活传输，产生电导可用 $G\propto\exp(-V_b/k_BT)$ 描述，这里 V_b 是隧穿势垒高度．在 $T=0$K 对于 $G=0$（图 6.18 插图）外推的电导，通常 G 与这里的不一致．若电子传输是通过多量子点串联发生的，可观察到同样产生的典型指数定律行为．当管弯曲时，多量子点可能无序或产生叠加．这里

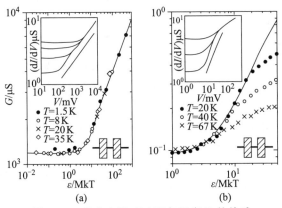

图 6.20 微分电导 dI/dV 与温度 T 的关系

只是对于管束,在低温下的库仑振荡,样品像是只含有单量子点.对于实验观察的第三个可能解释是管束具有拉廷格液体(LL)行为.LL 是 1D 的关联电子态,用参量 g 表征电子间相互作用强度.强排斥作用有 $g \ll 1$,对于非相互作用电子气体为 $g=1$.而对于 $g \ne 1$,体系的低能激发不再是弱相互作用的准粒子,在 SWNT 中,电子间的长程库仑相互作用是预期产生 LL 的原因,具有 $g<1$.对于有限长的碳管或碳管束拉廷格参量 g 给出

$$g = \left[1 + \frac{2U}{\Delta}\right]^{-1/2}, \qquad (6.62)$$

式中,U 是碳管的荷电能,Δ 是单粒子能级间隔(纳米管有 2 个非简并的 1D 亚带).从以前的测量和理论估计 $U/\Delta \approx 6$.产生预期的拉廷格参量 $g \approx 0.28$.电子进入 LL 的隧穿远不同于进入费米液体.对于费米液体,是能量无关的隧穿振幅,产生与温度和偏压有关的隧穿电导.对于 LL,隧穿振幅预言为隧穿电子的能量以指数减小,这导致 G 随 T 在小偏压 ($eV \ll k_B T$) 以指数减小,有

$$G(T) \propto T^{\alpha}; \qquad (6.63)$$

或者在大偏压 V ($eV \gg k_B T$),有

$$dI/dV \propto V^{\alpha}. \qquad (6.64)$$

这些定律的指数与 1D 通道的数量有关,还与电子是否隧穿进入有关.对于 SWNT 在 E_F 附近,有 4 个导电模式,所以有

$$\begin{aligned}\alpha_e &= (g^{-1} - 1)/4, \\ \alpha_b &= (g^{-1} + g - 2)/8. \end{aligned} \qquad (6.65)$$

由式(6.62)和(6.65),可得到 α_e(理论)$=0.65$ 和 α_b(理论)$=0.24$.对于隧穿进入孤立的碳管的单一势垒,用两电极接触管束得到的实验数据,与理论预言比较.这里必须做两个假设:第一,在碳管束中传输部分主要是单一的金属管.初步的理论研究中碳管束是由 SWNT 组成的,往往只有部分是金属管.研究发现,管间的静电耦合有重要意义.这将引起库仑相互作用的额外屏蔽,由于弱的(对数的)g 与屏蔽长度的关系,LL 预言基本上不变.第二,假设进入和离开碳管的隧穿电阻是系统的主要电阻.两个隧穿结串联构成电路,第一个结电流响应用式(6.65)描述.在高阻抗时结电压降将是总电压 V 的分数 γ,这里 $1/2 \le \gamma \le 1$.若势垒是均等的,电压在这些结间是等分的,$\gamma=1/2$.作为选择,若一个结的电阻占优势,有 $\gamma=1$.用这些假设,说明近似指数定律行为作为 T 或 V 的函数,在图 6.19 和 6.20 中观察到的结果,遵从式(6.62)~(6.65),即关于指数的预言值与实验结果很好地一致.这里用 LL 理论定量和定性地描述了测量结果,在观察的 T 由低温到 300 K 块体接触的样品中,表明甚至在室温,纳米碳管是 LL 的.至今,在末端接触管中,还不能理解观察到的高能饱和的原因.一个可能是高能电子在两个方向隧穿和块体接触,相应于低指数,进一步实验需要精心观测.对于

一个隧穿结的微分电导给出的普遍曲线关系为

$$\frac{dI}{dV} = AT^{\alpha} \cosh\left(\gamma \frac{eV}{2k_BT}\right) \left|\Gamma\left(\frac{1+\alpha}{2} + \gamma \frac{ieV}{2\pi k_BT}\right)\right|^2, \quad (6.66)$$

式中,$\Gamma(x)$ 是 gamma 函数;γ 是引进的常数,描述每个隧穿结的电压分布;A 为任意常数。这个方程假设是在 $T=0\mathrm{K}$ 导出的. 对于有限温度,dI/dV 由式(6.66)和费米分布 $df/dE = (1/4\ k_BT)\ \mathrm{sech}^2(\gamma eV/2k_BT)$ 卷积给出. 若对上面比例关系修正,可能得到对不同温度一个普适曲线. 为做到这一点,在室温相对 T 测量 dI/dV 并相对 eV/k_BT 画出,如图 6.20(a)和(b)所示. 当 eV/k_BT 趋向 0 和 eV/k_BT 远大于 1 时,对于两个结构,屏蔽电导是常数. 对于块体电极接触器件,整个偏压范围(图 6.20(a)),对于普适曲线的数据发生偏离. 对于末端接触器件,即数据从指数行为偏离为 $V>30\mathrm{mV}$. 图 6.20(b)中在低 eV/k_BT 值情况,当温度增加时,发生摆动. 图 6.20(a)和(b)的实线是从式(6.66)曲线的斜率得到的(对 df/dE 卷积),对这些数据用 γ 为拟合参数. 理论拟合适当的参数,分别为块体接触 $\gamma=0.5\pm0.1$ 和末端接触 $\gamma=0.6\pm0.1$. 与实验比较,对于串联的 2 个势垒,这些值落入允许范围($0.5<\gamma<1$). 综合考虑,图 6.19 和图 6.20 的数据提供有力证明,在金属管中的电子呈现出 LL 行为.

参 考 文 献

[1] Bockrath M, Cobden D H, Lu J, et al. Luttinger-liquid behaviour in carbon nanotubes. Nature, 1999, 397: 598-601.

[2] Mattheiss L F. Electronic band properties and superconductivity in $La_{2-y}X_yCuO_4$. Phys. Rev. Lett. , 1987, 58:1028 .

[3] Luttinger J M. An exactly soluble model of a many-fermion system. J. Math. Phys. , 1963, 4:1154.

[4] 薛增泉. 分子电子学. 北京: 北京大学出版社, 2003.

[5] Sohn L L, Kouwenhoven L P, Schön G. Mesoscopic Electron Transport. Dordrecht : Springer Science+Business Media, 1997.

[6] Egger R, Bachtold A, Fuhrer M S, et al. Luttinger Liquid Behavior in Metallic Carbon Nanotubes. Berlin Heidelberg: Springer-Verlag, 2001.

[7] Bachtold A, Fuhrer M S, Plyasunov S, et al. Scanned probe microscopy of electronic transport in carbon nanotubes. Phys. Rev. Lett. ,2000, 84: 6082.

第 7 章 超流、超导

在某些条件下,由大量微观粒子组成的宏观系统呈现出整体量子现象,称之为宏观量子效应.这里将对宏观量子效应的超流和超导做进一步讨论.

§7.1 玻色-爱因斯坦凝聚

费米气体遵从泡利不相容原理,当温度 $T\to 0\mathrm{K}$ 时,只有自旋方向不同的 2 个粒子处于最低能级.玻色气体不服从泡利不相容原理,当 $T\to 0\mathrm{K}$ 时,可以有大量的粒子处于最低能级.因为能量可相对计量,将最低能级定为 $E=0$,对于玻色子系统,在高温时,$E=0$ 能级上可以没有粒子,温度降低到某一值 T_c 时,$E=0$ 能级上开始有粒子,这时系统的总粒子数 N 和总能量 E 的计算公式都发生了变化,玻色子中跑向 0 能级的过程称为玻色-爱因斯坦(Bose-Einstein)凝聚,T_c 为凝聚临界温度.系统为理想气体,自旋为 0,是玻色子(Bosons)系统,玻色分布函数为

$$a_\ell = \frac{\omega_\ell}{\mathrm{e}^{\frac{E_\ell - E_F}{kT}} - 1}, \tag{7.1}$$

变换可得到

$$\mathrm{e}^{\frac{E_\ell - E_F}{kT}} = \frac{\omega_\ell}{a_\ell} + 1 > 0.$$

当 $E_\ell = 0$ 时,有

$$-\frac{E_F}{kT} = \ln\left(\frac{\omega_\ell}{a_\ell} + 1\right),$$

所以有

$$E_F < 0. \tag{7.2}$$

粒子数密度为

$$n = \frac{N}{V} = \frac{1}{V}\sum_\ell \frac{\omega_\ell}{\mathrm{e}^{\frac{E_\ell - E_F}{kT}} - 1}, \tag{7.3}$$

其中 ℓ 为能级.用经典近似描述,在 E 到 $E+\mathrm{d}E$ 中的量子态数为

$$\frac{2\pi V}{\hbar^3}(2m)^{3/2} E^{1/2}\mathrm{d}E,$$

系统的总粒子数

$$N = \frac{2\pi V}{\hbar^3}(2m)^{3/2}\int_0^\infty \frac{E^{1/2}\,\mathrm{d}E}{\mathrm{e}^{\frac{E-E_F}{kT}}-1}, \tag{7.4}$$

粒子数密度为

$$n = \frac{N}{V} = \frac{2\pi}{\hbar^3}(2m)^{3/2}\int_0^\infty \frac{E^{1/2}\,\mathrm{d}E}{\mathrm{e}^{\frac{E-E_F}{kT}}-1}. \tag{7.5}$$

对式(7.5)积分,得

$$\frac{E_F}{kT} = \ln\left[n\left(\frac{\hbar^2}{2\pi mkT}\right)^{3/2}\right]. \tag{7.6}$$

由式(7.6)得费米能级与温度的关系,如图 7.1 所示,当 $T=T_c$ 时,$E_F=0$;温度再降低,$T<T_c$ 时,$E_F>0$.这个结果与式(7.2)矛盾.费米能级与温度关系的实际(合理)曲线应该如图 7.1 中虚线所示.之所以产生上述差异是因为由式(7.5)

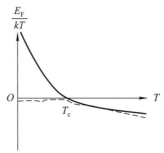

图 7.1 E_F 与 T 的关系

变为式(7.6)时,丢掉了 $E=0$ 能级的贡献.在式(7.5)求和号下,$E=0$ 对 n 是有贡献的;而在式(7.5)中,因为存在 $\sqrt{E}$ 项,故在 $E=0$ 时,对 n 的贡献被丢掉了.这在费米子是可以的,因为在 $E=0$ 能级上最多有 2 个粒子.对大数 N 个粒子系统,这是可以忽略的.但对玻色子,若 $E=0$ 能级上有不能忽略数目的粒子时,就不能用式(7.4)来表达系统的粒子数了.由式(7.5)可以看出,温度 T 与费米能级的变化保持积分结果为常数.因为 E_F 是负值,所以温度 T 升高,费米能 E_F 降低(E_F 的绝对值增大).反之,费米能 E_F 随温度降低而增加.当温度降到某一临界温度 T_c 时,E_F 将趋于 0.这时粒子数密度公式可写为

$$n = \frac{2\pi}{\hbar^3}(2m)^{3/2}\int_0^\infty \frac{E^{1/2}\,\mathrm{d}E}{\mathrm{e}^{\frac{E}{kT}}-1}, \tag{7.7}$$

令 $x = E/(kT)$,代入上式得

$$n = \frac{2\pi}{\hbar^3}(2mkT_c)^{3/2}\int_0^\infty \frac{x^{1/2}\,\mathrm{d}x}{\mathrm{e}^x-1}, \tag{7.8}$$

其中

$$\int_0^\infty \frac{x^{1/2} \mathrm{d}x}{\mathrm{e}^x - 1} = \frac{\sqrt{\pi}}{2} \times 2.612$$

代入式(7.8),求得临界温度为

$$T_c = \frac{2\pi \hbar^2 n^{2/3}}{(2.612)^{2/3} mk}. \tag{7.9}$$

为解决上述用经典近似带来的问题,在 $T < T_c$ 时,需要将式(7.8)改写成

$$n = n_0(T) + \frac{2\pi}{\hbar^3}(2m)^{3/2} \int_0^\infty \frac{E^{1/2} \mathrm{d}E}{\mathrm{e}^{\frac{E}{kT}} - 1}, \tag{7.10}$$

式中,$n_0(T)$ 是温度为 T 时,处于 $E = 0$ 能级上的粒子数密度;第二项是处于 $E > 0$ 的各激发能级上的粒子数密度,即 $n_{E>0}$。取极限情况 $E_F \to 0$,式(7.10)的第二项表示为

$$n_{E>0} = \frac{2\pi}{\hbar^3}(2m)^{3/2} \int_0^\infty \frac{E^{1/2} \mathrm{d}E}{\mathrm{e}^{\frac{E}{kT}} - 1} = \frac{2\pi}{\hbar^3}(2mkT)^{3/2} \int_0^\infty \frac{x^{1/2} \mathrm{d}x}{\mathrm{e}^x - 1} = n\left(\frac{T}{T_c}\right)^{3/2}.$$

$$\tag{7.11}$$

将式(7.11)代入式(7.10),温度为 T 时,处于 $E = 0$ 能级上的粒子数密度为

$$n_0(T) = n\left[1 - \left(\frac{T}{T_c}\right)^{3/2}\right], \tag{7.12}$$

n_0 随温度的变化,如图 7.2 所示。式(7.12)表明,在 $T < T_c$ 以后,$E = 0$ 能级上的玻色子迅速聚集。其粒子数密度 n_0 与粒子数密度 n 有相同的量级,这是玻色-爱因斯坦凝聚。因为在 $E = 0$ 状态,粒子的动量亦为 0,故也称为玻色-爱因斯坦动量空间中的凝聚。由此还可以实现冷却原子集团的宏观量子干涉。1996 年,通

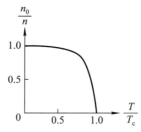

图 7.2 n_0/n 与 T/T_c 的关系

过把磁阱中的玻色-爱因斯坦凝聚原子激发到磁量子数为 0 或其他没有约束的塞曼能级上,Ketterle 小组发现了原子会经历一个相当理想的集体拉比(Rabi)振荡。通过射频扫描的办法,他们得到一个保持原子宏观量子相干性的稳定输出。将初态的玻色-爱因斯坦凝聚原子制备在一个双势阱中,激发出两束原子在

重力场中自由下落并扩散,然后相干地重叠起来,会产生很明显的宏观量子相干条纹.这表明,他们得到了相干性很好的原子束.这样,如果最终能稳定放大物质波的相干输出,就可以得到比光波和电子波波长更短的"光源".这既可以为物理学家提供进一步探索物质世界微观领域的有用工具,又有可能像光波激光器一样在工业中得以应用,导致新的技术革命.

§7.2 超流

在实现稀薄原子气体的玻色-爱因斯坦凝聚之前,早期讨论典型的玻色-爱因斯坦凝聚现象是液氦超流性.与稀薄原子气体不同的是,超流体中存在复杂的相互作用,人们要仔细区分这类凝聚现象是相互作用造成的,还是由于全同粒子的统计引起的.当 $T<T_c$ 时,理想玻色气体系统的内能为

$$U = \frac{2\pi V}{\hbar^3}(2m)^{3/2}\int_0^\infty \frac{E^{1/2}dE}{e^{\frac{E}{kT}}-1}.$$

令 $x = E/(kT)$,得

$$U = \frac{2\pi V}{\hbar^3}(2m)^{3/2}(kT)^{5/2}\int_0^\infty \frac{x^{3/2}dx}{e^x-1}.$$

求出积分,并将式(7.11)代入,得

$$U = 0.770 NkT\left(\frac{T}{T_c}\right)^{3/2}. \tag{7.13}$$

系统的比定容热容为

$$c_V = \left(\frac{\partial U}{\partial T}\right)_V = 1.925 Nk\left(\frac{T}{T_c}\right)^{3/2}, \tag{7.14}$$

当 $T<T_c$ 时,c_V 与 $T^{3/2}$ 成正比.这与辐射场和低温固体的 c_V 与 T^3 成正比的关系不同.其原因是两者的能量、动量关系不同,超流体 $E=P^2/2m$,辐射场和低温固体 $E=c_vP$.理想玻色气体的 c_V 随温度的变化如图7.3所示.在 $T<T_c$ 时,按 $T^{3/2}$ 随温度增加.在 $T=T_c$ 时,c_V 达极到大,$c_V=1.925\,Nk$;$T\gg T_c$ 时,$c_V=(3/2)Nk$.^{4}He 是玻色子,液体 ^{4}He 在 2.17 K 时,为正常液体,称为 He I 相;$T<2.17$ K 时,^{4}He 具有超流性,称为 He II 相,这个特性可能是玻色-爱因斯坦凝聚的实验证明.1924 年 Bose 就从公式(7.12)得出凝聚的结果写信给 Einstein,他认真考虑之后,认为是对的,一年后发表了这个结果,后来称为玻色-爱因斯坦佯谬.

宏观数量的粒子体系突然凝聚到动量为零的单一量子态上,这时系统呈现宏观量子态的奇异现象,其热力学特性(如比热容)将出现非解析和不连续的行为.这是由原子组成的无相互作用系统在宏观尺度上出现的特异集体行为.这种

奇异特性是同一量子态上体积和粒子数同时趋向无穷、保持密度不变的热力学极限情况。只有当组成理想气体的原子热运动的物质波(热波)波长(相当于原子波包的平均宽度)与原子之间间距相比拟时，原子波包才能相干地重叠起来，形成一种相干的宏观量子态(物质的第五态)。在这种状态下，个体原子的特性不能独立存在，众多原子的集体协同行为或宏观特性才是最重要的。然而，在通常的条件下，来自环境的扰动使得大量原子同时凝结在单一的量子态上十分困难。只有把系统冷却到尽可能低的温度，才有可能形成宏观量子态。事实上，由于原子的热波波长反比于温度和原子质量的平方根，而原子质量很大，故在室温下热波波长很短，与原子的间距相差几个数量级。如果要在实验室中实现原子的玻色-爱因斯坦凝聚，必须把原子温度冷却到极低(mK 量级)温度。

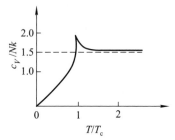

图 7.3 理想玻色气体 c_V 与 T 的关系

实现原子系统的玻色-爱因斯坦凝聚的关键技术是 20 世纪 80 年代中期后发展起来的激光冷却和原子阱囚禁技术。由于这方面的贡献，斯坦福大学华裔物理学家朱棣文、美国国家标准局的 Phillips 和法国巴黎高等师范学校 Cohen-Tannoudji 于 1997 年获得诺贝尔物理学奖。在利用和发展这些技术的基础上，1995 年 5 月，在美国实验天体物理联合研究所(Joint institute for laboratory astrophysics，JILA)的科学家 Weiman 和 Cornell 的小组将稀薄铷原子气体在密度为 2.5×10^{12} cm^{-3} 时冷却到 0.17K，观测玻色-爱因斯坦凝聚。两个月以后，麻省理工学院 Ketterle 小组得到了更好的玻色-爱因斯坦凝聚体，他们的冷却温度虽然只有 2K，但原子密度超过了 5×10^{14} cm^{-3}。Cornell，Weiman 和 Ketterle 因此获得了 2001 年的物理学诺贝尔奖。

玻色-爱因斯坦凝聚实现后，很自然要考虑物质波的相干输出放大问题：既然光波可以实现它的受激辐射相干放大-激光，那么，对于原子的物质波而言，是否也可以类似地做到这一点呢？在通常的情况下，原子物质波的波长太短了，多原子的整体波动特征并不明显。只有玻色-爱因斯坦凝聚体的实现，才使制备新一代物质波"光源"-"原子激光器"成为可能。^{4}He 气体在 4.2K 时变成液体，再降低温度至 $T_\lambda = 2.17$ K，它突然变成没有黏滞性的"超流体"。T_λ 温度称为 λ 相

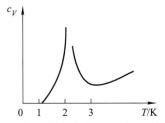

图 7.4　^{4}He 相变点附近 c_V 与 T 的关系

变点,因为此时测量 ^{4}He 的比热容-温度曲线像希腊字母 λ,如图 7.4 所示. 这是 1938 年苏联的 P. L. Kapitsa 与美国的 W. Meissner 两个研究组同时发现的,几个月后,F. London 提出一个定性解释:^{4}He 原子是由 2 个质子和 2 个中子的原子核加上核外 2 个电子组成的,这样 ^{4}He 原子就是玻色子:任意交换两个原子,系统的状态不变. 对于这样一个玻色子系统,依照氦原子的质量和密度计算,玻色-爱因斯坦凝聚发生在温度为 3.3K,这同实验的 λ 点温度 2.17 K 相近. 在温度低于 T_λ 的液氦相称为 HeⅡ相, T_λ 以上温度的液氦为 HeⅠ相. 有人提出 HeⅡ相是由两种流体相构成的"二流体"说:一部分 HeⅡ原子进入特殊的单粒子态,它们构成超流体,完全没有摩擦力;而其余氦原子组成通常的液体. 1941 年, Landau 提出了 HeⅡ相定量的"二流体"理论. 他首次引入"元激发"的新概念,元激发是指具有一定能量、质量和速度的"准粒子",描述系统基态因相互作用或温度激发的集体运动模式,是比基态能量高的激发态. Landau 认为,基态代表超流体,准粒子代表正常流体. 在温度 T 为绝对零度时,不存在准粒子;在 $0 < T \leqslant T_\lambda$ 时,超流体中是由两类的准粒子(声子和旋子)组成理想玻色气体. 当 $T = T_\lambda$ 时,发生玻色-爱因斯坦凝聚. 温度超过 T_λ,氦液体是正常液体,这就是 HeⅠ相. 由此,朗道预言了两种准粒子(声子和旋子)能量、速度的关系,实验物理学家用"长波中子对 HeⅡ相的散射"研究准粒子的能量与速度的关系,证实朗道的预言. 这表明,Landau 的"二流体"理论成功地解释了超流体的流体力学性质.

后来,他所预言的其他奇异性质也被实验证实. 液氦在 HeⅡ相的超流性可以理解为中性粒子(玻色子)的宏观量子现象. Landau 在唯象理论中曾假设在临界速度 v_c 下整个液体有速度 v. 作为量子液体,这就暗示着系统的原子或分子由于相互作用而呈现某种"刚性". 这种"刚性"就应体现有一整体的波函数. 所谓整体,就是说为几个独立部分的乘积. "刚性"应显示有平移的不变性,对于一个自由的玻色-爱因斯坦凝聚态来说,波函数不是一个整体的波函数,当然不会有超流. 只有考虑了相互作用,系统激发态的波函数才可能成为一个整体的波函数. 1955 年费曼(Feynman)从物理角度给出了这样的激发态波函数,并用变分方法证实元激发可以表示为 $\varepsilon_q = q^2/(2mS_q)$,其中 S_q 是系统的静态结构因子,它是一个实验上可测的物理量. 将实验上测得的 S_q 值代入上式, 所得的 ε_q 与实验曲线定性地符合. 这是第一个"基本证实"朗道的微观理论, 它同时显示了元激发谱中的声子部分和旋子部分. 在量值上, 旋子部分似乎偏差大了一点. 后来考虑了"回流"的费曼-科恩(Feynman-Cohen)理论大大地改善了结果. 沿着这个方向, 今天已发展起一整套的计算方法, 借助于计算机, 人们已能得到与实验几乎一致的结果, 即使如此, 对 ^{4}He 在物理上的理解还是不完全清楚的, 甚至对旋子的理解还没有一致的看法. 朗道唯象理论中的 v_c 判据只是一个必要条件, ^{4}He 的元激发谱中除了声子外还可能有超流的湍流等. 对氦(不论是 ^{3}He 还是 ^{4}He) 的研究仍将继续, 它是凝聚态物理中一个重要的组成部分. 在整个宇宙中氦几乎占有三分之一的比例, 它在天体的演化中扮演着重要的角色, 是从微观层次上理解液体的重要部分.

从微观层次上理解朗道唯象理论的工作中, 还有另一个方向是 1947 年 Bogoliubov 关于弱斥力的相互作用的玻色系统的模型. Bogoliubov 的工作未能证实旋子的存在, 但是证实了声子谱, 并且显示出其在玻色-爱因斯坦凝聚中起关键的作用, 即在有相互作用的情况下, 由于玻色-爱因斯坦凝聚的存在影响了动量 $k=0$ 的态密度, 以至在长波极限下它们呈现声子型. 而这里的凝聚, 即使不是全部也是大量的, 以至宏观上可观数量的 ^{4}He 原子占有 $k=0$ 的量子态. 在 20 世纪 50 年代的硬球玻色子系统模型中人们也得到了类似的结论. 80 年代后, 在改进对相互作用势选择的情况下, 已出现了全面证实激发谱的理论模型, 有关研究正在扩展和深入中.

§7.3 超导

超流和超导都是一种相变, 并且都是量子效应的宏观表现. 对此, 1954 年 F. London 曾提出除了超流(包括 ^{4}He 等)以外, 唯一的另一种无耗散的流动, 就是原子和分子系统中的轨道电子流[1]. 在一个稳定的原子中, 每一个电子都占有一个定态. 这是一种超流, 它是一种量子流, 应该有一个遍布整个系统的波函数. 至今对超流和超导的研究都支持这一观点. 应该说对超流现象的理解, 极其有助于人们对超导现象的认识. 在实现氦液化后三年, 人们于 1911 年发现了汞(Hg) 的超导现象. 为了与后来发现的高温超导区别, 这里称这最初发现的超导为低温超导体. K. Onnes 实现氦液化从而获得低温后, 他进行的下一步是研究金属的电阻率. 由于汞很容易净化, 因此他用汞做实验, 结果发现汞的电阻大约在温度为 4.2 K 左右突然消失, 这就是金属超导的发现, 如图 7.5 所示. 20 世纪初, 人们的金属导电图像是电子像流体一样在正离子的晶格中流动. 由于液体在冷却后会固化, 因此 K·Onnes 预计低温时电子流体要冻结, 从而金属要变成绝缘

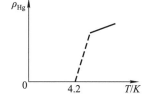

图7.5 Hg 的电阻与温度的关系

体.这样,他预期电阻率应该变成无穷大,然而事实却正好相反,这个现象表明低温时电子流体发生了相变.超导有许多实验现象,其中首要的是转变温度 T_c(对汞, $T_c=4.2$ K)以下电阻率 ρ 为零.另一个重要现象是 1933 年迈斯纳(Meissner)和 R. Ochesenfeld 实验发现超导体内磁场为零,即超导体是个完全的抗磁体,称为迈斯纳效应.该效应否定了超导体是理想导体的想法.对于一个理想导体来说,导体内电场强度为零.于是由法拉第电磁感应定律可知,磁场的变化率应该为零,即磁场应为一个常数.这样一来,如果在 T_c 以上把这种导体置于磁场中,然后降温至 T_c 以下,那么它应该保持 T_c 以上已经存在的磁场不变.然而,实际上一旦到达 T_c 以下,进入超导态后,它的内部的磁场就消失了,因此抗磁性是超导体的重要现象.人们对超导现象的理解也经历了一个从唯象理论到微观理论的过程.前面提到超导现象是一个相变的结果,要理解这一点,在唯象的层次上必须研究超导的热力学.在这方面热容的实验结果是最有特色的,参见图 7.6.图中超导热容曲线在 T_c 附近, $T<T_c$ 时的行为是一个指数函数,由此可知在 T_c 以下超导态的熵 $S(T)$ 小于正常态的熵;而在 T_c 处两者一样,这一点还可以从在磁场下超导体的热力学性质分析中得到进一步的证明.第一,超导态是比正常态更有序的态,因为它的熵比后者小.第二,在无外磁场时,正常态到超导态的转变是二级相变,因为在 T_c 处熵连续,而热容跃变.第三,在超导态电子能谱上有量级为 Δ 的能隙.此外,实验还证明在 T_c 相变前后晶格结构无变化,声子对热力学有关量的贡献也一样,这样上述第一点说明系统中电子发生了某种有序化的变化.基于有序的想法,1934 年 J. Gorter 和 G. Casimir 提出了超导相的二流体唯象理论.在此理论中 T_c 以下超导态中的电子分为两部分:一部分为凝聚的库珀对电子,另一部分为正常电子.二流体唯象理论成功地解释了超导体的热力学性质.为解释超导的电磁现象,即零电阻和抗磁特性,F. London 和 H. London 兄弟于 1935 年在二流体唯象理论的基础上,提出了超导电子的电流密度 J、电场强度 E 和磁感应强度 B 应遵从的方程组.它们与电磁场的麦克斯韦尔方程组是一致的,但与正常电流的欧姆定律不同,它能解释零电阻现象.正常电流密度是与电场强度成正比的,在恒定的电场作用下所以能保持恒定的电流密度是因为有电阻.而按伦敦方程超导电流密度的变化率与电场强度成正比,

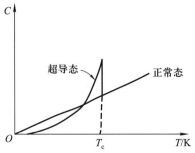

图 7.6　超导态与正常态的电子热容

于是只要电场强度不为零,超导电流就会越来越大,这表明超导电子只受电场作用而无阻力,导致零电阻.伦敦方程组中的另一个方程反映了一个超导电流的回路会有一个反向的磁通量,迈斯纳效应正是由此而产生的.简单地讲,超导电流作为总电流的一部分,按照安培定律应该有正向的磁通量,而上述反向磁通恰好抵消了这正向磁通以至有迈斯纳效应.严格讲,首先考虑的是稳恒状态,一切量均与时间无关.按伦敦方程超导电流密度不随时间变化意味着电场为零,而根据欧姆定律正常电流必为零,于是超导电流密度就是总电流密度.这时可以利用麦克斯韦方程组求解出磁感应强度 B,其值为 $B=B_0\exp(-x/\lambda)$,其中 λ 是与电子的电荷、质量和密度有关的常数,量级为 10^{-6} cm,称为伦敦穿透深度,参见图 7.7.当 $x\gg\lambda$ 时,$B\sim 0$,对于大块超导体(厚度 $D\gg\lambda$),超导体内的磁场几乎为 0,只是在表面大约 10^{-6} cm 的薄层内有磁场存在,这就是迈斯纳效应. London 的理论实质上还是二流体唯象理论,只不过加上了电磁场而已.超导是低温下出现的电子有序化现象,它必须靠量子力学才能正确描述.1950 年 Gizburg 和 Landau 提出的量子唯象理论比伦敦理论前进了一步.前面在分析超导的比热容性质时曾指出,在 T_c 处发生的正常态到超导态的转变是一种二级相变.金兹堡-朗道理论正是推广了的 Landau 的二级相变理论,他们把 T_c 附近有外磁场存在下的超导态自由能密度用波函数 $\psi(r)$ 表达出来,取极值后得到序参量 $\psi(r)$ 所满足的方程,并导出了超导电流密度与磁场的关系.后者在波函数取常数的近

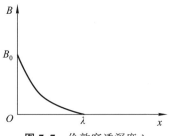

图 7.7　伦敦穿透深度 λ

似下与伦敦方程在形式上一样,只不过电子的质量 m 和电荷 e 分别换成了由序参量 $\psi(r)$ 所反映电子的一种有序化的有效质量 m^* 和电荷 e^*. 当然,在物理上二者并不相同,例如伦敦方程中超导电流密度只是部分电流密度,而这里是在任意温度下的整个超导态的电流密度. 此外,由金兹堡-朗道方程类似地可以证明在超导体内磁场为零(迈斯纳效应),同时给出了超导体的表面层电流密度与磁场的关系. 金兹堡-朗道理论还告诉我们,出现超导的根本原因在于超导态的序参量有所谓的"刚性",它导致超导态的激发态与基态之间有能隙存在. 这个理论的另一个重要预言是磁通的量子化. 考虑一个超导环,如图 7.8 所示,在 $T>T_c$,即环在正常态时将其置于磁场中,然后使 T 降至 T_c,环中的电子从正常态转为超导态. 人们发现此时超导电流的走向所对应的磁场正好抵消外磁场以保证超导体内无磁场(迈斯纳效应). 利用金兹堡-朗道理论给出的关系式及波函数的单值性计算穿过超导体内的回路所包围面积的磁通量 ϕ,得到 $\phi = n\phi_0$,其中 $\phi_0 = \hbar c/e^*$. 这表明磁通量 ϕ 是量子化的,ϕ_0 是相应量子,磁通量子化可以从实验上验证[2]. 对于低温超导实验证得 $e^* = 2e$,这是一个非常重要的结果. 它说明在低温超导中,电子的有序化是两个电子的某种配对凝聚态. 上述讨论对系统中任何两个电子都成立,它们都有相同的 ϕ_0,但是对系统本身的电子数无任何限制. 也就是说对超导态来说,系统的电子数可以有多到宏观数量的电子对都具有同一"量子态",其相位角为 ϕ_0,这就是一种宏观量子效应,在一定意义上类似一种玻色-爱因斯坦凝聚. 直到 1965 年在实验上证得 $m^* = 2m_e$ 和 $e^* = 2e$(其中 m_e 是电子的质量). 金兹堡-朗道理论对前面提到的穿透深度 $\lambda(T)$ 和相干长度 $\xi(T)$ 也给出了重要预言,对它们的物理含义做深入研究,得出了第Ⅱ类超导体的理论预言. 这是阿布里科索夫(Abrikosov)1957 年发表的重要工作,首先预言了第Ⅱ类超导体的存在. 第Ⅱ类超导体是指合金超导体,通常将金属超导体称为第Ⅰ类超导体,第Ⅱ类超导体是有潜在应用价值的超导体,对它的预言及此后实验上的发现都有着重大意义. 人们认识到超导性是一种类似 ^{4}He 的宏观量子效应以后,探索才开始步入正确的方向.

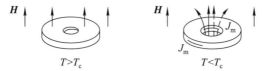

图 7.8 磁场中的超导环在 $T<T_c$ 时产生磁通量子化

20 世纪 50 年代初 Gizburg,Feynman 和 Schafroth 各自独立地证明了一个带电玻色气体在玻色-爱因斯坦凝聚后会显示迈斯纳效应. 这些工作最后导致了 1954 年 Schafroth 提出了电子配对的想法,但是他的配对想法是电子在实空间或坐标空间中配对,是一种准束缚的局域态. 1950 年弗劳里希(Frohlich)在人们寻求超导微观机理的努力中迈出了重要的一步,他证明了电子和声子的耦合能使费米面附近的电子间产生一种有效的吸引力. 简单地说,当电子(费米面附近的电子)行经可以极化的晶格点阵时,引起点阵形变,也就是与声子耦合,声子追随电子运动(如果电子的运动频率不是太高),同时声子又影响随后的费米面附近的电子,致使电子之间产生了有效的吸引力. Frohlich 的工作没有考虑实际存在的电子间的斥力. 1955 年 Bardeen 和派因斯(Pines)提出了包含库仑斥力在内的完整哈密顿量,并证明了在一定条件下,吸引力可以超过排斥力. 声子在低温超导中起作用的实验支持来自于 1950 年的同位素效应,在同一纯金属不同同位素的超导体中,测量超导转变温度 T_c,发现 T_c 反比于同位素质量 M 的平方根. 这表明电子-声子相互作用在低温超导中扮演着一定的角色. 在 Landau 的 ^{4}He 超流唯象解释中,激发态的能隙起着非常重要的作用,它是"刚性"的体现. 电子-声子作用引起的电子有效吸引力提供了全部问题的动力学基础. Cooper 于 1956 年在探索超导微观机理时,考虑一个被填满的费米海外加 2 个电子,电子间有吸引力,求电子系统的最小本征能量和相应本征态的问题. 计算结果表明此时最小本征能量小于它们自由情况时的最小能量,即 2 个电子形成了某种束缚态. 相对于这个束缚态来说,原先自由的情况正是一种激发态,或者说破坏这个电子对,产生了系统的元激发,二者的能量差正好提供了能隙. 而这个束缚的本征态是一对动量 k、自旋方向 s 和动量 $-k$、自旋方向 $-s$ 的电子. 这样的一对电子,人们称之为库珀对. 超导的产生并不是玻色-爱因斯坦凝聚的结果. 玻色-爱因斯坦凝聚是玻色子的一种运动学结果,在相空间(指 k 空间)上凝聚成零体积. 虽然我们也说超导是一种类似于玻色-爱因斯坦的凝聚,但只是形式上而已. 由于库珀对的二体问题对 BCS 理论的重要性,现考虑 2 个电子和全部已填满了的费米海. 如果两个电子没有相互作用,则它们相当于两个自由电子,设动量分别为 p 和 p',考虑到费米海已经填满,其大小只可能均大于费米动量 p_F. 于是能量分别为 $\hbar^2 p^2/2m$ 和 $\hbar^2 p'^2/2m$,而整个系统的总能量 $E>2E_F$. Frohlich 发现费米面附近的电子因与声子相互作用会产生有效的吸引力,即相互作用势为 $-V$,求解相应的薛定谔方程,系统的总能量为

$$E = 2E_F + \frac{2\hbar\omega_D}{1-\mathrm{e}^{2/VN(0)}} < 2E_F, \qquad (7.15)$$

式中 $N(0)$ 是费米面上单位能量间隔中可能的量子态数. 式(7.15)表明,两个电子形成了某种束缚态,本征能量小于自由时的能量. 值得注意的是即使 V 非常小,有很小的吸力,但只要 $N(0)$ 足够大,也会产生不太小的束缚能量,即总能量 E 很明显地小于 $2E_F$. 此外,从所得的解可看到,在这个态上 2 个电子的动量和自旋分别为 $q,-p$ 和 $S,-S$,明确是配成对的,这就是库珀对. 在上述二体问题

中,既然两个外加电子会配对形成能量上有利的束缚态,那么费米球内费米面附近的电子也能被激发至费米面外,配对并形成能量上有利的束缚态.这样一来,整个费米面就不稳定了,即应该考虑在费米面附近两边能量相当于最大声子能量,就是所谓德拜能量间隔内的多电子系统. 1957 年 Bardeen,Cooper 和 Schrieffer 在库珀二体问题的基础上,考虑多电子系统的问题,提出解释超导微观机理的理论,这就是著名的 BCS 理论.在这个理论中,系统的哈密顿量由两部分组成:一部分是电子的自由运动,另一部分是电子配成库珀对的相互作用.前面唯象理论提供的信息是,系统可以有多到宏观上可观数量的电子对,也就是说电子对数是不固定的,所以超导态的电子系统是一个开放系统,只涉及费米面附近一部分电子.由于电子对数不固定,或说电子数不确定,很自然地会猜测到超导基态应该是由没配对电子与一个有任意可能的库珀对的状态叠加而成的态.超导态是宏观量子态的平衡态.由于粒子数不确定,因此应该用吉布斯能 E_G 来描述.它可以由系统的平均能量和平均粒子数计算出来. E_G 取极小值对应平衡态,在温度 $T=0$ K 时结果表示为

$$E_G = E_{GN} + \frac{2N(0)(\hbar\omega_D)^2}{1-\exp\left(\dfrac{2}{VN(0)}\right)} < E_{GN}, \tag{7.16}$$

式中,$N(0)$ 是粒子数的平均值,E_{GN} 是正常态的吉布斯能.这个结果非常类似前面得到的库珀对的总能量 E,但是由于多体的关系,这里描写束缚能的第二项正比于 $N(0)$,也就是说差值更大.更重要的是从 E_G 还可以更进一步计算系统的元激发,即将一对库珀对打破,从而激发出准粒子.得到的元激发能谱如图 7.9 所示,可见这时超导的临界速度为

$$V_c = \frac{\Delta}{K_F} \neq 0. \tag{7.17}$$

这就解释了超导的零电阻,这里只需把外电场理解为"容器壁".随着温度的升高,热激发库珀对也会被破坏.激发一个准粒子的能量大致为 Δ,故一对库珀对

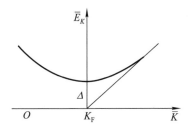

图 7.9 BCS 理论的准粒子元激发能谱,超导的临界速度 $V_c = \Delta/K_F \neq 0$

的束缚能大致为 2Δ;由此估计使库珀对被破坏的临界温度 T_c 也就是超导态转

向正常态的临界温度,应该大致为 $k_B T_c \sim 2\Delta$,理论计算结果为 $2\Delta = 3.5 k_B T_c$. 超导理论的成功不仅使人们第一次认识到多电子体系可以具有除了传统的费米液体(能带论)型的基态外,还存在其他类型的基态,而且与超流微观理论的发展相呼应,使人们认识到一个多体系统可以有一个整体位相的基态,在这样的基态上还可有拓扑型的元激发. 它大大地开阔了人们对量子多体系统的了解,也开创了一个具有重大科技应用的新领域. 20 世纪 80 年代初实验上发现了重费米子,理论上有趣的问题之一是重费米子体系的超导电性,其中一些问题已得到解决,如肯定了重电子参与超导,超导能隙函数在费米面上是各向异性的. 关于配对机理,倾向于是由自旋涨落产生的极化导致的,而且很可能是 p 波配对的. 但是,仍有许多问题没有解决,例如实验发现有的重费米子体系具有超导基态,有的却是反铁磁有序基态,还有的是费米液体基态等. 迫切的问题是需要建立一个自洽的且具有普适性的重费米子相干点阵理论,从而解决各种不同基态以及超导基态机理中尚有争议的问题.

§7.4 费米子凝聚态

通常人们知道物质有三态,即气态、液态和固态,20 世纪后又发现第四态等离子体态(plasma),第五态为玻色-爱因斯坦凝聚态. 2004 年又创造了第六态,它被认为是十大科技进展之一——费米子凝聚态(Fermionic condensate). 通常所见的物质是由分子、原子构成的. 处于气态的物质,其分子与分子之间距离很远. 而构成液态物质的分子彼此靠得很近,其密度要比气态的大得多. 固态物质的元素是以原子状态存在的,原子一个挨着一个很强地耦合在一起,构成有一定强度的固体. 被激发的电离气体达到一定的电离度之后便处于导电状态. 电离气体中每一带电粒子的运动都会影响到其周围带电粒子,同时也受到其他带电粒子的约束. 由于电离气体内正负电荷数相等,这种气体状态被称为等离子体态. 所谓玻色-爱因斯坦凝聚,是爱因斯坦在 80 多年前预言的一种新物态. 这里的"凝聚"与日常生活中的凝聚不同,它表示原来不同状态的原子突然"凝聚"到同一状态. 玻色-爱因斯坦凝聚态物质是大量具有单一量子态的超冷粒子的集合,由玻色子构成,其行为像一个超级大原子.

由于没有任何两个费米子能拥有相同的量子态,费米子的凝聚一直被认为不可能实现. 2004 年,物理学家找到了一个克服以上障碍的方法,他们将费米子成对地转变成玻色子. 费米子对起到了玻色子的作用,所以可让气体突然冷凝至玻色-爱因斯坦凝聚态,这种物质称为费米凝聚态,这一研究为创造费米子凝聚态开辟了新途径. 这是继几年前科学家成功实现气体量子凝聚态和液体量子凝聚态之后,科学家又造出的一个固体量子凝聚态. 量子凝聚态是个令人鼓舞的领域研究,美国两位科学家在多年工作基础上,在固体氦中发现了类似超流的证据,这一新发现显示,固体氦也能进入固态的玻色-爱因斯坦凝聚这种量子状态,而此前它只在气体和液体中被观察到. 处于这个类似超流状态的固体氦,进入了一个零黏度或没有摩擦力的状态,而且具有"非经典的转动惯量",科学家称其为"超流固体". 此后各国科学家又实现了另一种粒子即费米子的凝聚,不论从哪个角度讲,费米气体中费米子凝聚是量子气体领域的关键性突破,将对多个学科领域产生深远影响. 2003 年 1 月,随着杜克大学的托马斯(J. Thomas)报告强相互作用下费米气体的普遍性质,这种竞争进入白热化. 4 个月后,美国 JILA(实验天体物理联合研究所)科学家金(D. Jin)[3]报告了一种费米子配对或结合成分子的有效方法. 到当年 11 月,Innsbruck,JILA 和 MIT(麻省理工学院)的研究小组分别宣布实现了分子玻色-爱因斯坦凝聚. 2004 年 1 月,Jin 的小组获得实现费米子对凝聚的证据. 这些研究进展已经在国际上激发了大量的相关实验和理论工作. 来自奥地利和美国的研究组报道说,他们已找到迄今为止关于超流的最好证据,即在极低温下费米系统(Li-6)表现出超流性. 这一结果将有利于科学家理解自然界中的其他奇异行为,如高温超导、中子星及夸克-胶子等离子体. 低温下的原子按照它们本征角动量(或自旋)的不同而体现出完全不同的行为. 自旋为整数的原子是玻色子,在低温可发生玻色-爱因斯坦凝聚. 自旋为半整数(如 1/2, 3/2, 5/2 等)的粒子是费米子,在低温下可用费米气体(费米液体)理论予以描述. 两个费米子粒子可组成一个玻色子分子,这时总自旋为整数. 费米子遵从泡利不相容原理,两个费米子不能占据相同量子态. 但对于玻色子,则无此限制,这样在极低温下所有玻色子可占据相同量子态. 这个过程为玻色-爱因斯坦凝聚(BEC)和超导体(发生无电阻的电流),其导电中的重要概念是库珀对. 根据超导的 BCS 理论,电子可以配对组成库珀对,同样束缚费米子配对也可发生玻色凝聚,新的实验发现由于费米子配对而导致的玻色凝聚是一个新相,位于 BCS 和 BEC 的跨越区域,这一现象目前尚无理论解释. 杜克大学的 J. Thomas 小组将限制在磁-光阱中的 Li-6 原子气用挥发制冷技术降温. 当原子气温度降至 400 nK 时,通过瞬间关闭并启动光阱使原子气振动起来. 振动的气体可以无衰减地振动很长时间,这说明原子系统呈现出某种整体的集体行为,而非个别无相互作用原子的行为. 更为重要的是,系统振动的频率与某些费米超流理论的结果吻合. 他们的实验提供了关于超流最直接的证据. 继获得液体凝聚态后,研究人员如今已成功地将物质的三种形态——气体、液体和固体全部转化为凝聚态. 凝聚体概念最初出现在 1995 年,当时,美国研究人员将玻色子的原子冷凝至单一量子态,使它显现出超原子的特性. 2004 年美国和奥地利物理学家促使费米子的原子进入了超原子状态. 玻色子携带有一种用整数表示的内角动量或自旋,正是这个条件使它得以分享单一量子态. 相比之下,费米子的自旋却表现为半整数,受泡利不相容原理的制约而使凝聚受阻.但研究人员设法让费米子成对地融入具有整数自旋的分子,使费米子也能像玻色子那样转化为凝聚态.这项发现也许阐明了物理学中有关电子在复合物中特性的微妙问题,也为日后详细描述高温超导体迈出了关键的一步.所谓"费米凝聚"的确是一项重大成果,1995 年实现的原子气体的 BEC 被评为 2001 年诺贝尔奖项的研究成就的创造性延续. BEC 是玻色-爱因斯坦量子统计理论的一个推论:大量玻色子在一定温度之下可能凝聚到最低能量的同一量子态. Bardeen、Cooper 和 Schrieffer 因提出超导电性的 BCS 理论而获得 1972 年诺贝尔物理学奖,在一定温度之下导体内的电子会两两结对——库珀对,并发生(动量)凝聚."费米凝聚"可看作是玻色-爱因斯坦凝聚和库珀对这两个物理概念相结合的产物.按照泡利不相容原理,两费米子不能处于同一量子态;但若使其两两结对,便会表现出玻色子一样的行为,也就可能实现凝聚.所以,"费米凝聚"研究,丰富了量子力学中量子凝聚以及宏观量子态的物理含义;解释了实现 BEC 的"费米型凝聚原子"之间的相互作用机制;并有助于进一步揭示超导、超流等现象产生的机理.人们期望,这项研究对下一代超导体的诞生有促进作用,若真如此,则其技术应用价值必然无可限量.

§7.5 量子霍尔效应的强关联

霍尔(Hall)效应是 1879 年发现的,其内容简单地表述如下:一块导体两端接通电源,于是导体中有电场 E,如果在与 E 垂直的方向有磁场 B,则在导体两侧的 A 和 C 点之间有霍尔电压 V_H,这种现象称为霍尔效应.由电磁场理论可计算霍尔电导率,表示为 $\sigma_H = nec/B$,其中 n 是电荷密度.一个世纪后的 1980 年, von Klitzing, Dprda 和 Pepper 在低温(液氦温区)和强磁场(10T)下对 MOS 器件做霍尔实验,发现 $\sigma_H = Me^2/\hbar$,其中 M 取整数值,表明 σ_H 是量子化的,以 $e^2/\hbar$ 为量子.由于 M 为整数,称这种现象为整数量子霍尔效应(IQHE).这个关系非常简明,人们借助于 IQHE 能对 $e^2/\hbar$ 做非常精确的测量,目前精度可达 10^{-9} 以上.这有其重要意义:一方面由于 $e^2/\hbar$ 值的高度精确性,它可以提供一种途径得到量子电动力学(QED)中的精细结构常数 $\alpha = e^2/\hbar c$;而另一方面,可以利用 $\hbar/e^2$ 量子电阻,作为测量电阻的标准. MOS 器件的结构表明,它是一个 2D 的电子系统.求解相应的薛定谔方程可知,本征能谱是一系列朗道能级,每一能级是简并的,简并数与面积成正比,单位面积有 $eB/\hbar c$ 个态.因此如果有 M 个朗道能级被填充,则电子的密度 $n = MeB/\hbar c$.把它代回前面给出的霍尔电导率表达式中,即得整数量子霍尔效应的结果, M 应该是朗道能级的填充数.为了深入讨论,这里首先介绍无序引起的金属-绝缘体相变问题. Landau 的费米液体理论,实质上说的是库仑相互作用仍保持动量空间中费米面的存在,或说金属-金属无相变,莫特(Mott)现象反映了在窄能带的晶体场中,库仑相互作用可能导致金属-绝缘体的相变. 1958年安德森(P. W. Anderson)指出在一个强随机场中电子的波函数会局域化,即有金属-绝缘体的相变. 在能带中心附近的态应该保持扩展态,至少对不是非常强的无序系统来说应该成立;在能带边缘的那些态是局域态. 1968年莫特(N. Mott)对这种从局域态到扩展态的过渡,提出了迁移率临界能量 E_c 概念. Mott 在1973年又进一步提出 E_c 处有一个电导率的突变,即从局域态的 $\sigma_{min}=0$ 到扩展态 $\sigma_{min}\neq 0$ 的突变. 1974年沙勒斯(Thouless)等提出了局域化问题的标度描述,1979年阿伯拉姆(Abraharms)等在 Thouless 的工作基础上提出了局域化标度理论,结论是电导率应该是连续变化而不是突变的. 以后又有一系列用场论的重整化群方法研究无序引起的金属-绝缘体相变. 结论是 $d=1D, 2D$ 时,在无序状态下应该是绝缘体,无相变;而在 $d=3D$ 时有金属-绝缘体相变. 但有磁场存在时,上述结论并不成立. 负磁阻现象(在 $d=2D$)表明,此时无序系统可能有扩展态. 事实上,量子霍尔效应正是在研究电子的局域化问题时发现的. 量子霍尔效应表明,有磁场时,2D无序系统应有扩展态,否则 $\sigma=0$. 量子霍尔效应曲线中平台的存在说明有的电子态仅对电子密度 n 有贡献,但对 σ_H 无贡献. 这就表明有局域态,为解释这一现象必须考虑杂质的存在. 杂质使朗道能级变宽而形成能带,并且互相重叠起来. 理论计算表明大部分电子状态局域化了,即被杂质所束缚,只有那些处在能带中心的状态仍然是扩展态. 改变电子浓度相应改变了费米能级. 当费米能级处在局域态区时,霍尔电导为量子数值. 而当费米能级跨过一个扩展态时,霍尔电导率就改变一个量子数. 普拉格(Prange)认为局域态的存在并不影响霍尔电流. 整数霍尔效应发现2年后,崔琦(Taui)、斯多麦(Stormer)和谷沙特(Gossard)又发现了分数量子霍尔效应(FQHE),这就提出了更深层的问题. 他们在 GaAs-AlGaAs 异质结上观察到,上述 σ_H 的表示式中 M 为分数. 实验是在高度净化、温度更低($\sim 1K$)、磁场更强(约15T)的条件下进行的. 此后的大量实验却发现 $M=p/q$, p 是奇数或偶数,而对最低朗道能级, q 总是奇数. 1987年后又发现偶数分母分数态 $M=5/2$. 如前所述整数量子霍尔效应(IQHE)可以用单粒子近似很好地描述,分数量子霍尔效应(FQHE)必须是高迁移率的样品在更低的温度下才能观察到. 分数量子霍尔效应也是一个强磁场中的电子强关联系统,因为要解释分数量子霍尔效应必须考虑电子相互作用. 劳夫林(R. B. Laughlin)提出奇数分母的量子霍尔态是一种不可压缩的量子流体,并构造出试探基态波函数,可以很好地解释朗道能级填充因子为 $1/3$ 和 $1/5$ 的分数量子霍尔的基态和元激发的性质. 在劳夫林波函数描述的不可压缩量子流体基态,可以产生单粒子激发(具有分数电荷的准电子与准空穴),也可产生集体激发(例如磁旋子),此外,理论上还可能产生准粒子(相反电荷的劳夫林准粒子束缚对)等. 如果分数电荷的准粒子能够得到证实,那么进一步又涉及关于这类准粒子服从什么统计的问题. 我们知道, 自然界中迄今发现的粒子, 无论是基本粒子还是复合粒子, 从统计性质上只有两类, 或为费米子, 或为玻色子. 然而上面提到的分数电荷的准粒子既非费米子, 也非玻色子, 于是理论上提出任意子(anyon)的概念. 目前理论上倾向于认为任意子是 2D 系统这一特定条件下带电粒子与磁通的复合物, 分数量子霍尔态是最有希望实现分数统计的系统.

参 考 文 献

[1] 丁亦兵. 超流、超导、BCS 理论. 2002-20. http://zhjyx.hfjy.net.cn.
[2] Ginzburg V L, Landau L D. On the theory of superconductivity. Zh. Eksp. Teor. Fiz. ,1950, 20: 1064.
[3] Ospelkaus S, Pe'er A, Ni K K, et al. Efficient state transfer in an ultracold dense gas of heteronuclear molecules. Nature Physics, 2008, 4: 622-626.

第 8 章 铁磁体

铁磁体(ferromagnet)是人类最早认识和应用的磁性材料,20 世纪以来新磁性的不断被发现,使人们对铁磁性(ferromagnesim)的研究进入了一个新时期,该研究在与信息科技有关领域尤其具有巨大的发展潜力. 本章将以铁磁体为重点讨论材料的磁性问题,作为以后章节讨论与磁学特性有关的电子器件、电路的基础.

§8.1 磁学特性

磁性是物质的一种基本属性,物质按照其内部结构及其在外磁场中的行为可分为抗磁性物质、顺磁性物质、铁磁性物质、反铁磁性物质、亚铁磁性物质和稀磁半导体等. 具有铁磁性和亚铁磁性的为强磁性材料,抗磁性和顺磁性的为弱磁性材料,而稀磁半导体则是根据微电子的发展,在半导体中掺杂磁性原子的一类新材料. 铁、钴、镍和一些稀土(钆和镝)元素材料显示出独特磁性行为,称为铁磁性,名字来自拉丁文(ferrum). 后来发现钐、钕与钴的合金可用来制造很强的稀土铁磁体. 磁性材料特性的物理机制主要是在原子水平存在不成对电子自旋向上彼此平行排布,这个区域称磁畴,显示长程序现象. 在块体样品中很多磁畴相对取向是随机的,呈现出的总磁性不是很强. 在外磁场作用下,磁畴会在外磁场方向上统调,呈现出很强的磁性,外磁场去除后,仍能保持较强的剩余磁性,这类材料称为铁磁体(ferromagnet). 典型的铁磁体多是过渡族金属,如铁、钴、镍,以及它们的合金及化合物,常规环境中具有很强的磁性.

早在 1820 年,丹麦科学家奥斯特(H. C. Oersted)就发现了电流的磁效应,第一次揭示了磁与电存在着联系,从而把电学和磁学联系起来. 乌伦贝克(G. E. Uhlenbeck)与哥德斯密特(H. Goldschmidt)最先提出电子自旋概念,即把电子看成一个带电的小球,电子一方面绕原子核运转,相应地有轨道角动量和轨道磁矩,另一方面又绕本身轴线自转,具有自旋角动量和相应的自旋磁矩. 人们常用磁矩来描述磁性,电子具有磁矩,电子磁矩由电子的轨道磁矩和自旋磁矩组成. 在晶体中,电子的轨道磁矩受晶格的作用,其方向是变化的,对外没有磁性作用,不能形成一个联合磁矩. 因此,物质的磁性不是由电子的轨道磁矩引起,而是主要由自旋磁矩引起. 每个电子自旋磁矩的近似值等于一个玻尔磁子,是原子磁矩的单位. 因为原子核比电子重约 2000 倍,其运动速度仅为电子速度的几千分之一,故原子核的磁矩仅为电子的千分之几,可以忽略不计.孤立原子的磁矩决定于原子的结构,原子中如果有未被填满的电子壳层,其电子的自旋磁矩就会未被抵消,原子就具有"永久磁矩".例如,铁原子的原子序数为26,共有26个电子,在5个外层轨道中除了有一条轨道必须填入2个电子(自旋反平行)外,其余4个轨道均只有一个电子,且这些电子的自旋方向平行,由此总的电子自旋磁矩为4.

法国物理学家外斯(P. E. Weiss)最早开始了铁磁特性的理论研究,于1907年提出铁磁现象的唯象理论,假定铁磁体内部存在强大的"分子场",即使无外磁场,也能使内部自发地磁化,所形成的小区域为磁畴,每个磁畴的磁化均达到磁饱和,即达到最大的磁化强度.实验表明,磁畴磁矩起因于电子的自旋磁矩.1928年 Heisenberg 首先用量子力学方法计算了铁磁体的自发磁化强度,给予 Weiss 的"分子场"以量子力学解释.1930年 Bloch 提出了自旋波理论.Heisenberg 和 Bloch 的铁磁理论认为铁磁性来源于不配对电子自旋的直接交换作用,这是铁磁的基本理论.

在磁场作用下表现出磁性的材料称为磁介质,在外磁场作用下呈现出磁性的现象称为磁化.所有物质都能磁化,故都是磁介质.按磁化机制的不同,磁介质可分为抗磁体、顺磁体、铁磁体、反铁磁体和亚铁磁体等五大类.在无外磁场时抗磁体分子的固有磁矩为零,外加磁场后,由于电磁感应每个分子感应出与外磁场方向相反的磁矩,所产生的附加磁场在介质内部与外磁场方向相反,此性质称为抗磁性.顺磁体分子的固有磁矩不为零,在无外磁场时,由于热运动而使分子磁矩的取向作无规分布,宏观上不显示磁性.在外磁场作用下,分子磁矩趋向于与外磁场方向一致的排列,所产生的附加磁场在介质内部与外磁场方向一致,此性质称为顺磁性.介质磁化后的特点是在宏观体积中总磁矩不为零,单位体积中的总磁矩称为磁化强度.实验表明,磁化强度与磁场强度成正比,比例系数 χ 称为磁化率.抗磁体和顺磁体的磁性都很弱,即 χ 很小,属弱磁性物质.抗磁体的 χ 为负值,与磁场强度无关,也不依赖于温度.顺磁体的 χ 为正值,也与磁场强度无关,但与温度成反比,即 $\chi = C/T$,这里 C 称为居里常数,T 为温度,此关系称为居里定律.氧化铁等的无机磁体,存在着由于自发磁化而形成在同一方向上的自旋基团(磁畴),这种磁畴在较弱的磁场中也能都取同一方向(饱和磁化).除去磁场后,也有一些磁畴区仍然保留着同一方向的排列(剩余磁化).这种现象称为强磁性,见图8.1所示,如铁等过渡金属,其中存在未成对电子.对某种物质,可以出现顺磁性、铁磁性、反铁磁性和亚铁磁性等宏观有序的磁性,它们的排列和磁矩可表示如图8.2.这些磁性在转变温度(居里点 T_C 或 Neel 点 T_N)以下时,受温度和外磁场的影响而表现出复杂行为.对于自旋(磁矩)相互平行排列的强磁体,可以观测到宏观上自发磁化和饱和磁化,而在反强磁体中,相邻的自旋

图 8.1 铁磁材料的磁化

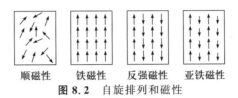

图 8.2 自旋排列和磁性

反平行排列,在没有外磁场时,宏观上观察不到自旋排列现象,磁化率在 T_N 以下时显示出各向异性. 若存在反强磁性的相互作用,考虑到相邻自旋磁矩大小不同,因此相反的自旋不能完全抵消,从而存在残存排列的磁矩,称为亚铁磁性,在宏观上显示出和强磁体类似的磁特性. 至于物质磁性的表征,常见的指南针是用磁铁针状材料做成的,其指北的一极称为 N 极,另一极称为 S 极,这 N,S 两极是同时产生的. 一般把磁性大小相等,紧密连在一起的两个磁极叫作磁偶极子. 和电场有正负极一样,磁场也是有方向的,磁场的正方向定义为由 N 极到 S 极. 在磁场强度为 $H/(A \cdot m^{-1})$ 的外磁场作用下,真空中磁感应强度为 $B_0 = \mu_0 H$,这里 μ_0 为真空磁导率,有 $\mu_0 = 4\pi \times 10^{-7} H/m$. 若在磁场中放入介质,则介质内部磁感应强度为 $B = \mu H$,这里 μ 为介质磁导率,只与物质性质有关. 定义 $B = \mu_0 (H+M)$,称 M 为磁化强度,它表征物质被磁化的程度,可正可负. 定义 $\mu_\gamma = \mu/\mu_0$ 为介质的相对磁导率,这样可推出 $M = (\mu_\gamma - 1)H$,定义 $\chi = (\mu_\gamma - 1)$ 为介质的磁化率,则有 $M = \chi H$,这里 χ 是一个无量纲的系数,可正可负,取决于物质的性质. 根据磁化强度的大小、正负,可将磁性分为抗磁性、顺磁性、铁磁性、反铁磁性和亚铁磁性. 各种磁体与磁场的关系示于图 8.3 中,主要包括顺磁(paramagnetic)、铁磁(ferromagnetic)、反铁磁(antiferromagnetic)和抗磁(diamagnetic). 与不存在自旋相互作用的顺磁体相比,自旋平行排列的有序磁体在相当小的外磁场的作用下,磁化即达到饱和. 当磁化强度为负值时,物质表现出抗磁性. 抗磁性一般较弱,磁化率 χ 为负值,为 10^{-5} 量级,金属 Bi,Cu,Ag,Au 等具有这种性质. 周期表中前 18 种元素的单质材料表现为抗磁性,而且这些元素构成了陶瓷材料中几乎所有的阴离子,故陶瓷材料的大多数原子是抗磁性的. 当磁化强度与外磁场方向一致,为正值且与磁场强度成正比时,物质为顺磁性. 顺磁性的大小还与温度有关,温度越高,顺磁磁化率越小. 顺磁物质的磁化率一般也很小,室温下约为 10^{-5} 量级. 一般含有奇数个电子的原子或分子,电子未填满壳层的原子或离子,如过渡族单质、稀土、锕系及铝、铂等金属,都属于顺磁物质.对于铁、钴、镍几种金属,磁化率均为正,且可达 10^3 数量级,属于强磁性物质,称其为铁磁性.铁磁性物质和顺磁性物质的本质区别在于铁磁性物质在较弱的磁场下,也能保持极高的磁化强度,且在外磁场去除后,物质仍保留极强的磁性.铁磁体的磁性只在某一温度以下才表现出来,超过这一温度,铁磁性转变为顺磁性.这个温度称为居里点 T_C.当铁磁体磁化状态改变时,磁体的尺寸及形状会变化,这种现象叫作磁致伸缩.定义沿磁化方向单位长度发生的变化为磁致伸缩系数 λ,磁化强度饱和时的磁致伸缩系数 λ_s 是材料的常数.

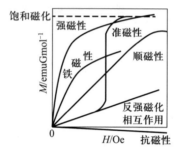

图 8.3 各种磁化强度与磁场强度的关系

§8.2 铁磁体及铁磁性

在磁性材料中人们认识最早且应用最多的是铁磁体,主要是某些过渡族(如铁族)元素金属、稀土族元素金属、合金及化合物所表现的磁性.对 Fe,Co,Ni 等物质,在室温下磁化率可达 10^3 数量级,称这类物质的磁性为铁磁性.铁磁性物质即使在较弱的磁场内,也可得到极高的磁化强度,而且当外磁场移去后,仍可保留极强的磁性.其磁化率为正值,但当外场增大时,磁化强度迅速达到饱和.铁磁性物质很强的磁性,主要起因于它们具有很强的内部交换场.铁磁物质的交换能为正值,而且较大,使得相邻原子的磁矩平行取向,达到一种稳定状态,在物质内部形成许多小区域,称之为磁畴.每个磁畴大约有 10^{15} 个原子.这些原子的磁矩沿同一方向排列,假设晶体内部存在很强的称为"分子场"的内场,分子场足以使每个磁畴自动磁化达饱和状态,这种自生的行为称为自发磁化.由于它的存在,铁磁物质能在弱磁场下强烈地磁化,因此自发磁化是铁磁物质的基本特征,也是铁磁物质和顺磁物质的主要区别.铁磁体的铁磁性只在某一温度以下才表现出来,超过这一温度,由于物质内部热扰动破坏电子自旋磁矩的平行取向,因而自发磁化强度变为0,铁磁性消失,这一温度称为居里点.在居里点以上,材料表现为顺磁性,其磁化率与温度的关系服从居里-外斯定律.铁磁性的特征主要有以下几点.①在不太强的磁场中,就可以达到磁饱和,此时磁化强度不再随外磁场的增加而增加.②磁化强度与磁场强度间的关系不是线性的,即磁化率和磁导率不是常数.③存在一个临界温度 T_C,当温度高于 T_C 时铁磁性消失,铁磁体转变成顺磁体,T_C 称为居里温度或居里点.在居里温度附近磁导率和比热容呈现反常增加.④外磁场变化时,磁化强度的变化滞后于外磁场的变化,此现象称为磁滞效应,磁滞效应表明铁磁体的磁化过程包含了明显的不可逆过程.当撤去外磁场时,铁磁体仍保留部分磁性,磁化强度不为零,称之为剩磁.若铁磁体从无磁性的原始状态出发,在外磁场作用下,铁磁场开始被磁化,给出磁化强度 M 与磁场强度 H 间的关系曲线称为起始磁化曲线,如图 8.4 所示.开始时铁磁体中各磁畴的取向是无规分布,磁化强度为零.外加磁场强度 H 从零开始增大时,在磁场作用下各磁畴的畴界产生移动,磁畴体积发生改变,磁矩与外磁场方向大致一致的磁畴扩大,反之则缩小;各磁畴的磁矩也开始发生趋向于外磁场方向的转向.上述畴界的移动和转向作用使宏观体积中的磁化强度不等于零,并随 H 的增加而增大.当 H 达到一定值后,铁磁体内所有磁矩都沿外磁场方向做一致的排列;磁场 H 再增加时 M 不再增加,达到了磁饱和.若在一定温度下以等幅交变外磁场作用于铁磁体,则磁化强度 M 随磁场强度 H 循一条稳定的闭合回线变化,如图 8.5 所示,此闭合回线称为磁滞回线.M_r 为剩余磁化强度,H_c 为矫顽磁场强度或矫顽力.铁磁体反复磁化时要消耗能量(转变为热能),称之为磁滞损耗,单位体积中损耗的能量由磁滞回线所包面积决定,即所包面积愈大,损耗的能量愈大.根据磁滞回线的形状,铁磁材料可分为软磁材料、硬磁材料和矩磁材料等.软磁材料有较小的矫顽力,磁滞回线呈狭长形,所包面积很小,磁滞损耗低,适用于作各种交流线圈的铁芯.硬磁材料的剩余磁化强度和矫顽力均很大,适用于作永久磁铁.矩磁材料的磁滞回线为矩形,基本上只有两种磁化状态,可用作磁性记忆元件.物质的铁磁性起源于原子磁矩之间的强相互作用,这种相互作用(估计为 10^7 Oe 量级)远远超过原子磁矩间的偶极-偶极相互作用,因此铁磁性物质又称为强磁性物质.根据许多实验结果,证明铁族金属的原子磁矩不是电子轨道磁矩而是电子的自旋本征磁矩 μ_B(玻尔磁子).

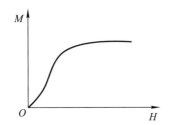

图 8.4 磁化强度 M 与磁场强度 H 的关系曲线

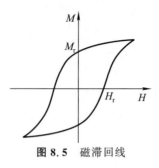

图 8.5　磁滞回线

Weiss 在 1907 年首先提出铁磁性的分子场理论和磁畴假说. 根据这个理论,在居里温度以下,铁磁物质内部分为若干饱和磁化区域,即磁畴,每一磁畴内部各原子磁矩由于强分子场作用,使它们排列到一共同方向,即自发地磁化到饱和强度,但各磁畴的自发磁化强度,方向杂乱,互相抵消,总体上不表现宏观磁化强度. 在较弱的外磁场作用下,就足以使各磁畴的自发磁化强度部分地趋向一致,从而表现出一定的宏观磁化强度. 现代实验完全证明了磁畴是确实存在的,约为 0.01～0.1cm 的横向宽度. Weiss 的分子场理论证明了居里温度的存在,Weiss 假设,促使原子磁矩排列到共同方向的分子场正比于畴内自发磁化强度 M(单位体积),即分子场表示为

$$H_m = N_W M, \tag{8.1}$$

式中 N_W 为外斯分子场常数. 加上外磁场 H_0,则原子磁矩所受的磁场为

$$H = H_0 + N_W M. \tag{8.2}$$

设原子的总角动量量子数为 J,按照朗之万(P. Langevin)顺磁性量子理论,物质的磁化强度为

$$M = N J f \mu_B B_J(x), \tag{8.3}$$

式中 $B_J(x)$ 为布里渊函数,N 为单位体积内的原子数,f 为能级分裂因子,有关系为

$$x = g\mu_B(H_0 + N_W M)J/kT, \tag{8.4}$$

式中,k 为玻尔兹曼常数,T 为绝对温度. 在 $T < T_C$(居里温度)时,求解式(8.3)和(8.4)联立方程组,即可求出对应于外磁场 H_0 的磁化强度. 特别是,在 $H_0 = 0$ 时,M 值即表示自发磁化强度. 由于式(8.3)和(8.4)很难直接求解,常采用图解法求得式(8.3)和(8.4)两条曲线的交点 P,以定出 $M(T)$,如图 8.6 所示,可见,在 T_C 温度以下,两条曲线总有一交点 P,即在该温度下的自发磁化强度. 在 $T = T_C$ 时,两曲线只在原点相切而无交点,即 $M(T_C) = 0$,可求得

$$T_C = \frac{N g^2 \mu_B^2 J(J+1) N_W}{3k}. \tag{8.5}$$

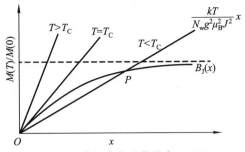

图 8.6 求解自发磁化强度 $M(T)$

在 $T > T_C$ 时,铁磁性消失,变为顺磁性,满足居里定律

$$\frac{M}{H} = \frac{M}{H_0 + N_w M} = \frac{C}{T}, \tag{8.6}$$

式中 C 为居里常数.由此可得其顺磁磁化率为

$$\chi = \frac{M}{H_0} = \frac{C}{T - CN_w}, \tag{8.7}$$

式(8.7)是通常的居里-外斯定律.由式(8.7)可得

$$T_C = CN_w, \tag{8.8}$$

居里-外斯定律只在 $T > CN_w$ 时适用.从图 8.6 所得到的结果,可以画出磁化强度的温度函数曲线,其中取 $J = 1/2$,如图 8.7 所示,图中所给出曲线为相对自发磁化强度与相对温度的关系,与铁、钴、镍等金属的实验结果大致相符合,在常温范围内符合得较好.

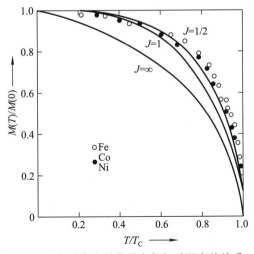

图 8.7 相对自发磁化强度与相对温度的关系

Weiss 的分子场理论虽然初步解释了铁磁性物质的自发磁化,但对于分子场的起源则未能加以说明. 直到 1928 年 Heisenberg 才做出了正确的理论阐述,其铁磁性理论是在原子物理的基础上,应用量子力学方法建立的. 按照泡利不相容原理,如果交换积分是正值,则自旋相互平行排列时的能量最低,这就产生铁磁性. 如果相邻原子的电子自旋间存在正的或负的交换作用,以 E_{ij} 表示交换作用能,则有

$$E_{ij} = -2A_{ij}S_iS_j, \tag{8.9}$$

式中,S_i 和 S_j 是第 i 和第 j 个电子的自旋角动量,A_{ij} 是 i,j 两电子间的交换积分. 交换积分是负的,则自旋相互反平行排列时的能量最低,这就产生反铁磁性或亚铁磁性. 交换积分随电子间距离的增加而迅速减小,其变化依赖于电子云(波函数)的空间分布. 通常计算交换积分是困难的,Heisenberg 除了证明分子场起源于电子自旋间的交换作用外,还对铁磁体的自发磁化强度作了近似的统计计算. 在绝缘体中,电子大致是在原子内局域化,因此可以用式(8.9)表示原子自旋间的相互作用. 但在金属中,电子并非全部局域化,自旋间的相互作用要复杂得多. 但 Heisenberg 解释了分子场的基本思想以及泡利不相容原理,随着人们对各种磁性物质研究发展,人们对交换作用的认识也有很大进步.

§8.3 反铁磁体、顺磁体和抗磁性

反铁磁体在其内部由于原子之间的相互作用而与铁磁体一样具有磁有序结构,在无外加磁场的情况下,磁畴内近邻原子或离子有数值相等的磁矩,由于其间的相互作用而处于反平行排列的状态,因而其磁矩总和为零,如图 8.8 所示. 这种材料当加上磁场后其磁矩倾向于沿磁场方向排列,即材料显示出小的正磁化率. 但该磁化率与温度有关,并在奈尔(Neel)温度(T_N)有最大值,即 T_N 温度处,存在磁化率的峰值,温度大于 T_N 时反铁磁性消失而成为顺磁体. 铁、钴、镍、锰等过渡金属氧化物均是反铁磁体. 反铁磁性是指由于电子自旋反向平行排列,在同一子晶格中有自发磁化强度,电子磁矩是同向排列的;在不同子晶格中,电子磁矩反向排列. 不论在什么温度下,都不能观察到反铁磁性物质的任何自发磁化现象,因此其宏观特性是顺磁性的,M 与 H 处于同一方向,磁化率 χ 为正值.

图 8.8 反铁磁介质畴内磁矩为 0

温度很高时，χ极小；温度降低，χ逐渐增大．在一定温度时，达最大值，这个温度称为反铁磁性物质的奈尔点或居里点．对存在奈尔点（T_N）的解释是：在极低温度下，由于相邻原子的自旋完全反向，其磁矩几乎完全抵消，故磁化率χ几乎接近于0．当温度上升时，使自旋反向的作用减弱，χ增加．当温度升至T_N点以上时，热扰动的影响较大，此时反铁磁体与顺磁体有相同的磁化行为．

物质的磁矩是由其内每一原子的电子自旋及轨道运动所产生磁矩组成．利用中子散射测得MnF_2和NiO两种反铁磁性物质的磁矩结构．在MnF_2反铁磁性物质中，Mn离子其3d轨道未饱和的电子受到磁场磁化的磁矩依面心立方晶格（FCC）分布，在晶格的每一角上离子之磁矩都是同一方向，而在其立方面上离子磁矩都在同一相反方向．其向量和等于零，因而此种物质之磁化率χ等于零．物质在磁场中取向效应受到热扰动，磁化率随温度改变．当温度等于T_N时，反铁磁物质的磁化率会稍微上升，当温度超过奈尔温度T_N时，则反铁磁性物质之磁性近于顺磁性．在宏观磁性上，反铁磁体为弱磁体，磁化率在T_N点出现极大值．反铁磁体也具有磁畴结构，在微观结构上，反铁磁体中磁矩反平行排列的磁结构也已由中子衍射所证实．如MnO(T_N=122K)，FeF_2(T_N=79K)，α-Mn(T_N≈100K)，Cr(T_N=331K)都已由中子衍射测定其磁结构为反铁磁体．一些反铁磁体在强外场或低温下转变为磁矩平行排列的铁磁体，这种有序的磁性称为变磁性．还有些反铁磁体如稀土金属中的铽、镝、钬的磁矩呈圆锥形螺旋排列，磁矩有序而净磁矩为零，称为螺旋形反铁磁性（螺旋磁性的一种）或非共线形反铁磁性．

与反铁磁结构相似，其中正、反平行的自旋磁矩大小不相等，因而存在部分抵消不尽的自发磁矩，这种材料称为亚铁磁体．温度高于某一数值T_C时，亚铁磁体变为顺磁体，铁氧体大都是亚铁磁体．

顺磁性物质的主要特征是，不论外加磁场是否存在，原子内部存在永久磁矩．但在无外加磁场时，由于顺磁物质的原子做无规则的热运动，宏观看来，没有磁性；在外加磁场作用下，每个原子磁矩比较规则地取向，物质显示极弱的磁性．磁化强度与外磁场方向一致，而且严格地与外磁场H成正比．顺磁性物质的磁性除了与磁场H有关外，还依赖于温度T；其磁化率χ与绝对温度T成反比，其系数C称为居里常数，取决于顺磁物质的磁化强度和磁矩大小．顺磁性物质的磁化率χ一般也很小，室温下χ约为10^{-5}量级．通常含有奇数个电子的原子或分子、电子未填满壳层的原子或离子，如某些过渡金属、稀土元素，还有铝、铂等金属，都属于顺磁物质．

当磁化强度M为负时，固体表现为抗磁性．Bi，Cu，Ag，Au等金属具有这种性质．在外磁场中，这类磁介质内部的磁感应强度小于真空中的磁感应强度M．抗磁性物质的原子（离子）的磁矩应为零，即不存在永久磁矩．当抗磁性物质放入外磁场中，外磁场使电子轨道改变，感生一个与外磁场方向相反的磁矩，表现为抗磁性,所以抗磁性来源于原子中电子轨道状态的变化.抗磁性物质的抗磁性一般很微弱,磁化率 χ 为负值,一般约为 10^{-5} 量级.

§8.4 永久磁体

能够长期保持其磁性的磁体称为永久磁体,如天然的磁铁矿和人造铁氧体等.永磁体是硬磁体,不易失磁,也不易被磁化,而作为导磁体和电磁铁的材料大都是软磁体.永磁体极性不会变化,而软磁体极性是随所加磁场极性而变的.铁氧体是一种具有铁磁性的金属氧化物.铁氧体(ferrite)的电阻率比金属、合金磁性材料大得多,而且还有较高的介电性能.铁氧体的磁性能还表现在高频时具有较高的磁导率.因而,铁氧体已成为高频弱电领域用途广泛的非金属磁性材料.由于铁氧体单位体积中储存的磁能较低,饱和磁化强度也较低(通常只有纯铁的 $1/5 \sim 1/3$),因而限制了它在要求较高磁能密度的低频强电和大功率领域中的应用.铁氧体是一种具有铁磁性的金属氧化物,一般指含铁的磁性复合氧化物,从广义上讲是指铁族或过渡金属的复合硫族化合物,典型代表是 Fe_3O_4(磁铁矿),或写成 $FeO \cdot Fe_2O_3$,属尖晶石型铁氧体,其中氧离子形成两种不同的晶位结构,两种结构中的磁性离子间形成多种交换作用,从而产生元磁矩不能抵消的亚铁磁性.除上述亚铁磁性的铁氧体外,还有具有铁磁性、反铁磁性等广义上的铁氧体.铁氧体中由于氧离子的存在,使磁离子间的交换作用较弱,其饱和磁化强度要比金属磁性材料小,居里温度也较低.铁氧体是一种半导体性的磁性材料,其电阻率远比金属的要高,而且随温度升高指数的减小,涡流损失减小,可用于高频的微波波段.铁氧体还是一种具有介电性能的磁性材料,某些铁氧体具有很高的电容率.铁氧体的用途很广,按用途可分为软磁铁氧体、硬磁铁氧体、旋磁铁氧体和压磁铁氧体等,此外还有优良磁光效应的透明铁氧体和较高载流子迁移率的半导体铁氧体等.铁氧体在微波、激光和计算技术等领域有重要应用.

针对铁氧体的不同特性和应用领域,铁氧体分为多种类型.一是软磁铁氧体,这类材料在较弱的磁场下,易磁化也易退磁,如锌铬铁氧体和镍锌铁氧体等.软磁铁氧体是目前用途广、品种多、数量大、产值高的一种铁氧体材料.它主要用作各种电感元件,如滤波器磁芯、变压器磁芯、无线电磁芯,以及磁带录音和录像磁头等,也是磁记录元件的关键材料.二是硬磁铁氧体,铁氧体硬磁材料磁化后不易退磁,因此也称为永磁材料,如钡铁氧体、钢铁氧体等.它主要用于电信器件中的录音器、拾音器、扬声器及各种仪表的磁芯等.三是旋磁铁氧体,磁性材料的旋磁性是指在两个互相垂直的稳恒磁场和电磁波磁场的作用下,平面偏振的电磁波在材料内部虽然按一定的方向传播,但其偏振面会不断地绕传播方向旋转.金属、合金材料虽然也具有一定的旋磁性,但由于电阻率低、涡流损耗太大,电磁波不能深入其内部,所以无法利用.因此,铁氧体旋磁材料的应用,就成为铁氧体独有的领域.旋磁材料大都与输送微波的波导管或传输线等组成各种微波器件,主要用于雷达、通信、导航、遥测等电子设备中.四是矩磁铁氧体,指具有矩形磁滞回线的铁氧体材料.它的特点是,当有较小的外磁场作用时,就能使之磁化,并达到饱和;去掉外磁场后,磁性仍然保持与饱和时一样,如镁锰铁氧体、锂锰铁氧体等.这种铁氧体材料主要用于各种电子计算机的存储器磁芯等方面.五是压磁铁氧体,指磁化时在磁场方向作机械伸长或缩短的铁氧体材料,如镍锌铁氧体、镍铜铁氧体和镍铬铁氧体等.压磁材料主要用做电磁能与机械能相互转化的换能器,作为磁致伸缩元件用于超声仪器.磁性材料的应用很广泛,可用于电声、电信、电表、电机中,也可作记忆元件、微波元件等,还可用于计算机的磁性存储设备、各种有价凭证和货币结算的磁卡,以及记录语言、音乐、图像信息的磁带等.

§8.5 巨磁阻

2007 年的诺贝尔物理学奖授予两位物理学家:法国的 Albert Fert 和德国的 Peter Grünberg(图 8.9),以表彰他们于 1988 年各自独立地为发现巨磁阻(giant magnetoresistance,GMR)效应所做出的贡献.瑞典皇家科学院表示,该诺贝尔物理学奖主要奖励"用于读写硬盘数据的技术",这项技术可能是"前途广阔的纳米技术领域内首批实际应用之一."巨磁阻效应是一种量子力学效应,主要结构是由铁磁材料和非铁磁材料薄层交替叠合而成,上下两层为铁磁材料,中间夹层是非铁磁材料.当铁磁层的磁矩相互平行时,载流子与自旋有关的散射最小,材料有最小的电阻.当铁磁层的磁矩为反平行时,与自旋有关的散射最强,材料的电阻最大.铁磁材料磁矩的方向是由施加于材料的外磁场控制的,因而较小的磁场也可以得到较大电阻变化.在 Grünberg 课题组[1]最初的工作中只研究了由铁、铬、铁三层材料组成的样品,实验结果显示电阻下降了 1.5%;而 Fert 课题组则研究了由铁和铬组成的多层材料样品,使得电阻改变了 50%.

图 8.9 Albert Fert 和 Peter Grünberg

基于GMR效应的另一现象是隧穿磁阻(tunneling magneto-resistance,TMR)效应,TMR能比GMR在更弱的磁场下获得显著的电阻改变.物质在一定磁场下电阻改变的现象,称为磁阻效应,磁性金属和合金材料一般都有这种磁电阻现象,通常情况下物质的电阻率在磁场中仅产生很小改变.在某种条件下,电阻率减小的幅度相当大,比通常磁性金属与合金材料的磁电阻值约高10余倍,则称为巨磁阻(GMR)效应;而在很强的磁场中某些绝缘体会突然变为导体,则称为庞磁阻(CMR)效应.图8.10是TMR效应原理图,(a)为自旋电子隧穿散射图,(b)为等效电路图,(a)中FM(深色)表示磁性材料,NM(灰色)表示非磁性材料,磁性材料中的箭头表示磁化方向,自旋(spin)的箭头表示通过电子的自旋方向.(b)中灰色矩形R表示电阻值,矩形较小的表示电阻值小,较大长方块表示电阻值大.如图(a)所示,左右两材料结构相同,两侧均为磁性材料薄膜层(深色),中间是非磁性材料薄膜层(灰色).图8.10左侧所示的结构中,两层磁性材料的磁化方向相同,当一束自旋方向与磁性材料磁化方向都相同的电子通过时,电子较容易通过两层磁性材料,都呈现较小电阻;当一束自旋方向与磁性材料磁化方向都相反的电子通过时,电子较难通过两层磁性材料,都呈现较大电阻.这是因为电子的自旋方向与材料的磁化方向相反,产生散射,通过的电子数减少,从而使得电流减小.图8.10右侧所示的结构中,两层磁性材料的磁化方向相反.当一束自旋方向与第一层磁性材料磁化方向相同的电子通过时,电子较容易通过,呈现较小电阻;但较难通过第二层磁化方向与电子自旋方向相反的磁性材料,呈现较大电阻.当一束自旋方向与第一层磁性材料磁化方向相反的电子通过时,电子较难通过,呈现较大电阻;但较容易通过第二层磁化方向与电子自旋方向相同的磁性材料,呈现较小电阻.图8.11为TMR相对磁阻与磁场的关系,横坐标为磁场强度H,纵

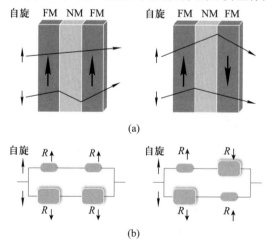

图 8.10　TMR效应原理图:(a)自旋电子隧穿散射图,(b)等效应电路图

坐标为磁化时电阻与无磁化时电阻的比值 $R/R_{(H\to 0)}$；三条曲线分别显示了三种不同厚度结构的铁、铬薄膜层,非铁磁层越薄其相对电阻变化越大,最大接近 80%.

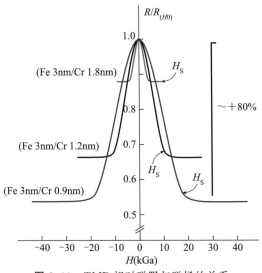

图 8.11 TMR 相对磁阻与磁场的关系

最早的磁头是采用锰铁磁体制成的,该类磁头是通过电磁感应的方式读写数据.然而,随着信息技术发展人们对存储容量的要求不断提高,这类磁头难以满足实际需求.因为使用这种磁头,磁致电阻的变化仅为 1%～2%,读取数据要求一定的强度的磁场,且磁道密度不能太大,因此使用传统磁头的硬盘最大容量只能达到 20Mbit/in² (1in=25.4mm). 硬盘体积不断变小,容量不断变大时,势必要求磁盘上每一个被划分出来的独立区域越来越小,这些区域所记录的磁信号也就越来越弱.1997 年,全球首个基于巨磁阻效应的读出磁头问世.正是借助了巨磁阻效应,人们才能够制造出如此高灵敏的磁头,能够清晰读出较弱的磁信号,并且转换成清晰的电流变化.新式磁头的出现引发了硬盘的大容量、小型化革命.如今,笔记本电脑、音乐播放器等各类数码电子产品中所装备的硬盘,基本上都应用了巨磁阻效应,这一技术已经成为新的标准.目前,采用 SPIN-VALVE 材料研制的新一代硬盘读出磁头,已经把存储密度提高到为 56Gbit/in²,该类型磁头已占领磁头市场的 90%～95%. 随着低电阻强信号的 TMR 的获得,存储密度达到了 100Gbit/in². 除读出磁头外,巨磁阻效应同样可应用于测量位移、角度等传感器中,可广泛地应用于数控机床、汽车导航、非接触开关和旋转编码器中,与光电等传感器相比,具有功耗小、可靠性高、体积小、能工作于恶劣的工作条件等优点.

§8.6 稀磁半导体

当前以半导体材料为支撑的大规模集成电路和高频率器件在信息处理、传输中扮演着重要的角色,这些技术极大地利用了电子的电荷属性;而信息技术中另一个重要方面信息存储(如磁带、光盘、硬盘等)则基本是由磁性材料来完成的,它们极大地利用了电子的自旋属性.在过去很长时间人们对于电子电荷与自旋属性的研究和应用是平行发展的,彼此独立.如果能同时利用电子的电荷和自旋属性,将会给信息技术带来新的发展.20 世纪 60 年代末到 70 年代初,掺杂稀土 Eu^{2+} 的金属化合物及尖晶石结构化合物(如 $ZnCr_2Se_4$ 等)作为磁性半导体而被广泛地研究.但这些化合物结构不同于 Si 或者 GaAs,单晶的制备极为困难;而其居里温度 T_C 在 50K 左右,甚至更低,并且绝缘性极强,半导体传输性能很差,因此并不具备实用价值.半导体是微电子的主流材料,在对其相当熟悉的基础上,人们考虑能否引进自旋特性,从而发展一种新型功能材料,既能利用电子电荷,又能利用电子自旋,从此发展了稀磁半导体(diluted magnetic semiconductor,DMS).20 世纪 90 年代以来,人们探索在微电子常用的半导体材料中,引入磁性材料原子,从而形成有弱磁性的新型半导体材料.通常将磁性过渡金属或稀土金属离子部分取代化合物半导体(通常为 AB 型)的阳离子,从而形成三元或四元的化合物,如掺杂 Mn,Fe,Co 类的离子,产生净自旋注入半导体 GaAs,ZnO 或 GaN 材料中.由于微量的磁性原子的引入,改变了原有的半导体的微观机制,从而使稀磁半导体在磁学、电学、光学等方面具有极其独特的性质,如巨负磁阻效应、增强磁光效应、反常霍尔效应等.在 DMS 中既可以利用电子的电荷,也可以利用电子的自旋,构造新一类电子和光电器件.信息技术中,在电子电荷上加自旋可能产生更令人鼓舞的自旋电子学.最初的研究兴趣是探索在存储器件中的自旋极化载流子的数据存储有关问题,其中自旋间的作用导致在低温的铁磁序,这是产生自旋极化载流子所必需的.此后 DMS 及其异质结结构的研究涵盖了过渡金属掺杂(主要为 Mn 离子)的 II-VI 族、IV-VI 族和 III-V 族化合物半导体.其典型材料如 II-VI 族中的 $Zn_{1-x}Mn_xSe$,$Cd_{1-x}Co_xSe$,$Hg_{1-x}Fe_xTe$,$Hg_{1-x-y}Cd_xFe_ySe$;IV-VI 族中的 $Sn_{1-x}Mn_xTe$,$Pb_{1-x}Mn_xTe$,$Pb_{1-x}Eu_xTe$ 等.但这一时期研究重点主要集中于 Mn 掺杂的 II-VI 族半导体,一般 II 族中包括 Zn,Cd,Fe 和 Hg 等阳离子;而 VI 族中包括 S,Se,Te 等阴离子,常见的诸如 $Zn_{1-x}Mn_xSe$,$Cd_{1-x}Co_xSe$,$Hg_{1-x}Fe_xTe$,$Hg_{1-x-y}Cd_xFe_ySe$ 等材料.

长期以来,由于磁性离子在 III-V 族半导体化合物中固溶度较 II-VI 族半导体要低得多,且稳定性极差,因此对于与其相关的 DMS 的研究较少.1989 年 Munekata 等[2]利用低温分子束外延(LT-MBE)技术成功地制备出了基于 III-V

族的 InMnAs 材料,且在 p 型 InMnAs 材料中发现了铁磁性.基于此基础,Ohno 等[3]于 1996 年首次利用低温分子束外延技术制备出了 GaAs 基稀磁半导体 (Ga,Mn)As.该 DMS 为半绝缘 GaAs(001)基底上生长的 $Ga_{1-x}Mn_xAs$($x=0.015\sim0.07$)薄膜,其厚度约 150nm.生长过程中使用 Ga,Mn 和 As 固态源,基底温度约 250℃,样品生长速率为 $0.6\mu m/h$,而样品中 Mn 离子浓度高达$(3\sim7)\times10^{20}cm^{-3}$,远高于在 GaAs 中热平衡时的固溶度.由于(Ga,Mn)As 材料直接生长于 GaAs 薄膜上,与基底间有较好的晶格匹配,因此一经问世,就受到了各国科研工作者的广泛关注,并由此兴起了一轮对于 DMS 的研究热潮.以往发现的稀磁半导体,其居里温度 T_C 很低,一般 50K 以下,最高如(Ga,Mn)As 其 T_C 也仅为 110K.因此 DMS 走向实用化的第一步是提高 T_C,通过近期的广泛研究,很多新的 DMS 被发现,如 Mn 掺杂的 $CdGeP_2$,半金属铅锌矿结构的 CrAs,$(Ti,Co)O_2$,$(Zn,Co)O$ 和 $(Zn,Ni)O$ 等.2000 年,Dietl 利用齐纳模型(Zener model)对于 $Ga_{1-x}Mn_xAs$ 和 $Zn_{1-x}Mn_xTe$ 的居里温度进行了解释,同时预言了室温 T_C 的 DMS 材料的存在.

1. 稀磁半导体的概念

常见的半导体材料都不具有磁性,如 Si,Ge,GaAs,InP,ZnO,GaN,SiC 等,具有磁性的材料,如 Fe,Co,Ni 等及其化合物,不具有半导体的性质,而且它们与半导体材料的表面势垒不能很好地相容.半导体可以通过少量 n 型或者 p 型掺杂改变其特性,因此人们想到了通过掺入磁性离子来获得材料磁性的方法.在 GaAs,GaN,InP,ZnO 等化合物半导体中掺杂,引入过渡金属(或稀土金属)等磁性离子,由于磁性离子与半导体导带中电子的自旋交换作用,以及过渡金属离子之间的 d 电子交换作用可使这类材料产生磁性.这种通过部分取代非磁性离子而产生的磁性与本征磁性有一定的区别,人们称其为"稀磁".一般地讲,在化合物半导体中,由磁性离子部分地代替非磁性阳离子所形成的一类新型半导体材料,称为"稀磁半导体",它具有很多独特的性质和广阔的应用前景.DMS 材料同时利用电子的电荷属性和自旋属性,具有优异的磁、磁电、磁光性能,使其在磁感应器、高密度非易失性存储器、光隔离器、半导体集成电路、半导体激光器和自旋量子计算机等领域有广阔的应用前景,已成为材料领域中新的研究热点.通常的 DMS 是 Ⅱ-Ⅵ 化合物(如 CdTe,ZnSe,CdSe,CdS 等),用过渡金属离子(即 Mn,Fe 或 Co)代替半导体基质原子.同样某些稀土元素(如 Eu,Gd,Er)作为磁性原子加入基质中,构成新型 DMS 材料.这些混合晶体(半导体合金)可以认为含有两个亚系统:第一个是退局域的导带和价带电子,第二是磁性原子随机分布的局域磁矩系统.事实上基质晶体的结构和电学特性是已知的,在此基础上考虑导带载流子的自旋与磁性离子局域自旋相互作用机制.在这个体系中局域磁矩间的耦合导致不同磁相的激发(顺磁、自旋玻璃和反铁磁).基质晶体和磁原子间的性质有很宽的变化范围,构造的材料具有从宽带隙到0带隙范围的半导体,这导致很多不同类型磁体相互作用,可实现外场调制磁离子耦合改变.

在 DMS 中铁磁和半导体特性共存,人们研究在已经熟悉的半导体材料中加入磁性原子,例如 Mn,类似于通常的半导体掺杂,会得到图 8.12 所示的 3 种

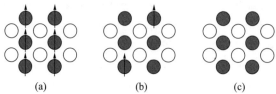

图 8.12 3 种类型磁半导体:(a)磁半导体,(b)稀磁半导体(磁元素和非磁元素之间的合金),(c)没有磁离子的非磁半导体

类型的半导体:(a)磁半导体,(b)稀磁半导体(磁元素和非磁元素之间的合金),(c)没有磁离子的非磁半导体. 按着此思路构建Ⅱ-Ⅵ基 DMS,如 ZnSe 和 ZnS,其中Ⅱ族阳离子(Zn)的原子价与磁离子 Mn 是相同的,这类材料通过掺杂实现 p 或 n 型是困难的. 材料中 Mn 原子磁性间发生交换作用,通常形成反铁磁,在外场调制下可能发生在反铁磁、顺磁或自旋玻璃结构间相变. 在Ⅲ-Ⅴ基 DMS 中,用 Mn 掺杂,有磁离子 Mn^{2+} 随机代替阳离子. Mn^{2+} 离子导致局部磁矩形成,同时在价带中的空穴起受主作用,呈现电子和磁性行为. 金属 DMS 中铁磁发生是因为在局域磁矩间的相互作用,可用半导体价带中的空穴调制. 有关的机制仍在讨论中,最多的理论包括 RKKY 模型和间接交换机制的争论,如双交换和超交换作用等. 多数研究Ⅲ-Ⅴ的 DMS 体系是 $(Ga_x Mn_{1-x})As$,其中磁元素的溶解度极限是很低的,但为了在 DMS 中有可检测的磁性,需要相当大量的磁离子. 这只可能借助非平衡晶体生长技术来实现,如低温分子束外延,达到磁离子的上限是 10%,对于 5% 掺杂的 GaAs DMS 的 T_C 是 110K.

20 世纪 80 年代已开始研究锰基 DMS,即 Mn 作为阳离子的半导体材料,如图 8.13 所示,AMnB 闪锌矿(这里 A 和 B 是元素周期表中第二和第六族)结构,其成分可在宽范围变化 $x<0.7$,这类材料是窄或 0 带隙半导体. 如 HgMnTe 是第一个揭示具有非寻常的传输和光学特性的材料. 第一个研究的宽带 DMS 材料是 CdMnTe,观察到有极大的电子能带塞曼(Zeeman)分裂,巨大的法拉弟(Faraday)旋转,归因于 s,p 带电子和 Mn 离子有关的 d 电子间的交换作用. 人们研究其磁性、光学和电子传输特性,观察到磁场感应金属-绝缘体相变,形成束缚极化子-BMP 等新现象. DMS 材料提供多种调制参量,如晶格常数、带隙、相变、磁光特性等. 材料中锰离子浓度显著影响材料磁学特性和磁光效应的大小. 用分子束外延技术生长闪锌矿结构晶体的 CdMnTe,ZnMnTe 和

ZnMnSe,成分在 $0<x<1$ 内,能够生长晶体.值得注意的是立方体中 MnTe 和 MnSe 在自然界是不存在的.作为晶格参量调制的结果,这些材料是生长量子阱和超晶格极好的的候选者,四元元素的生长有可能实现带隙工程,大的塞曼分裂电子能带特性可利用来形成量子阱,进行磁场调制阱的研究.同样用磁感应型相变,可能得到不同类型自旋超晶格结构.

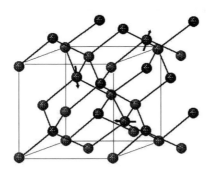

图 8.13　AMnB 闪锌矿结构晶胞

2. 稀磁半导体中的自旋和电荷

Mn 掺杂的 GaAs 材料,局域 Mn 态与 GaAs 价键发生很强的杂化,在其中 Mn 掺杂剂提供磁矩和自旋极化电流.如图 8.14 所示[4],(a)不含有磁离子的非磁半导体,(b)有顺磁态的稀磁半导体,(c)具有中等电荷(空穴)铁磁序的 DMS.对 3 种半导体用 X 射线吸收谱(XAS)测量观察到从 Mn 2p 到 3d 能级的激发,探测非占据 Mn 3d 的价态特征.进行 X 射线二向色性(XMCD)测量,样品的吸收谱表明磁化方向具有相对排列的螺旋矢量.沿[111]和[001]两个方向的 XAS 和 XMCD 谱测量有显著的不同.测量结果见图 8.15 Mn $L_{2,3}$,(a)当磁化沿[001](黑)或[111](灰)方向,吸收谱平行或反平行极化和磁化排列.(b)沿[001](黑)或[111](灰)方向的 XMCD 谱,吸收谱和观察到各向异性的边结构在 XMCD 信号中(表明在插图)是最显著的.详细研究角度关系表明几乎所有的谱结构,包括带边结构 A 峰,显示出了相对立方晶体轴的对称结构.带边结构峰 B

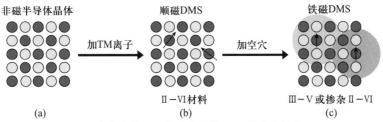

图 8.14　3 种半导体:(a)非磁半导体,(b)稀磁半导体(DMS),
(c)中等电荷(空穴)铁磁序的 DMS

表明从输出到输入的(100)和(110)面的平面磁化有很大的增加,呈现非轴对称. 在退火(Ga,Mn)As中,Mn占据Ga位,具有四面体对称结构. 而(Ga,Mn)As/GaAs(001)膜有压应力产生,破坏了输入和输出面方向间的对称,导致显著非轴磁性的各向异性. 因此,几乎所有的谱结构表明为Mn位的立方对称,而峰B表示应力产生的非轴对称. 为确定峰B的来源,人们比较了实验与原子多重态计算结果,在分析Mn $L_{2,3}$ 的XMCD多重结构的基础上,正确地预言这些结构的角度关系,结果见图8.16. 图(a)XMCD谱结构的A和B信号在(001)输出面与角θ的关系,空圈表示在(110)面角度关系,实圆表示(100)面的结果. 虚线为预期的立方(非轴)各向异性的角度关系. 图(b)从Hall测量得到Mn $L_{2,3}$ 中带边结构XMCD谱与空穴密度的关系. 但有一个值得注意的例外,这个计算谱只表明在带边有单一峰A. 用原子计算没有得到实验谱中的峰B,所以它必是不同的来源.

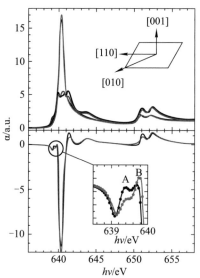

图 8.15 Mn $L_{2,3}$ (a)[001](黑)或[111](灰)方向磁化吸收谱,
(b)[001](黑)或[111](灰)方向的XMCD谱

从Hall测量可得到B峰大小与浓度ρ的关系,峰B改变随ρ的增加而变得更负. B峰的强度与费米能级位置有关,说明这个结构关系到费米能级(E_F)以上态. 各向异性与空穴密度关联说明B峰是由于Mn d态与GaAs价态应力引发能级分裂. 结果明显地小,但Mn d未占据态的位置接近E_F,因此观察到局域原子态位于远高于费米能级,Mn 3d态与GaAs基质价键间发生很强的杂化.

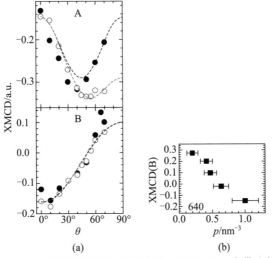

图 8.16 (a)XMCD 谱与角 θ 的关系,(b)Mn $L_{2,3}$ 中带边结构
XMCD 谱与空穴密度的关系

3. 稀磁半导体材料

关于稀磁半导体材料及其制备,李东等做了很好的评述[5]. 由于(Ga,Mn)As 既具有化合物半导体的特性,又兼备磁性化合物的特点,且其基底 GaAs 是 Ⅲ-Ⅴ 族化合物中研究最为广泛的半导体材料,与 Ⅲ-Ⅴ 族异质结技术有很好的兼容性,因此(Ga,Mn)As 材料为人们关注. 1996 年,Ohno 利用 LT-MBE 技术首次制备了 Mn 离子浓度高达 10^{20} cm^{-3} 量级的 $Ga_{1-x}Mn_xAs$ 薄膜,通过对其磁传输特性的研究发现,其居里温度 T_C 随 Mn 离子含量 x 变化而改变,满足经验公式 $T_C=2000x\pm10$K(在实验样品稳定的 x 范围内). H. Kimura 等[6]研究发现当 Mn 含量 $x=0.05$ 时,(Ga,Mn)As 的居里温度 T_C 达到最大值 110K,随着 Mn 含量 x 的减小,居里温度 T_C 也随之减少,当 Mn 含量 x 低于 0.005 时,发现铁磁性消失. 并且,随着(Ga,Mn)As 中 Mn 含量的增加,(Ga,Mn)As 的输运特性产生一系列的变化,经历了从非金属→金属→非金属的转变. 基于在 n 型 (In,Mn)As 和故意掺杂补偿的(Ga,Mn)As 层呈现反铁磁性,而并未发现铁磁性存在的事实,(Ga,Mn)As 中的铁磁性起因一直受到人们重视. 由于磁性离子在 Ⅲ-Ⅴ 族半导体化合物中固溶度较 Ⅱ-Ⅵ 族半导体要低得多,且稳定性极差,因此对于其相关的 DMS 的研究较少. 当前,室温 T_C 的 DMS 材料的研究主要集中于下面几个方面.

(1)(Ga,Mn)As

H. Ohno 等认为(Ga,Mn)As 的铁磁性可能是由于空穴载流子引起的. 他们研究发现(Ga,Mn)As 样品中 Mn 离子的浓度与空穴载流子浓度同数量级,这一结果为他们的观点提供了进一步的依据. 目前,(Ga,Mn)As 呈现铁磁性的原因尚未被充分理解. 在对于(Ga,Mn)As 材料研究之后,一些具有更高 T_C 的 DMS 材料,如(Ga,Mn)N,Co∶TiO_2 等也相继被发现,但无论从实验的重复性,还是从材料本身与半导体工艺的兼容性来看,都较(Ga,Mn)As 要差. 因此,目前(Ga,Mn)As 材料是最具有实用价值的 DMS 材料.

(2) (Ga,Mn)N

在 Dietl 的理论计算中,各种化合物中掺锰的 GaN 的 T_C 为最高,引起了各国科学家的注意,图 8.17 为几种材料理论计算所得到的 T_C. 在 2001 年,Zajat 等通过氨热法,制备出高浓度 Mn 掺杂的 GaN 材料,该材料具有顺磁性,他们认为 p 型 Mn 掺杂的(Ga,Mn)N 可以获得铁磁性. Reed 等采用 MOCVD 法,在蓝宝石基片(0001)面上生长约 $2\mu m$ 厚的 GaN 单晶,然后利用激光技术沉积 Mn,并在 250~800℃下退火,以达到掺 Mn 的目的. 实验表明,该法制备的(Ga,Mn)N 的 T_C 随生长和退火条件的变化而改变,在 220~370K 之间. 而 Theodoropoulou 等通过离子注入后退火的方法,得到了 T_C 在 250K 左右的 Mn 掺杂的 p 型 GaN,其中 Mn 的摩尔比为 3%~5%. 观察到的 T_C 比理论预言的要低,他的解释是重掺杂的 p-GaN 具有较低的空穴浓度.

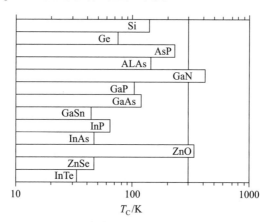

图 8.17　几种材料理论计算所得到的居里温度

(3) 过渡金属掺杂的氧化物半导体

这类氧化物半导体具有宽的禁带,在可见光范围有好的光透过率,能够获得重掺杂 n 型半导体等特点,因而被广泛研究. 对于这类氧化物 DMS 的研究也进行的较多,目前主要集中于过渡金属掺杂的 ZnO 和 TiO_2 材料. 1999 年,Fukumura 等利用脉冲激光沉积技术沉积(PLD)制备了掺杂 Mn 的 ZnO 薄膜,其靶材为 ZnO 和 Mn_3O_4 按一定比例在 900℃烧结 12h 制得,电子载流子浓度为

10^{19} cm^{-3} 量级,该材料具有未掺杂 ZnO 所不具备的正负巨磁阻效应. 两年后, Sato 等从理论上证明 Mn,Fe,Co 和 Ni 掺杂的 ZnO 的 DMS 可能具有稳定的铁磁性. 采用 PLD 法制备的 Co 掺杂的 ZnO 薄膜, 在室温下具有铁磁性, 但是重复率低于 10%. Jin 等试图采用激光分子束外延的方法来制备 Co-ZnO, 但没有发现铁磁性. Cho 等利用磁控反应溅射方法制得 CoFe 掺杂的 ZnO 的 $[Zn_{1-x}(Co_{0.5}Fe_{0.5})_x O]$ 薄膜, 并采用快速退火处理. 实验制得的薄膜样品中 $x \geqslant 0.15$, 且具有与 ZnO 相同的铅锌矿结构. 退火处理能显著增强其自发磁化强度和电子浓度, 同时导致 T_C 的增强, 在温度接近室温(>300K)时仍具有铁磁性. Co 掺杂的 TiO$_2$ 也被发现具有室温下铁磁性. 2001 年 *Science* 上发表了 Matsumoto 的一篇文章, 在 LaAlO$_3$ 和 SrTiO$_3$ 基片上通过 PLD 方法制得的 Co:TiO$_2$(Co 含量低于 5%)薄膜, 表现出室温铁磁性, 其居里温度 T_C>400K. 通过氧离子辅助分子束外延法(OPA-MBE)在 SrTiO$_3$ 基片上制得该物质的薄膜, 也被发现 T_C>300K. 随后, 在不同基片上制备得到的 Co 掺杂 TiO$_2$ 膜, 同样也被发现具有高温铁磁性能. Park 等利用溅射法在 Si 基片制备成 Co:TiO$_2$ 膜, 发现其具有大于 300K 的 T_C. 而 Seong 等的研究表明, 利用 MOCVD 法制得的 Co 含量在 0.03~0.12 的 TiO$_2$ 膜, 经 700℃高真空下退火 1 小时后, 发现有高于室温的铁磁性. 而利用脉冲激光沉积(PLD)法在蓝宝石基底上制得的该膜, 也具有高的 T_C. Mn 掺杂的 SnO$_2$ 可能也是一种 DMS, H. Kimura 发现, Mn 掺 SnO$_2$ 在 5K 时显示有负巨磁阻特性.

4. 稀磁半导体的特性

DMS 的大量样品被制备出来, 在此基础上人们进行了广泛地探索, 这里讨论经研究得出的一些特性.

(1) 交换作用

磁性离子掺入半导体中替代部分阳离子形成稀磁半导体, 通过局域自旋磁矩和载流子之间的自旋-自旋交换作用, 在外加电场或磁场的作用下, 会使载流子的行为发生改变, 从而产生异于传统半导体基质的特性. 自旋-自旋交换作用是 DMS 材料区别于非磁半导体材料的关键, 也是形成各种磁极化子的主要原因. 在 DMS 中, 交换作用包括 s 导带电子和 p 价带电子同磁性离子的 d 电子间的交换作用(sp-d 交换作用), 以及和磁性离子的 d 电子之间的交换作用(d-d 交换作用). 许多实验发现在 Mn 基 DMS 中, 交换积分大小的主要决定于最近邻 Mn^{2+} 离子的距离. 实验表明, 在 DMS 中磁性离子间的交换作用是在畸变的晶格中以阴离子为媒介的超交换作用, 从而产生新效应.

(2) 反常霍尔效应

外加磁场作用下, 在 DMS 材料中观察到了反常霍尔效应, 这是稀磁半导体具有磁性的一个重要标志, 此效应可表示为

$$R_{\text{Hall}} = \frac{R_0}{d}B + \frac{R_s}{d}M, \qquad (8.10)$$

式中,R_0 是正常霍尔效应系数,R_s 是反常霍尔效应系数;R_s 与表面霍尔电阻 R_{sh} 成正比,有关系 $R_s = dcR_{\text{sh}}$,其中 c 是一个与温度无关的常数.

(3) 增强磁光效应

磁光效应的增强是 DMS 材料的又一特性,光偏振面的角度变化(法拉第角)可以反映材料内部 d 电子与 p,s 电子之间相互作用的相对强弱. 理论分析表明,DMS 中法拉第旋转角 θ_F 可表示为

$$\theta_F \approx \frac{\sqrt{F_0}}{2hc} \frac{\beta - \alpha}{gM_n\mu_B} M \frac{h^2\omega^2}{(E_g^2 - h^2\omega^2)^{3/2}} l, \qquad (8.11)$$

式中,F_0 是费尔德常数;l 是样品的厚度,$h\omega$ 是入射光子的能量,E_g 是禁带宽度;M 是样品的磁化强度,$\beta - \alpha$ 的值将随着 DMS 类型的不同和掺杂组分浓度的大小而发生改变. 实验表明,Ⅲ-Ⅴ族 DMS,如 GaMnAs 的法拉第旋转效应比基体 GaAs 增强了许多,前者在温度为 10K, 0.1T 磁场条件下,法拉第旋转为 6×10^4 deg/cm.

稀磁半导体材料可广泛应用于未来的自旋电子器件,人们已经提出了几种自旋电子器件的结构,如自旋阀(spin valve)、自旋场效应晶体管(spin-FET)、自旋发光二极管(spin-LED)等. 与传统的半导体器件相比,自旋电子器件具有以下优点. 一是速度快,半导体材料是基于大量的电子运动,它们的速度会受到能量分散的限制,而自旋电子器件是基于电子自旋方向的改变以及自旋之间的耦合,它可实现每秒变化 10 亿次的逻辑操作,自旋电子器件消耗能量更低,具有更快的速度. 二是体积小,半导体集成电路的特征尺寸是几十纳米,例如,Intel 公司已经能将 CPU 单个芯片集成度提高到 10^9 bit,此时单个晶体管的尺寸仅为 22nm,但随着芯片集成度的提高、晶体管尺寸的缩小会引发如电流泄漏、发热等一系列问题. 而自旋电子器件的特征尺寸为 1nm 左右,由于耗能低,它的发热量微乎其微,这就意味着自旋电子器件的集成度更高、体积更小. 三是耗能低,改变电子的自旋状态所需的能量仅仅是推动电子运动所需能量的千分之一. 最后,自旋电子器件还具有非易失性,当电源(磁场)关闭后,自旋状态不会变化,它的这种特性可用于高密度非易失性存储器件的构造.

5. DMS 理论

稀磁半导体中类 sp-d 交换作用和 d-d 交换作用[3]的有关理论问题涉及磁学特性和磁光特性[7].

(1) 磁学特性

与磁学特性有关的问题. 一是交换作用. 实验测量发现在 Mn 基 DMS 中,决定交换积分大小主要是最近邻 Mn^{2+} 离子的距离. 实验表明,在 DMS 中磁性离子间的交换作用是在畸变晶格中以阴离子为媒介的超交换作用. 二是磁输运

特性,包括负磁阻效应和反常霍尔效应. 磁性离子掺杂形成 DMS 后,载流子自旋和磁性离子自旋之间存在交换耦合作用,磁性离子自旋可以产生铁磁性极化作用将载流子俘获在铁磁自旋簇中,形成磁束缚态极子. 随着外加磁场的增加,内部的束缚态磁极化子(BMP)越来越多地被破坏,使更多的载流子被释放出来参与导电. 因此,稀磁半导体样品在低温下呈现负磁阻效应. 如 $Ga_{1-x}Mn_xAs$ 的稀磁半导体材料中,随 Mn 掺杂浓度变化,样品呈现金属和绝缘性能. 实验发现,金属性样品的负磁阻性会随着温度 T 的降低而增强. 当温度上升到 T_C 时有最大值出现;绝缘性样品则是随着温度低于 T_C 后,仍然有所增强,并且在低温下,磁场对于磁阻的影响会更加显著. 此外在外加磁场作用下,DMS 材料中观察到了反常霍尔效应,这是稀磁半导体具有磁性的一个重要标志.

(2) 电场感应 DMS 的磁阻

为了设计和制造高性能的自旋电子器件,需要全面理解自旋传输和半导体、异质结注入特性. 在自旋传输和注入半导体的理论研究中,自旋极化通常假设遵从金属中的扩散方程[8],表示为

$$\nabla^2(\mu_\uparrow - \mu_\downarrow) - (\mu_\uparrow - \mu_\downarrow)/L^2 = 0, \tag{8.12}$$

式中,$\mu_{\uparrow(\downarrow)}$ 是自旋向上(向下)的电化学势. 在扩散方程中,电场不起任何作用,L 为从注入点自旋极化衰减长度. 对于金属,存在电场 E 的屏蔽,而对于半导体自旋电子器件,通常是轻掺杂和非简并的,中等场可能出现载流子运动. 实验表明在半导体中电场能显著地影响自旋扩散,对于非简并半导体,这个方程为

$$\nabla^2(n_\uparrow - n_\downarrow) + \frac{eE}{k_BT} \cdot \nabla(n_\uparrow - n_\downarrow) - \frac{n_\uparrow - n_\downarrow}{L^2} = 0, \tag{8.13}$$

式中 $n_{\uparrow(\downarrow)}$ 是向上自旋(向下自旋)的电子密度,k_B 是 Boltzmann 常数,T 是温度. 这个方程考虑了电场效应和非简并电子统计,表明不同于金属的高场扩散区,在低温这个区电场小于 1V/cm. 这里描述自旋漂移-扩散方程应用于非简并系统,式(8.13)决定电场影响磁半导体(MS)/非简并半导体(NS)/磁半导体结构的磁阻. 在通常情况下磁场很少影响自旋极化,但是在低温对于中等和大的高磁场呈现高自旋极化. 在 MS/NS/MS 结构中观察到大的正磁阻[9],并发现这个磁阻在高场区崩溃[10],这可能影响电流自旋极化与电流密度间的某种关系.

(3) 自旋极化

对稀磁半导体中自旋极化给出定义,一种表示为自旋极化密度 P,用向上自旋和向下自旋电子的密度差表示为

$$P(x) = \frac{n_\uparrow - n_\downarrow}{n_\uparrow^0 + n_\downarrow^0}, \tag{8.14}$$

式中 $n_{\uparrow(\downarrow)}$ 是向上(下)自旋的电子密度,$n_{\uparrow(\downarrow)}^0$ 为相应的平衡值. 另一种表示作为电流密度极化率 α,用自旋向上和向下电子的电流密度差表示为

$$\alpha(x) = \frac{j_\uparrow - j_\downarrow}{j_\uparrow + j_\downarrow}, \tag{8.15}$$

式中 $j_{\uparrow(\downarrow)}$ 是自旋向上(下)电子的电流密度. 这两种类型的自旋极化表示是不同的,尽管它们是相关的. 在均匀稀磁半导体中,发现两个极化间的关系,可表示为

$$j_\uparrow - j_\downarrow = e(n_\uparrow - n_\downarrow)\mu_C E + eD\frac{d(n_\uparrow - n_\downarrow)}{dx}, \tag{8.16}$$

式中 μ_C 是载流子的迁移率,D 是扩散常数. 由非简并系统的爱因斯坦关系和局域电中性条件

$$n_\uparrow + n_\downarrow = 0, \tag{8.17}$$

可得到

$$\alpha(x) = P(x) + \frac{k_B T}{eE}\frac{dP}{dx}. \tag{8.18}$$

现在考虑在 $x=0$,连续自旋不平衡注入 $(n_\uparrow - n_\downarrow)|_0$,电场沿 x 负轴方向情况. 自旋极化的强度将从注入点随距离增加逐渐衰减,最终在 $\pm\infty$ 处达到 0. 自旋极化的分布可描述为

$$\begin{aligned}n_\uparrow - n_\downarrow &= (n_\uparrow - n_\downarrow)|_0 \exp(-x/L_d), x > 0, \\ n_\uparrow - n_\downarrow &= (n_\uparrow - n_\downarrow)|_0 \exp(x/L_u), \ x < 0,\end{aligned} \tag{8.19}$$

这里分别定义 L_d 和 L_u 为向下和向上自旋扩散长度,表示为

$$\begin{aligned}L_d &= \left[-\frac{|eE|}{2k_B T} + \sqrt{\left(\frac{eE}{2k_B T}\right)^2 + \frac{1}{L^2}}\right]^{-1}, \\ L_u &= \left[\frac{|eE|}{2k_B T} + \sqrt{\left(\frac{eE}{2k_B T}\right)^2 + \frac{1}{L^2}}\right]^{-1},\end{aligned} \tag{8.20}$$

有 $L_u L_d = L^2$. 对于在 $x=0$ 稳定的自旋不平衡注入,根据式(8.19)和(8.20),有

$$\begin{aligned}\frac{d(n_\uparrow - n_\downarrow)}{dx} &= -\frac{1}{L_d}(n_\uparrow - n_\downarrow), x > 0, \\ \frac{d(n_\uparrow - n_\downarrow)}{dx} &= \frac{1}{L_u}(n_\uparrow - n_\downarrow), x < 0.\end{aligned} \tag{8.21}$$

电流自旋极化率 $\alpha(x)$ 与自旋极化密度 $P(x)$ 间的关系可写为

$$P(x) = \alpha(x)\left(1 - \frac{k_B T}{eEL_d}\right)^{-1}, x > 0. \tag{8.22}$$

式(8.22)等于式(8.18)[11],在非简并半导体中存在磁化电流,给出自旋极化率 $\alpha(x)$ 为

$$P(x) = \alpha(x)\left(1 + \frac{k_B T}{eEL_u}\right)^{-1}. \tag{8.23}$$

这样在半导体中，$P(x)$ 正比于 $\alpha(x)$，这个比例与电场、方向有关．

(4) 磁/非磁/磁半导体结构

在磁/非磁/磁半导体(MS/NS/MS)结构中，低温下观察到强正磁阻效应，对 $B=0$ 稀磁半导体其结构是非极化的，低温加中等至高磁场 $B \gg 2\mathrm{T}$ 时有明显地不同的磁阻特性，且有很高的自旋极化率．在高场区和低场区，电场驱动磁阻减小，可预期基于不同自旋注入行为．在低场区有 $[1-(k_\mathrm{B}T/eEL_\mathrm{d})]^{-1} \sim 0$ 和 $P(x) \ll 1$．因此在非简并半导体中，向上自旋或向下自旋电子保持自旋特征的电流．只有电子的一半有适当的自旋极化贡献于导电，若电流是 100% 自旋极化，半导体电阻应该是 2 倍的未极化电流，因此在低场区半导体电阻与自旋极化率有很强的依赖关系．在高场区，在对称的三层结构中间分开两个磁体的半导体中，从载流子注入的非磁半导体自旋极化率取决于磁体的自旋极化强度．这表明在式(8.22)的高场极限 $1-(k_\mathrm{B}T/eEL_\mathrm{d})]^{-1} \sim 1$．自旋极化密度 P 很接近电流自旋极化率 α，甚至电流是 100% 自旋极化，电子密度同样应该是全部自旋极化的，所有电子贡献于导电．在高电场区，半导体电阻只与注入自旋极化有较弱的关系．现在计算磁阻与电场的关系，考虑的稀磁半导体是简并的，它的自旋传输由式(8.23)描述．假设两个材料的界面是透明的，即 0 界面电阻．两个磁半导体的磁化是同样的，平行的 $P_\mathrm{L}=P_\mathrm{R}=P(H)$，在没有外场时是 0，而对于给定的外场 H 是有限值．非简并半导体的电阻 R，在稀磁半导体中与自旋极化有关，由于在异质结界面缺少自旋累积，它同样是外磁场的函数．非磁半导体的电阻(相应的电导率 σ_s 可以计算)，可表示为

$$R = \frac{\mu_0(\chi_0) - \mu_0(0)}{eJ}. \tag{8.24}$$

若 $\chi_0 \ll L_\mathrm{s}$，对非极化磁半导体(0 磁场)，即在没有自旋极化磁半导体中，这个电阻可确定为 $R(0) = \chi_0/\sigma_\mathrm{s}$，这里在非磁半导体中 L_s 是本征自旋扩散长度，可表示为

$$R(H) = \chi_0/\sigma_\mathrm{s} + \frac{L_\mathrm{m}P(H)}{[1-P^2(H)]\sigma_\mathrm{m}}[2P(H) - \alpha(0) - \alpha(\chi_0)], \tag{8.25}$$

式中，$\alpha(0)$ 和 $\alpha(\chi_0)$ 分别是在界面的左和右电流自旋极化率，L_m 是在稀磁半导体中自旋扩散长度，σ_m 是稀磁半导体的电导率．在低场区，相对磁阻改变为

$$\frac{\Delta R}{R} = \frac{R(H) - R(0)}{R(0)} = P^2(H)\left\{1 + \frac{[1-P^2(H)]\sigma_\mathrm{m}\chi_0}{2\sigma_\mathrm{s}L_\mathrm{m}}\right\}^{-1}. \tag{8.26}$$

对于 MS/NS/MS 结构，这个磁阻是有意义的，因为在稀磁半导体中有较大的 $P(H)(P(H) \sim 1)$，小的电导率(相对于铁磁金属)($\sigma_\mathrm{m} \sim \sigma_\mathrm{s}$)．对于铁磁金属/半导体/铁磁金属结构，因为界面电导失配($\sigma_\mathrm{m} \gg \sigma_\mathrm{s}$)，在高场区相对磁电阻表示为

$$\frac{\Delta R}{R} = \frac{2p^2(H)}{x_0}\left\{\frac{1}{L_\mathrm{u}} + \frac{[1-p^2(H)]\sigma_\mathrm{m}}{L_\mathrm{m}\sigma_\mathrm{s}}\right\}^{-1}. \tag{8.27}$$

可见对磁阻的电场效应可用场感应向上自旋扩散长度描述. 增加电场将减小磁阻,因为 L_u 随电场减小. 图 8.18 表明 MS/NM/MS 结构磁阻与电场的关系,实线、虚线和点线分别相应于 $P(H)=0.99, 0.9$ 和 0.8,其他参量为 $\chi_0=1\mu m$, $L_m=60nm, L_s=2\mu m, \sigma_m=\sigma_s$,可看到随电场增加磁阻减小.

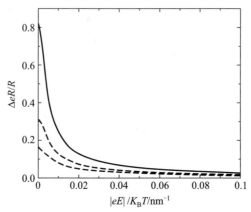

图 8.18　磁阻 $\Delta R/R$ 与电场的关系

6. 稀磁半导体应用

稀磁半导体兼具半导体和磁学特性,可以实现同时利用半导体中的电子电荷与自旋,这就为开辟半导体技术新领域和制备新型电子器件提供了条件. 尽管目前对于 DMS 材料应用的研究尚处于实验探索阶段,但已展示出其广阔的应用前景. 如将 DMS 材料用做磁性金属与半导体的界面层,实现自旋极化的载流子向非磁性半导体中的注入,可用于自旋极化发光二极管的制造. 而对于某些铁磁层/无磁层的多层异质结构,如 GaMnAs/AlGaAs/GaMnAs 等,通过调节外部参量如温度、电场等,可控制半导体层中的载流子浓度和磁性层间的磁耦合,这种特性能够应用于制造磁控、光控的新型超晶格器件. 稀磁半导体的研究发展很快,目前主要集中在基础研究方面,但随着对于 DMS 材料的理论和实验研究的不断深化,基础研究与应用研究相结合将更为深刻和广泛.

在常规半导体中掺杂有净自旋的离子,自旋间的相互作用将导致在低温出现铁磁态. 这类材料的晶格结构相似于未掺杂半导体,至少对于稀磁情况是这样. 这相似于在掺杂情况保持很好的晶格匹配,可应用于制备自旋三极管器件,通过门电极调制 DMS 的载流子自旋特性,这类似于 2D 电子气结构,形成 2D 电子自旋(2DES)体系. 这种自旋三极管结构,其允许铁磁材料注入载流子到半导体,电场产生自旋输运. 最早建议的自旋电子器件是自旋极化场效应三极管(S-FET),见图 8.19,S-FET 结构图,在其中源和漏电极是铁磁材料,能够注入和检测在高迁移率通道中传输的自旋极化电子. S-FET 的电导率与通道中电子自旋取向有关,由相对源、漏磁电极的门电压控制,产生自旋基操作模式。若源、漏磁化是独立控制的,可制造存储器件,通常是非挥发的,用自旋或磁化经由 4 个通道,提供新功能和新型操作。S-FET 第一个演示器件于 1990 年问世,它要求从铁磁金属电极自旋注入半导体(如 InAlAs 或 InGaAs)。由于在金属和半导体之间大电导率的失配,这使得实际应用几乎是不可能的。用铁磁半导体,特别是稀磁半导体替代,则有可能呈现新性能和构造新器件。

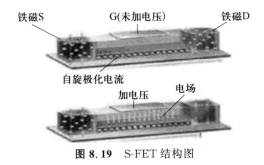

图 8.19 S-FET 结构图

参 考 文 献

[1] Grünberg P, Schreiber R, Pang Y, et al. Layered magnetic structures: Evidence for antiferromagnetic coupling of Fe layers across Cr interlayers. Phys. Rev. Lett. ,1986, 57:2442.

[2] Munekata H, Ohno H, von Molnar S, et al. Diluted magnetic III-V semiconductors. Phys. Rev. Lett. ,1989,63:1849.

[3] Ohno H, Shen A, Matsukura F, et al. (Ga, Mn)As: A new diluted magnetic semiconductor based on GaAs. Appl. Phys. Lett. ,1996,69:363.

[4] Edmonds K W, van der Laan G, Freeman A A,et al. Angle-dependent X-ray magnetic circular dichroism from (Ga,Mn)As: Anisotropy and identification of hybridized states. Phys. Rev. Lett. , 2006,96:117207.

[5] 李东,王耘波,于军,等. 稀磁半导体研究的最新进展.功能材料,增刊,2004,35:1110.

[6] Kimura H, Fukumura T, Koinuma H, et al. Fabrication and characterization of Mn doped SnO_2 thin films. Physica E: Low-Dimensional Systems and Nanostructures, 2001,10(1-3):265-267.

[7] Seong N J , Yoon S G , Cho C R , et al. Effects of Codoping level on the microstructural and ferromagnetic properties of liquid-delivery metalorganic-chemical-vapor-deposited $Ti_{1-x}Co_xO_2$ thin films. Appl. Phys. Lett. , 2002,81:4209.

[8] Reed M L, Ritums M K, Stadelmaier H H,et al. Room temperature magnetic (Ga,Mn) N: A new material for spin electronic devices. Materials Lett. ,2001,51(6):500-503.

[9] Schmidt G, Richter G, Grabs P, et al. Large magnetoresistance effect due to spin injection into a nonmagnetic semiconductor. Phys. Rev. Lett. ,2001,87:227203.
[10] Yu Z G, Flatté M E. Electric field induced suppression of the magnetoresistance of dilute magnetic semiconductor trilayers. J. Supercond. ,2003, 16(1):78.
[11] Aronov A G, Pikus G E. Spin injection into semiconductors. Fiz. Tekh. Poluprovodn. ,1976 ,10:1177-1179; Sov. Phys. Semicond. ,1976,10:698-700.

第 9 章 铁电体

早在 18 世纪,人们就开始了有关铁电体材料的研究. 1880 年约里奥·居里(J. Curie)与皮埃尔·居里(P. Curie)在较系统地研究了材料的压电特性基础上,发现对非中心对称的晶体外加电场,会产生应变;反之,给予晶体外加应变,也会产生电极化的改变.若晶体电极化的改变同时会受外应力与温度的影响,则称这种特性为焦电特性.对于具有永久电偶极矩的材料,在外电场下会重新取向,这种晶体称为铁电体.这个术语第一次出现时,来自于类似于铁磁体.所有铁电体都具有焦电和压电体特性.在高于居里温度 T_C 时,很多材料发生相变将失去这些特性.高于非极化相变温度 T_C,则称材料处于顺电体相.在没有电场情况下生长铁电体单晶时,不可避免地发生与电极化有关的孪晶,或形成含有特定的自发极化方向畴区.在陶瓷中有相似的层状结构畴,更普遍的是与多晶材料有关取向为无序.在适当方向的电场下,可能导致完全或部分的极化排列.因为表面荷电很快被环境粒子电荷平衡,在这些材料中净偶极矩通常是不能检测到的.非中心对称铁电体材料的非线性光学特性通常是增强的. 1921 年 J. Valasek 在研究酒石酸钾钠晶体($NaKC_4H_4O_6 \cdot 4H_2O$)巨大的介电常数时,发现了铁电体. 1935 年发现第二个铁电体材料 KH_2PO_4,接着发现了它的同构体. A. von Hippel 在 1944 年报告了第三个铁电体 $BaTiO_3$. 此后陆续增加了一些类似材料和更多的混合晶体系统,构成了一个铁电体家族.

铁电材料具有多方向自发极化的特性,在晶胞内的原子由于不同的堆积和排布结构,如钙钛矿结构,使得正负电荷产生相对位移,形成电偶极矩,导致晶体在不加外电场时就具有自发极化现象.且自发极化的方向能够被外加电场反转或重新取向,铁电材料的这种特性被称为铁电效应.在固体结构的 32 种晶体点群中,只有 10 种具有这种极化的表现.通常的铁电体内部分成若干个小区域,自发极化方向一致的区域称为铁电畴,简称电畴.畴与畴之间区域称为畴壁.从宏观来看,未外加电场的铁电体平均极化为零.铁电材料的主要特性包括:①铁电体,其极化矢量 P 与电场 E 有非线性关系,并具有电滞性(类似于磁滞性); ②永电体或驻极体,极化强度并不随外场的去除而消失,与永磁体的性质类似; ③压电体(piezoelectrics),压电体有压电效应、电致伸缩效应,其显著特性是施加电场将产生特定方向的应力,呈现尺寸伸缩变化,反之施加外力,将在特定方向产生电压.

§9.1 电介质物理学

研究铁电体的基础学科是电介质物理,主要讨论电介质的宏观介电性质及其微观机制,以及电介质的各种特殊效应的物理学分支学科[1].基本内容包括极化机制、电容率和介质的微观结构,与温度和外场频率的关系,电介质的导热性和导电性,介质损耗,介质击穿机制等.此外,还有许多电介质具有的各种特殊效应.

电介质涉及气态、液态和固态等范围广泛的材料.固态电介质包括晶态电介质和非晶态电介质两大类,后者有玻璃、树脂和高分子聚合物等,多是良好的绝缘材料.凡在外电场作用下产生宏观上不等于零的电偶极矩,因而形成宏观束缚电荷的现象称为电极化,能产生电极化现象的物质统称为电介质.电介质的电阻率一般都很高,被称为绝缘体.有些电介质的电阻率并不很高,但由于能发生极化过程,也归入电介质.通常情形下电介质中的正、负电荷互相抵消,宏观上不表现出荷电性,但在外电场作用下可产生如下3种类型的变化:①原子核外的电子云分布 产生畸变,从而产生不等于零的电偶极矩,称为畸变极化;②原来正、负电中心重合的分子,在外电场作用下正、负电中心彼此分离,称为位移极化;③具有固有电偶极矩的分子原来的取向是混乱的,宏观上电偶极矩总和等于零,在外电场作用下,各个电偶极子趋向于一致的排列,从而宏观电偶极矩不等于零,称为转向极化.电介质极化时,电极化强度矢量 P 与电场强度 E 的关系表示为 $P=\varepsilon_0\chi_e E$,这里 ε_0 为真空电容率,χ_e 为电极化率,$\varepsilon_r=1+\chi_e$ 称为相对电容率.电极化率或电容率与外电场的频率有关.对静电场或极低频电场,上述3种极化类型都参与极化过程,一些电介质的电容率为常量.电场频率增加时,转向极化逐渐跟不上外电场的变化,电容率变为复数,虚部的出现标志着电场能量的损耗,称为介电损耗.频率进一步增加时,转向极化失去作用,电容率减小.在红外线波段,电介质正、负电中心的固有振动频率往往与外场频率一致,从而产生共振,表现为电介质对红外线的强烈吸收.在吸收区,电容率的实部和虚部均随频率发生显著的变化.在可见光波段,位移极化也失去作用,只有畸变极化起作用.光频区域的电容率实部进一步减小,它对应电介质的折射率,虚部决定了对光波的吸收.在强电场(如激光)作用下,极化强度 P 与电场强度 E 不再有线性关系,这使电介质表现出种种非线性效应.各向异性晶体的电容率不能简单地用一个标量来描述,需用张量表示.

电介质特殊效应的理论和应用构成了电介质物理学的研究内容,这些特殊效应包括[1]:①压电效应.一些晶体因受外力而产生形变时,会发生极化现象,在相对两面上形成异号束缚电荷,称为压电效应.压电晶体种类很多,常见的有石英、酒石酸钾钠(罗谢耳盐)、磷酸二氢钾(KDP)、磷酸二氢铵(ADP)、钛酸钡,以及砷化镓、硫化锌等半导体和压电陶瓷等.压电晶体的机械振动可转化为电振动,常用来制造晶体振荡器,其突出优点是振荡频率的高度稳定性,无线电技术中可用来稳定高频振荡的频率,这种振荡器已广泛用于石英钟.压电晶体还普遍用于话筒、电唱头等电声器件中.利用压电现象可测量各种情形下的压力、振动和加速度等.②电致伸缩,是压电效应的逆效应.一些晶体在电场作用下会发生伸长或缩短形变,称电致伸缩.利用电致伸缩效应可将电振动转变为机械振动,常用于产生超声波的换能器,以及耳机和高音喇叭等.③驻极体.除去外电场或外加机械作用后,仍能长时间保持极化状态的电介质称为驻极体.驻极体同时具有压电效应和热电效应.技术上大多采用极性高分子聚合物作为驻极体材料.驻极体能产生 30kV/cm 的强电场.驻极体存储电荷的性能已被用于静电摄影术和吸附气体中微小颗粒的气体过滤器.④热电效应.具有自发极化造成的宏观电偶极矩,并具有较大热胀系数的晶体称为热电晶体.处于自发极化状态的热电晶体,在电偶极矩正、负两端表面上本来存在着由极化形成的束缚电荷,但由于吸附了空气中的异号离子而不表现出带电性质.当温度改变时,热电晶体的体积发生显著变化,从而导致极化强度的明显改变,破坏了表面的电中性,表面所吸附的多余电荷将被释放出来,此现象称为热电效应.经人工极化的铁电体和驻极体都具有热电效应.热电效应已用于红外线探测和热成像技术.⑤电热效应.这是热电效应的逆效应,具有电热效应的电介质(多为驻极体)称为电热体.在绝热条件下借助于外电场改变电热体的永久极化强度时,它的温度会发生变化,此称为电热效应.绝热去极化可降低温度,与绝热去磁(磁热效应)一样可用来获得超低温.常用的电热材料有钛酸锶陶瓷和聚偏氟乙烯(PVF)等驻极体.⑥电光效应,是指某些各向同性的透明电介质在电场作用下变成光学各向异性的效应,如光波段范围克尔(Kerr)效应所描述的各种现象.⑦铁电性.在一些电介质晶体中存在许多自发极化的小区域,每个自发极化的小区域称为铁电畴,其线度为微米数量级.同一铁电畴内各个电偶极矩取向相同,不同铁电畴的自发极化方向一般不同,因而宏观上总的电偶极矩为零.在外电场作用下各铁电畴的极化方向趋于一致,极化强度 P 与电场强度 E 有非线性关系.在峰值固定的交变电场反复作用下, P 与 E 的关系曲线类似于磁滞回线,称为电滞回线.以上所述性质称为铁电性,具有铁电性的电介质称铁电体.当温度升高到某一临界值 T_C 时,铁电畴瓦解,铁电性消失,铁电体转变为普通顺电性电介质, T_C 称为铁电居里温度.铁电体具有很高的电容率,铁电体必定同时具有压电性和热电性.⑧铁弹性.一些晶体在其内部能形成自发应变的小区域,称为铁弹畴,同一铁弹畴内的自发应变方向(畴态)相同,任两个铁弹畴的畴态相同或呈镜面对称.外加应力可使铁弹畴从一个畴态过渡到另一畴态.外应力改变时,应变滞后于应力变化,且应力与应变是非线性关系.在周期性外应力作用下,应变与应力的关系曲线类似于磁滞回线,称为力滞回线.以上性质称为铁弹性,具有铁弹性的电介质称为铁弹体.铁弹体的电容率、折射率、电导率、热胀系数、导热系数、弹性模量和电致伸缩率等因方向而异,这种方向性会随应力而变,这些特点在力传感器件的制造上有着广泛的应用前景.

§9.2 铁电体的结构及特性

电介质材料中人们研究较多的是铁电体结构和特性,铁电体研究是具有广泛应用潜力的领域,本节将做重点讨论.

1. 铁电体的结构

具有铁电特性的晶体,能够发生自发电极化,且自发极化有两个或多个可能的取向,在电场作用下,其取向可以改变.各种铁电体中典型的过渡金属氧化物结构,如图 9.1(a)所示,这里以钙钛矿的 ABO_3 结构为例.晶体的单胞为立方结构,四角为过渡金属或稀土原子 A,内心是另一种过渡金属原子 B,在立方体的面心是氧原子 O.在体心和氧原子构成的八面体中,有两种极化取向:极化向上(如图 9.1(b)所示),也可以是极化向下(如图 9.1(c)所示).这样在晶态材料体内可能形成某取向电极化的畴,这就是自发极化取向.在自发取向中,极化方向

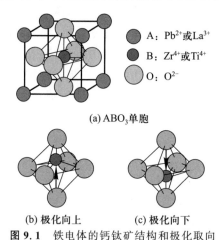

(a) ABO_3 单胞

(b) 极化向上　　(c) 极化向下

图 9.1　铁电体的钙钛矿结构和极化取向

是随机的,宏观晶体呈现电中性.若加某一方向的 DC 电场,极化取向在电场方向统调,出现电极化方向偶极特性.当电场撤除后,仍有剩余电极化矢量,则是永电体.所有铁电晶体中的原子排列有很小的位移,通常小于 1 Å,处于稳定态,但有重新取向的 P_s.中心对称的排列有较高的对称结构,其原型结构顺电体的偶

极要么所有的都是 0,要么精确地抵消.这种原型结构简单例子是化合物 BaTiO₃,它是立方结构,Ba 原子在角上,Ti 原子在体心,O 原子在单胞的每个面心.低于居里温度 $T_C = 393$ K 时,发生对称性转变,Ti 原子的四角形从原型位置沿着 c 轴正方向移动 0.05 Å,O 原子在相反方向移动 0.08 Å,都是相对 Ba 原子位置.这个移动产生自发极化.沿 c 轴加电场,则 Ti 原子移动为 0.1 Å,O 原子约 0.16 Å,在这个轴的反向,会得到同样的 P_s.在 T_C 可以观察到顺电体到铁电体的相变,在低温时晶体的晶格结构可通过光谱或中子谱测量.

铁电体在极化过程中,性质基于 P_s 的可逆位移矢量 $\mathbf{\Delta}_i$ 或重新取向.1D 材料涉及原子位移,在四角的 BaTiO₃ 情况下,这个位移平行于极化轴,且 $P > 25 \times 10^{-2}$ C·m⁻². 在 2D 情况涉及原子沿平面所含轴方向位移,典型的结构是 BaCoF₄,通常有 P_s 值在 $10 \times 10^{-2} \sim 3 \times 10^{-2}$ C·m⁻² 之间.3D 情况涉及相似大小的原子位移,在所有的 3D 方向,典型的是 Tb₂(MoO₄)₃,且 $P_s < 5 \times 10^{-2}$ C·m⁻².很多铁电体材料特性表明在 T_C 附近发生显著地改变,特别是介电、压电和电光系数.如当温度在 10 K 到 $T_C = 393$ K 范围,BaTiO₃ 的介电常数随着温度的增加在 1000~10000 之间变化,高于 T_C 将逐渐失去特性,很多可用的铁电体材料都有这样的特性变化.

铁电体与铁磁体有相似的对应特性,如图 9.2 所示的这种铁电材料特有的 $P\text{-}E$ 曲线,称为电滞回线[2],相应于铁磁体的磁滞回线,由此将与磁极化相对应的电极化特性的材料称为铁电体.铁电体的最基本的特性为在某些温度范围内会具有自发极化,而且极化强度可以随外电场的反向而反向,从而出现电滞回线,给出外加电场 E 与极化矢量 P 的关系.由于外电场撤除后具有剩余极化,因此其特性曲线主要特征参量有剩余极化矢量(P_r)、矫顽场强(E_c)和饱和极化矢量(P_s).电滞回线表示铁电体中存在极化畴,宏观尺寸的铁电体通常是由许多畴区组成的,在每一个畴区有相同的极化方向,而与邻近畴区的极化方向不同.如果是多晶体,由于晶粒本身的取向是任意的,不同畴区中极化强度的相对取向

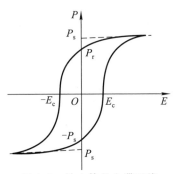

图 9.2 铁电体的电滞回线

可以是没有规律的.但若是单晶体,不同畴区中极化强度取向之间存在着简单的关系.为简单起见,这里只考虑单晶体的电滞回线,并且假设极化强度的取向只有两种可能,即沿某轴的正向或负向.

铁电体是电介质中一类特别重要的介电晶体,电介质的主要特征是以感应而非传导的方式传播电的作用和影响,因此不能简单地认为电介质就是绝缘体.在电介质中起主要作用的是束缚电荷,在电的作用下,它们以正、负电荷重心不重合的电极化方式传递和记录电的信息.而铁电晶体是即使没有外加电场,也可以显现出电偶极矩的特性,因为其每单位晶胞均带有电偶极矩,其极化率与温度有关.

若亚晶格的材料含有补偿偶极矩或称为反铁电体,类似于反铁磁体材料.在低于 148 K 的 $NH_4H_2PO_4$ 以及室温下 $PbZrO_3$ 和 $NaNbO_3$ 材料中发现有这样非极化排列,用加强电场可诱导产生反铁电态.

2. 电滞回线测量

在不存在外电场时,晶体的两类畴区中极化强度方向互为相反平行,晶体的总电偶极矩为零.当施加外电场于晶体时,极化强度沿电场方向的畴区变大,而与其反平行方向的畴区则变小.这样,极化强度 P 随外电场 E 增加而增大,如图 9.3 中的 OA 段曲线所示[3].电场强度的继续增大,最后使晶体只具有单个的畴区,晶体的极化强度达到饱和,这相当于图中 BC 段部分,将这线性部分推延

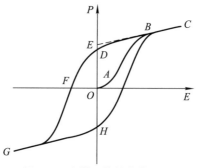

图 9.3 电滞回线的变化过程

至外场为零的情形,在纵轴 P 上得到截距,称为饱和极化强度(即 E 点).从图中 C 处开始降低,晶体的极大 P 值亦随之减小,但在零电场时,仍存在剩余极化强度(即 D 点).剩余极化强度是对整个晶体而言的.当电场反向达到矫顽电场强度(即 F 点)时,剩余极化全部消失.反向电场的值继续增大时,极化强度反向.如果矫顽电场强度大于晶体的击穿场强,那么在极化反向之前晶体已被电击穿,便不能说该晶体具有铁电性.极化强度 P 和外电场 E 间的关系构成电滞回线.晶体的压电性质与自发极化性是由晶体的对称性决定的,可是对于铁电体,外电

场能使自发极化反向的特征不能由晶体的结构来预测,只能透过电滞回线的测定(或介电系数的测定)来判断.当温度高于某一临界温度时,晶体的铁电性消失,并且晶格亦发生改变,这一温度是铁电体的居里点.由于铁电性的出现或消失,总伴随着晶格结构的改变,所以这是个相变过程.当晶体从非铁电相(称顺电相)向铁电相转变时,晶体的许多物理性质都呈现反常现象.对于一级相变常伴随有潜热的发生,对于二级相变则出现比热容的突变.铁电相中自发极化强度与晶体的自发电致形变相关,所以铁电相晶格结构的对称性要比非铁电相(顺电相)的低.如果晶体具有两个或多个铁电相时,表征顺电相与铁电相之间的某个相变温度,则称为过渡温度或转变温度.通常在此温度附近时,介电常数常有迅速陡降的现象.

由于极化的非线性,铁电体的介电常数不是常数,而是与外加电场有关.以电滞回线中 OA 曲线在原点的斜率来代表介电常数,即在测量介电常数 ε 时,所加的外电场很小.铁电体在相变温度附近,介电常数 ε 具有很大的值,相对介电常数可达 $10^4 \sim 10^5$,当温度高于居里点时,介电常数随温度变化的关系遵守居里-外斯定律,表示为

$$\varepsilon = \frac{C}{T-\Theta} + \varepsilon_{co}, \tag{9.1}$$

式中,Θ 为外斯温度,它一般略低于居里点,C 称为居里常数,而 ε_{co} 为电荷极化对介电常数的贡献,在相变温度时,ε_{co} 可以忽略.

3. 铁电体的分类

具有铁电性的材料,发现已有几千种之多.铁电特性也与晶体结构有相当密切的关系,故常以不同晶体结构作为分类依据,概括起来可以分为两大类[3]:①以钛酸钡为代表,从顺电相到铁电相过渡是由于其中两个子晶格发生相对位移.主要是钙钛矿型铁电体,化学通式为 ABO_3.其衍射实验证明,自发极化的出现是由于正离子的子晶格与负离子的子晶格发生相对位移.在铁电体中铌酸锂 $LiNbO_3$ 是目前已知居里温度最高(1210℃)且自发极化最大的铁电体,得到了广泛应用.钨青铜结构为铁电体中的第二大族群,一个四方晶胞包含 10 个 BO_6 八面体,它们由其顶角按一定方式连接而成.②磷酸二氢钾 KH_2PO_4,简称 KDP,具有氢键,它们从顺电相过渡到铁电相是无序到有序的相变.以 KDP 为代表的氢键型铁电体,其中子衍射的数据显示,在居里温度以上,质子沿氢键的分布呈对称延展的形状.在低于居里温度时,质子的分布较集中且不对称于邻近的离子,质子会较靠近氢键的一端.含氢键系列的铁电体还有 $PbHPO_4$(LHP) 和 $PbDPO_4$(LDP) 等,均为较晚发现.它们自发极化的机制也各有不同.此外,含氟八面体的铁电体,如 $BaM^{2+}F$($M=Mg, Mn, Fe, Co, Ni$ 或 Zn),$SrAlF_5$ 等,自发极化都较小,也是铁电体中的最小族群.

在目前铁电体研究中,还涉及铁电液晶材料,多是一些高分子聚合物的晶

体,如具有非对称性,可能也具有铁电性,像液晶层状碳(C)结构;若为手性分子,并具有与长轴垂直的电偶极矩,将具有铁电性,像葵氧基苄叉对氨二甲丁基肉桂酸盐(DOBAMBC)材料等,也有显著的铁电性.

传统的铁电材料大多含铅,如 PZT(钛锆酸铅)其中氧化铅(或四氧化三铅)约占原料总重量的 70%. 含铅铁电材料在制备和使用,以及废弃后处理的过程中都会造成环境污染.基于环保要求,人们纷纷关注关于非铅系铁电材料的研究与开发,以期减少对生态环境的影响.目前研究的非铅铁电系有:$BaTiO_3$ 基、BNT 基和铌酸盐基无铅压电陶瓷,钨青铜结构和铋层状结构无铅压电材料等.

铁电材料同时亦是强介电材料,具有高介电常数.依据能带理论,在室温时其电阻很大,呈现为绝缘体行为.铁电材料相对介电常数可定义为

$$\varepsilon_r = 1 + \frac{1}{\varepsilon_0}\frac{dp}{dE}, \tag{9.2}$$

式中 ε_0 为真空介电常数.晶态的铁电体特性只存在于一定的温度范围,当温度超过一定值时,自发极化消失,铁电体变成顺电体.此相变温度亦称为居里温度 T_C.根据居里-外斯定律,ε_r 随温度改变的关系为

$$\varepsilon_r = \frac{C}{T - T_0}, \tag{9.3}$$

式中,C 为居里常数,T_0 为远低于居里温度 T_C 的特征温度.

§9.3 铁电体的相变

随着铁电体研究的进展,有关铁电体的理论逐渐成为人们关注研究的课题,这里做简单讨论[4].描述铁电体的哈密顿写为

$$H = H_0 + H_p + H_e, \tag{9.4}$$

其中,

$$H_0 = -t\sum_n (C'_{1,n}C_{1,n+1} + C'_{2,n}C_{2,n+1} + \mathrm{H.c.}) + \sum_n \Delta C'_{2,n}C_{2,n} \tag{9.5}$$

式中 n 为在分子轨道 b_{1u} 第 n 个分子位,$C'_{1,n}(C_{1,n})$ 为在位置 n 产生(湮灭)一个电子,$C'_{2,n}(C_{2,n})$ 为在轨道 b_{2g} 位置 n 产生(湮灭)一个电子,Δ 是 b_{1u} 和 b_{2g} 间的能量间隔.期望矩阵对于轨道型自旋取对角线值形式.在第 n 个分子位赝 JT (pseudo-Jahn-Teller)的哈密顿表示为

$$H_p = -g\sum_n (C'_{1,n}C_{2,n}Q_n + \mathrm{H.c.}), \tag{9.6}$$

式中 g 为赝 JT 耦合强度,Q_n 为第 n 分子 b_{3u} 的对称位移.局域电偶极矩的大小正比于 Q_n.因此,铁弹畸变态属于铁电体态.H_e 是分子位移的弹性能,表示为

$$H_e = \frac{\kappa}{2}\sum_n Q_n^2. \tag{9.7}$$

k 空间的哈密顿可写成

$$H = \sum_{a,k} \varepsilon_a(k) C'_{a,k} C_{a,k} - \frac{g\Delta}{\sqrt{N}} \sum_{k,q} (C'_{1,k+q} C_{2,k} Q_q + \text{H.c.}) + \frac{1}{2} k \sum_q |Q_q|^2. \tag{9.8}$$

铁电畴用单模式给出非湮灭 Q_q，H 是对角化的，规范变换结果的哈密顿为

$$H = \sum (E_{k+} n_{k+} + E_{k-} n_{k-}) + \frac{k}{2} |Q_q|^2, \tag{9.9}$$

其中

$$E_{k\pm} = \frac{1}{2} (\varepsilon_u(k) + \varepsilon_g(k+q))$$
$$\pm \frac{1}{2} \sqrt{(\varepsilon_g(k+q) - \varepsilon_u(k))^2 + (4g^2/N)|Q_q|^2} \tag{9.10}$$

是振动准粒子占据态操作，式中 $\varepsilon_g(k) = \Delta - 2t\cos k$，$\varepsilon_u(k) = -2t\cos k$. 具有 n 载流子分子链的基态能量为($0 \leqslant n \leqslant 2$)，可得到每个分子平均值，用分数填充最低能级振动带表示，在连续情况中有

$$E(Q_q) = \frac{N}{\pi} \int_{-\pi n/2}^{\pi n/2} \left(E_{k-} + \frac{\kappa}{2} |Q_q|^2\right) dk, \tag{9.11}$$

最小 $E(Q_q)$ 相对于畸变给出平均场方程决定 Q_q 的大小，有

$$\frac{\pi\kappa}{2g^2} = \int_{-\pi n/2}^{\pi n/2} \frac{1}{\sqrt{\frac{4g^2}{N}|Q_q|^2 + (\Delta + 4t\sin q/2 \sin(k+q/2))^2}} dk. \tag{9.12}$$

对于足够小的耦合，这个方程不适合. q 与临界耦合强度 g_c 有关，给出

$$g_c^2(q) = \frac{\dfrac{\pi\kappa\Delta}{2}}{\displaystyle\int_{-\pi n/2}^{\pi n/2} \frac{dk}{1 + u\sin(q/2)\sin(k+q/2)}}, \tag{9.13}$$

式中 $u = 4t/\Delta$. 对高于 $g_c(q)$ 的 g 值，波数的平均场畸变为 q. 对低于 $g_c(q)$ 的 g 值将没有畸变发生. 对于每个分子为一个载流子占据情况，发现其基态有 $q = 0$，对于 $g > g_0 (= \sqrt{k\Delta/2})$ 发生畸变，从而打破了链的逆对称，图 9.4 为相图. 每个分子有 2 个载流子的情况，基态 $q = \pi$，有

$$g^2 > \frac{g_0^2}{2} \sqrt{1 - u^2}, \tag{9.14}$$

结果表示在图 9.5，给出了 u 与 g 的关系，描述了铁电体的相变条件.

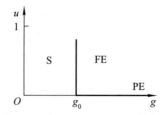

图 9.4　对于 $n=1, T=0\mathrm{K}$ 的相图

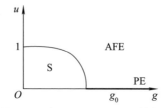

图 9.5　对于 $n=2, T=0\mathrm{K}$ 的相图

§9.4　庞电阻

庞电阻(colossal electroresistance, CER)效应由于其在新型非挥发性电阻随机存储器(resistance random access memory, RRAM)中的潜在应用,而成为当今物理、材料和信息学科领域的研究热点.目前,人们已经在多种氧化物材料体系中发现了 CER 效应. CER 与巨磁阻(GMR)有很多相似之处,这里做相应的讨论.

1. 庞电阻的概念

人们较早认识了铁磁体,20 世纪后半叶先后发现了巨磁阻(GMR)和庞磁阻(CMR),前者是导电金属和磁性薄膜的重叠结构,后者是在同一薄膜中的特种结构,它在磁场作用下发生电阻的改变.这里将讨论的电场引起电阻显著非线性改变的机制,与 CMR 相似,故称为庞电阻(CER),也有人称为巨电阻. 在 20 世纪后期兴起铁电体的研究热潮,它几乎与铁磁体完全对应;在此基础上发现了CER,与 CMR 对应. CMR 是加磁场时,样品电阻发生显著变化;CER 是加电场时电阻发生显著变化. 普通材料具有电阻,对于给定材料其电阻率是常数,遵从欧姆定律,电阻为加到该材料样品上的电压 V 与相应电流 I 之比,即电阻 $R=V/I$. 但对于巨电阻材料,电阻 R 不是常数,是电压的函数 $R(V)$,呈现非线性行为,这类材料也称为非欧姆性材料. 欧姆材料表明 V-I 的线性关系. 在庞电阻材料中 I-V 关系是非线性的. 由于庞磁阻效应是通过外加磁场改变电阻,若定义 $R(B)$ 是外加磁场 B 时测得的电阻,则

$$\text{CMR} = \frac{R(B) - R(0)}{R(0)} = \frac{\Delta R}{R}, \tag{9.15}$$

式中 $R(0)$ 是无磁场时测得的电阻. CMR 有着重要的理论内容和广泛的应用技术领域,现已经成功地应用于存储器和磁盘读取探头. 材料主要是钙钛矿氧化物,当外加磁场时,通常电阻减小,所以式(9.15)表示的 CMR 为负值. 对于 CER 采用相似的定义,外加电场 E 引起相对电阻的变化表示为

$$\text{CER} = \frac{R(E) - R(0)}{R(0)} = \frac{\Delta R}{R}, \tag{9.16}$$

式中,$R(E)$ 是外加电场 E 时测量电阻,$R(0)$ 是无电场时测量的电阻. 式(9.16)适用于场效应(FE)结构,在门电极上加电压,使源和漏间的电阻下降. 理想情况用标准四探针测量样品电阻. 外加电流横过两个外部终端,在两个内端电极间测量. 在这个结构中,不可能得到在 0 电流的数据,所以采用参考电流的电阻来定义 CER,即用测量的最大和最小电流 I_h 和 I_l 联合定义电阻,表示为

$$\text{CER} = \frac{R(I_h) - R(I_l)}{R(I_l)} = \frac{\Delta R}{R}, \tag{9.17}$$

式中,$R(I_h)$ 是在电流偏置下最高电流时测量电阻,$R(I_l)$ 是最低电流时测量的电阻. 用式(9.17)表示 CER 更接近实验测量情况.

2. CER 的界面机制

由于电场感应改变肖特基(Schottky)类界面势垒可能产生 CER,当今的有关研究仍然集中在 CER 特性的机理,如高低电阻变化比例、高低电阻态的稳定性以及对于电阻开关的临界场强等. 另外泄漏电流的来源和抑制技术涉及存储信号中的两种不同电流通过肖特基结的机制,即隧穿(ET)和热发射(TE).

通常微电子的场效应管(FET)是由门电压通过介质层感应控制载流子通道的宽窄,实现电流调控. 在铁电材料的 MOS 结构中,可能是调控界面附近的耗尽层和其中的缺陷来实现信号载流子的控制. 当耗尽层足够薄或者在耗尽层中有相当多缺陷时,容易产生隧穿电流. 当耗尽层较厚或温度较高时,越过势垒的热发射电流占优势. 这些都与结势垒的厚度和高度有关,因此 CER 输运行为与界面结有很强的关联. Fujii 等[5]认为陷阱助隧穿结 $SrRuO_3/SrTiO_3:Nb$(STON)引起 CER 行为. 而以前的很多工作只是特别关注电子在结上的传输行为,重点分析在不同温度下 Au/STON 结的 $I-V$ 特性,建立 CER 效应与电子传输行为之间的关系. 用磁控溅射方法在 STON 晶体(001)面上制备 Au/STON 结,通过遮挡栅制备的 Au 电极为 400 nm 厚,0.2 mm 宽. 3 个 STON 基底中 2 个采用 $SrTiO_3$ 晶体分别掺杂 0.5wt% Nb(STON-1)和 0.05wt% Nb(STON-2),第 3 个是在氧气氛中 STON-2 基底在 600℃退火 30 min(STON-3). 正偏压方向从 Au 到 STON 测量传输数据,温度范围为 293~453 K,温度起伏小于 0.5 K.

图 9.6(a)和(b)用半对数坐标表明 Au/STON-1 的 $I-V$ 特性[6]. 对于 $V>0$ 的整流行为和 $\log I$-V 关系的基本线性行为是肖特基结的特征. 有两个反常值得注意, 第一是在不同温度记录的 $\log I$-V 曲线是彼此平行的, 直到电流饱和, 经历从增加到减小. 在反向偏压存在两个电流与温度变化相反的区域, 这些结果揭示 Au/STON-1 的传输行为偏离标准的 TE 发射特性, 说明在相反变化区之间存在相变, 这是与硅传统 FET 显著不同的非线性特征. 这样 CER-FET 将出现全新的现象. 在 Au/STON-2 中观察到相似的特性, 与图 9.6(a)和(b)$I-V$ 特性只有小的细节不同. 与前两个样品比较, Au/STON-3 有明显不同的 $I-V$ 特性(图 9.6(e)和(f)). 尽管对于 $V>0$, $\log I$-V 曲线保持了线性, 显示 $\log I$-V 斜率

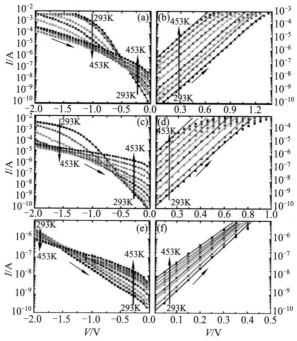

图 9.6　(a)和(b)Au/STON-1,(c)和(d)Au/STON-2,(e)和(f)Au/STON-3 的 $\log I$-V 特性, 测量温度为 293~453K, 间隔为 20K, 箭头表明加电场的方向

很强地依赖于温度, 随温度增加而减小. 反向偏压下电流远低于 Au/STON-1 和 Au/STON-2 的. 对于样品 Au/STON-1 和 Au/STON-2 电子传输行为可用纽曼(Newman)方程 $I\propto\exp(\alpha T)\exp(\beta V)$ 描述, 这里 α 和 β 是常数, 与温度和电压有弱的依赖关系. 方程预言 $\log I$-V 曲线的斜率与温度无关, 当电压固定时, $\log I$ 随温度线性增加, 例如 Mn/STON 结的 $\log I$-V 斜率是温度倒数的函数, Au/STON-1 的 $\log I$-V 斜率与温度倒数的关系如图 9.7 所示, 插图为在两个固定偏压下拟合得到 $\log I$-T 的斜率. 对于样品 Au/STON-1 和 Au/STON-2 分别为

~5.8log(A)/V 和 ~8.2log(A)/V，基本与温度无关．在固定电压下观察到电流随温度指数增长，见图 9.7 中的插图．这些结果与特性方程预言的一致，显示出两个结中为 ET 传输特性．与 Au/STON-2 相比，在 Au/STON-1 中较低 log$I$-V 斜率可说明 Au/STON-1 结有较高的内建场，它的掺杂浓度与前述 STON-1 的一致，大于 STON-2 的．与前两个结相比，Au/STON-3 的 log$I$-V 斜率随温度改变为 q/nk_BT，这里 n 是理想系数，其值为 $n=1.3$，q 是电子电荷，k_B 是玻尔兹曼常数．这个结果揭示了传输行为的 TE 特征，对于正向电流给出为 $I_F \propto \exp(qV/nk_BT)$ 关系．为了得到 CER 和 TE/ET 行为之间的关系，进一步研究了场感应电阻的改变，

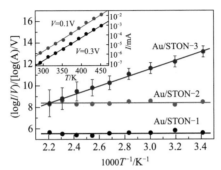

图 9.7　Au/STON 的 log$I$-V 斜率与温度倒数的关系，
插图为在两个固定偏压下拟合的 log$I$-T 的斜率

其结果如图 9.8 所示．图 9.8(a)~(c) 的 I-V 曲线是在不同温度下测量的，其电压循环为 0→+2V→0→−2V→0(扫描速率为 50mV/s)．为更清楚，仅给两个 I-V 曲线，分别相应于 T=293K 和 453K．在样品 Au/STON-1 和 Au/STON-2 中观察到明显的 I-V 回路特性，说明存在非挥发的电阻改变．相比之下，对于 Au/STON-3 的 I-V 曲线没有明显的回路特性．当用电脉冲感应产生电阻改变时，加在结上的正、负电压脉冲为 1ms 宽，振幅为 0.1V，每个脉冲后立刻记录电阻值．对 Au/STON-1 脉冲振幅为 3V，对于 Au/STON-2 和 Au/STON-3 的为 8V，最高电压没有引起样品的永久损坏．正如预期的，电阻脉冲对 Au/STON-1 和 Au/STON-2 的结产生很大的电阻改变，而 Au/STON-3 对电脉冲不灵敏，见图 9.8(d)~(f) 所示．CER=$(R_{high}-R_{low})/R_{low}$．图 9.9 表明 CER 相对于温度的关系，(a) 电压循环，实的和空的符号分别表示在 0 和 0.1V 时测量 CER 值，(b) 电压脉冲，插图为电压循环感应的 I-V 特性．在 Au/STON-1 发生很强的 CER 效应，在接近环境温度由电压循环和电压脉冲感应有最大的 CER 值分别约为 10000% 和 1000000%．尽管 Au/STON-2 的 CER 值稍小，但仍能与 Au/STON-1 可比拟．与前两个结不同，Au/STON-3 电阻最低，CER 值通常低于 20%．这些结果说明 CER 效应只出现在受 ET 控制的结传输行为，通常很弱，当 TE 为主时，CER

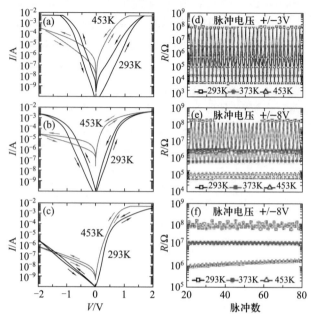

图9.8 只在293和453K测量的 $I-V$ 曲线,电压循环(左侧),电压感应电阻,电压脉冲(右侧),(a)和(d)Au/STON-1,(b)和(e)Au/STON-2,(c)和(f)Au/STON-3

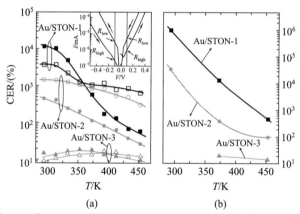

图9.9 感应的CER值:(a)电压循环,实心和空心分别表示在0和0.1V时测量CER值,(b)电压脉冲,插图为电压循环感应的 $I-V$ 特性

值随着温度的增加而减小.出现ET表明Au/STON-1和Au/STON-2的耗尽层相当薄,而且在这些层中可能存在相当多的缺陷.在频率1kHz和环境温度下测量结电容率,Au/STON-1,Au/STON-2和Au/STON-3分别测得值约为4.2nF,3.2nF和2nF.对于3个样品有不同的构建电场,STON-1,STON-2和

STON-3 得到的相应数据分别近似为 50V,100V 和 300V. 对于耗尽层厚度 W 可用公式 $C=\varepsilon_0\varepsilon S/W$ 计算,分别近似是 33Å,87Å 和 415 Å. 对于 3 个结,ε 是耗尽层相对介电常数,结面积 $S\approx 0.0314\mathrm{mm}^2$. 在 3 个样品中不同的传输行为可以进行解释,样品 Au/STON-1 和 Au/STON-2 界面势垒区耗尽层较薄,容易发生电子隧穿,而样品 Au/STON-3 由于厚的耗尽层,电子隧穿界面势垒较难. 根据半导体理论,外电场完全降落在耗尽层上,小的耗尽宽度意味有较高的电场加到耗尽层上,正如在 Au/STON-1 和 Au/STON-2 发生的情况,高电场与耗尽层中的缺陷一起作用形成导电丝. 样品中的阳/阴离子缺位起掺杂剂作用,在晶体缺陷附近显示很高的迁移率,在外场作用下重整化是可能的. 基于上面的分析,Au/STON-1 的 CER 效应在 3 个样品中是最强的,因为 Au/STON-1 有薄的耗尽层,因此有最高的电场. Au/STON-2 的耗尽层约为 Au/STON-1 的 2.6 倍,Au/STON-2 的 CER 明显小于 Au/STON-1 的. 在氧气中退火减少了在 Au/STON-3 施主类型的缺陷,例如界面附近的氧缺位,引起耗尽层生长,减小空间缺陷,导致很大地抑制了 CER 效应.

3. 金属-氧化物界面 CER

具有肖特基势垒结构的金属-氧化物界面是产生 CER 效应的重要特征之一,电子隧穿行为产生于界面薄的耗尽层,CER 效应与载流子输运过程有密切联系,控制肖特基势垒耗尽层厚度是优化 CER 效应的有效方法. 当施加电压到两金属电极间强关联过渡金属氧化物层时,其结电阻呈现可逆变化,大小可达 2~3 个量级,变化后的电阻态可以保持一定值. 可用这个特性制作非挥发性存储器,称为电阻随机存储器(RRAM). 在耗尽层区相应的两金属电极间界面为强关联绝缘体(半导体)膜,用强关联金属锰氧化物($La_{0.7}Sr_{0.3}MnO_3$,LSMO)与金属 Ti 电极接触界面上没有形成肖特基势垒,测量结果没有显示 CER 效应. 当在两者间加入强关联绝缘体(半导体)锰氧化物($Sm_{0.7}Ca_{0.3}MnO_3$:SCMO)层时,在结界面形成肖特基势垒,如图 9.10 所示[7],电荷存储效应改变界面电子态. 图 9.11 给出界面控制 CER 器件,$I-V$ 特性(CER 特性)的改变伴随着界面电导特性的改变,在金属钛和 LSMO 间加入 SCMO 层,在其 $I-V$ 特性中观察到整流和回路效应,从而确定发生了 CER 效应. 当很薄的(0.4 nm)或几个分子层的强

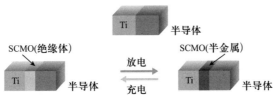

图 9.10 改变界面电子态的电荷存储效应

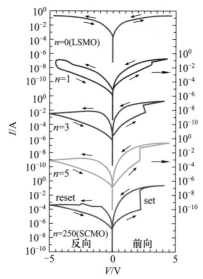

图 9.11 界面控制 CER 器件，$I-V$ 特性（CER 特性）的改变伴随界面电导特性的改变

关联绝缘体 SCMO 嵌入器件的功能界面时，有不同的界面特性，观察到相应的 CER 效应．特性曲线中的迟滞回线行为可用来控制电阻开关特性，显著改变纳米量级界面区的导电特性．

§9.5 铁电材料的应用

当前铁电材料主要应用于信息加工的开关器件，即利用铁电材料的极化反转作为开关．当铁电晶体外加电场（电压）时，电偶极矩将会在电场作用下重新排列．改变电压的极性，可使电偶极矩的方向反转．电偶极矩的这种可转向性，意味着它们可以在记忆芯片上表示 0 态或 1 态信号．而且在电压断开时，这些电偶极矩也会保持在原来的方向，使铁电内存仍能保存信息，如智能卡、图像存储等都是用其进行资料储存的．此外，运用化学气相沉积（CVD）、真空溅射技术等可将不同成分配比的铁电材料制成薄膜，不仅保有高介电系数与自发极化的特性，更可能与一般微电子组件结合，制造铁电随机存取储存器（FRAM）、声表面波（SAW）组件和光调制器件等．铁电相变效应可用于矩阵寻址存储、移动记录和开关，输运电荷或传输极化子．用高 T_c 材料和其他非开关特性可构造新功能器件．人们也应用铁电材料的焦电和压电特性，它的系数通常在 T 接近 T_c 时异常大，在这些基本特性上附加了特殊应用．基于铁电体的开关和压电特性的联合器件，如与记忆、振荡、滤波、光开关显示和存储有关的一类新器件正在得到广泛应用．铁电体和电致发光元件可用于各种显示器件，且在一定的控制形式下光可能实现存储和发射,也可用于光电导和铁电元件,还可直接用于 X 射线光转换显示器.具有开关特性铁电材料可用于制造场效应晶体管、电阻器特殊三极管等,也可用于温度自动稳定的非线性介电元件,多道滤波器和各种传感器、非线性器件等.有很多非开关应用铁电材料,利用其高的介电常数可制作电容,利用随温度迅速改变特性可制作电热调节器.铁电体的线性或二次方的电光效应,可用于制造光反射器、调制器和显示器,非线光学效应可用于倍频发生器、混频器和光参量振荡器等.光衍射效应同样可用于永久或可光擦除的全息存储,甚至可能提供选择可擦除多重全息存储.近些年来铁电体用于铁电热电探测器研究取得了显著进展,图 9.12 所示是铁电体的红外探测器件,图(a)是电极矩变换原理图,图(b)是成像靶结构,每单元尺寸为 $19\mu m \times 16\mu m \times 25\mu m$,能够红外成像,适用于探测夜间目标,响应速度快,室温下工作.利用铁电体的压电特性,研制成压敏传感器,有极高的灵敏度,图 9.13 所示为铁电体的压敏阵列结构示意图,用于潜艇、船舰的声呐的探头、医用 B 超探头等.

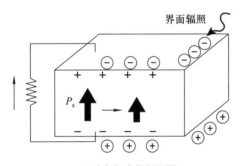
(a) 电极矩变换原理图

(b) 成像靶结构

图 9.12 铁电体的红外探测器件

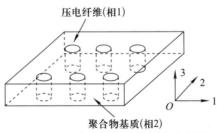

图 9.13 电体的压敏阵列结构示意图

近些年来科学家生长出纳米晶粒与纳米管线等低维纳米铁电材料,大部分的铁电材料在室温时都可透光,利用其泡克耳斯(Pockel)效应、克尔效应、压电效应等可制造光调制器与微感应器等器件.因此,铁电材料在未来的科学与技术发展中具有巨大潜力.

参 考 文 献

[1] 吴锡龙. 大学物理教程(第二册),第二版. 北京:高等教育出版社,2004.
[2] 郑佩慈. 仪科中心简讯,2005,68:1.
[3] Abrahams S C, Nassau K, Bever M B. Encyclopedia of Materials Science and Engineering. New York: Pergamon Press, 1986.
[4] Clougherty D P, Anderson F G. Theory of spontaneous polarization of endohedral fullerenes. Phys. Rev. Lett. , 1998,80:3735.
[5] Fujii T, Kawasaki M, Sawa A, et al. Electrical properties and colossal electroresistance of heteroepitaxial $SrRuO_3$/ $SrTi_{1-x}Nb_xO_3$ ($0.0002 \leqslant x \leqslant 0.02$) Schottky junctions. Phys. Rev. B,2007, 75:165101.
[6] Shang D S, Sun J R, Shi A L, et al. Electronic transport and colossal electroresistance in $SrTiO_3$:Nb-based Schottky junctions. Appl. Phys. Lett. , 2009,94:52105.
[7] Venkatesan T, Kundaliy D C, Wu T, et al. Novel approaches to field modulation of electronic and magnetic properties of oxides. Philo. Mag. Letts. , 2007,87:279.
[8] C. Jooss, L. Wu, T. Beetz et al. Polaron melting and ordering as key mechanisms for colossal resistance effects in manganites, Proc. Natl. Acad. Sci. U S A. , 2007,21:13597.

第 10 章 多铁性材料

前两章讨论了铁磁体和铁电体,有的多元化合物既有铁磁性,又有铁电性,还有铁弹性等,这类相关特性在同一相中出现,称其为多铁性材料(multiferroic materials,或 multiferroics). 此前我们所讨论的或者是铁磁性材料,或者是铁电性材料,都属于单一结构且具有单一特性的材料,称为单铁性材料. 在信息处理设备中采用了大量铁磁体器件进行数据存储,通常用铁磁体,其磁化方向通过外部磁场控制实现取向反转. 而铁电体的材料具有自发电极化特性,其电极化方向可以通过外加电场来改变,如 TbDyFe 合金稀土超磁致伸缩材料(Terfenol-D)、铁氧体,称其为磁致伸缩或电致伸缩材料,也可通过改变材料的形状来改变磁化方向或电极化方向,如锆钛酸铅压电陶瓷(PZT),聚偏二氟乙烯(PVDF),通常称为压电材料. 对多铁性材料可通过外部磁场控制磁化方向反转来实现信息存储,也可以调整外加电场来改变电极化方向进行信号加工. 如果还存在铁弹性,也可通过外力改变磁性或电性,或者相反地用外磁场、外电场改变材料形状,实现多种应用的目的. 人们注意到许多铁电体通常也是铁弹体,即形状改变的同时伴随着电极化的改变. 典型的是压电材料,应力可以产生电极化,外电场可以产生应力使体系改变形状. 目前已在技术领域应用较多的是压电材料(如 PZT,PVDF)和磁致伸缩材料(如 Terfenol-D、铁氧体),其电(磁)极化的改变伴随着形状的改变;反之亦然,常用于声-电信号转换以及精密控制位置驱动器.

现在将探讨同时呈现铁磁性和铁电性,将两个甚至多个特性综合于一体的材料,也称其为铁磁电材料(magnetic ferroelectrics),这类材料早期发现的很少. 在 1894 年居里就利用对称性的理论预测出自然界中存在磁电效应(magnetoelectronic effect)材料. 1960 年科学家们发现了单晶 Cr_2O_3 在 80~330K 的温度范围内具有磁电效应,由此引发了寻找磁电效应材料的热潮,并相继在混合钙钛矿型磁性铁电材料、反铁磁材料和亚铁磁材料中发现了极弱的磁电效应. 1970 年,Aizu 根据铁电、铁磁、铁弹三种性质有一系列的相似点将它们归结为一类,提出了铁性材料(ferroics)的概念. 1994 年瑞士的 Schmid 明确提出了多铁性材料(multiferroics)的概念,专指具有两种或两种以上铁性体特征的单相化合物.

目前单相多铁性磁电材料种类十分有限,呈现的磁电效应很微弱,或者可观察到磁电效应的温度很低,很难实际应用. 相反,多铁性磁电复合材料室温下有强磁电效应,因而会有实际应用价值. 当今人们探索的磁电复合材料可分为四种类型:① 磁电复合陶瓷,②磁性合金基复合材料,③压电陶瓷-磁性合金-高分子三相复合材料,以及④纳米结构铁电-磁性氧化物复合薄膜. 本章将对它们进行逐步深入的讨论.

§10.1 多铁性概念

多铁性材料不仅具有铁磁、铁电、铁弹材料的多重属性,而且还存在磁极化和电极化之间的相互作用,此外材料形状的改变还能引起磁极化、电极化和多种特性的相互影响,故多铁性材料能够产生综合场调控复杂流的多种新功能.如由电场引起磁极化改变或者由磁场引起电极化改变的一级磁电效应,它可以产生全然一新的元器件和电路.电场控制磁数据存储器、磁场控制电数据存储器及磁电换能器等器件的制造,构成了新一代信息处理电路,形成了新的产业经济.同时,多铁性材料还给人们提供了深入研究电子强关联问题的实验对象.理论研究表明简单钙钛矿结构氧化物中产生了铁磁性与铁电性,这些特性从原子水平上的微观机制上看是相互排斥的,但在多铁性材料中确实存在不同特性间的相互影响,它促使人们研究多种特性共存的微观机制,包括这类材料的原子结构和电子结构.当今研究过的有:$6s^2 6p^0$ 对电子、磁场诱导的晶格调制、电子铁电性等,这不同于简单钙钛矿结构氧化物中的 $3d^2 - 2p^6$ 杂化铁电性产生机制,由此导致以前不为人知的多重铁性材料的发现.至今,磁电记忆效应和磁场对铁电畴的控制效应等已经得到了验证.

多铁性材料含铁磁学、铁电学、铁弹学等多科学问题,涉及过渡族金属氧化物 ABO_3 钙钛矿结构的强关联体系,以及自旋序、电荷序、轨道序、量子调控和铁畴工程学等复杂量子效应和多尺度问题,是一个跨学科的前沿研究领域.单相磁电材料至今还没能应用和形成产业,所遇到的最大障碍是因为已知大部分单相材料的磁有序温度较低(<150K)或在很低的温度下才具有磁电效应.因此,新型磁、电序参量共存和耦合理论探索是设计开发新型高温单相磁电多铁性材料的前期工作,理论突破以及高温磁电材料的获得将奠定下一代元器件和电路及其相关产业的科学基础.

1. 单相多铁性材料

多铁性材料可认为是至少存在两个铁性态的材料,这些铁性态包括铁弹性、铁电性和铁磁性.人们希望可利用其中任何两个特性作为功能材料,进而构造器件、电路.更大的兴趣在于这种铁电和铁磁共存材料中相互影响的机理和可能的应用.Hill 讨论了在过渡金属氧化物中铁电和铁磁兼容的条件和要求,发现存在于同一相中的实际材料是少有的.现今认为在一个材料中同时存在长程磁序和电极化态就属于多铁性材料.研究的兴趣在于认识结构特征,理解特性机理,追求长远技术应用.有关探索工作开始于 20 世纪五六十年代的磁电效应的研究,磁电效应是外加磁场感应电极化,或电场感应磁化,称为磁电线性效应;若同时

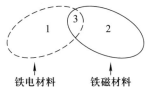

图 10.1 铁电材料 1 和铁磁材料 2 重叠产生铁电和铁磁耦合增强材料 3

加电、磁场,改变电、磁极化,称为非线性效应.这时非线性效应存在于多数多铁性材料中,而线性效应则是相当少有的.因此在一个材料中同时有多铁性的非线性和电磁的线性就更少,如图 10.1 所示[1],椭圆圈 1 为铁电材料,椭圆圈 2 为铁磁材料,3 则为铁电性与铁磁性共存增强耦合的材料.由于增强的铁电和铁磁特性间的耦合,在多铁性材料中线性磁电效应显得更为重要,具有显著的技术应用前景.

2. 序参量

为描述多铁性材料的结构和特性,引进了序参量概念,这里做简要介绍.在晶体中作为金属或半导体不仅有共有化电子或空穴作为电流载流子,如果考虑原子实(由原子核及除价电子以外的内层电子组成)的芯电子和电子自旋,以及相关的电荷分布,这样晶体的电子结构如图 10.2 所示.这种 Z 字形(zig-zag)链的有序结构多在掺杂磁体中观察到,存在长程作用力,其应力能约为 20~30meV/Mn 量级,在常规环境中结构是异常稳定的.

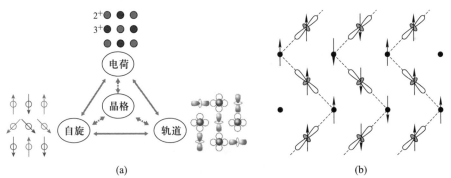

图 10.2 晶体中的(a)电荷序、自旋序和轨道序的关联,(b)电荷、自旋、轨道、
轨道电子云的一种排布,黑点为电子,箭头为自旋取向

在多铁性材料中存在电荷周期、自旋取向和轨道电子云的排列,描述这些结构特性所用参量有电荷序(charge order)、自旋序(spin order)和轨道序(orbital order)等,电荷序即是电荷在空间位置的某种排布,自旋序即是电子自旋的某种取向,轨道序即是某种轨道电子云的周期排列.这种用序参量所描述的电子结构在静态情况下会发生相互间的作用,称为耦合.外场的作用会改变这种耦合,使

其相互作用增强或者减弱,呈现动态的复杂效应. 与此有关的现象,如图 10.3 所示,电子关联材料呈现的几种主要效应有:(a)高温超导(high temperature superconductor, HTSC), (b)金属-绝缘体相变(metal insulator transition, MIT), (c)庞磁阻(colossal magnetoresistance, CMR). 这些效应都是温度 T 的函数. 如图 10.3(a)所示,当温度从室温下降时,作为正常金属,电阻 R 减小,达到相变临界温度 T_C,电阻 R 突然变为 0. 材料中电子载流子转变成库珀对载流子,从而呈现超导体行为. 如图 10.3(b)所示,另一类电子强关联材料在常态下电阻与温度有类似金属的关系,但当温度下降到临界温度 T_M 时突然变为绝缘体,出现了载流子局域化. 再一类材料的电阻与温度的关系如图 10.3(c)所示,其响应曲线与外加磁场有关,在某一温度下,加外磁场时电阻显著减小,这就是 CMR 效应. 这些效应的微观机制都与在外场作用下材料序参量的改变有关.

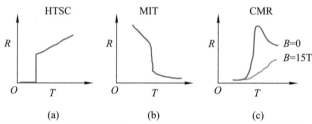

图 10.3 电子关联材料的几种现象:(a)高温超导,(b)金属-绝缘体相变,(c)庞磁阻

材料的磁性来源于电子的自旋取向排列,包括铁磁、顺磁、反铁磁,其中相互作用的自旋体系由于各种激发作用产生集体运动,称为自旋密度波. 正如固体中相互作用的原子体系由各种激发作用所引起的集体运动,称为点阵波(弹性波). 早期,自旋波的概念曾用来精确解释低温下铁磁体饱和磁化强度 M 随温度上升而下降的规律. 由大量具有未抵消自旋的原子组成的铁磁体,在 $T=0K$ 时,由于交换作用所有自旋平行排列(完全有序);在非 0K 时,热激发使铁磁体中出现部分自旋的反向,而自旋间的相互作用使反向的自旋不固定在某些原子上,而是在自旋体系中传播,形成自旋的集体运动. 可以用波动或准粒子来描述这种集体运动,称为自旋密度波. 在不考虑自旋密度波之间相互作用的条件下,理论计算可得到低温下铁磁体的饱和磁化强度与温度的关系,给出的规律为许多实验所证实,并成为测定交换积分的主要实验方法之一. 在将自旋密度波看成准粒子的磁振子体系时,这些磁振子具有确定的能量及动量,分别表示为 $\hbar\omega$ 和 $\hbar k$,这里 ω 是相应于自旋密度波的圆频率,k 是其波矢,$\hbar$ 是约化普朗克常数. 这样自旋序所描述的磁体具有不同频率 ω 和不同波矢 k,即可以看成是具有不同能量和不同动量的磁振子(粒子)$\hbar\omega$,也可以看成自旋密度波 $\hbar k$. 这些自旋密度波或磁振子分别组成了自旋密度波谱. 自旋密度波除上述的热激发外,还有其他的激发方

法,例如,在均匀恒定磁场作用下,在薄膜中激发一定波数的自旋波驻波,称为自旋波共振.当自旋密度波的波长与样品尺度相当时称为静磁模.在高功率铁磁共振中,当微波功率超过某临界值时,由于进动与自旋波的耦合,某种自旋波可被激发.此外利用光子或中子与磁振子的非弹性散射也可激发自旋波.自旋波的研究对于基础研究和实际应用都有重要意义,例如:自旋波的热激发是决定若干基本磁性随温度变化的重要因素;由材料中各种不均匀性引起自旋波之间的散射是决定铁磁共振线宽的重要弛豫机制,利用铁氧体中激发和传播的静磁波可制成多种在微波技术中有用的静磁波器件(如延迟线、滤波器、信噪比增强器等).研究自旋波的实验原理是利用自旋波与其他物理参量间的相互作用,例如磁共振方法、光散射方法和中子散射方法等.

§10.2 多铁性材料的原子结构

人们在对于多铁性材料做早期研究时,认为铁电性和铁磁性是矛盾的,有很少材料同时存在铁电性和铁磁性,但后来在实验中发现是有材料同时呈现上述几种特性的,如 Cr_2O_3、钇铁石榴石(yttrium-iron-garnet)、方硼石(boracite)、稀土铁酸盐(rare-earth ferrite)和锰基钙钛矿(manganese-based perovskite)化合物等.在这些材料中,铁电和铁磁/反铁磁相耦合产生交叉现象,呈现磁电(magnetic electricity,ME)效应.对于这些材料可以用外电场来调控磁相,或用外磁场来调控电相.过去 10 年在多铁性材料领域已经形成了研究的热潮,在大量的镧化物中发现了 ME 效应,最近在纳米结构材料中也发现这种交叉效应.对于这类材料的理解,首先应从其原子结构入手,进而讨论特性与结构的关系.这里主要介绍稀土过渡金属氧化物钙钛矿类材料的原子结构.

1. 过渡金属氧化物

过渡金属氧化物形成一系列的复杂结构,具有独特的电子特性.从绝缘体(如 Cr_2O_3)到金属(如 TiO),对这类材料结构和特性的研究已经有较长的历史.另一类是近 20 年发现含有过渡金属稀土氧化合物的高温超导体(YBCO)和巨磁阻材料.这些化合物具有很多惊人结构与特性,晶体化学对其进行了描述,给出有关的晶体结构和化学键特性,成为设计和合成新材料的基础.这类多元化合物有复杂的结构,其中研究较多的是三元和四元化合物,如图 10.4 所示的 $La_{1-x}Sr_xMnO_3$ 的相图[2],给出了过渡金属稀土含量 x 与温度 T 条件下各种相存在的范围.图中标注了各种相晶体结构的说明:正交晶系 O、扬-特勒畸变的正交晶系 O′、轨道序正交晶系 O″、斜方 R、四方 T、单斜 Mc 和六角 H,以及磁结构的顺磁 PM、短程序 SR、方位角 CA、A-类反铁磁结构 AFM、铁磁 FM、相分离 PS 和 C-类结构 AFM、电子态(绝缘体 I,金属 M)等.相图是合成制造此类材料的基础,从其中可以了解稳定存在的条件,用以指导制造、加工工艺技术.研究多铁性过渡金属稀土氧化物主要追求多种特性耦合的材料结构和特性,图 10.5 给出了这个研究领域所涉及的材料[3],大圈包括所有材料,其内左边的椭圆圈为磁极化材料,右边椭圆圈为电极化材料.两个小圆圈为人们研究最多的材料,左边圆圈内为铁磁材料,右边圆圈内为铁电材料,接近中心的很小的圆圈为具有磁电耦合特性的材料,至今发现只有 9 种,其中 $CoCr_2O_4$ 和 $TbMnO_3$ 具有最强的磁电耦合效应.

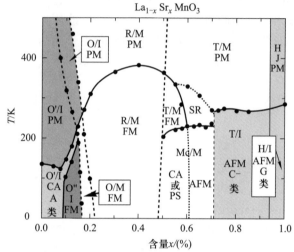

图 10.4　钙钛矿 $La_{1-x}Sr_xMnO_3$ 的相图

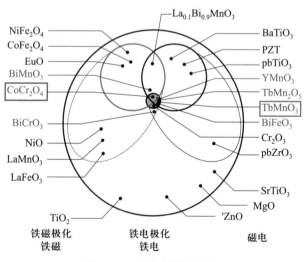

图 10.5　过渡金属氧化物

这里只给出了一种四元盐 $La_{0.1}Bi_{0.9}MnO_3$. 结果表明具有多铁性的材料相对较少, 具有磁电效应的材料更少. 现今发现的多铁性材料多是晶体单胞的原子结构, 会发生晶格扭曲, 并伴随感应电极化, 产生磁极化或电极化; 也可能相反, 产生对称崩溃, 出现退极化. 对于块体而言, 在单相中同时具有铁磁、铁电等特性耦合效应的材料很少, 特别是在室温附近具有显著效应的更少. 至今人们探索发现在薄膜材料中, 通过设计组装能够获得新型多铁特性.

2. 钙钛矿 RMn_2O_5 化合物

由图 10.5 可发现具有多铁性材料典型特性的钙钛矿 RMn_2O_5[4], 这里 R 表示稀土离子, 如 Y 或 Bi 等. 其晶体单胞结构如图 10.6 所示, (a) 为原子结构, 立方结构单胞, 中心的大球是稀土原子, 四角的中球是过渡金属原子, 小球是氧原子; (b) 为电子结构, 给出了轨道电子云分布和能级结构, 金属的 3d 轨道在形成晶体的过程中由于晶体场的作用分裂为能级 t_{2g}, JT 效应使 e_g 又进一步分裂, 形成图中所示的钙钛矿特有的能级结构. 对于这类材料的磁感应铁电和磁电效应的微观机制假设与各向同性的海森伯交换有关. 基于这个模型讨论电荷序、自旋序和轨道序的形成及在外场作用下的改变, 包括晶格、自旋无序(交换收缩)和电子密度的重新分布. 现今发现的多铁性材料主要有 $TbMnO_3$, $Ni_3V_2O_8$, $MnWO_4$ 和 CuO 等, 图 10.7 为钙钛矿 RMn_2O_5 的结构, (a) 为沿 c 轴方向的晶体结构, 室温正交 pbam 对称, 其中 $Mn^{3+}(d^4)$ 正四面体(MnO_5), $Mn^{4+}(d^3)$ 正八面体(MnO_6), 稀土 $Tb^{3+}(3f^8)$, $Dy^{3+}(3f^9)$. (b) 为 a 轴顶视图和 c 轴顶视图, 图中大球是 Tb 原子, 中球是 Mn 原子, 小球是 O 原子. 这是晶体单胞的原子结构, 将会发生伴随晶格扭曲感应电极化, 产生磁极化或电极化; 也可能相反, 产生对称崩溃, 出现退极化. 其中共线磁序最强的自旋相互作用能移动离子和极化电子云, 发生对称的海森伯交换, 其强度正比于产生自旋 S_1, S_2 的数量. 通常用这个机制解释 RMn_2O_5 的多铁性结构和特性.

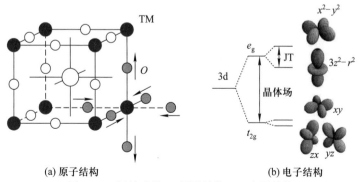

图 10.6 钙钛矿的(a)原子结构, (b)电子结构

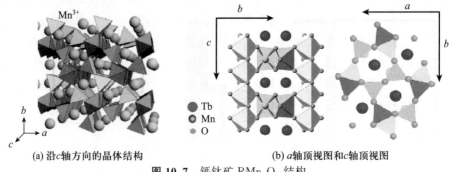

(a) 沿 c 轴方向的晶体结构　　　　　(b) a 轴顶视图和 c 轴顶视图

图 10.7　钙钛矿 RMn_2O_5 结构

§10.3　多铁性材料的电子结构

本节将在钙钛矿原子结构的基础上,进一步讨论多铁性材料的电子结构,涉及磁、电、光、力和温度多种特性,以及其间耦合所产生的复杂行为.

1. RMn_2O_5 的模型

以 RMn_2O_5 化合物为代表的这类材料突出特性表现为磁感应电极化、光激发磁子,以及自旋再取向跃迁等,可用较简单的微观模型描述. 通常这类材料的光学特性基于各向同性的海森伯交换控制,仍可用于讨论与磁各向异性自旋再取向有关的自旋有序态和磁电耦合机制. 考虑在 ab 层含有 Mn^{3+} 和 Mn^{4+} 离子中的单磁子,自旋与极化晶格声子间耦合的相互作用的哈密顿表示为

$$H = \frac{1}{2}\sum_{i,j} J_{ij}(P)(S_i,S_j) - \frac{1}{2}\sum_{i,a} K_{ia}(S_i \cdot k_{ia})^2$$
$$- \sum_i \mu_i(S_i \cdot H) + V\left(\frac{P^2}{2\chi_1^{(0)}} - PE - \frac{\chi_2 E^2}{2}\right), \tag{10.1}$$

式中,第一项是自旋交换能,第二项是单离子各向异性能,第三项是自旋与外加磁场间的相互作用,最后一项描述体系的介电响应,这里 $\chi_1^{(0)}$ 与极化晶格模式有关,表示裸介电极化系数(不包括磁贡献),χ_2 是非磁介电极化系数,V 是系统体积. 假设位于 ab 平面内所有自旋为简单有序态,式(10.1)中的自旋和晶格极化声子模式间作用产生交换耦合关系,在 RMn_2O_5 中其电极化是平行于 b 轴的,表示为

$$J_{ij}(P_b) = J_{ij}(0) + J'_{ij}(0)P_b + \frac{1}{2}J''_{ij}(0)P_b^2 + \cdots, \tag{10.2}$$

式中,第二、三项表示二次和三次的磁电耦合项.

2. 磁序和自旋再分布

这里采用 Chapon 等的模型,在最近邻 Mn 离子对间有 5 个交换常数,Mn^{4+} 离子沿着 c 轴方向的 J_1 和 J_2 耦合,近邻自旋 Mn^{3+} 和 Mn^{4+} 离子的 J_3 和 J_5 耦合,在两个近邻 Mn^{3+} 的 J_4 是离子间耦合,表明在图 10.8[5],对于 $J_4=J_5=40K$

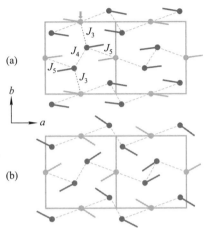

图 10.8 $J_4=J_5=40K$ 的自旋结构能量,(a)在面内结构链间耦合值 J_3 为 $-2K$,(b)而另一个面内 J_3 为 $-4K$

的自旋结构能量最小化和对于 Mn^{3+} 离子(黑)各向异性参量 $K_a(Mn^{3+})=0.6K$,所有 Mn^{4+} 离子(灰)$K_a(Mn^{4+})=0.1K$.对于在如图(a)所示的面内结构中链间耦合值 J_3 是 $-2K$,如图(b)所示的另一个面中 J_3 为 $-4K$.图中表明自旋结构的能量最小,用自旋能量数值最小化表示,在磁态的亚空间对于两个交换常数的不同设置具有波矢 $\boldsymbol{Q}=(1/2,0,0)$.与其他交换常数相比,选择交换常数 J_4 和 J_5 为正,并有较大值,根据中子实验中观察的结果可知产生反铁磁 zig-zag 链沿 a 轴有近共线自旋(虚线)排布.假设磁轴平行于 a 轴,则近邻链内自旋间方位角很敏感地依赖链间耦合比例 J_3 和磁各向异性参量 K_i.在近邻反铁磁链中磁各向异性和链间相互间作用决定近邻自旋间的夹角.

当每个反铁磁链的自旋是完善的共线时,若几何结构崩溃,则链间相互作用将消失.相反,链间耦合 J_3 导致自旋旋转,破坏每个链中的共线性.考虑 Mn^{4+} 离子自旋,在图 10.8(a)由箭头标明.在近邻 a 链中因为非 0 自旋间夹角,显著的自旋相互作用使具有 Mn^{3+} 离子的自旋相对于近邻链产生显著旋转.这些小自旋转动促进了对称崩溃,由于链间相互作用导致某些能量增加.而在近邻反铁磁链中,当自旋彼此正交时,这个能量增加最大.因此磁各向异性有利于共线自旋结构,链间相互作用有利于形成近邻链间的 90°自旋夹角.链间耦合 J_3 对近邻中自旋间角度是敏感的,对于弱链间耦合 $J_4=-2K$,这个角是相对小的,最小化能量自旋结构如图 10.8（a）所示，相似于由 Chapon 等给出的在高温"共线"相的 YMn_2O_5 观察的结果. 在 J_3 从 $-2K$ 到 $-4K$ 范围，结构改变较小，参见由图 10.8(a)到(b)变化，可解释在 RMn_2O_5（R＝Tb，Ho，Dy 和 Y）观察到自旋再取向变化的结果. 其链间耦合与温度有关，尽管在每个链非共线自旋转动刚刚可见，磁各向异性相对较弱，它们足够产生自旋结构较大的改变. 在 RMn_2O_5 中的 a 和 c 方向（同样是磁结构崩溃的情况），自旋取向跃迁伴随自旋结构对称崩溃，然而对于光激发磁子，相变的晶格形貌与自旋再分布相比是不重要的.

3. 磁感应极化

从式(10.2)的极小化可得到磁感应电极化的表示式

$$P_b \approx -\frac{\chi_1^{(0)}}{2V} \sum_{i,j} J'_{ij}(0)(S_i,S_j), \tag{10.3}$$

上式只涉及自旋间的相互作用. 图 10.9 和图 10.10 表明在高温铁电相极化矢量取向沿 b 轴的原因. 图 10.9 给出在 ab 面 Mn 层的简单结构，其中方块内箭头为局域在氧八面体内 Mn^{4+} 离子的自旋，在氧三角形内箭头为 Mn^{3+} 离子的自旋.

图 10.9 RMn_2O_5 中在高温共线相的磁序

它表明在高温近共线磁序的铁电相由沿 a 轴方向的反铁磁链组成. 微观机制归因于在磁态中的电极化涉及沿 b 轴的 ↑↑↓ 和 ↓↓↑ 自旋链，如图 10.10 所示，沿 b 链电极化感应为磁弹性，两个序参量 η_1 和 η_2 显示出简并铁电态具有电极化相反方向. 这些链含有的极化 Mn^{4+}—Mn^{3+} 键连接平行自旋，Mn^{3+}—Mn^{4+} 键连接反平行自旋，有相反极性. 非常重要的是在链中电荷和自旋调制有同样的周期，这种情况下的传统交换作用如图 10.10 所示，振幅收缩破坏消除了极性键的电偶极和沿着链感应电极化. 这个机制同样用于低温铁电相，在 b 轴方向有同样

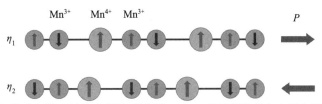

图 10.10 电极化感应沿 b-链的磁弹性,序参量 η_1 和 η_2 描述简并铁电态具有相反方向电极化

周期.然而对于共线自旋交换振幅收缩是最大的[4],这解释了在低温相变极化下降.

4. 多铁性 $TbMnO_3$ 的磁结构

在 $TbMnO_3$ 和 $TbMn_2O_5$ 中观测磁电效应,结果表明其具有多铁性行为,显示出在磁学特性和电/光特性间很强的耦合.所发生的铁电相变直接与磁结构

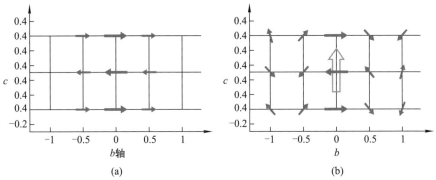

图 10.11 Mn 离子磁结构:(a)28 K<T<41 K,沿 b 轴方向调制的磁矩;
(b)在 T<28K,在 bc 平面螺旋磁结构随磁矩转动

的改变有关.用中子衍射研究这种磁结构[4],根据其数据分析得到两种不同的磁结构,如图 10.11 所示. Mn 离子有两种磁结构:(a)28K<T<41K 是沿晶格的 b 轴方向调制的磁矩,每个磁矩也沿着 b 轴方向.(b)在 T<28K,在 bc 平面内只有 Mn^{3+} 离子磁矩,发生螺旋磁矩转动.相应这个模型,与磁结构共存铁电序,涉及在 T<28K 的 Tb^{3+} 离子序,28K<T<41K 只有 Mn^{3+} 离子磁矩.采用磁共振 X 射线散射来检测磁序,共振散射过程涉及从芯能级到交换分裂能级的跃迁.这个过程只能出现在 X 射线的能量等于两个能级间的差,这个差表明某个特定的元素,发生特定的共振增强.如图 10.12 所示,能级差与峰强度的关系:在不同温度对于元素的不同吸收边,峰值能量与磁布拉格(Bragg)散射关系表明存在着明显的吸收边. Tb 离子只有自旋极化贡献散射强度,在 T>25K 时磁传播矢量有很强的温度依赖关系,说明是非公度调制结构. T<25K 时传播矢量逐渐接近于常数,但没有观察到公度结构.从这个磁峰的宽度,可以确定磁关联长度,在全

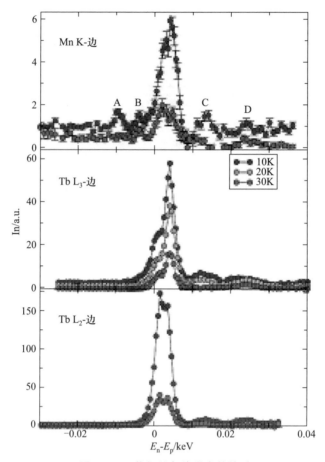

图 10.12 能级差与峰强度的关系

温度范围保有一个常数值 $0.075\mu m$,修正吸收数据可得到 Mn 离子的磁序. 最惊人的结果是在 28K, Tb 边有非零的强度,在图 10.13 中给出 RXMS 信号强度与温度的关系,记录信号不仅有 Tb L_2 边,而且有 L_3 边($E=7.515$keV) 和 Mn K 吸收边($E=6.549$ keV). 在 3 条曲线中可在 $T=25$K 处观察到一个扭结,用模型拟合 3 条曲线,假设 Mn 离子的磁序诱导 Tb 5d 态的自旋极化. 对于 Mn^{3+} 表征,同样取自旋量子数 $S=1/2$ 描述高于 25K 曲线形状. 低温在 Tb 吸收边观察到附加散射具有角动量 $J=6$,对于 Tb^{3+} 离子得到的结论是低于这个温度,同样存在 Tb 4f 磁矩的有序结构.

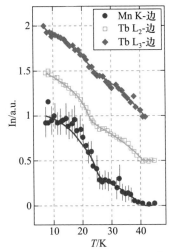

图 10.13 在 Mn K 边($E=6.549$ keV), Tb L_3 边($E=7.515$ keV)和 Tb L_2 边($E=8.255$ keV), RMXS 的强度与温度的关系, 实线是数据拟合

5. $RTiO_3$ 的轨道序

与 RMn_2O_5 有类似结构和特性的 $RTiO_3$ 材料也被人们进行了较多的研究. 这类过渡金属钙钛矿氧化物结构(ABO_3)具有部分填充的轨道, 是其特殊电子态特性的主要来源. 通常部分占据轨道是简并的, 在低于相变温度时发生占据轨道的长程序. 而局域简并总是提升这个相变温度 T_c, 因此有序伴随着固有的扬-特勒畸变, 进而导致晶体对称性改变. 这个体系被研究最多的是 $La_{1-x}A_xMnO_3$ 体系(A=Ca, Sr, Ba), 这里 JT 效应是由于轨道简并引起的, 在巨磁阻现象中起重要作用. 现今的兴趣是讨论电子关联轨道序受控的量子效应, 考虑 e_g, t_{2g} 系统有大的简并和相对弱的晶格耦合, 稀土 $RTiO_3$ 属于 t_{2g} 简并系统, 有正交畸变钙钛矿结构, 其空间群为 Pbnm, 图 10.14 是 $LaTiO_3$ 在 ab 面空

图 10.14 $LaTiO_3$ 在 ab 面在空间群 Pbnm 中的晶体结构

间群 Pbnm 中的晶体结构. 对 $RTiO_3$ 系统已有大量的研究工作, 争论的焦点是相互作用能否提升 t_{2g} 的三重简并或者轨道基态有关的问题. 在 $LaTiO_3$ 中 TiO_6 八面体显示出 $GdFeO_3$ 有较小的畸变, 预期为单离子基态四重简并, 对于

自旋-轨道(SO)相互作用可用正弦角动量表示,这种情况与观察到减小磁矩的结果相一致. 而 Keimer 等认为在这个系统中 SO 相互作用不占优势,因为观察到各向同性的自旋波色散. 从精细结构数据分析得到在具有轨道序的温度 $T_0 >T_N$ 时, TiO_6 八面体相应无序. 在 $RTiO_3$ 中具有 R=La-Nd 的轨道态, Mochizuki 和 Imada 认为可能产生晶化减小 Ti^{3+} 的动量,并得到 NMR 实验结果支持. 也有的材料没有出现预期的观测结果,需要进一步地实验研究其轨道有序和无序结构,其中涉及化合物 $RTiO_3$ 家族的两个 $LaTiO_3$ 和 $YTiO_3$,寻找可能的低对称系统以比较其轨道序. 从两个实验研究得到 $YTiO_3$ 化合物的轨道序结果,其解释轨道序图像反映了晶体结构,作为轨道有序系统如 $RMnO_3$, RVO_3, $ACuX_3$ (A=碱金属,X=卤素),其协同 JT 效应产生轨道序,用 JT 理论表述所产生的低对称. 在 JT 效应活跃的系统中,这个低对称通常是轨道序的信号. 能同样观察到赝 JT 效应,并给出八面体的无序,但在正交的 $RMnO_3$ 中没有改变对称性.

单晶样品 $RTiO_3$ 的磁特性对氧敏感,高质量的 $YTiO_3$ 和 $LaTiO_3$ 晶体具有明显窄的衍射峰(FWHM = 0.0087 ~ 0.00031),磁相变温度 $T_C > 30$ K 和 $T_N > 145$K. 粉末衍射检测所用 X 射线能量为 40keV,步长为 $2\mu m \pm 0.003\mu m$,用液氮冷却控制温度,在 5K,100K 和 295K 对 $YTiO_3$ 测量,在 5K,100K,175K 和 295K 对 $LaTiO_3$ 测量,用里特沃尔德(Rietveld)方法分析数据. 对于 $LaTiO_3$ 和 $YTiO_3$ 测量得到峰形式是尖锐的,用散射因子(f' 和 f'')修正. $YTiO_3$ 和 $LaTiO_3$ 两个化合物有相同的对称 Pbnm,结果如图 10.15 所示,比较在 5K 的 $LaTiO_3$ 和 $YTiO_3$ 的记录强度与空间位置的关系,在所有测量温度两个化合物得到精确的相似量. 在图 10.16 中,方块表示观察的结果,三角形为计算值,细实线表示两者的差. 在 5K 时测量得到的结果对于 $LaTiO_3$ 统计拟合值 $R_{wp} = 6.05\%$ 和 $R_p = 4.99\%$;对 $YTiO_3$ 则 $R_{wp} = 7.72\%$ 和 $R_p = 6.43\%$. 在 5K 和 295K 间观察发现,作为温度的函数 b 和 c 胞参量分别增加 0.482% 和 0.187%,a 胞参量收缩 0.161%,结果体积增加,参见图 10.16,比较 $LaTiO_3$,$LaVO_3$ 单胞参量与温度的关系. Cwik 等[8]报告指出接近磁相变温度时温度影响单胞参量是合理的. 这或许说明单胞参量的变化是由磁序和可能的轨道序或者纯磁致伸缩引发的. 图 10.17 所示为 $YTiO_3$ 的单胞参量与温度的关系,可看到 $YTiO_3$ 的演化过程不同于 $LaTiO_3$ 的情况. 当在 5K 和 100K 间($T_C = 30K$)接近磁有序温度时,在 $LaTiO_3$ 中单胞参量 b 随温度增加,而在 $YTiO_3$ 中单胞参量 b 减小 0.064%. 相比之下,$YTiO_3$ 的其他单胞参量 a 和 c 分别增加 0.0802% 和 0.0113%. $YTiO_3$ 和 $LaTiO_3$ 间的主要不同是单胞参量随温度变化,这个不同是明显的,$LaTiO_3$ 和 $YTiO_3$ 两者间有一个量级大小的差,单胞随温度的变化不同可解释 $LaTiO_3$ 和 $YTiO_3$ 间的磁交换强度不同.

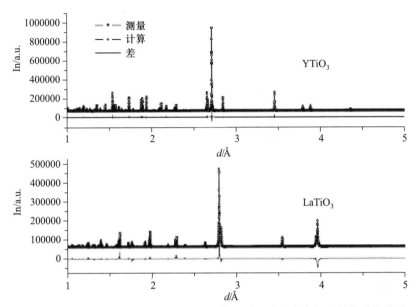

图 10.15 比较 $LaTiO_3$ 和 $YTiO_3$ 在 5K 情况下记录的强度与空间位置的关系

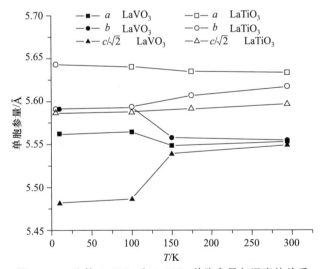

图 10.16 比较 $LaTiO_3$ 和 $LaVO_3$ 单胞参量与温度的关系

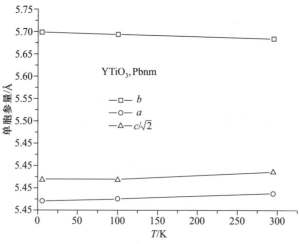

图 10.17 YTiO$_3$ 的单胞参量与温度的关系演化

§10.4 扬-特勒效应

多铁性材料中原子结构和电子结构呈现复杂行为,在外场作用下发生多种变化,扬-特勒效应(简称JT效应)是描述这些结构和变化复杂性的重要理论内容,为人们所深入研究.

1. JT 效应

扬-特勒理论是在 1937 年由 H. A. Jahn 和 E. Teller 在用群论研究非线性分子不稳定问题时提出来的,他们认为:"存在简并态的任何非线性分子系统是不稳定的,将经历畸变形成低对称和低能量体系,从而消除简并."这个理论最初是针对有机分子配位化合物体系,后来发展为讨论钙钛矿体系,在八面体配位化合物晶体场中,这一现象通常发生在 d 轨道的金属化合物中,其原子结构的八面体化合物将会沿着其轴向(z 轴)发生畸变,导致能级分裂,从而消除简并. 而简并性是在电子占据不同的轨道却可能有相同或相近的能量时产生的. 例如在八面体配位化合物中,高自旋 d^4、低自旋 d^7 和 d^9 的能级构型为消除简并通常拉长八面体,引起结构扭曲,这一现象就是 JT 效应,有时也称扬-特勒畸变. 在八面体化合物中,6 个 M-L 键的长度相等,其中 5 个 d 轨道可以分成 t_{2g}(包括轨道 d_{xy},d_{zx} 和 d_{xy})和 e_g(包括轨道 d_{z^2} 和 $d_{x^2-y^2}$),参见图 10.6(b). t_{2g},e_g 轨道的能量分别是相同的(即 t_{2g} 中三个轨道的能量是相同的,e_g 中两个轨道的能量是相同的),其中 e_g 轨道的能量比 t_{2g} 轨道的要高. 表述参量为配体场分裂参数 Δ,见图 10.18. 在 Δ 大于电子成对能的配位化合物中,电子倾向于成对,电子按能量

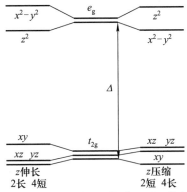

图 10.18 在发生 JT 效应时轨道电子云能级的改变

从低到高的顺序占据 d 轨道. 在这样一种低自旋态中,t_{2g} 轨道被填满之后电子才开始占据 e_g 轨道. 而在高自旋配位化合物中,Δ 小于电子成对能小,e_g 中的每个轨道在 t_{2g} 中的任一个轨道占满两个电子之前将分别占据一个电子. 在八面体配合物中,在奇数个电子占据 e_g 轨道时,最常观察到 JT 效应,如低自旋配位化合物中金属上的电子数为 7 或 9 时(也就是 d^7 和 d^9). 需要注意的是 JT 效应并不能预测变形的方向,只能预测存在不稳定的构型,也没有说能发生多么大的畸变. 如在过渡金属铜的配合物结构中,JT 效应归因于配合物 $[Cu(OH_2)_6]^{2+}$ 离子的四面体畸变,两个轴 Cu-O 距离是 238 pm,尽管有 4 个相等的 Cu-O 距离是约为 195 pm,这样发生了沿 z 轴方向的伸长,发生扭曲变形. 在过渡金属的八面体复合物中最多遇到 JT 效应,在 6 个等价 Cu(II) 复合物中这是很普遍的. 这个离子的 d^9 电子结构给出 3 个电子在 2 个简并 e_g 轨道上,导致双简并电子基态,因此复合物沿着分子 4 重轴(通常标志为 z 轴)扭曲,这个作用结果消除轨道的电子简并,降低体系的总能量. 扭曲使得配体沿 z 轴伸长,与此同时其他方向键也许缩短. 当沿 z 轴伸长(或同时伴有其他方向键收缩)发生时,影响在路易斯(Lewis)基配体电子对间的电子排斥能减小,轨道中具有在 z 分量的电子减小排斥能,因此复合物总能量降低. 在八面体复合物中,JT 效应是显著的,当奇数电子占据 e_g 轨道时,即具有 d^9 和下自旋 d^7(或上自旋 d^4)的复合物,所有这些具有二重简并基态. 这是因为 e_g 轨道涉及在配位体中自旋简并取向,畸变能导致更稳定. 严格地说,当存在简并时,在 t_{2g} 轨道中的电子同样发生这个效应(即如 d^1 或 d^2 结构有三重简并),但是其影响很少被关注,因为存在很小的排斥能降低,呈现弱的 JT 效应,分类情况见表 10.1,八面体结构的 JT 效应. 在四面体复合物中也是同样的畸变很小,呈现很小的不稳定性. 表中 w 为弱 JT 效应(t_{2g} 不均衡占据),s 为强 JT 效应(e_g 不均衡占据),空的为没有预期的 JT 效应. 在实验上,JT 效应可以通过材料的紫外-可见光谱来研究和解释.

表 10.1　八面体结构的 JT 效应

d 电子数	1	2	3	4	5	6	7	8	9	10
高自旋	w	w		s		w	w		s	
低自旋	w	w		w	w			s	s	

2. RMn_2O_5 化合物的远红外谱

人们对于钙钛矿结构的 RMn_2O_5 化合物家族已经研究多年, 交换积分随温度发生较小的变化导致多铁家族相图(图 10.1)具有复杂性. 早期低温下吸收谱的研究工作揭示了 $EuMn_2O_5$, YMn_2O_5 和 $GdMn_2O_5$ 材料的远红外吸收模式. 这里讨论 YMn_2O_5 和 $TbMn_2O_5$ 在较低温时铁电相具有强电偶极活性的磁子特性. Pimenov 等在 $RMnO_3$ 化合物的研究工作中给出描述电磁子的模式. 在 YMn_2O_5 和 $TbMn_2O_5$ 的光电导谱中, 3 个不同温度(7K, 25K, 45K)下相应的 3 个铁磁/铁电相结构, 参见图 10.19. 图示为 YMn_2O_5 和 $TbMn_2O_5$ 的光电导 σ_L 与频率 f 的关系曲线, 在 3 个相中光电场平行于磁场($e//b$), 在 $113cm^{-1}$ 和

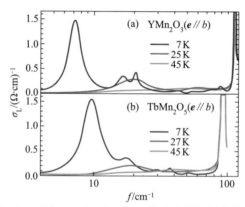

图 10.19　YMn_2O_5 和 $TbMn_2O_5$ 的光电导与频率的关系

$97cm^{-1}$ 处的强峰是最低频声子, 其他峰是电磁子. 假设所有模式是电偶极特性, 则从这些测量的透射谱拟合可得到样品的介电常数. 在 7K 时测量谱表明在低频有强的尖锐吸收峰. 在这个相中自发电极化相对小, 沿 b 轴近邻自旋间的角较大. 近 $20cm^{-1}$ 处有一宽的吸收峰, 在这个相中自旋几乎是共线的, 其电极化较大. 无峰的谱线刚好高于 Neel 温度, 表明单宽吸收带低于声子频率. 识别低频激发电磁子需要考虑几个问题: ①在研究 YMn_2O_5 中要注意避免可能在稀土离子的 f 能级间跃迁所引起的混扰; ②电场对磁偶极矩(反铁磁共振)的作用. 通过透射谱测量相对晶体轴各种光电场与磁场(分别为 e 和 b)相互取向的关系, 发现吸收只对于 $e//b//P$ 有作用, 这里 P 是自发极化矢量, 与 b 取向无关, 这意味着

激发是电偶极性质的,这些共振可能是在低温相激活的新声子.用壳层模型取最低声子波数(约 100cm^{-1})进行计算,可描述作为电磁子的这些低频峰.这个模式的电磁子来源的另一个检测方法是比较它们的台阶类异常与温度的关系.图 10.20 所示为 $TbMn_2O_5$ 介电常数与温度的关系,以拟合红外谱(下面曲线)为参考,比较频率测量.台阶类的异常来源于电磁子(图 10.19(b)有峰的线).之所以选择 $TbMn_2O_5$ 是因为大的样品尺寸和电磁子峰出现在较高的频率.图 10.20 清楚表明介电常数 $\varepsilon(T)$ 中的全部台阶的异常通常是来自尖锐电磁子峰.对于 RMn_2O_5 化合物 R=Er,Ho,Y,Dy,Tb,Gd 和 Eu 的频率与温度行为如图 10.19 和 10.20 所示.电磁子峰和 ε 台阶类异常的出现好像与非共线自旋态相变有关.特别是 $BiMn_2O_5$ 在所有测量温度下自旋序是近共线的,表明既不是 ε 台阶异常也不是电磁子吸收.由 S.H.Lee 等给出非弹性中子散射研究中 YMn_2O_5 的初期数据,在能量扫描静态自旋结构波矢范围内的几个散射峰,表明在 1meV 的强中子结构中与在低温红外谱中低频特性形状很好一致(图 10.19(a)).Katsura 等[7]预言电磁子来源于反对称交换,具有相对自发极化的横向极化 $e \perp P$.在 RMn_2O_5 化合物中的电磁子,其极化选择规则是纵向 $e /\!/ P$,这个纵向电磁子在各向同性海森伯交换基础上可得到.

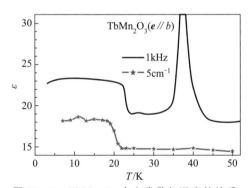

图 10.20 $TbMn_2O_5$ 介电常数与温度的关系

3. $RMnO_3$ 的远红外谱

为了探索微观机理,进一步比较多铁磁体两个家族中的电磁子,选用 $Eu_{0.75}Y_{0.25}MnO_3$ 和 $TbMnO_3$ 化合物进行分析,两者晶格参数相近,但后者在红外没有 f-f_t 跃迁.为精确确定共振参量,用洛伦兹(Lorentzian)模型拟合透射谱的介电常数 $\varepsilon(\omega)$ 对于电偶极矩变换,表示为

$$\varepsilon(\omega)=\varepsilon_\infty + \sum_j \frac{S_j}{\omega_j^2 - \omega^2 - 2\omega\gamma_j}, \qquad (10.4)$$

式中 ε_∞ 是高频介电常数,j 表示第 j 个共振函数,S_j 是谱权重,ω_j 是共振频率,γ_j 是衰减率.图 10.21 表明 $Eu_{0.75}Y_{0.25}MnO_3$ 的光电导与频率的关系,在 3 个温

度(5K,35K,80K)下测量:铁电相(三峰线),自旋密度波(虚线),顺磁相(最高峰线).电磁子带是宽背景上的两个峰,取电场方向为 $e /\!/ a$. 在低温 5K 出现明显的电磁峰,而在较高温度 80K 声子峰明显. 图 10.22 为谱权重 S 与温度 T 的关系,曲线从 1 到 5 为低于 140 cm^{-1} 的吸收峰谱,分别为每个频率模式最低温度的共振频率,插图是高于 140 cm^{-1} 声子的总谱. 高于奈尔温度(T_N)47K,存在宽吸收(电磁子)带(在图 10.21 中灰线和图 10.22 中曲线 3). 继续冷却,下降到 $T_{FE}=30K$,并停留在这个低温,呈现宽带的谱权重 S. 可从谱上看到该背景行

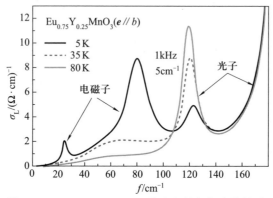

图 10.21 $Eu_{0.75}Y_{0.25}MnO_3$ 的光电导与频率的关系

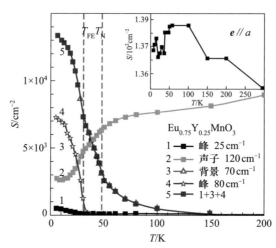

图 10.22 谱权重 S 与温度 T 的关系,插图是在高于 140 cm^{-1} 声子的总谱权重

为,在 40 cm^{-1} 频率吸收两个吸收峰最小影响,在 $T < T_{FE}$ 时变为常数. 在 $T_{FE} < T$,这个吸收产生 $\varepsilon_a(T)$ 的平滑生长. $T_N = 47K$ 是曲线 3 的形变点,这是低频电吸收的磁子来源的证明. 两个电磁子峰在 T_{FE} 尖锐出现(图 10.21 中黑

线和图 10.22 中的曲线 1 和 4). 在 $T<T_{FE}$ 时产生 $\varepsilon_a(T)$ 的所有结构. $TbMnO_3$ 的电磁子谱非常相似于 $Eu_{0.75}Y_{0.25}MnO_3$ 的,除了前者在 $60cm^{-1}$ 出现了后者在 $80cm^{-1}$ 的大的电磁子峰. 同样令人感兴趣是电偶极谱权重 S 的再分布与温度的关系. 因为电磁子导致小的声子与磁子的混合,总谱权重应该保留. 比较图 10.22 中的曲线 2 和 5,可估价谱权重于 $120cm^{-1}$ 声子消失和增大电磁子过程. 当电磁子增加谱权重大于声子时则消失,对于光产生的极化可检测到,图 10.22 的插图表明声子损失刚好足够保存谱的总谱权重. 在非弹性中子散射工作中, Senff 等报告了关于 $TbMnO_3$ 非公度区中心模式. 最低模式频率等于最低红外峰($24\ cm^{-1}$),即指派其为电磁子. 然而,尽管满足极化选择规则 $e \perp P$,但这不是 Katsura 等预言的电磁子[14].

4. 轨道序

扬-特勒理论描述对称分子存在轨道电子简并材料的不稳定性问题[7],在离子(或分子)分布对称情况,至少存在一个振动模式,但线性分子除外. 对于多数固体特性的理解是基于假设非离子填充壳层电子运动局域化与原子核运动无关. 这是已知的玻恩-奥本海默(Born-Oppenheimer)近似,它可以表示为代数方程[6]

$$\psi(q,Q) = \varphi_Q(q)\chi(Q), \tag{10.5}$$

式(10.5)表示严格耦合波函数 ψ 是电子坐标 q 和核坐标 Q 的函数. 它近似地描述核波函数对电子波函数的影响,这时的哈密顿本征函数应包括势能项,其总能量在玻恩-奥本海默近似中假设电子速度远快于核运动,这时势 $V_Q(q)$ 只是 q 的函数,几乎与 Q 无关. 若有电子态的轨道简并,那么这个近似不再有效. 这说明为什么通常说 JT 效应相应于玻恩-奥本海默近似. 在这些看似无效的情况下,有时采用修正方法描述有关电子和晶格模式. 这里采用电子振动耦合模式来描述,即将电子特征看成有时是粒子有时是振动波,故电子振动耦合是描述电子运动与核运动之间的桥. 相应玻恩-奥本海默近似的结果,可用 JT 贡献哈密顿表示,即

$$H_{JT} = AQS^z, \tag{10.6}$$

式中,在电子操作情况下电子成对,本征值 S^z 为 ± 1;A 是表征测量耦合长度的常数[8]. 若样品是由分子形成的晶体,存在晶格原子间的相互作用力,在晶格中它们的相互作用能 U 与这些分子相互作用取向有关. 在这种情况中,自由能 $F = U - TS$(S 是熵)最小要求在 $T = 0K$ 存在相互作用序. 在形成晶体过程中分子间相互取向使 U 最小. 高温时含熵的项 TS 变大,在某个温度相变成无序态,这样发生系统熵最大(一级相变). 在无机类化合物中,还要考虑有序-无序相变,位移性相变可能发生. 在钙钛矿化合物中,有序-无序相变过程是清楚的,原子排列中心的坐标发生改变. 位移相变直接与电子结构有关,在过渡金属化合物中,中

心坐标电子结构的超关联作用是不可忽略的[9]. 因此若扬-特勒中心之间能直接发生相互作用,将存在局域畸变序,导致晶体的宏观变形从扬-特勒中心关联扭曲产生晶体的新特性,包括形成新晶体结构和结构相变,称为协同 JT 效应. 结构相变产生协同 JT 效应是协同电子振动效应的最重要特征. 在多种材料中结构相变归结为协同电子振动效应. 实际上,四面体的稀土锆化合物系列中通常表示成 RXO_4 形式,这里 R 为稀土($R=Tm,Dy,Tb$),$X=V,As,P$,可给出扬-特勒稀土离子孤立电子结构参量与结构相变温度间的关系,建立协同扬-特勒近似模型. 其他晶体,如尖晶石($NiCr_2O_4$,$FeCr_2O_4$,$CuCr_2O_4$,FeV_2O_4,$FeCr_2S_4$)和钙钛矿($KCuF_3$,$KMnF_3$,$CsCuCl_3$,K_2CuF_4)等结构可用振动电子近似进行研究. 玻恩-奥本海默近似和 JT 效应的关系与电子态简并有关,电子态简并是指电子态的能量相近或电子态间具有足够接近的能量(称为精细简并态),不是绝对相等而是足够接近能态情况称为赝 JT 效应,最近的例子是在 $LaMnO_3$ 中协同赝 JT 效应使其经历同构相变[12]. 在复杂的过渡金属氧化物中可能观察到轨道序演示的 JT 效应、静态赝 JT 效应和协同 JT 效应,通常可能观察到的是这些效应的平均结果,称为动力 JT 效应. 典型的扬-特勒系统显示低于 T_{JT} 至少有 2 个可能态,由于存在动力学效应,同时探测两个态或多个态是很困难的,只能观察平均值. 动力学 JT 效应可以产生很多直接的响应,可用于解释一些复杂的谱和有关数据,但要注意与热起伏影响的区别.

§10.5 多铁性材料特性

这里所讲的多铁性材料,是指在同一原子结构材料中呈现多种铁性相,如图 10.23 所示[8]. 图(a)示出了铁电性、多铁性、铁磁性,其中左边为铁电体,右边为铁磁体,两者的中间既有铁磁性又有铁电性;图(b)示出了磁电、压电、磁弹,表明在同一相材料中,同时存在铁磁、铁电、铁弹特性,其中交叉耦合产生磁电效

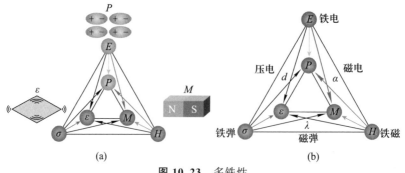

图 10.23 多铁性

应、磁弹效应和压电效应,呈现复杂特性.这些复杂特性给出铁电体可以用外电场调控电极化方向,铁磁体可以用外磁场调控磁化方向.而多铁性材料可用磁场、电场、应力调控磁极化方向、电极化方向,以及利用其任意两个不同方向、数值态进行开关操纵;同时还可利用磁电、磁弹、压电特性等呈现铁磁、铁电、铁弹特性相互影响,出现磁电、压电、磁致伸缩等效应.基于此就可能出现多种交叉行为,如磁场控制电流,电场控制自旋流,磁场、电场改变样品形状,外力调控电流、

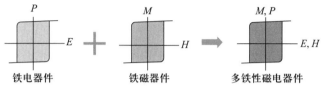

图 10.24 电场控制电极化加上磁场控制磁极化综合为电场和磁场同时控制磁极化和电极化

自旋流等,呈现场与流间的张量关系,以及综合场调控复杂流效应.所以,多铁性材料含有科学和技术上丰富的新内容,是未来科技发展的基础,这正是量子调控研究的主要对象和内容.由铁磁体、铁电体到多铁性材料,如图 10.24 所示意,电场控制电极化加上磁场控制磁极化,综合为电场和磁场同时控制磁极化和电极化,基于电场和磁场激发电和磁极化,表示为

$$\begin{aligned} \boldsymbol{P} &= \chi_{(e)} \boldsymbol{E} + \chi_{(em)} \boldsymbol{B}, \\ \boldsymbol{M} &= \chi_{(me)} \boldsymbol{E} + \chi_{(m)} \boldsymbol{B}, \end{aligned} \tag{10.7}$$

式中 $\chi_{(e)}$ 和 $\chi_{(m)}$ 分别是电极化系数和磁极化系数,$\chi_{(em)}$ 和 $\chi_{(me)}$ 分别是电磁极化系数和磁电极化系数.对于多铁性材料可用电场 $\boldsymbol{E}$ 控制磁极化 $\boldsymbol{M}$,也可用磁场 $\boldsymbol{H}$ 控制电极化 $\boldsymbol{P}$,分别表示为

$$\begin{aligned} M_i &= \alpha_{ij}^{me} E_j, \\ P_i &= \alpha_{ij}^{em} H_j, \end{aligned} \tag{10.8}$$

式中 α_{ij}^{me} 和 α_{ij}^{em} 分别是磁电耦合系数和电磁耦合系数.式(10.8)表明这种耦合是交叉的,即 j 方向的场会感应 i 方向的极化分量,反之 i 方向的场会感应 j 方向极化,在参量上呈现张量关系,这就是综合场调控复杂流行为.图 10.25 为多铁性材料中的磁电耦合:(a) y 方向的磁场 M_s 感应 z 方向电极化 P,(b) z 方向的电场 P 感应 x 方向的磁极化 M_s.对于 $Ni_3B_7O_{12}I$ 化合物,电极化形状使 $P(E \sim 1000\text{V/cm})$ 改变 $180°$ 和 $M(H \sim 0.1\text{T})$ 改变 $90°$.

1. 磁电耦合的来源

对铁磁和铁电材料的研究涉及凝聚态物理和有关材料科学,有两个集体特性,即铁磁和铁电,作为独立的现象已经研究得相当清楚了.在过去十多年的有关研究中,在磁电(ME)效应方面取得了显著进展,2003 年在钙钛矿 $TbMnO_3$ 材料中检测到具有长波长的反铁磁序和显著的 ME 效应伴随着磁相变现象[9].

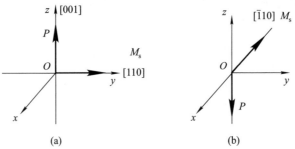

图 10.25 多铁性材料中的磁电耦合:(a)y 方向的磁场 M_s 感应 z 方向极化 P,
(b)z 方向的电场 P 感应 x 方向的磁极化 M_s

这个发现促进了对新的多铁性材料(如 $Ni_3V_2O_8$ 等)的探索,推动对多铁性材料磁电特性来源的广泛地研究,如在 RMn_2O_5(R=稀土元素 Y 或 Bi)化合物中磁电效应的微观机制.通常表征这些多铁性材料的是它们具有长波长(与化学单胞相比)调制的磁结构,其来源于磁相互竞争(或自旋序崩溃),即认为自旋序崩溃可能是铁电的一个来源.Kimura 等报告了属于多铁电性材料家族中的 RMn_2O_5 的 $HoMn_2O_5$ 磁结构研究的进展.用中子散射测量样品在磁场中的结构变化,揭示磁结构细节,强调对于 RMn_2O_5 体系中有序自旋态是基本的,是磁电特性的基础.结果激起了对于 RMn_2O_5 体系中如何理解磁感应铁电特性的讨论.对于这些多铁性材料,后来有两个建议解释有关铁电长波长磁序问题.图 10.26 描述磁结构、氧替位和导致改变局域电极化的图像.表明磁感应的铁电畴:(a)在反 DM (加洛辛斯基-守谷亨,Dzyaloshinskii-Moriya)相互作用机制中的两个铁电畴,(b)交换收缩机制中的两个铁电畴.灰和黑点分别表示在顺磁和铁磁序相中的氧离子,位置不同相应于氧离子位移,浅色箭头标明局域电极化改变(ΔP).这里涉及反转 DM 机制,其中关键因素在磁感应铁电性,是非共线性螺旋磁结构具有的摇摆分量.Katsura 等第一次提出磁感应铁电的微观机制[9],认为自旋流或自旋螺旋矢量($S_i \times S_j$)在非共线耦合的自旋间有夹角 $\theta(\theta \neq 0,\pi)$,相互作用导致电极化 P,电磁感应之间有 $P \propto \gamma e_{ij} \times (S_i \times S_j)$ 关系,这里 γ 是正比于自旋轨道耦合常数,e_{ij} 是超相互作用系数,是单位矢量,表连接近邻 i 和 j 位的距离和方向.可认为作用反转 DM 相互作用是可逆效应,两个非共线耦合磁矩,位移氧插入在它们之间,构成电子-晶格相互作用.如图 10.26(a)所示,当在摇摆自旋中磁矩统调时,局域电极化方向由反转 DM 相互作用感应产生系中有限大小的总电极化,用这个机制解释 $TbMnO_3$ 的铁电特性(在 0 磁场).另一种情况是铁电贡献于对称($S_i \cdot S_j$)型相互作用,通过超交换收缩描述,这是晶体变形感应化学键改变产生磁有序的结果.在这种情形中,铁电的来源不是基于非共线,在系统中显示长波长磁序(即正弦或矩形波系统)具有波数 q_m,在系统中 $S_i \cdot S_j$

是周期调制,因而通过交换收缩感应调制晶格变形有波数 $2q_m$. 在某些特殊情况中(与基本晶体对称性、q_m 等有关),调制晶格变形打破反对称,所引起的总极化是有限的. 图 10.26(b)描述简单例子(共线上-上-下-下的磁结构),在这种情况中,假设反铁磁耦合由于减小键角 θ 而增强. 因此,θ 在反铁磁耦合位变得小于在铁磁耦合位. 图 10.26(b)表明改变 θ 引起氧位移而感应电极化,这表明某些 RMn_2O_5 化合物存在共线磁结构[9]. 在这个机制中,与反向 DM 机制相比较,铁电负效应比改变 q_m 更灵敏. 在上面两种情况中,电极化方向反转是由于改变自旋螺旋或磁结构相,比较图 10.26(a)和(b)即可. 因此,对于在多铁性材料中讨论铁电性来源与长波长磁序关系,磁结构细节的确定(即非共线螺旋和共线情况,公度和非公度等)是至关重要的. 然而,所讨论的多数模型和机制与所利用的数据有很大的依赖关系,这些数据目前主要是从粉末样品的中子散射得到的. 用单晶中子散射数据进行磁结构的无模型分析,如 Kimura 等采用的,对于研究这些多铁性材料的铁电性来源而言不失为一种有用的方法. 另外,强调对于系统中的铁电性,公度磁结构($q_m=1/4$)是不可缺少的. 它们的结论是非公度相通过对称型($S_i \cdot S_j$)相互作用可同时是铁电的. 确定在 RMn_2O_5 体系中的铁电微观机制,某些细节的表述是系统地研究磁和晶体结构以及它们的电学特性不可缺少的,这足以显示多铁性材料的结构和特性的复杂性.

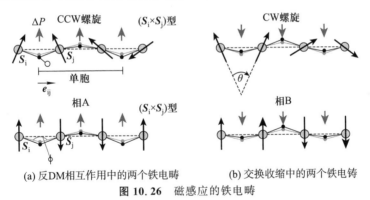

(a) 反DM相互作用中的两个铁电畴　　(b) 交换收缩中的两个铁电畴

图 10.26　磁感应的铁电畴

2. 磁电效应

多铁性化合物材料存在铁电序或反铁磁序,对于铁电类型的 $BaTiO_3$,d^0 结构与其磁性是矛盾的,用这个结构解释这些化合物是很有用的. 然而通过磁电效应有另外一个路径产生极化. 这个效应在 1894 年第一次被发现,表明在磁场中出现了电极化或在电场中可以存在磁化. 后者基于 Dzyaloshinskii 的预言,Astrov 表明在 Cr_2O_3 中存在磁电效应. 在只有线性效应时,材料的自由能通常表示为

$$E_\varphi = E_{\varphi 0} - \alpha_{ij} E_i H_j, \qquad (10.9)$$

式中 α_{ij} 表示磁电张量矩阵元. 若电场 E 加在晶体上产生电势, 感应的磁化为

$$M_j = -\frac{\partial E}{\partial H_j} = \alpha_{ij} E_i. \qquad (10.10)$$

共轭表示, 加磁场可产生电极化

$$P_i = -\frac{\partial E_\varphi}{\partial E_i} = \alpha_{ij} H_j. \qquad (10.11)$$

多数工作集中在研究和设计新的磁电化合物, 但没有系统地探索寻找新材料的途径. 式(10.10)和(10.11)表明一个系统的对称近似好像可以用来寻找新材料. 根据式(10.10)和(10.11)的结果, 可将 P 表示为 H 的函数和 M 表示为 E 的函数, 线性磁电效应将允许在外加磁场下自由能最小, 类似 $L_i M_j P_k$ 或 $M_i M_j P_k$ 系统, 这里 L_i 是反铁磁分量, M_j 是铁磁分量, P_k 是铁电极化分量. 在自由能最小决定的式(10.10)和(10.11)关系中, 它可用 E 作为 M 的函数和 H 作为 P 的函数. 然而由于时间反演有相反的自旋符号, $L_i P_k$ 或 $M_j P_k$ 项也将发生改变. 因此, 若系统自由能项中含有 $L_i M_j P_k$ 或 $M_i M_j P_k$ 项, 则将存在线性磁电效应. 这里将讨论磁电效应, 它最有希望应用和容易实验检测. 当存在磁极化时, 显然在所有的铁磁和顺磁化合物中, 磁电效应被禁止. 这意味着这些具有时间反演成分 R 的化合物对称性引起磁矩密度反转. 同样具有 R 作为点群时, 它等价于铁磁或顺磁群的磁电效应, 同样被禁止. 矢量 H 选择为轴向矢量, 这时 E 矢量是偶极矢量, 在 R 表述的结果中它们有不同行为. 在所有的 122 磁点群中描述的磁空间群有 1651 个. 若想做对称近似, 这些数量看起来是很大的. 然而, 在几个磁空间群中, 实际存在的磁电体中可以大量简化. 从式(10.9), 可以看到 α_{ij} 是二级张量, 在存在 R 下它的元素改变符号. 磁中心对称空间群不允许磁电效应, 而一旦某个元素产生突然倒向和时间反演则可能存在磁电效应. 若做 122 磁点群的对称分析, 可看到允许磁电效应的只有 58 个磁点群, 且其中只有 11 个可能形成张量 α_{ij}. 常表示磁电效应张量为

$$\begin{pmatrix} \alpha_{11} & \alpha_{12} & \alpha_{13} \\ \alpha_{21} & \alpha_{22} & \alpha_{23} \\ \alpha_{31} & \alpha_{32} & \alpha_{33} \end{pmatrix}, \qquad (10.12)$$

张量 α_{ij} 的不同对称表示列于表 10.2[12].

表 10.2 线性磁电效应中张量 α_{ij} 的表示

磁晶类型	非 0 张量元
1 和 $\bar{1}'$	α_{ij} 对于 $(i,j)\in[1,2,3]$
$2,m$ 和 $2/m'$	$\alpha_{11},\alpha_{13},\alpha_{22},\alpha_{31},\alpha_{33}$
$m,2'$ 和 $2'/m$	$\alpha_{12},\alpha_{21},\alpha_{23},\alpha_{32}$
$222, m'm'2$ 和 $m'm'm'$	$\alpha_{11},\alpha_{22},\alpha_{33}$
$mm2, 2'2'2, 2'mm'$ 和 mmm'	α_{12},α_{21}
$4,\bar{4}',4/m',3,\bar{3}',6,\bar{6}'6/m'$	$\alpha_{11}=\alpha_{22},\alpha_{12}=-\alpha_{21},\alpha_{33}$
$\bar{4},4',4'/m$	$\alpha_{11}=-\alpha_{22},\alpha_{12}=-\alpha_{21}$
$422,4m'm',\bar{4}'2m',4/m'm'm',32,3m',\bar{3}'m',622,$ $6m'm',\bar{6}'m'2,6/m'm'm'$	$\alpha_{11}=\alpha_{22},\alpha_{33}$
$42'2',4mm,\bar{4}'2'm,4/m'mm,32',3m,\bar{3}'m,62'2',$ $6mm,\bar{6}'m2',6/m'mm$	$\alpha_{12}=-\alpha_{21}$
$4'22',4'm'm,\bar{4}2m,4'/m'm'm,\bar{4}2'm'$	$\alpha_{11}=-\alpha_{22}$
$23,m'\bar{3}',432,\bar{4}'3m',m'\bar{3}'m'$	$\alpha_{11}=\alpha_{22}=\alpha_{33}$

§10.6 磁电感应交叉效应

电场控制磁极化是当前凝聚态材料热门研究的课题,应用于磁数据存储、高频磁器件等.磁电多铁性材料,或者同时表现有铁磁和铁电序的材料,人们对其研究的最大兴趣是实现磁和电序参量之间的耦合,特别是在一个体系中的磁电感应交叉效应.

1. 电场控制磁极化

人们先是在 $BiFeO_3$(BFO)材料中发现了磁电感应交叉效应,BFO 是反铁磁、铁电共存的多铁性材料,居里温度 $T_C=820℃$,奈尔温度 $T_N=370℃$,现在又用这个材料探索多铁性材料序的特殊行为,通过与铁磁的交换耦合能够用电控制铁磁性.在铁磁与多铁性材料 BFO 接触的异质结构中,电磁耦合现象接近实用的有两种类型:第一是在 BFO 膜中存在反铁磁和铁电间内在的磁电耦合,导致电场控制反铁磁序;第二是基于在铁磁($Co_{0.9}Fe_{0.1}$)和反铁磁界面间的交换作用.用压电响应力显微镜和光电子谱可检测这些序参量间相互依赖关系,发现其中存在铁电和铁磁畴,它们由多铁性材料中铁磁的磁化和反铁磁间发生共线耦合调制.简单的实验揭示了在这种结构中实现用电场控制磁性的可能性,利用其特性可构造新器件,如制造存储器和逻辑器件. 研究简单器件结构可能用电场控制磁性的行为,首先在 BFO 膜中实现了铁电畴的开关控制,这个薄膜器件在平面内通过电极加上电场,得到了压电力显微镜(PFM)像,像中呈现存在两个相对转角为 45°的条纹类畴,可以重复开关. BFO 表面的 CoFe,在外电场控制下的铁磁畴结构的光电子发射显微术(PEEM)成像[7] 如图 10.27 所示,图(a)CoFe 在电场作用下的生长态,(b)在第一次电开关之后,表明用外加电场能够控制铁磁性,(c)第二次电开关以后,(d)-(f)描述磁性差异的说明图(灰、黑和白),相应于 PEEM 像揭示 CoFe 净磁特性,在外加电场作用下发生了 90°转角的变化. 分

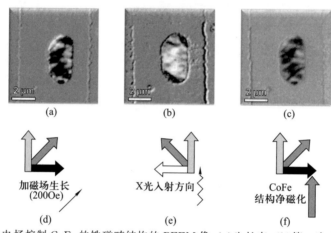

图 10.27 电场控制 CoFe 的铁磁畴结构的 PEEM 像,(a)生长态,(b)第一次电开关之后, (c)第二次电开关以后. (d)-(f)相应于 PEEM 像描述磁性差异,外加电场转 90°时, 用灰、黑和白箭头表示 CoFe 净磁特性

析在 PEEM 像中磁畴强度的变化能够揭示 CoFe 局域磁化方向的转变情况. 实验结果明确地表明在其上加电场时引起铁磁体中平均磁化方向转动 90°. 对 BFO 再一次开关,磁化方向可以改变为返回初态. 对这类材料结构与特性的研究,需要进一步考虑细节,包括结晶形态、膜的厚度、表面粗糙度、外加场方向和大小等,最重要的 AFM 和 FM 间耦合能量的大小,以及与其他能量比例关系,需要深入研究这个耦合体系的静磁能、磁晶各向异向能的有关理论和实验.

2. 独立的铁磁和铁电体系

对于多铁性材料从概念上讲,最简单的情况是其中含有分开的结构单元,通常是非中心对称的,产生强介电响应的铁电体;同时含有铁磁离子,呈现铁磁特性. 一个例子是硼酸盐类 $GdFe_3(BO_3)_4$ 结构,其中含有 BO_3 基,显示具有铁磁、铁电特性,尤其是特有的光学特性,尽管存在磁和电间耦合,但不是所期望的很强的耦合. 另一个例子是已知的多铁性材料 Ni-I 类的硼化物,如 $Ni_3B_7O_{13}I$ 化合

物.这是磁电体系的经典例子,在其中很多原始思想已被实验研究,观察到一些有趣的效应.最有希望的多铁性材料通常考虑过渡金属的钙钛矿结构,有大量的铁磁材料具有不同程度的铁电特性,如 $BaTiO_3$ 或 $(PbZr)TiO_3(PZT)$ 属于这一类.尽管它们的交叉特性还不够惊人,人们还是以这类化合物作为第一个尝试产生多铁性材料的结构.对已知的钙钛矿而言,在几百种样品中发现在钙钛矿类材

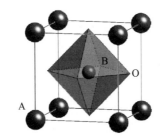

图 10.28　ABO_3 钙钛矿铁电体的单胞结构

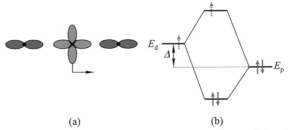

图 10.29　(a)过渡金属离子移向一个氧原子,(b)具有空 d-能级(实箭头)和部分 d-能级填充(虚箭头).

料中实际上几乎没有铁磁(FM)和铁电(FE)两种的交叠现象和行为,通常两者是彼此排斥的.显然只有非化学计量比(不是混合)的钙钛矿 $BiFeO_3$,$BiMnO_3$ 和近来合成的 $PbVO_3$ 具有磁电耦合特性,这些样品实际上不违反普通"排除"规则,如在 $BaTiO_3$ 中,铁电体有不同的来源.所有传统的铁电钙钛矿中都含有过渡金属(TM)离子,该离子形成的结构具有空 d 轨道,图 10.28 为 ABO_3 钙钛矿铁电体的单胞结构,其中 B 是过渡金属原子,矩形 8 个角的 A 为稀土或另一种过渡金属原子.铁磁体同时具有铁电特性通常在 B 原子有 d^0 电子结构,铁磁体要求局域 d 电子,但对于 FE 不是充分条件,在这种类型的材料中,所有已知的 FE 钙钛矿含有 TM 离子有空 d 轨道,Ti^{4+},Ta^{5+},W^{6+} 等至少在 d 轨道上有一个或多个 d 电子,这样体系可以是磁体,但它们绝不是 FE.磁的来源已知,是在绝缘体中存在强磁畴,即部分填充内壳层(d 或 f 能级).在钙钛矿中有 FE 情况是较少的,其中 TM 离子起重要作用,它们的中心位移对于贡献 FE 特性提供

主要驱动力.但为什么需要空 d 壳层？由模拟计算可定性地认为：TM 离子的空 d 态,如在 $BaTiO_3$ 中,可以用于建立与周围的氧原子很强的共价键.它可以有利于 TM 离子从八面体 O_6 的中心移动向一个(或三个)氧原子,与这个特殊氧形成强共价键,同时与其他氧的键减弱,见图 11.29(a).杂化矩阵元素 t_{pd} 改变到 $t_{pd}(1 \pm gu)$,这里 u 是畸变能.在线性近似中位移的相应能量为 $(-t^2/\Delta)$,这里 Δ 是电荷转移隙,见图 10.29(b),略去 u 的高次方量得到能量改变,表示为

$$\delta E = -\frac{[t_{pd}(1+gu)]^2}{\Delta} - \frac{[t_{pd}(1-gu)]^2}{\Delta} + \frac{2t_{pd}^2}{\Delta} = -\frac{2t_{pd}^2(gu)^2}{\Delta}.$$

(10.13)

通常跃迁矩阵元 t_{pd} 与距离 Δ 有非线性关系,因此对于短的相间距离快速增加,这将同时增加离开中心的畸变能.若相应总能量增加($\sim u^2$)超过损失的能量,由于通常的弹性能为 $\sim Bu^2/2$,两者折中使体系总能量降低,达到一个新的稳定态,因此畸变将有利于体系变成铁电体.从图 10.29(b)可看出,若存在空 d 能级,只有成键带被占据(在图 10.29(b)实箭头),而没有高能级的电子,体系将处于更低能量状态.然而若有一个 d 电子在相应的 d 轨道(在图 10.29(b)中的点线箭头),这个电子将占据一个反键杂化态,总能量将增加.对于磁离子这可能是抑制倾向 FE 的一个因素,但这不足够解释在钙钛矿中磁和 FE 几乎总相互排除的.因此可怀疑为什么 $CaMnO_3$ 或正交铬铁矿的 $RCrO_3$(R 是稀土离子)不是铁电体,在这些体系中有半填充 t_{2g} 能级和空的 e_g 能级.在其中发生了过渡金属原子与氧的强杂化,由于前面讲到的机制,结果产生 FE.也可能还有其他因素起作用,其中一个可能机制是与一个氧原子间的强共价键形成单线态 $1/\sqrt{2}(d\uparrow p\downarrow - d\downarrow p\uparrow)$(像通常在 H_2 分子中的共价键).然而在 TM 离子上若有一些其他局域电子形成局域态,例如 $S=3/2$ 应是 t_{2g}^3 占据在 Cr^{3+} 或 Mn^{4+} 位,产生自旋将有很强 $\sim J_H$,洪德定律引起的 e_g 电子参与成键交换作用(对于 3d 过渡金属典型的 $J_H \sim 0.8-0.9$ eV).这个相互作用不像单线态,将起对分裂的作用,很相似对称崩溃行为,即在单线态超导体中磁杂质使库珀对破裂.为判断这个过程做了模拟计算,用 LDA+U 模型,计算 $CaMnO_3$ 基态作为 Mn^{4+} 离子从 O_6 八面体中心朝向一个氧移动的函数.计算结果表明总能量随移动距离增加,见在图 10.30,计算 $CaMnO_3$ 中 Mn 向一个氧移动引起的总能量的改变,这是洪德定律耦合.图(a)$J_H=0.8$eV,这意味着中心对称,位移使能量增大,即 $CaMnO_3$ 的非 FE 结构是稳定的.图(b)$J_H=0$,为前面讨论的去掉"对破裂"效应.这种情况能量随畸变增加而下降,见图 10.30(b),这表明没有自旋对破裂,与 FE 有关的 $CaMnO_3$ 结构是稳定的.这些结果可能至少部分解释钙钛矿中铁磁和铁电共存问题.寻找铁磁与铁电共存的出路,有一个路径是 Russian 组建议的混合体系,含有磁离子和 FE 活性的 TM 离子构成的结构.化合物的每一个成分可能成为

所谓的类磁离子,给出某些磁序和 FE 活性离子构成一个 FE 体系,结合成 $AB_{1-x}B'_xO_3$ 类型,具体的化合物有 $PbFe_{1/2}Nb_{1/2}O_3$ 和 $PbFe_{2/3}W_{1/3}O_3$ 等,其中一些有序排列为 B,B' 离子,而另一些是无序的. 在这类体系中某些相变温度是很高的,如 $PbFe_{1/2}Nb_{1/2}O_3$ 的铁电相变温度为 $T_{FE}=387K$,同时在它们中 FE 和磁体系间的耦合是很强的,这是有希望的多铁性材料.

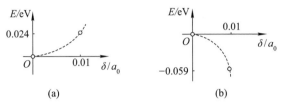

图 10.30 计算 $CaMnO_3$ 中 Mn 向一个 O 原子移动引起总能量改变:(a)$J_H=0.8$ eV,(b)$J_H=0$ eV

3. Bi 和 Pb 独立对的作用

在 $BiMnO_3$ 和 $BiFeO_3$ 中只含有 TM 磁离子 $Fe^{3+}(d^5)$ 和 $Mn^{3+}(d^4)$,两者是铁电,同时有铁磁性. 好像这两种情况违反在前面讨论的铁电部分要求 d^0 的规则. 而更详细的观察和分析表明这两种情况不是一般规律的例外,在这些体系中的 FE 不是由于 TM 离子导致的,即在 $BaTiO_3$ 中 FE 不是由 A 离子驱动. 在这种情况中,Bi,Bi^{3+} 和 Pb^{2+} 已知有两个价电子的独立对. 在一般过渡金属氧化物中通常是 sp^2 或 sp^3 构成新化学键(sp)杂化态,但这些系统没有这种键. 从现象学观点看这表明相应离子的高度极化,经典理论中这导致 FE 相增强. 从微观结构上可以认为这些独立对有特殊方向或悬挂键,可以产生局域偶极子. 最后可能有 FE 序或反 FE 序形式存在,模拟计算结果支持这个定性图像. 计算表明在这个体系中 Bi 离子对起支配作用,在 $BiMnO_3$ 和 $BiFeO_3$ 中有显著的 FE 相,而其铁磁(FM)序则发生在较低温度. $BiFeO_3$ 的 $T_{FE}=1100$ K, $T_M=643$ K;$BiMnO_3$ 的 $T_{FE}=760$ K,$T_M=105$ K. 同时存在 FM 和 FE 两个序参量间的耦合导致很有意义的效应. 存在铁电体和铁磁体的层状结构,如含有 Bi_2O_2 层交替的钙钛矿类型交替层,呈现出 FM 和 FE 特性,但对 FM 和 FE 间的耦合几乎没有研究. 对于叠层钙钛矿结构,层间是异质结,增强 FE 特性,结构中存在应力、静电势、反对称破坏等结构特性问题[14]. 进而在原子层沉积基础上构造原子排布结构,如图 10.31 所示[15],稀土镧过渡金属氧化物叠层堆积,一种稀土元素 La,三种过渡金属 Al,Fe,Cr. 图(a)其八面体心原子按 A-B-C-A-B-C 堆积,其中有两层铁磁层是非铁电层,破坏了反对称. 图(b)单胞结构和面内应力与电极化强度的关系,其中 $a=0.382$ nm. 当存在应力时,导致晶格畸变,引起电极化,如图中所示电极化强度随过渡金属原子迅速增加,这样在这类原子排布中出现 FE 特性. 图 10.32 给出过渡金属位移时产生的两个弛豫结构体系的能量变化和电极化的关系,过渡金属原子在 c 轴方向移动,引起键长改变,产生应力,发生电极化,出现 FE 现象.这种电学和力学上变化分别会使体系的能量减小和增加,两者的折中,会使体系的自由能达到最小值,而使体系最稳定.根据 La(Al,Fe,Cr)O_3 三层结构材料的讨论,单独的每一层都不存在 FE 特性,但组合起来,存在应力,过渡金属原子小的位移导致极大的 FE 极化,从而呈现 FE 特性.因此这是构造多铁性材料的一个重要途径,但需要进一步研究层厚度与特性的关系,层间耦合,以及 FM 与 FE 耦合的机制.

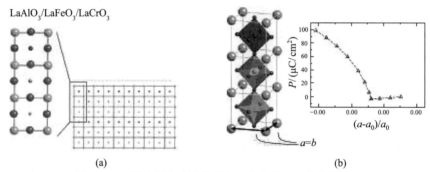

图 10.31　稀土镧和过渡金属氧化物叠层,(a)晶体结构,
(b)单胞结构和面内应力与电极化强度关系

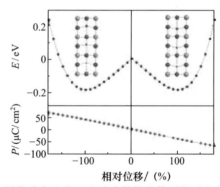

图 10.32　过渡金属位移产生的两个弛豫结构的体系能量变化和电极化的关系

4. 铁磁和铁电的结合

将不同物理特性结合在一种材料中,实现更多功能,很有希望产生新材料.试图将铁磁(FM)和铁电(FE)特性结合在一个体系中的研究工作,开始于 20 世纪 60 年代,成就突出的为苏联的 Smolenskii 组.他们研究了不同铁磁、铁电联合的有关材料和特性,即后来称为多铁性材料(multiferroics).后来研究工作经历相当长时期的沉默,但在 2001—2003 年又出现研究这些问题的高潮,这可能

与三个因素有关:第一,制备属于多铁性氧化物薄膜的技术有了很大的进展,能够制造特殊的铁电材料膜,使其用于进行铁电存储器的研究成为可能.第二,具有特殊性质的几个新多铁性体系的发现,实际上具有显著的铁电和铁磁耦合特性.第三,实现这些材料制备、测量、表征的新技术和工具的发展,如用电场控制磁序或相反特性的新型存储器、衰减器的出现等.这涉及多铁性材料的物理、材料和信息科学等人们极有兴趣探索的领域.研究工作最基本的有两类:一是约束铁磁与铁电两者特性的微观条件的研究,通常传统体系中这两个现象倾向彼此排斥.为什么能在一个体系中出现关联和交叉行为?理解其机制是很重要的.尽管初期得到的铁磁和铁电兼容其性能是很差的,但随着逐渐发现的体系越来越多,发表的研究论文越来越多,当今已经成为一个很大的领域,但一些文章仍是很粗糙的.二是多铁性体系的不同自由度是什么?有关它的强度、对称性等问题通常要求了解对称体系的特殊细节.最后,铁磁和铁电间偶极矩自由度的研究,所涉及的"磁电效应"是个很大的科技领域.当考虑微观条件时,对于铁磁和铁电的共存,必须注意磁有序的微观特性,原则上多数强磁体是瞬间局域磁矩间的交换作用,而在这里不是这种情况,存在 FE 现象.而 FE 序存在有很多不同的机制和不同的类型.与磁体相比,FE 实际的微观机制很多情况至今仍不为人们所理解,因此讨论多铁性体系时,主要问题在 FE 部分.在多铁性材料 $Ni_3V_2O_8$(NVO)中,发生磁驱动铁电序,其结构演变如图 10.33[16]所示:(a)晶体结构表明自旋-1Ni^{2+}峰和谷位的球为自旋位,其他球为交叉位,给出的原子结构与自旋分布有关.图(b),(c),(d)为对样品的简化表示.(b)反铁磁的高温感应(HTI),呈现反铁磁特性,没有电极化发生.(c)反铁磁的低温感应(LTI),发生电极化,大箭头表示电极化 $P^{[10]}$.(d)反铁磁耦合(CAF)相中的自旋排列,其中⊙表示在 CAF 所有自旋位和交叉位贡献于磁场的方向.只有 HTI 和 CAF 相晶格点存在反对称相关.图 10.34 给出在 NVO 中加磁场提升和抑制沿 b 轴的电极化与温度、磁场的关系,磁场 H 沿着 a 轴(图(a)和(b))及 c 轴(图(c)和(d)).清楚表明磁感应电极化是各向异性的,在 a 轴方向随磁场强度增加,电极化强度增加;而在 c 轴方向,则有相反行为.此外,电极化是温度敏感的,存在临界温度 T_{ME},在 T_{ME} 以下随温度降低,电极化强度上升.图(b)和(d)给出了磁场作用下的电极化迟滞回线特性.这些结果表明了磁场调控铁电特性的行为.在多铁性材料中的铁磁序和铁电序共存能够产生巨磁电效应:电磁相变,由外磁场(或电场)控制电极化(或磁化).基于多铁性材料特性的新效应:磁和电畴壁的相互作用,产生磁电的倍频,这是磁电耦合的非线性行为,首先是倍频特性.考虑二次倍频(SH)的极化问题,将电极化矢量表示为

$$\boldsymbol{P}^{NL}(2\omega)=\varepsilon_0[\chi(0)+\chi(p)+\chi(\ell)+\chi(p,\ell)]\boldsymbol{E}(\omega), \quad (10.14)$$

式中,χ 为超极化系数,p 和 ℓ 分别表示电和磁的序参量,$\chi(0)$ 为顺电顺磁的贡

献, $\chi(p)$ 为(反)铁电贡献, $\chi(\ell)$ 为(反)铁磁贡献, $\chi(p,\ell)$ 为多铁贡献, $E(\omega)$ 是电场矢量, ω 是基频频率. 第一项总是存在的, 后三项低于序温度时存在. 式(10.14)提供研究铁磁和铁电结构的 SHG、相差、电和磁交叉的亚晶格、亚晶格间磁-电相互作用的参量描述, 可更定量地揭示多铁材料的特性.

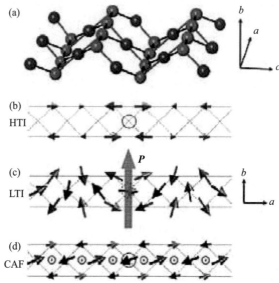

图 10.33 NVO 晶体和磁结构:(a)自旋-1Ni^{2+} 晶体的黑球为自旋位和灰球为交叉位, (b),(c),(d)分别在反铁磁 HTL,LTI,CAF 相中的自旋排列. ⊙表示在 CAF 所有自旋位和交叉位贡献于磁场方向

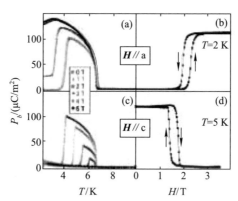

图 10.34 在 NVO 中加磁场提升和拟制沿 b 轴的电极化, 温度、磁场与电极化的关系

§10.7 磁电互补效应

在 20 世纪后半期,人们先后认识了庞磁阻(CMR)和庞电阻(CER),这促进了对具有磁电耦合特性材料的探索,初期研究发现单相体系中具有强磁电耦合特性的材料极少,特别是相变点高于室温的更少. 有关材料结构与特性在前面已经进行了讨论,在经历了一些年的探索而进展很少的情况下,人们进而研究将性能优越的 CMR 和 CER 组装在一起,人工制造具有强效应的磁电耦合材料的可能性.

1. 薄膜的铁电铁磁序

Jooss 等[17]研究了薄膜中非均匀电荷序(CO)的行为,样品为掺杂锰化物 $Re_{1-x}A_xMnO_3$,这里 Re 和 A 分别是稀土和碱土元素. 样品呈现铁磁金属、顺磁绝缘体、反铁磁电荷和轨道有序态,具有微观晶格、电荷、轨道和自旋自由度不同的集体行为. 在磁、电、光和应力场中,敏感地影响相互作用平衡,感应不同基态间的相变,与 CER 效应有关. 在锰酸盐中发生的各种相互作用,电子-晶格耦合具有独特的行为:一是静态结构的电子传输和键合,在 MnOOOMn 键中,由于 Re 和 A 阳离子的不同半径,产生不同的应力,引起晶格畸变,其不同类型涉及从理想的立方相变到六角、斜方和正交结构,可以感应极化形变或者甚至多铁序,即在单一相中出现电子的电序和磁序. 在掺杂系统中,MnOOOMn 键角减小低于 $180°$,由于 MnO_6 八面体刚性转动,导致很强地减小 e_g 导带的宽度、电导率和相对铁磁双交换,这些为静态效应. 伴随移动电荷载流子通过晶格,电荷可以感应动态晶格畸变. 将电荷载流子感应的振动、声子特性模型化为晶格织物图案,表示粒子类激子、极化子等,与电子-晶格的长程或短程相互作用有关. 简化建模包括弱位置修正导带电子和重荷斯坦(Holstein)极化子,具有使它们限域的笼类自陷电子. 在锰酸盐中,有几个重要的声子模式,包括 MnO_6 八面体体积改变的呼吸模式、两个非轴的体积保持模式和几个伴随 Mn 振动的转动模式. 这些模式的多数关系到导带电子能级移动,$d_{3x^2-r^2}$ 和 $d_{3y^2-r^2}$ 轨道中 e_g 电子退简并提升等,是 JT 效应的重要内容. 较强的 JT 类电子-声子耦合导致在感应晶格畸变的势阱中,e_g 电荷载流子自局域化和 JT 极化子的热激发运动,成为顺磁绝缘体相中占优势的电子传输机制. 至今人们对在铁磁、电荷和轨道序基态中电子-晶格相互作用的理解仍是不多的. 极化子序表明静态和动态电子-晶格相互作用间的区别只是相对的,相似地在铁电钙钛矿中研究偏中心极化畸变是基于软声子模式,在锰酸盐的电荷和轨道序温度下观察到 JT 极化子的软化. 甚至掺杂锰酸盐动态 JT 极化子的体积密度足够高到呈现强关联效应,如在极化子液体中动态短程关联和静态长程序的畸变,形成极化子固体. 后者关系到与 e_g 电子有关的电荷序和轨道序,这种序态与结构改变有关,导致局域序有很丰富于传统棋盘(CB)类的排列,包括JT畸变Mn^{3+}和非畸变Mn^{4+}八面体,各种锰酸盐的离心铁电畸变.通常,在锰酸盐的部分填充d轨道,由于强库仑排斥导致反非中心对称的晶体畸变具有静电束缚离子电荷位移.通常假设PCMO的序为CB型,其中电荷序与Mn^{3+}和Mn^{4+}离子周期排列有关,即是位置中心序.序的类型关系到偶数中心对称的JT畸变,在Mn^{3+}位$3d_{3x^2-r^2}$和$3d_{3y^2-r^2}$轨道中有一个被占据.从结晶观点,这种排列与空间群$P112_1/m$或$P11m$相对应.而序态结构细节的中心电荷序,与空间群$P2_1nm$有关.因为PCMO是多重孪晶,多位作者得到$Pr_{0.6}Ca_{0.4}MnO_3$不同结构的结果.用宏观衍射实验测量结果显示六个孪晶畴,通常孪晶尺寸<100 nm,这可能导致晶格扭曲,从两个不同畴得到的超晶格反射Bragg衍射斑是混合的.为克服这个问题,用高分辨电镜(HRTEM)观察各种块体和薄膜样品单个孪晶畴,其掺杂范围为$0.32 \leqslant x \leqslant 0.5$.所有样品揭示在电荷序和轨道序间(Pbnm)存在相分离,有序相沿着晶体b方向具有两个单胞.超单胞晶格参量b_s小于晶格参量b的两倍($b_s/2b_0=0.983$),说明空间体积改变相差一个量级.对单个孪晶观察证明全空间为CB型,如图10.35所示,图示为HRTEM晶格像和衍射结果,在室温齐纳(Zener)极化子电荷和轨道序态:图(a)(b,c)面晶格条纹像,图(b)所示为典型的样品结构和齐纳极化子电荷和轨

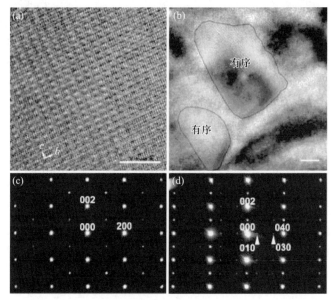

图10.35　HRTEM晶格像和衍射结果,在室温齐纳极化子电荷和轨道序态:
(a)(b,c)面晶格条纹像,(b)典型的样品结构和齐纳极化子电荷和轨道序分离,
(c)和(d)分别为沿[010]和[100]带轴序态的电子衍射

道序分离,测量温度范围为 80 K<T<300 K,掺杂范围 0.3<x<0.5. 条纹结构相应于超晶格调制 b 方向有双倍晶格参量. 图(c)和(d)分别为沿[010]和[100]带轴序态的电子衍射,图(c)表明 $h0l$ 的消失,有关系 $h+l=2n+1$,这确定空间群 P21nm 的序态具有齐纳极化型序. 图(d)表明对于 $k=4n+2,0kl$ 的近乎消失取决于保持局域 b 滑移面,对于原子亚群给出强制 JT 畸变的协调对称. 在 LCMO 中 CER 是大于 NSMO,LBMO 和 0.5 掺杂的 LCMO 的. 研究进一步解释相共存模型,在图 10.36 中呈现出 LCMO 在[001]方向的投影结构:图(a)示出电荷和轨道畸变,图(b)示出对半掺杂 x<0.5e_g 轨道的齐纳极化子序态,Mn 和 O 位的移动,图中用交叉点上的球增加 MnOOOMn 键有序导致铁磁双交换和轨道占据增加. 在面内用小箭头标明 MnOOOMn 二聚化的电偶极矩 p 从非中心对称原子位移. 它们的赝结构导致沿着晶体学方向净极化 P_a. 垂直磁矩的方向 Mn 原子下面用黑箭头标明 CE 型反铁磁序. 图(c)示出元素对称和有序相位移. 同样图中标明 P21nm 空间群的有关位置. 另外成对化是由于 b 局域滑移面分别为 $O_{II,1}$,$O_{II,2}$,$O_{II,3}$ 和 $O_{II,4}$. 这个对称元素表示沿着 b 和 c 方向移动. 0.5 掺杂的 LCMO 基质是强绝缘态,而 NSMO 所有基质是弱绝缘态,因此没有 CER. 低电阻和 LBMO 的高 T_c 表明这个材料几乎是金属的,只在 LCMO 薄膜中两相很接近平衡,给出大的 CER. 对于半掺杂 $x=0.5$,Mn 离子发生显著移动,伴随着电荷载流子移动通过晶格,静态电荷影响引起晶体的动态晶格畸变. 这种电荷载流子可以是晶格振动、声子纺织图形,它表示粒子类的激子和极化子. 这与长程或短程电子-晶格相互作用有关. 简化模型提出包括弱位局域键合电子和限定的具有笼状自陷电子构成的重荷斯坦极化子. 在锰酸盐中,有几个重要的声子模式,包括对 MnO_6 八面体的体积改变呼吸模式、两个单轴体积守恒模式和伴随 Mn 振动几个转动模式. 这些模式多数与导带电子能级移动有关,这样建立了 JT 效应:提升在 Mn $d_{3x^2-r^2}$ 和 $d_{3y^2-r^2}$ 轨道相关 e_g 电子的简并度. 强的 JT 类电子-声子耦合导致 e_g 电荷载流子在感应晶格畸变的势阱中自局域. 这种 JT 极化子的热激活运动在顺磁绝缘体相传输机制中占优势,而对铁磁、电荷和轨道序基态的电子-晶格相互作用机制只有很少的理解. 对于极化子序可区别静态和动态电子-晶格相互作用,它们是相对的. 相似于在铁电钙钛矿中偏离中心的极化畸变,由于软声子模式,在锰酸盐中电荷和轨道序温度关系中,观察到 JT 极化子软化模式. 甚至在掺杂锰酸盐中动态 JT 极化子的密度足够高时,可观测到强关联效应,在极化子液体和长程序的 JT 畸变中,形成极化子固体,可测量到与动态短程关联有关的晶格电荷序和轨道序. 这种序态关系到结构改变,这导致局部序可能有比传统的棋盘(CB)形排列更丰富的内容. 在讨论各种锰酸盐结构时,涉及非中心对称铁电畸变,包括构成 JT-畸变 Mn^{3+} 和非畸变 Mn^{4+} 八面体. 通常在锰酸盐中,因为强库仑排斥使得对称统调排列部分填充 d

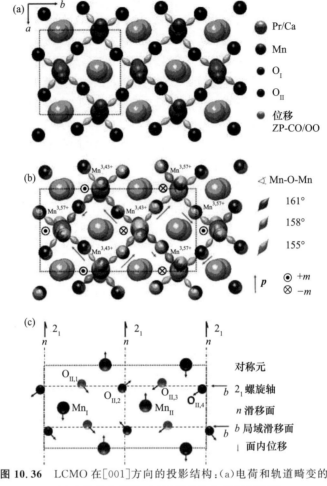

图 10.36 LCMO 在 [001] 方向的投影结构：(a) 电荷和轨道畸变的，(b) 齐纳极化子序，(c) 元素对称和有序相位移

轨道，相对非中心对称的晶格畸变导致键合阳离子静态移动．因为磁有序要求部分填充 d 轨道出现没有补偿的净自旋．在单相多铁性材料中，存在均匀长程电序和磁序通常是困难的．而复杂电子-晶格关联中，改变阳离子半径，加上不同的统调类型，或磁相互作用克服库仑排斥，可感应非中心对称二级 JT 畸变．这个效应在 $YMnO_3$ 和 $TbMnO_3$ 中可以产生多铁序，但在掺杂锰酸盐中不认为是静态协调 JT 极化子．另一个挑战是理解在铁磁金属态中电子-晶格相互作用，在磁场有助于从绝缘体到导电铁磁相的相变，产生庞磁阻 (CMR)，出现铁磁特性与纯金属材料能带图的不一致．从光导率和特殊的热特性测量得到的耦合晶格与轨道自由度结果表明齐纳双交换控制金属相．在相变期间 JT 极化子模式重整化导致能带改变，但至今仍没有给出合理的解释．对测量光谱结果的解释强调关

联极化子行为,不只是 CMR 材料,而且通常与超导现象有关. 为了研究关联极化子行为,选择有八面体结构的掺杂 $Pr_{1-x}Ca_xMnO_3$(PCMO)钙钛矿锰酸盐,作为空穴电荷载流子小的 $3d\ e_g$ 电子带宽和强的 JT 型电子-声子耦合样品. 在很宽的掺杂范围 $0.3 \leqslant x \leqslant 0.7$ 内,低于相变温度 $T_c \approx 250$ K 情况下观察到电荷序和轨道序. 由于 Pr 和 Ca 几乎有相等的离子半径,显示可忽略的局域晶格应力和没有形成阳离子序. 这个电荷序型很大地扩展与掺杂量 x 无关,与掺杂范围 $0.3 \leqslant x \leqslant 0.5$ 的观察结果是一致的. 这个空间群存在局部 b 滑移面(见图 10.36),相应畸变为 JT 模式,形成静态协调 JT 无序极化子固体. 比较通常的假设偶极部分非轴呼吸模式,可发现涉及奇数部分 Mn 位移与 JT 转动畸变的叠加. 这导致非中心对称晶格畸变产生非等价 Mn-O-Mn 键(图 10.36(b)). 精细结构的原子价数分析和电子能量损失谱发现在 Mn 位的电荷不均匀可忽略,但在实空间 Mn-O-Mn 键具有最高键角,形成 e_g 电子序的局域化导致磁齐纳极化子(ZP)序态:JT 畸变形成 Mn-O-Mn 键连接的铁磁耦合 MnO_6 八面体对,很强地增强齐纳耦合交换作用. 与 Mn^{3+}/Mn^{4+} 位相比,这个极化子固体表示 e_g 导带电子位-中心电荷序形成对. ZP 序结构的对称元表明具有软动态极化子 JT 模式,涉及序扩展长度大于无序顺磁单胞绝缘 Pbnm 相. 图 10.36(c)表明 Mn 在 O 位置平面内是相关的. 一个例子是 2_1 螺旋轴有 (1/2,0,0) 螺旋矢量. 这反映 MnO_6 八面体的氧位移与近邻 Pbnm 单胞强关联. 在 $x=1/4$ 和 $x=3/4$ 序相变涉及 b 滑移面对称破坏:这个对称元简并从全 Pbnm 单胞变为 $P2_1nm$ 超单胞,显示观察到附加对 $0kl$ 反映为 $k=4n+2$ 条件的消失. 而原子 $O_{II,1}$ 和 $O_{II,2}$,以及 $O_{II,3}$ 和 $O_{II,4}$ 能形成对,保持局域 b 滑移面分别沿 b 和 c 方向是对称的. 这个对关联是 ZP 结构的基本因素,各种 JT 模式中共存 Pbnm 态,A_g 转动模式有奇部分 Mn 位移,对于长程电子-晶格相互作用形成有序好像起先兆作用. 这反映在极化子液体中短程动态极化子关联对于无序 Pbnm 结构起重要作用.

齐纳极化子序结构的特性基础是非中心对称 Mn-O-Mn 键的 JT 畸变,它们的存在只与对称性有关,而与精细结构关系不太大. Mn 阳离子和 O 阴离子的相对位移产生永久电偶极矩,在图 10.36(b)中用箭头描述. 基于 O 阴离子的非中心对称得到精细结构,O^{2-} 和 $Mn^{3.5+}$ 价态的净永久极化计算在 a 轴等于 $P_a \approx 44$ mC/m²,而 $P_b=0$ (图 10.36(b)). 可注意到 ZP 不贡献于 P,因为键合是对称的,在 Mn-O-Mn 轨道 e_g 电子退局域化的屏蔽效应占优势. 基于洛伦茨(Lorenz)模式用电镜研究电极化畴,由 ZP 序相的对称元素得出铁电畴具有净电矩沿 a 方向反转 180°,表示在超结构中存在反畴,那里局域 $O_{II,3}$ 和 $O_{II,4}$ 对有 $x=1/4 \pm \Delta_x$ ($\Delta_x \approx 0.01a$) 的 b 滑移面,沿 a 轴相反的方向移动. 在室温下的某些区观察到特殊的条纹结构(图 10.37(a)),随温度降低这种区的尺寸和数量显著地增加,与 ZP 有序相的体积比例增加有关. 在洛伦茨-TEM 中,尽管相似条纹不是经常观察到，可能有不同的来源，如磁畴、厚度调制等。在室温通常缺少磁有序，在加磁场时这种结构存在是稳定的，这样可以去掉可能的磁来源，考虑这种尺寸中厚度调制是不可能的。观察的菲涅耳(Fresnel)对比结构可以解释头对头/尾对尾铁电畴。用记录某些区的电子衍射图，可探知畴平行于 a 轴，即沿 a 轴极化。用电子全息进一步研究样品的铁电序，在 $x=0.32$ 的 PCMO 样品中，图 10.37(a)为真空中样品的菲涅耳(过焦)像；当散焦足够大时，在样品的一个区特殊菲涅耳衍射条纹清楚可见，电子全息表明了过焦结构。图(b)在标准归一化以

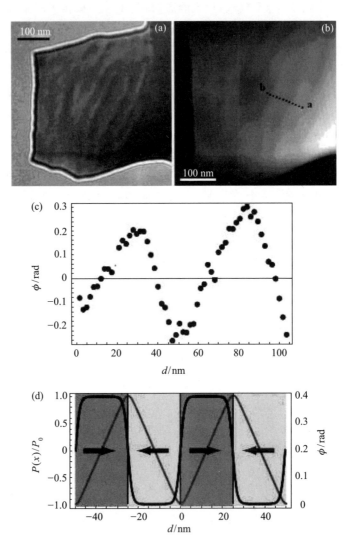

图 10.37　在 $x=0.32$ 的 PCMO 样品中，(a)真空中样品的菲涅耳(过焦)像，(b)去除厚度影响后的归一化像，(c)相称与距离的关系，(d)电极化与距离的关系

后,去掉样品厚度的影响. 图(c)为沿图(b)虚线扫描横过的 4 个畴区,从线扫描可估计原子尺寸,O 原子为 25 nm 量级(有相当大的变化),相梯度(斜率)的量级为 16 mrad/nm,在这个区域总相移约为 0.4 rad. 图(d)为铁电极化 P_0 和横过畴的相移的简单模型描述. 全部与图(c)观察的部分一致,对于值 1.2 mC/m^2,相应量为 P_0/ε_r,这里 ε_r 相对介电常数. 图 10.37(c)给出相位与距离的关系,简单设想极化为平滑方波,相剖面排列超出平滑三角波,斜率正比于 tP_0/ε_r,这里 $t \approx 20$ nm 与厚度有关 P_0 是静极化. 从结构模型考虑,为产生 $P_0 \approx 40$ mC/m^2,必须假设有序相的 $\varepsilon_r \approx 35$,这对于块体值是合理的. 实际介电响应表明静电偶极矩形成的电荷序的温度为 $T_C \approx 230$ K,这样可以给出畴结构的定性解释,如图(d)中电极化与距离的关系所示. $T_N \approx 140$ K 在电荷和轨道序中建立反铁磁序态,基于齐纳极化子模型可画出 Mn-O-Mn 二聚体的磁序,它耦合沿 b 方向的反铁磁,而沿 a 轴方向形成铁磁链. 每个齐纳极化有力地增强铁磁双交换作用,根据理论计算 Mn 对的磁矩约为 $7\mu_B$. 实验结果正是这种齐纳极化子固体显示多铁序,有高的铁磁耦合 $Mn^{+3.5\pm\delta}$ 对,沿 a 轴赝永久电偶极矩有净磁矩.

2. 极化子序和无序相变的 CER

图 10.38 给出对于不同恒定电流在 c 轴方向外延生长的 $Pr_{0.5}Ca_{0.5}MnO_3$ (PCMO)膜,图(a)所示为温度与电阻率 $\rho(T)$ 的关系,在迷津温度 T_p,观察到台阶类的电阻下降. 图(b)所示为在 70 K 不同偏压下频率与相对介电常数的关系 $\varepsilon_r(\omega)$. 在较低的频率下, $\varepsilon_r(\omega)$ 抑制静态齐纳极化子相的铁电序. 对于小电流,图 10.38(a)中温度与 PCMO 电阻的关系表明 JT 极化子在电子传输中起重要作用. 在高于德拜温度 T_D,即在 $T \geqslant 1/2T_D \approx 160$ K 的有效范围,这个温度关系与热激发极化子运动模型极好的一致. 在各种块体和薄膜样品的实验中,掺杂范围 $0.3 < x < 0.5$ 清楚显示在相分离态中电子传输占优势,用小极化子跳跃模拟,具有 Mn-Mn 距离的跳跃长度,激活势垒 W_h 约为 110~190 meV,这个势垒近似 JT 畸变能的一半. 若加足够大的电流,电阻在整个温度范围很显著地减小,在迷津温度(约 $T_p \approx 170$ K)下发生振幅改变(图 10.38(a)). 高于阈值,温度关系可用热激活极化子跳跃模型描述,这里激活能随电流增加而减小,直到 80 meV. 这个电流相关的激活势垒是极化子液体的指纹,具有电流相关的动态极化子行为. 低于 T_p,在低电流 $\rho(T)$ 很强地增加,反映极化子模式冻结. 在高电流,电阻只与温度有关($W_H \approx 25$ meV),说明相变朝向软极化子和在低温 e_g 带形成电流感应极化子无序态.

在低温有序相中,频率与介电常数 $\varepsilon_r(\omega)$ 的关系表明在低频有额外的贡献于 $\varepsilon_r(\omega)$(图 10.38(b)),这个额外贡献由于加中等偏压将很强地被抑制,即产生 CER. 相比之下,在频率高于 10^4 Hz 迁移率的动态响应(e_g)和束缚电荷几乎没有受影响. 而两个基本特性与 CER 有关,低频改变电导和抑制电容的机制,与静

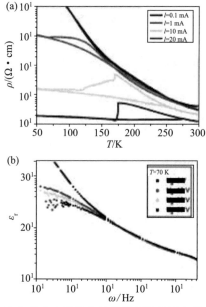

图 10.38 CER 效应在固体和液体相间极化子有序-无序相变，
(a)$Pr_{0.5}Ca_{0.5}MnO_3$ 膜温度与电阻率的关系，
(b)在 70 K 不同偏压下频率与相对介电常数 $\varepsilon_r(\omega)$ 的关系

极化子的无序有关,不出现铁电极化. 极化子固体到液体相变及它们的共协调行为,可用 TEM 原位观察实验中直接测量局部传输行为来研究,见图 10.39. Pt/Ir 针尖感应的两个不同 PCMO 粒子的原位局域 CER 的 TEM 像,图(a)-(c)为低放大像,第一个粒子(稍散焦)可见电子畴图案和在加电流时无序相变,图(a)所示为 PCMO 粒子有序相的高体积比例,在电流 $I=0\mu A$ 时的一些铁电畴. 图(b)表明同样区 $I=6\mu A$,偏压 $U=1V$,电畴结构有很强的改进,在其中开始有序-无序相变. 图(c)$I=10\mu A$,主要粒子区涉及有序-无序相变. 图(d)-(f)为远离针尖有缺陷作为标记区的 HRTEM 像和 SAED 图案(插图). (d)在 $I=200\mu A$,无序相变之前有 $2b_0$ 的亚晶格有序区. 图(e)为在增加电流到 $I=210\mu A$ 之后 5 s,有序和无序畴之间的运动畴边界(DB)的快照. 电流增加到 $210\mu A$ 之后约 8 s,有第二个畴运动进入成像区. 图(f)在 $[\bar{1}01]$ 局域轴测量的衍射. 图(g)为在粒子 2 实验期间记录的 U-I 和 R-I 曲线. 在粒子区的大部分电流符号的改变要求得到完全恢复高电阻有序态. 这里用 SEM 观察粒子有序相的结构对电流或电场的响应. 对于粒子点接触结构,电压在 3~10V,电流在 3~200 μA 间,观察到无序和电压有关的结构(图 10.39(a)-(f)),其与几何结构和到针尖观察区距离有关. 观察电流感应移动大从 10 到 30 nm 的有序畴. 用选区研究齐纳极化子的相关运动,这里用缺陷来标记感兴趣的观察区.通过实验衍射测量有序结构进行排除晶格结构的移动,结论是由于通过晶格有序 JT 极化子相干运动,建立无序相的过程为超晶格调制.移动序畴产生的周期特征经历几十秒到 1 分钟之后消失,具有足够大电流的区域变换为极化子-无序 Pbnm 态,在某些区观察到对比条纹有很强地改变(图 10.39(a)-(c)).依照图 10.39,对铁电畴相变图案的解释是其畴完全分解为无序相.在电场 $E_c \approx 0.5\ 10^5$ V/m 时,铁电极化序改变的直接作用结果为有序-无序相变,与非中心对称协调 JT 畸变产生的同样微观改变来源一致.在针尖接触粒子之前,具有有序畴,在实验中控制针尖与粒子间距离保持 10~200 nm.不同电流下,具有电场为 10^{10} V/m,用电子衍射和 HRTEM 晶格像没有观察到序态改变.首先,观察到有序-无序相变和相对电阻减小是由电流感应而不是电场,这说明焦耳(Joule)热是相变发生的主要驱动力.在有序和无序相变时相应的体积改变和潜热测量倾向于支持热效应的观点.在图 10.39(g)中,在低电流值,电流符号反向要求同样存在 $R(I)$ 回线.因为在有序相变中释放潜热,对于纯热机制在反向电流中相变要求冷却,说明在这个区域电流能感应形成有序相,在没有加电流前是无序相.

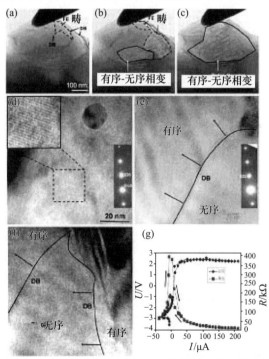

图 10.39 局域 CER 的原位 TEM 像,(a)-(c)低放大像一个粒子(稍散焦),电子畴图案和在加电流无序相变,(d)-(f)远离针尖有缺陷作为标记区的 HRTEM 像和 SAED 图案(插图),(g) U-I 和 R-I 曲线,在粒子 2 实验期间记录

在实验测量电子器件的非均匀薄膜通道中,呈现有部分金属(M)和部分绝缘体(I)区域.在外电场 E 作用下,可以改变 M 和 I 相区的相对体积分数,从而引起界面移动.在通道中电荷积累特性以及空穴和电子载流子将与极化场有关,进而控制界面移动方向.在这个系统中,当温度 T 下降时,出现铁磁(FM)"小滴"金属.加负门电压引起电子在 I-M 界面积累,它推动界面离开电极,引起增加金属部分,与电压 V 有非线性的关系.正电压相反,导致 ρ 对于给定的 T 达到本征绝缘饱和值,但其值不是很高的.上述描述同样解释在 CMR 通道中实验观察 E 和 H 场的补偿起伏特性. H 场使绝缘区的行为更金属性,因而 E 场改变金属区的连接,用以修正 FM 和 FE 成分的体积分数.

3. CER 与 CMR 互补特性

在过渡金属(稀土)氧化物中,具有复杂的铁磁和铁电效应,需要高的电场强度($\sim$MV·cm^{-1}),这在薄膜样品中很容易实现.在前面的讨论单一相的固体材料中,磁电耦合效应相当弱,故人们探索 CER 复合材料,其中之一是采用多层膜结构研究磁电耦合行为,这是取得重要进展的有效途径,但在多元金属氧化物的薄膜中,容易存在原子结构和电子结构的不均匀性,加电场和磁场时感应的强度是不均匀的,出现多种新现象和新效应 Ogale 等.首先进行了有关锰盐的场效应实验研究,用混合价锰化物 $Nd_{0.7}Sr_{0.3}MnO_3$(NSMO)作为通道,门介质为 $SrTiO_3$(STO).观察到几个有意义的效应:① 在电阻峰温度(T_P)以上,电场 E 方向与电阻减小无关.② 调制正比于 E^2.③ 低于 T_P 电阻猛烈减小,$\Delta R/R$ 的符号与电场方向无关.④ 在高温,响应时间受器件 RC 常数限制,但接近 T_P 时,同时受本征机制限制.模拟计算和实验观察的结果认为电场引起样品 NSMO 的晶格缺陷.此后,Mathews 等[18]用 $La_{0.7}Ca_{0.3}MnO_3$(LCMO)半导体作为通道,用 $PbZr_{0.2}Ti_{0.8}O_3$(PZT)作为铁磁门,构造铁磁场效应三极管(FET),能实现非破坏性读出,利用剩余铁电极化薄膜实现制造非挥发信息存储元件.这个全钙钛矿铁电场效应器件用 CMR 通道,最小调制达到 300%.21 世纪初,Wu 等[19]在混合价锰氧化物倒相器件结构基础上研究电场效应.新结构显著改进钙钛矿,设计明显减小了通道层应力.器件结构和特性如图 10.40 所示,图(a)在 PZT 薄膜上的 $La_{0.7}Ca_{0.3}MnO_3$(LCMO)为通道的场效应器件结构,图(b)通道电阻 R 与 T 的关系:曲线 A 无偏压,曲线 B 有偏置电场,曲线 C 有磁场,曲线 D 同时有两种场.上插图为在 $H=6T$ 时 CMR 与 T 的关系,两条曲线分别为有电场偏置和无电场偏置.下插图为 $E=4\times10^5$ V/cm 的 CER 与 T 的关系,两条曲线分别为无磁场和有磁场.这个器件的特性表明:第一,效应很强,在 T_P 附近,对于电场为 $E=4\times10^5$ V/cm,$CER_m=[R(E)-E(0)]/R(0)=76\%$.第二,CER 随电场方向改变符号.第三,对于电场的不同方向 CER 的大小是不对称的,意味通道对于空穴和电子不对称.最后,在温度 T_P,存在门电场与否对其电阻峰值的位置几乎没有改变.

在这个器件中极化与电场关系是非线性的,同样对于 $Nd_{0.7}Ca_{0.3}MnO_3$(NSMO), $La_{0.7}Ba_{0.3}MnO_3$(LBMO),$La_{0.5}Ca_{0.5}MnO_3$(LCMO)和 0.5 掺 LCMO 的电荷序通道得到相似结果. 在这类体系中 CER 效应是巨大的,超过 CMR 的. 电场(E)偏置下当加磁场 6 T 时,通道造成电阻很大的下降(即曲线从 B 到 D). 相似地,加电场到通道调制磁场为 6 T 同样造成附加电阻很大的下降(即改变从曲线 C 到 D). 在两种情况中,加磁场移动 R 峰和改变 CER,而在 CER 情况则不同,产生峰移动是 CMR 的特征. 这里得到的结果表明 CMR 和 CER 的大小几乎可比,对于构造量子调控器件将有重要意义. 特别是在每个温度下的 CMR 和 CER 值,电场和磁场在薄膜传输中有互补效应.

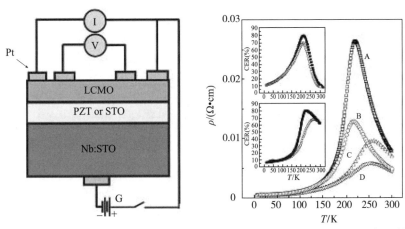

图 10.40 (a)场效应器件结构,(b)通道的 R 与 T 关系;上插图为在 $H=6T$ 时 CMR 与 T 的关系,下插图为 $E=4\times10^5$ V/cm 的 CER 与 T 的关系曲线

Kawasaki 等精心制造了这类器件,得到高质量的膜和界面结构[20],用脉冲激光在 650℃ 沉积,PZT 层厚为 150 nm,生长 LCMO 厚为的 50 nm,在层生长期间压强分别为 100 mTorr 和 400 mTorr. 这个器件不仅效应很强,还显示了 CER 与 CMR 的互补效应. 图 10.41 给出(a)CER 和(b)CMR 与通道电导的关系,插图表明 CER 的金属-绝缘体相变. 对于等值 σ,$T<T_p$ 的 CER 较低于 $T>T_p$ 的 CER;而 CMR 的结果正相反(见图(b)). 这个结果有重要意义,即在一个器件中,电场和磁场是互补的,对于外界扰动 E 和 H 场的起伏,将起稳定作用. 对于这个结果的解释,可考虑门电场对电阻的影响总是显著的. 若载流子密度等于化学密度(0.7 电子/Mn $\approx 10^{22}$ cm^{-3}),外加电场屏蔽深度约为一到两个晶格常数,这将不影响块体的传输. 但在薄膜结构中,外场作用能打开样品的带隙,从而减小有效载流子密度达量级大小,导致电场渗透深度能达到薄膜内部. 这个带隙明显地与电阻和温度有关,它是由极化子形成的,即电子被空间晶格缺陷俘获

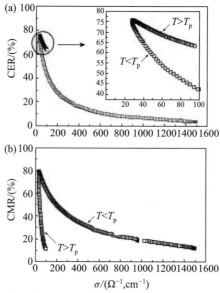

图 10.41 (a)CER，插图为 CER 的金属-绝缘体相变，(b)CMR 与通道电导的关系

的结果，但用这个模型解释在 300 K 和 200 K 下电阻的特性是困难的，这时可能与有较大的屏蔽长度有关，用薄膜中电荷序解释这类实验数据更有效. 在块体样品中没有观察到电荷序，最大可能是化学掺杂引起的，例如用 Pr 代替 La 产生晶格应力、微结构和离子破坏等，可能同时产生非均匀电荷序态，这相似于在(La/Pr)CaMnO$_3$ 中发现"多相"态情况[21]. 外场将膜的某些部分变为金属态，产生某种电荷再排列序. 通常电中性要求意味着正门电压引起电子在门电极积累，在膜顶积累空穴，电荷密度改变引起一面或另一面变为金属. 若系统是均匀的，产生金属区是很薄的，因为再屏蔽诱导电场分布尺寸很小. 通常这类薄膜(在 $V=0$)是不均匀态，存在部分金属和部分绝缘体. 形成这类不均匀结构其绝缘行为基于电荷/轨道序，在 $V=0$ 和 $T>T_p$ 情况下金属部分将不是迷津结构. 这时门电压引起在金属和绝缘体相之间电荷积累，产生界面移动，增加了一相的体积分数，减小了另一相的体积分数. 对于 $(La_{1-x}Pr_x)_{0.7}Ca_{0.3}MnO_3$ 薄膜材料，假设 $V=0$，其 $\rho(T)$ 有与这里实验相似的结果. 这个材料具有多相行为，存在电荷序和铁磁畴共存. 在这个系统中，$x<0.3$ 比 $x>0.3$ 更具有金属性，因为电荷序是 0.5:0.5 型. 这样，在金属和绝缘体间界面空穴积累将移动界面进入金属相，增加绝缘体体积分数. 负门电压引起在界面电子积累，从而界面移向绝缘相，导致金属区增加，体系电导增加. 薄膜中迷津区增加与门电压有非线性关系. 正门电压驱动电子移向膜的底部，使源和漏电极附近区更绝缘化. 实验所观察到的是电流达到低值饱和，表明膜中的迷津结构破坏. 在这个图像中，可以定性地解释对

于 CMR 通道的 E 和 H 场起伏的互补特性.

在这个实验中,门电场对电阻的影响是显著的,H 场统调铁磁(FM)区磁化的相对取向,给出 CMR 效应;同时,E 场改变金属区连通,修正 FM 区相对体积分数.由于两个场取向完全不同,最大 CMR 预期是很大程度上与是否存在 E 场无关;最大 CER 同样预期与是否存在 H 场无关.在上面的讨论中,建议在薄膜样品中电场渗透到 50:50 型电荷区,能够在这个区和铁磁区间移动界面,而不是改变相的特性.对于 $La_{0.5}Ca_{0.5}MnO_3$ 膜有关测量数据如图 10.42 所示,表明 $La_{0.5}Ca_{0.5}MnO_3$ 通道电阻与温度的关系,插图为在对 PZT 门加偏压+6~-6V 情况下.三条曲线表明 E 电场的存在对块体在通道传输影响较弱,几乎在所有温度范围都影响很小.这个很小的影响可能主要是热效应引起的,由于迷津丝路径通过电流时产生的焦耳热.分离电学相通道概念是全新场效应研究的新领域,可能导致新型器件的诞生.

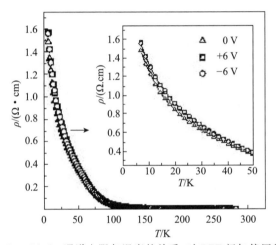

图 10.42　$La_{0.5}Ca_{0.5}MnO_3$ 通道电阻与温度的关系,对 PZT 门加偏压从+6V 到-6V

§10.8　光感应电磁效应

正交系锰酸盐具有 E 型反铁磁序,铁磁感应铁电的两个微观机制产生现象学上不同形态的磁电耦合:电极化感应自旋倾斜螺旋取向,对磁序的作用表示为 $P(L_1\partial L_2 - L_2\partial L_1)$,这里 P 是电极化,$L_{1,2}$ 是磁序参量,通常描述为螺旋的正弦分量.在共线自旋态耦合时,有 $P(L_1^2 - L_2^2)$,这里 L_1 和 L_2 是 2D 分量表示的磁态,具有相对的电极化.在磁体中磁电相互作用感应电极化,同样磁振荡可能耦合晶格电极化振动.在通常磁体中,光子振荡电场可能激发两个磁子和一个声子的三粒子作用.这个过程导致 4 级自旋-晶格耦合,如图 10.43 所示,图示为用

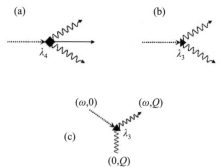

图 10.43　用费曼图描述光子激发磁子.光子和声子,分别表示为虚线和实线,波状线相应于磁子:(a)两个磁子和一个声子的光激发的四级磁电耦合机制,(b)两个磁子连续激发的三级磁电耦合("荷电磁子"),(c)单磁子的光电激发电磁子

费曼图描述用光电场激发磁子[23],这里光子和声子分别表示为虚线和实线,波状线相应于磁子.图(a)所示为两个磁子和一个声子的光激发的四级磁电耦合(Lorenzana-Sawatzky)机制,图(b)所示为两个磁子连续激发的三级磁电耦合("荷电磁子"),图(c)单磁子的光电激发(电磁子).由于三级磁电耦合,这里光子频率 ω 和 0 波矢散射出静态自旋调制具有波矢 Q,产生具有同样波矢和频率 ω 的磁子.在多铁性材料中的三级耦合,连续的光子激发而没有声子参与产生两个磁子(荷电磁子),如图 10.43(b)所示.用静态调制的自旋密度波代替低磁子序,这样一个光子作用过程变换为单磁子,这就是电磁子,见图 10.43(c).这个过程通常用极化声子线性耦合调制磁子和光子,两个不同频率的声子可能导致共振增强光激发电磁子.作为产生极化的两个可能,即离子替换和电子密度再分布,也可认为声子和电激发两者贡献于电磁子.这意味着电偶极谱权重从声子能量($\hbar\omega \sim 10 - 100$meV)或电激发能量($\hbar\omega \sim 2$eV)变换为磁子能量($\hbar\omega \sim 1 - 5$meV).这种能量的转换导致在介电常数与温度的关系中不寻常台阶类行为.最近的有关对电磁子的研究主要聚焦在磁子-声子耦合,当前这类磁子-电子耦合研究还开展得很少,因为电子激发和磁子激发间有很大的能量差.在多铁性材料中电磁子激发的概率有先期理论工作[24],直到最近才在实验中观察到.在 $GdMnO_3$ 和 $TbMnO_3$ 实验中观察到磁子振荡电流的特性,在某些磁性序存在的样品中,可用磁场抑制.在 $GdMnO_3$ 谱中发现从最低频率声子下降到电磁子能量累积位移模式.在 YMn_2O_5 和 $TbMn_2O_5$ 实验中观察到电磁子特征.在这两种 RMn_2O_5 化合物中,电磁子有很相似的谱,只存在磁的铁电相,表明了其磁性的来源.在 $Eu_{0.75}Y_{0.25}MnO_3$ 材料中,电磁子吸收发生在低于 30K.而在化合物 $Eu_{1-x}Y_xMnO_3$ 中,其中 $0 \leqslant x \leqslant 0.5$,确定 $RMnO_3$ 主要是电磁子结构.当用

外磁场使自旋平面旋转时,电磁子极化产生晶格弛豫.电磁子至今观察到的只是 $RMnO_3$ 和 RMn_2O_5 化合物中的非共线自旋相,通常有两类结构:对于 $RMnO_3$ 的 $e // a$ 轴和对于 RMn_2O_5 的 $e // b$ 只激活一种极化,这里 e 光电场,较精确的峰结构只存在于低温铁磁铁电相.在不同类型化合物($RMnO_3$ 和 RMn_2O_5)中,对选择规则的解释不同,电磁子可以在材料成分很宽的范围内发生.这里讨论了多铁性的 YMn_2O_5 和 $TbMn_2O_5$ 化合物在不同温度下的光吸收谱,简要地描述了在 RMn_2O_5 化合物中磁序和磁电耦合特征.这里还讨论了在 RMn_2O_5 和 $RMnO_3$ 两种化合物中电磁峰的微观来源,电磁子是怎样自发极化的.图 10.44 给出 (a) YMn_2O_5,(b) $TbMn_2O_5$ 化合物光电导 σ_p 与频率 ω 的关系,在不同温度 7K,25K,45K 下,有光电场 $e // b$,谱的强峰在 113 cm^{-1} 和 97 cm^{-1} 是最低声子,其他峰是电磁子,低温下其峰显著.考虑磁电耦合,$TMnO_3$ 对称性只能允许存在反对称崩溃的磁对称感应铁电性和非共线自旋结构(螺旋的和摇摆的).

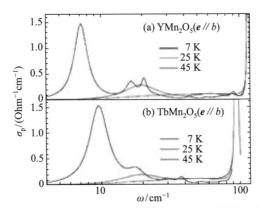

图 10.44 YMn_2O_5 和 $TbMn_2O_5$ 的光电导 σ_p 与频率 ω 的关系

§10.9 GaMnAs 多铁性存储器件

自旋电子是基于电子的自旋特性作为信息载流子的,在此前的微电子信息加工中很少用到,它将导致更多新器件产生,它们具有低功耗、非挥发性和高响应速度等突出特征.尽管现今已经有一些初步进展可利用电流产生局域磁化操纵,但是功能很少,效率很差.近些年关于多铁性材料的研究取得了显著进展,基于此进行了非挥发混合多铁性存储器件的研制,如钙钛矿结构的稀磁半导体 GaMnAs 可用静电控制压电材料产生应力耦合磁化取向,利用其晶体的各向异性实现开关进行信息存储.通常磁化取向沿两个轴中的一个,监测各向异性磁阻的变化,即在压电材料上加电压,各向异性导致应力场产生磁化方向开关.现今执行 MRAM 铁磁器件主要是基于磁体的非局域特征,在写入操作期间翻转铁磁畴实现开关行为.在多铁性材料中,铁磁和铁电特性共存,经由磁电耦合,可以由静电控制磁极化.在单相和混合相多铁性材料中,作为器件为了避免短路电流,铁磁电材料必须是绝缘体.作为选择,磁电耦合可能在铁磁和铁电材料间引起晶体应力,在这种情况中铁磁材料可能导电.概念上铁磁和压电材料可以利用开关行为做成存储器.一些铁磁材料有复杂的各向异性磁结晶能和磁化择优取向轴.在这些近邻轴之间的势垒可由应力控制,利用具有此特性的多铁性材料可做成非挥发多重态存储器.对于稀磁半导体 GaMnAs 外延膜,可用外压应力控制的磁取向,压(张)应力感应面内(面外)磁化取向.GaMnAs 晶体在 GaAs(001) 方向磁化面内有两个相等的择优取向轴,分别沿[100]和沿[010]晶体方向.用光

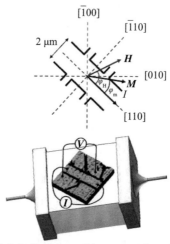

图 10.45 上边为具有相关电流 I、磁场 H 和磁化强度 M 取向的霍尔棒,下边为在压电材料上 2μm 宽霍尔棒的 AFM.应力沿[100]和[010]方向加在样品上,在图中为虚线

刻技术可选择择优取向轴,通过电极加电压感应横向单一方向弛豫.另外在晶体面内[110]和[1̄10]方向之间有较大的单轴各向异性,这可能是由于 GaAs 面重构的各向异性引起的.用这个磁晶体的各向异性和磁伸缩效应可能构造双稳态存储器件.在半绝缘的 GaAs(001)基底上,温度 265℃下用分子束外延生长 15 nm 厚的 $Ga_{0.92}Mn_{0.08}As$ 层,样品芯片在氮气氛 280℃中退火 1 小时.退火可提高铁磁膜的居里温度,达到 T_c(~80 K),减小立方晶体的各向异性.GaMnAs 层沿[110]轴为 2 μm 宽图案化霍尔棒方向,结合电子束湿法光刻制造器件结构如图 10.45 所示,上图为具有相关电流 I、磁场 H 和磁化强度 M 取向的霍尔棒,下图为附在压电材料上 2μm 宽霍尔棒的 AFM 像[25].应力加在样品沿[100]和

[010]方向,如图中虚线所示. 在光刻加工制造 3 mm×3 mm 尺寸的样品,之后用机械减薄到约 100 μm,再用环氧树脂粘贴上多层 PZT(钛酸铅锆压电陶瓷),注意统调 PZT 的轴为[010]方向. 横过 PZT 层加正(负)电压 V,沿[010]方向引起张(压)应力,沿[100]方向应力与压电陶瓷应力系数 $d_{33} \approx -2d_{31}$ 成正比. 在室温和 4.2 K 间两个系数差 15 倍. 对于[010]和[100]两个方向,感应应力为 $\varepsilon = \Delta L/L$,可用粘贴到压电陶瓷底部的双轴应力计测量. 应力值正比于应力计量的电阻,用桥式电路测量,有

$$\Delta\varepsilon = \varepsilon_{[010]} - \varepsilon_{[100]} = (\Delta L/L)_{[010]} - (\Delta L/L)_{[100]} = \alpha(R_{[010]} - R_{[100]})/R, \quad (10.15)$$

式中,α 为应力规灵敏系数,R 是未加应力的电阻. 这表明横过压电陶瓷和样品的应力梯度可忽略,应力规粘贴在样品顶部,在压电陶瓷相对的一面测量相似应力. 测量面内磁化 M 的方向与横向各向异性磁阻(TrAMR),同时知道平面霍尔效应,表示为

$$\text{TrAMR} = (\rho_{/\!/} - \rho_{\perp})\sin\varphi_m\cos\varphi_m, \quad (10.16)$$

式中 $\rho_{/\!/}$ 和 $\rho_{\perp}$ 是磁化阻抗,取向平行和垂直于电流方向.[13] TrAMR 的符号、振幅与磁化方向 M 和电流 I($/\!/$[110])间的角度 φ_m 有关,如图 10.46 所示的 TrAMR 与磁场角 φ_H 的关系,其中曲线 a 不存在应力的样品,曲线 b,c 对应于存在应力的样品,箭头表明场扫描方向,磁场 $H = 50$ mT 和 $T = 35$ K. 对于曲线 b 加压电材料的电压 $V_{\text{pzt}} = 0$,对于曲线 c, $V_{\text{pzt}} = \pm 200$ V 和 0. 当 $M/\!/$[010]时, TrAMR 达到最小(最大). 纵向 AMR$\propto \cos^2\varphi_m$,对于在 45°和 135°间磁化开关是不灵敏的. 图 10.47 给出 TrAMR 与应力关系,由应力规测量单轴应力,在 $\varphi_H = 62°$ 加静磁场 $H = 50$ mT,在 $T = 35$ K 取数据. 上边数轴为加在压电陶瓷上的电压. 图中表明相对电流的磁化取向,TrAMR>0 的 1 态和 TrAMR<0 的 0 态,插图中为在 $T = 25$ K 测量的 TrAMR,分别对应 $H = 50$ mT(左),70 mT(中)和 100 mT(右). 给出 TrAMR 的加应力和未加应力的霍尔棒与磁场振幅的关系,在样品平面内转动(在陶瓷上没有加压电),有 4 个外加场角度 φ_H 分别为 45°, 135°,225°和 315°,用[110]和[1$\bar{1}$0]方向的 4 个磁化近 90°变化表示开关,反映 GaMnAs 晶体的各向异性. 在陶瓷样品上加压电时,磁化角有很大的改变,对于旋转磁化方向 90°开关只有两个突然变化,这表明很强的单轴异性. 由于 PZT 堆有高的各向异性热扩散系数(沿着和垂直于压电陶瓷堆分别为 +1 ppm/K 和 -3 ppm/K). 在降温期间,压电陶瓷加有限电压,控制热感应应力效能较低,在 $T < 50$ K,有 $\Delta\varepsilon < 10^{-3}$. 加±200 V 压电在陶瓷上产生磁化开关角移动为 $\Delta\varphi_H \approx 10°$,对扫描在 $V_{\text{pzt}} = 0$,这相当于减小 TrAMR 的迟滞回路尺寸,见图 10.46 中曲线 b,c. 加磁场 $H = 50$ mT,取向 $\varphi_H = 62°$,相应于中等迟滞回路,对于 $V_{\text{pzt}} \approx 0$,热感

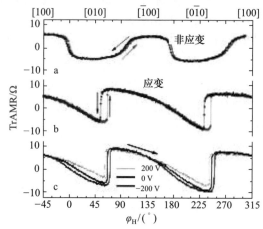

图 10.46 TrAMR 与磁场角 φ_H 的关系，曲线 a 对应不存在应力的样品，曲线 b,c 对应于存在应力的样品

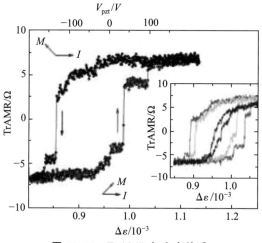

图 10.47 TrAMR 与应力关系

应单轴应力各向异性. 在压电陶瓷上改变电压增加了附加应力,示于在图 10.47 中,TrAMR 作为电压的函数,相应的 V_{pzt} 标明在上轴(在 $\Delta\varepsilon$ 对 V_{pzt} 有小的迟滞回路). 当沿[010]加上压应力,这个方向变为磁化易轴与[010]的自身磁化统调. 当沿着[010]方向加张应力时,[$\bar{1}$00]方向变为易轴,极化开关转 90°. 开关发生在几步,说明器件是由几个畴构成的. 在 $V_{pzt}=0$ 磁化有两个可能取向, $M/\!/[\bar{1}00]$ 和 $M/\!/[010]$,用在压电陶瓷上加负或正电压,可能实现取向开关操作. 因此器件执行双稳态非挥发磁存储具有静电控制态. 调整 φ_H 回路可能移

动,即回路中心可变移动为 $\Delta\varepsilon \approx 3.5 \times 10^{-5}$. 当 H 增加时,迟滞回路的尺寸减小,对于 $H > 100$ mT 迟滞消失,见图 10.47 的插图,在 $H < 40$ mT 回路增加超出 ± 200 压电电压范围. 在实验中,由于 PZT 各向异性的热膨胀引起磁场的剩余应力,因此选择 GaAs 固有的压电特性,可执行没有加外补偿磁场实现热感应应力磁极化方向的静电开关. 在 30 K 压电元件扫描从 0.5 mm 下降到约 1 μm,将补偿 GaAs 的小应力系数 ($d_{33}^{\text{pzt}} \approx 10 d_{14}^{\text{GaAs}}$),减小操作电压到几伏就能控制单个存储胞. 这里模拟沿 [100] 和 [010] 方向的应力作为额外静磁能密度项,可表示为

$$2\varepsilon_{[100]} K_{\varepsilon} \sin^2(\varphi_{\text{m}} + 45°) + 2\varepsilon_{[010]} K_{\varepsilon} \sin^2(\varphi_{\text{m}} - 45°) = \Delta\varepsilon K_{\varepsilon} \sin 2\varphi_{\text{m}} + 常数,$$

那么对于单畴磁体的自由能密度可写成

$$E = K_u \sin^2(\varphi_{\text{m}}) + \frac{K_1}{4} \cos^2(2\varphi_{\text{m}}) + HM \cos(\varphi_{\text{m}} - \varphi_H) + \Delta\varepsilon K_{\varepsilon} \sin(2\varphi_{\text{m}}).$$

(10.17)

略去常数项,K_1,K_u 和 K_{ε} 分别是立方单轴应力各向异性常数,H 是加在平面内的磁场,φ_{m} 和 φ_H 是 [110] 方向与磁场方向间夹角,见图 10.48,实验测量(左边) 和模拟(右边)样品的横向 TrAMR 与磁场方向角度关系,加在压电陶瓷上不同电压产生的应力为比较数据,在插图表明未加应力样品. 所有数据取在 $T = 35$ K 和 $H = 50$ mT. 假设 K_{ε} 对于 [100] 和 [010] 方向是同样的,在平衡磁化取向中 φ_{m} 自由能最小,有 $dE/d\varphi_{\text{m}} = 0$ 和 $d^2 E/d\varphi_{\text{m}}^2 > 0$. 从图 10.48 的 TrAMR 可计算得到外磁场 H 的方向角 φ_H. 从拟合实验 TrAMR 数据,能得到各向异性常数 K_1,K_u 和 K_{ε}. 模拟得到所有数据的基本特性,对于有应力和没有应力器件,相应拟合表明在图 10.48. 对于没有应力器件各向异性场 $2K_1/M = 40$ mT 和 $2K_u/M = 6$ mT,在 13 mT 和 19 mT 之间对应于不同 V_{pzt} 在 -200 V 和 200 V 间,应力感应各向异性场 $\Delta\varepsilon K_{\varepsilon}/M$ 变化,系数 $K_{\varepsilon}/M = 17$T. 为表明磁化开关机制,这里画出归一化的磁能密度,用 E/M (式 (10.17)) 作为 φ_{m} 的函数,在图 10.49 中,(a) 静磁能 E/M 的极图与磁极角 φ_{m} 的关系,对于从上到下: $H = 0$ (上), 50 mT (中) 和 100 mT (下) 圈, $\varphi_H = 62°$ 和 $V_{\text{pzt}} = 0$ ($\Delta\varepsilon K_{\varepsilon} = 16$ mT,图 (b)-(d) 所示为 E/M 与角度关系,对于 $\Delta\varepsilon K_{\varepsilon} = 13 \sim 19$ mT (从黑线到灰线),图 (c)-(e) $H = 0, 50$ mT, 100 mT, 中线和箭头标志 $\varphi_H = 62°$,下线说明磁化取向的两个稳态. 在 $H = 0$ 存在沿 [100] 轴最小,由于大的单轴应力(见图 10.49(a),(e)),引起压电陶瓷各向异性的膨胀,有外磁场 $H = 50$ mT 加在 $\varphi_H = 62°$, E/M 在 $\varphi_{\text{m}} = 32°$ 和在 $123°$ 有两个最小,即接近 [010] 和 [$\bar{1}$00] 晶体方向. 对于应力场 $\Delta\varepsilon K_{\varepsilon}/M = 13$ mT,在平衡磁化取向沿 [010] 方向,在 $\varphi_{\text{m}} = 32°$ 有最小值. 当应力场增加到 19 mT 有两个最小值, $\varphi_{\text{m}} = 123°$ 变为最小. 有意义的是存在两个最小间的小势垒,这个势垒作为磁化开关应该是既没有发生激活也没有发生宏观量子隧穿.

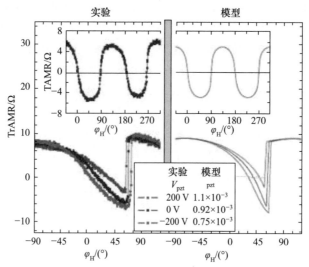

图 10.48 实验测量(左边)和模拟(右边)样品的横向 TrAMR 与磁场角的关系

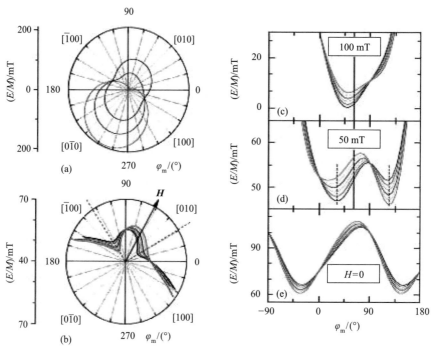

图 10.49 (a)静磁能 E/M 的极图与磁极角 φ_m 的关系,(b)-(d)E/M 与角度的关系,(c)-(e)$H=0,50\,\mathrm{mT},100\,\mathrm{mT}$,粗线和箭头标志 $\varphi_H=62°$,为磁化取向的两个稳态

参 考 文 献

[1] Calderón M J, Millis A J, Ahn K H. Strain selection of charge and orbital ordering patterns in half-doped manganites. Phys. Rev. B, 2003, 68:100401(R).

[2] Eerenstein W, Mathur N D, Scott J F. Multiferroic and magnetoelectric materials. Nature, 2006, 442:759.

[3] Khomskii D I. Multiferroics: Different ways to combine magnetism and ferroelectricity. J. Magn. Magn. Mater., 2006, 306:1.

[4] Sushkov A B, Mostovoy M, Aguilar R V, et al. Electromagnons in multiferroic RMn_2O_5 compounds and their microscopic origin. Phys.: Condens. Matter, 2008, 20:4210.

[5] Voigt J, Persson J, Kim J W, et al. Strong coupling between the spin polarization of Mn and Tb in multiferroic $TbMnO_3$ determined by X-ray resonance exchange scattering. Phys. Rev. B, 2007, 76:104431.

[6] Blake G R, Chapon L C, Radaelli P G, et al. Spin structure and magnetic frustration in multiferroic RMn_2O_5 (R=Tb, Ho, Dy). Phys. Rev. B, 2005, 71: 214402.

[7] Hill N A. Why are there so few magnetic ferroelectrics? J. Phys. Chem. B, 2000, 104: 6694.

[8] Spaldin N A, Fiebig M. Materials science: The renaissance of magnetoelectric multiferroics. Science, 2005, 309:391.

[9] Kimura T. Ferroelectricity induced by incommensurate-commensurate magnetic phase transition in multiferroic $HoMn_2O_5$. J. Phys. Soc. Jpn., 2006, 75:113701.

[10] Curie P. Sur la symétrie dans les phénoménes physiques, symétrie d'un champ électrique et d'un champ magnétique. J. Phys. (Paris), 1894, 3:393-415.

[11] Dzialoshinskii I. E. On the magneto-electrical effects in antiferromagnets. Sov. Phys. JETP., 1960, 10:628.

[12] Authier A. International Tables for Crystallography. Kluwer Academic Publishers, 2003.

[13] Tang H, Kawakami R, Awschalom D, et al. Giant planar Hall effect in epitaxial (Ga, Mn)As devices. Phys. Rev. Lett., 2003, 90:107201.

[14] Neaton J B, Rabe K M. Theory of polarization enhancement in epitaxial $BaTiO_3/SrTiO_3$ superlattices. Appl. Phys. Lett., 2003, 82:1586.

[15] Hatt A J, Spaldin N A. Trilayer superlattices: A route to magnetoelectric multiferroics? Appl. Phys. Lett., 2007, 90:242916.

[16] Lawes G, Harris A B, Kimura T, et al. Magnetically driven ferroelectric order in $Ni_3V_2O_8$. Phys. Rev. Lett., 2005, 95:87205.

[17] Jooss C, Wu L, Beetz T, et al. Polaron melting and ordering as key mechanisms for colossal resistance effects in manganites. PNAS., 2007, 104:13597.

[18] Mathews S, Ramesh R, Venkatesan T, et al. Ferroelectric field effect transistor based on epitaxial perovskite heterostructures. Science, 1997, 276:238.

[19] Wu T, Ogale S B, Garrison J E, et al. Electroresistance and electronic phase separation in mixed-valent manganites. Phys. Rev. Lett. ,2001, 86:5998.

[20] Kawasaki M, Ohtomo A, Arakane T, et al. Atomic control of $SrTiO_3$ surface for perfect epitaxy of perovskite oxides. Applied Surface Science, 1996 ,107:102.

[21] Uehara M, Mori S, Chen C H, et al. Percolative phase separation underlies colossal magnetoresistance in mixed-valent manganites. Nature,1999, 399:560.

[22] Fujii T, Kawasaki M, Sawa A, et al. Electrical properties and colossal electroresistance of heteroepitaxial $SrRuO_3$/ $SrTi_{1-x}Nb_xO_3$ ($0.0002 \leqslant x \leqslant 0.02$) Schottky junctions. Phys. Rev. B,2007, 75:165101.

[23] Chu Y H, Martin L W, Holcomb M B, et al. Electric-field control of local ferromagnetism using a magnetoelectric multiferroic. Nature Materials,2008, 7:478.

[24] Fiebig M. Revival of the magnetoelectric effect. Jour. Phys. D: Appl. Phys. , 2005, 38:R123.

[25] Overby M, Chernyshov A, Rokhinson L P,et al. GaMnAs-based hybrid multiferroic memory device. Appl. Phys. Lett. ,2008, 92:192501.

第 11 章 自旋电子器件

固体的磁学特性主要来自电子-电子之间的交换作用.在某一温度下,电子-电子之间的交换作用导致磁矩有规则排列,这涉及丰富的物理内容,如磁相变、磁异向性、振荡式交换耦合,以及巨磁阻(GMR)、庞磁阻(CMR)和稀磁半导体等.某些庞磁阻材料,如 $La_{1-x}Sr_xMnO_3$ 等,它们的磁相变(或磁阻变化)与金属-绝缘相变一起发生,产生许多特殊凝聚态物理现象.物质的物理特性主要决定于价电子在晶体中的行为,在动量空间中,沿着不同方向价电子的能量与动量(或波矢)的关系决定电子能带结构.如果将同一能量 E,但不同动量的电子态数目相加,即可得到量子态密度,从物质的电子能带结构可以了解其物理性质,例如物质的比热和导电性都与量子态密度 $D(E)$ 成正比.磁性物质中,不同自旋方向的电子能带结构并不相同,它们的电子能带结构是自旋极化的:电子自旋向上的态密度 $D_\uparrow(E)$ 与电子自旋向下的态密度 $D_\downarrow(E)$ 的形状类似,但有一能量位移,彼此分开的能量称为交换能,通常其大小与物质的磁矩成正比.由能带理论,

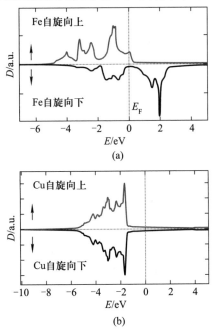

图 11.1 Fe 与 Cu 自旋解析态密度 $D(E)$ 与能量 E 的关系

可以计算出典型磁性材料铁(Fe)的态密度 $D(E)$ 与能量 E 的关系,如图 11.1(a)所示. 为了清楚地比较自旋向上的态密度 $D_\uparrow(E)$ 与自旋向下的态密度 $D_\downarrow(E)$,将 $D_\uparrow(E)$ 与 $D_\downarrow(E)$ 分别画在 x 轴上方和下方,即将自旋向上和向下的电子态密度沿着 y 轴的正方向与负方向分别作图. 图 11.1(a)清楚地显示铁(Fe)在费米能级 E_F 处自旋向上的态密度 $D_\uparrow(E)$ 大于自旋向下的态密度 $D_\downarrow(E)$,也就是说在费米能级的电子自旋极化并不是零. 然而在非磁性材料中,例如铜(Cu),自旋向上与向下的电子能带结构是上下对称的,几乎完全相同,因此电子自旋向上的态密度 $D_\uparrow(E)$ 与自旋向下的态密度 $D_\downarrow(E)$ 是完全一样的,如图 11.1(b)所示[1].

§11.1 单一自旋导电

1951 年 Castelliz 发现 NiMnSb 化合物的磁矩是电子自旋磁矩 μ_B 的四倍,即其值为 $4\mu_B$,磁矩量子化是指物质的磁矩为电子自旋磁矩的整数倍,是一种特殊的物理现象,一般来说磁性材料的每一个原子或每个晶胞的磁矩并不是电子自旋磁矩的整数倍,例如 Fe 金属中每一个 Fe 原子的磁矩是 $2.2\mu_B$,Ni 金属中每一个 Ni 原子的磁矩是 $0.6\mu_B$. 1983 年 R. de Groot 等[1]提出"半金属导电"(half metallic)(或单自旋金属)的概念后,人们才对磁矩量子化的现象有一个完整的图像. 由能带理论计算,发现一种新型的材料,它们的导电性质决定于单一自旋方向的电子(如自旋向上的),而另一自旋方向的电子(如自旋向下的)却不参与物质的导电. 从能带理论的观点来看,半金属材料中某一自旋方向的电子态密度是连续地横跨过费米能级 E_F,因此对于这一自旋方向的电子来说此物质是导体;而对于另一自旋方向的电子,费米能级 E_F 却位于带隙中,该自旋方向的电子并不导电,半金属磁性物质具有 100% 自旋极化、磁矩量子化与零磁化率等特殊物理性质.

假设半金属磁性物质的 E_F 位于自旋向下的能隙中,而且自旋向上的电子完全占据某些特定的能带,由于每一能级容纳一个电子,因此在单个晶胞内,自旋向下的电子数目 $N_\downarrow$ 是整数,所以自旋向上的电子数目 $N_\uparrow = N - N_\downarrow$ 也是整数,其中 N 为单个晶胞内价电子总数,因此单个晶胞内的半金属磁性物质的磁矩 $\mu = (N_\uparrow - N_\downarrow)\mu_B$ 是电子磁矩的整数倍(每一电子具有 $1\mu_B$ 的自旋磁矩),即是半金属磁性物质具有量子化的自旋磁矩,所以在半金属材料中,在费米面处某一自旋方向的电子态密度,如 $D_\uparrow(E_F)$,并不为零;而另一自旋方向的电子态密度,如 $D_\downarrow(E_F)$ 却是零. 如果定义电子自旋极化率

$$P = \frac{N_\uparrow - N_\downarrow}{N_\uparrow + N_\downarrow}, \tag{11.1}$$

则半金属磁性材料的费米面附近的电子自旋极化率为 100% 或 −100%,即它们

的导电性质完全由单一自旋方向的电子决定.这种完全自旋极化的特性可导致许多特异的磁性、电性及光学性质,这些特异性正是自旋电子学研究的主要内容.

1. 半金属的电子结构

单一元素磁性材料的能带是连续的,不易形成单一自旋方向导电的现象.与单一元素磁性材料相比,磁性氧化物或霍伊斯勒(Heusler)合金具有较复杂的晶体结构(如尖晶石结构、钙钛矿(perovskite)结构或双钙钛矿(double perovskite)结构),电子结构也较复杂,它们的电子结构容易形成能隙,再加电子间自旋交换作用,形成具有半金属结构.

(1) CrO_2

最简单的半金属材料是 CrO_2,它的晶体是长方体的金红石结构,如图 11.2 所示.如果从离子键结构来看 CrO_2 的电子能带,每一个 Cr^{4+} 的 3d 轨道有 2 个电子,磁矩为 $2\mu_B$,每个 Cr^{4+} 被 6 个 O^{2-} 围绕着,构成一个八面体,在这个八面体对称的环境下,Cr 中 t_{2g} 对称性的 3d 电子(即 d_{xy},d_{yz} 及 d_{zx} 轨道电子)的能量比 e_g 对称性的 3d 电子(即 $d_{z^2-y^2}$ 和 $d_{z^2-x^2}$ 轨道电子)的能量低.由于 CrO_2 具有长方体的金红石结构,t_{2g} 电子中 d_{xy} 轨道电子的能量最低,因此 Cr 的两个 3d 电子都是自旋向上,其中一个 3d 电子具有 d_{xy} 轨道对称性,其能量在费米能级下方 1eV 附近,而另一个 3d 电子则具有 d_{xz+yz} 轨道对称性,在费米能级附近能带宽度约 2eV,与 O 的 2p 轨道混合在一起.Cr 的 d_{xz+yz} 轨道电子与 O 的 2p 轨道电子为 CrO_2 贡献导电作用,而且由于它们与 d_{xy} 轨道电子的自旋交换作用,CrO_2 是铁磁材料而且具有半金属特性.应用局域密度近似(LDA)方法的能带理论计算,并考虑两个 3d 电子的在位库仑作用能量 U,也就是 LDA+U 的能带计算,将 CrO_2 的自旋态密度与能量的关系图画在图 11.3,(a)为 CrO_2 中 Cr^{4+} 与

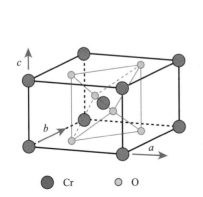

图 11.2 CrO_2 的金红石晶体单胞结构

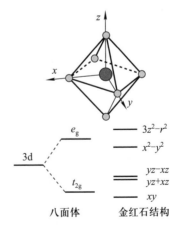

图 11.3 CrO_2 中 Cr^{4+} 与 O^{2-} 构成的八面体和对称的金红石结构 Cr 3d 电子的能级图

O^{2-} 所构成的八面体[1], (b)为 Cr 中 3d 电子在八面体对称及金红石结构环境下的能级图. Cr 的 3d 态密度与能量的关系图很清楚地显示 d_{xy} 轨道位于费米能级 1eV 以下. Cr 的 3d 和 O 的 2p 贡献态密度都是单一自旋取向的, 所以 CrO_2 总的态密度在费米能级附近的分布是自旋向上电子对电导有贡献. CrO_2 的自旋态密度与能量的关系图如图 11.4 所示, 图中态密度分布是用 LDA+U 的能带计算而得到的, 其中 $U=2.5eV$, 属于半金属材料.

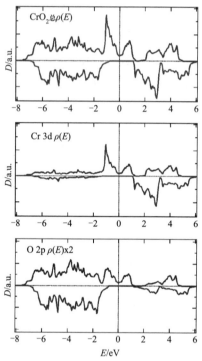

图 11.4 CrO_2 的自旋态密度 D 与能量 E 的关系图

(2) 庞磁阻 $La_{1-x}Sr_xMnO_3$

锰酸盐化合物 $La_{1-x}Sr_xMnO_3$ 是典型的庞磁阻(CMR)材料, 在 $0.17 \leqslant x \leqslant 0.5$ 范围, $La_{1-x}Sr_xMnO_3$ 是铁磁材料, 磁相变温度 T_c 在 250~350K 间, 其磁相变伴随金属-绝缘相变. 温度高于 T_c 时, $La_{1-x}Sr_xMnO_3$ 是顺磁非导体, 但温度低于 T_c 时 $La_{1-x}Sr_xMnO_3$ 是铁磁导体. 当温度在 T_c 附近时, 由外加磁场可以大幅度地改变 $La_{1-x}Sr_xMnO_3$ 的电阻值, 即呈现庞磁阻(CMR)现象. $La_{1-x}Sr_xMnO_3$ 的晶体结构为钙钛矿结构, 如图 11.5 所示, 其中 Mn 位于立方体的中心, O 位于立方体的六个面心, La 或 Sr 位于立方体的 8 个角上, $La_{1-x}Sr_xMnO_3$ 是掺杂锰氧化物, 未掺杂的原化合物是 $LaMnO_3$, 若一定比例的 La 被 Sr 取代, 即可得到 $La_{1-x}Sr_xMnO_3$. $LaMnO_3$ 中的 Mn^{3+} 离子有 4 个 3d 价电子,其中 3 个是 t_{2g} 电子,1 个是 e_g 电子.当 Mn^{3+} 的 e_g 电子与邻近 Mn^{3+} 的 e_g 电子具有反向的自旋方向时,e_g 电子可以透过中间 O 的 2p 轨道在极短时间内,跳至邻近 Mn^{3+} 的 e_g 轨道然后再跳回原来 Mn^{3+} 的 e_g 轨道,发生所谓的虚拟跳动,称这种作用为超交换作用,因此 $LaMnO_3$ 是反铁磁材料.$La_{1-x}Sr_xMnO_3$ 是混合价化合物,由于掺杂作用,若某一定比例的 Mn^{3+} 被 Mn^{4+} 取代,而 Mn^{4+} 有 3 个 3d 价电子,全部具有 t_{2g} 对称性,没有 e_g 电子,在某一定掺杂范围内,如果 Mn^{3+} 的 e_g 电子与邻近 Mn^{4+} 的 e_g 电子具有相同的自旋方向时,e_g 电子可以通过中间 O 的 2p 轨道跳至邻近 Mn^{4+} 的 e_g 轨道,而降低整个系统的能量,因此 $La_{1-x}Sr_xMnO_3$ 是铁磁材料而且也是导体,称这种作用为双自旋交换作用,如图 11.6 所示.由于上述的双自旋交换作用及钙钛矿晶体结构的形变,导致 $La_{1-x}Sr_xMnO_3$ 具有庞磁阻(CMR)与半金属性质.图 11.7 所示为半金属材料的价电子谱及其原理说明,(a)光电子价带能谱,可检测自旋电子取向特性.(b)已知自旋电子取向电子入射样品的光电子发射谱.(c)较高能量光子入射激发 O 的 1s 电子到 TM 的 3d 能带的情况.这些光电子谱可用来说明实验结果,深入地分析半金属的结构特性.

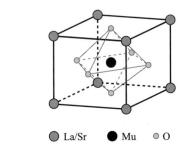

图 11.5 $La_{1-x}Sr_xMnO_3$ 晶体的钙钛矿结构

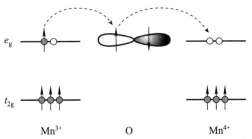

图 11.6 $La_{1-x}Sr_xMnO_3$ 的价电子双自旋交换作用原理

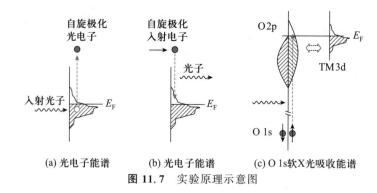

图 11.7 实验原理示意图

§11.2 自旋器件基础

电子具有电荷和自旋属性,出于对电荷属性的控制人们建立了真空电子学和微电子学,现今认为电子器件中的自旋属性将有重要的应用前景.对于电子学考虑电子自旋特性的科学思想已经为现今的初期实验所支持,表明在半导体中有不寻常的相移时间(接近微秒级),自旋极化电流从磁体注入非磁半导体,能保持其相位相干自旋传输的距离超过 $100\mu m$. 考虑电子自旋的思想从根本上改变了传统电子器件,基于注入自旋电流和控制相关联的电荷自旋(自旋与轨道相互作用)来构造自旋三极管.进而,在量子限域结构中,将半导体量子点、原子、分子等用于组装量子比特器件,可产生、传输和检测自旋-纠缠电子的爱因斯坦-波多尔斯基-罗森(Einstein-Podolsky-Rosen,EPR)对,它们是量子计算和量子通信的基础.在这类器件中,自旋具有很多调控参量,如几何结构、能谱、耦合作用等.在量子点结构中,电荷载流子限定在所有 3D 空间的小尺寸内,用 2D 电子气(2DEG)的门电压来控制量子点阵列,如图 11.8 所示[2],圆圈表示限定的量子点.半导体量子点的典型尺寸在 10nm 和 100nm 之间,在介质中这是费米波长的量级,导致能级分裂增加.这样小的量子点荷电能是 meV 量级,在量子点上形成电荷量子化(库仑阻塞),从而实现对量子点上电子数量的控制.在量子点库仑阻塞效应中,邻近两个量子点间的隧穿和调控形成局域单粒子态,是构成单电子器件的基础.

1. 用电子自旋进行量子计算

在信息处理上,人们对量子算法的关注已远超出了经典算法,进行了大量的有关量子信息加工的研究,如密钥、容错、纠错、纠缠、远程通信等.量子算法执行时操作在基于二元态 $|0\cdots00\rangle,|0\cdots01\rangle,|0\cdots10\rangle,\cdots,|\Psi\rangle$ 的叠加上,执行量子时间演化,表示为 $U|\Psi_{in}\rangle=|\Psi_{out}\rangle$. 在量子计算中,每个量子比特有基态 $|0\rangle$ 和

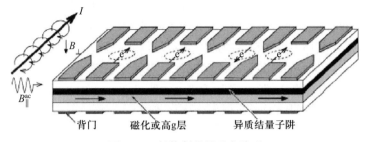

图 11.8 门控制的量子点阵列

|1⟩,即是二级量子系统,选择自旋±1/2系统有|0⟩=|↑⟩和|1⟩=|↓⟩.在此基础上讨论自旋量子计算的有关问题.

(1) 自旋的量子计算

原则上任意二级量子系统均可用来定义量子比特,然而必须能够控制量子计算机基本态的相干叠加,不发生从量子到经典行为的变换.对量子比特的环境耦合应该很小,故导致足够大的退相干时间 T_2,即 T_2 需要超过|0⟩和|1⟩叠加相干的时间.假设存在弱的自旋-轨道耦合,自旋退相干时间约为几纳秒(甚至更长).在块体 GaAs 中,用时间分辨光谱测量确定 T_2,自旋退相干时间超过 10 ns.最近实验测得单量子点传输自旋弛豫时间 T_1 很长(几微秒),这样有 $T_1 \geqslant T_2$,与计算结果一致.为进行量子计算,在并行操作纠错框架中需要考虑大量的量子比特,其数量约为 10^5 量级.当前认为量子点的自旋基量子比特能满足这个要求,因为量子点阵列(图 11.8)能在半导体纳米结构中制造.当一个量子算法输入时,同时进行纠错,要求初始化量子比特态|↑⟩.当量子点处于较大磁场 $g\mu_B B \gg kT$ 时,单个自旋可能被极化,使它们弛豫到基态.这样磁场经由门控制加局域取向力到电子上,形成磁化层,电子以不同有效因子 g 或用极化核自旋(overhauser 效应)进入这个磁化层,如图 11.8 所示.若能产生自旋极化电流,如用自旋极化材料或用另一个量子点产生自旋滤波,这些极化电子能注入空量子点.在量子计算最后,它的结果必须能够被读出,即在量子点上的自旋态必须是可测量的.基于此考虑,在现代加工和测量技术基础上通过纳米晶构造单电子器件阵列,可实现自旋态调控.

(2) 操控量子点

执行量子点门操作是量子计算的核心部分,等效哈密顿可写为

$$H(t) = \sum_{i<j} J_{ij}(t) S_i \cdot S_j + \sum_i \mu_B g_i(t) B_i(t) \cdot S_i, \qquad (11.2)$$

式中第一项是自旋交换能,第二项为磁化能.考虑交换耦合(假设是局域的,即对近邻量子比特有 $J \neq 0$)和等效塞曼(Zeeman)耦合,耦合强度由外场 $v(t)$(如门电压等)控制.为了进行量子计算必须执行一个量子比特操作,在物理学中等效

于单旋转运动. 用可开关的塞曼耦合(式(11.2)), 即控制局部磁场 $B_i(t)$ 或系数 $g_i(t)$, 实现每次加一个量子比特. 由于只关系到转动的相对值, 一旦系统的自旋发生转动(加外磁场 B), 将有不同的拉莫尔(Larmor)频率. 对于局域自旋, 可按行进行转动, 这个方法可由局域磁场完成, 使电子波函数进入一个特定范围, 它有不同系数 g, 由门电压控制, 用 ESR 技术(图 11.8), 已经有几个方法可用于建立 1-2 个量子比特门间的交换作用(式(11.2)的第一项). 管这些装置的开关只有一个相互作用可以简单地执行量子计算, 但这些装置要求每个量子比特编码用 3 个自旋(插入一个)和增加所要计算步骤数, 系数约为 10. 考虑 2 个量子比特量子门, 可产生多个量子门的作用. 控制等效交换作用, 使得电压扫描的平方根为 $U_{sw}^{1/2}$, 再加脉冲 $J(t)$, 则有

$$\int_0^{\tau_s} dt J(t)/h = \pi/2,$$

式中 τ_s 为开关时间. 通过等效方法, 即用 2 个门与单量子比特门联系, 能构造多重量子比特门. 注意 $U_{sw}^{1/2}$ 与脉冲形式 $J(v(t))$ 无关. 用场 $V(t)$ 来控制等效哈密顿(式(11.2)), 开关过程是绝热的, 脉冲形式 $V(t) \propto \mathrm{sech}(t/\nabla t)$ 是较好的选择, 用 2 个量子点耦合要求产生交换作用 $J(t)$, 保证激发到所设定的能级. 这个耦合结构可以开关, 即在量子点间的势垒可升高或降低. 用海特勒-伦敦拟设(Heitler-London ansatz)计算 J, 则

$$J = \frac{\hbar \omega_0}{\sinh[2d^2(2b-1)/b]} \left\{ \frac{3}{4b}(1+bd^2) + c\sqrt{b} \left[e^{-bd^2} I_0 bd^2 - e^{d^2(b-1/b)} I_0 d^2(b-1/b) \right] \right\}.$$

(11.3)

量子点模拟为倍频阱, 有相应频率 ω_0, 等效玻尔(Bohr)半径 $a_B = (h/m\omega_0)^{1/2}$. 尺寸比例 $d = a/a_B$, a 为横向耦合量子点距离的一半. 磁压缩系数 $b = B/B_0 = \sqrt{1+\omega_L^2/\omega_0^2}$, 拉莫尔频率为 $\omega_L = eB/2mc$. 对于这个结果(式(11.3)), 通过将量子点的双占据限定在高能级, 可获得定性相似的结果. 用数值计算也验证了这个结果, 进而, 可计算垂直耦合量子点的 J(通过刻蚀产生多层结构). 由于装置是 3D 的, 可控制 J 平行, 或垂直于电场(磁场). 这里量子计算的方法可用于描述其他相似的量子限域结构自旋系统, 如晶体中的原子耦合、超导结构和半导体中的多层掺杂等.

(3) 开关时间与退相干

对于 $\pi/2$ 的单个自旋转动, 开关时间要求 $\tau_s \approx 30\mathrm{ps}$, 磁场为 $B=1\mathrm{T}$ 和 g 系数调制 $\Delta g_e \approx 1$. 对于 2 个量子比特门的 $U_{sw}^{1/2}$, 用绝热脉冲形式 $J(t)$, 幅度为 $J_0 = 80\mu\mathrm{eV}$. 用静电场或周期为 $2n\pi$ 的脉冲, n 是整数, 这个开关时间很容易增加. 在量子计算中, 要求是实现容易纠错, 这样任意规模的计算机变得容易执行, 不再受退相干限制. 已知的方案要求门操作错误率不大于 10^{-4}. 取退相干时间

$T_2 \leqslant 100\text{ns}$,长于开关时间 $\tau_s \approx 30\text{ps}$,可在这个时间之内决定靶错误率.

2. **自旋滤波和自旋存储**

考虑两电极间的量子点结构,可进行自旋滤波器操作,用于自旋信息存储.由于在量子点中能级塞曼分裂可在这类器件中进行自旋简并滤波.在电极上加局域磁场或用不同 g 系数的材料构成电极或量子点.假设量子点很小,能级间距 δ 远大于两电极的化学势差 $\Delta\mu = \mu_1 - \mu_2 > 0$ 和温度扰动 kT,则可用标准隧穿哈密顿(H_T)近似研究其基本问题.为了减小量子点的有效密度矩阵元,用微扰理论处理 H_T 和用二级黄金定律估价对角变换率,非对角变换为一级.在 H_T 的一级中顺序隧穿(ST)电流 I_s,在量子点上起伏的电子数只在中间态上改变,在此基础上研究基于库仑阻塞范围的自旋滤波和开关特性.

(1) 自旋滤波器

考虑电极为宏观块体,可忽略能级分裂,足够小的量子点发生显著的塞曼分裂,有 $\Delta_Z = \mu_B |gB|$,见图 11.9,其中图(a)在方势阱隧穿区有 $\mu_1 > E_s > \mu_2 > E_s - \Delta_Z$,有单线和三线能级 E_s/E_t,塞曼分裂 $\Delta_Z = g\mu_B B_z$. 图(b)表明由于能级移动 $E_s > \mu_1 > E_s - \Delta_Z > \mu_2$,装置可以测量单个自旋退相干时间 T_2.若在量子点上开始自旋态是 $|\uparrow\rangle$,由于能量守恒隧穿被阻塞.经由 ESR(由摆动线引出的 Rabi 分裂)激发量子点,从电极 1 来的自旋向上的电子在量子点不被阻塞.最后,单一的自旋向上或向下可能隧穿进入电极 2.图(c)所示为自旋倒相器装置,如图(b)中在量子点 1 的自旋态开关电流,量子点 2 起滤波器作用,在倒向器中有 $E_s^1 = E_s^2; E_s^1 > \mu_1 > E_s^1 - \Delta_Z^1; E_s^2 > \mu_2 > E_s^1 - \Delta_Z^2$,其 $|t_{DD}| < |t_{Dt_2}|$ 和 $\Delta_Z^1 \neq \Delta_Z^2$. 这允许的变换次序为 $\uparrow \textcircled{\uparrow}_1 \textcircled{\uparrow}_2 \xrightarrow{\text{ESR}} \uparrow \textcircled{\downarrow}_1 \textcircled{\uparrow}_2 \to \textcircled{\uparrow\downarrow}_1 \textcircled{\uparrow}_2 \to \textcircled{\uparrow}_1 \textcircled{\uparrow\downarrow}_2 \to \textcircled{\uparrow}_1 \textcircled{\uparrow}_2 \downarrow$. 对于量子点上奇数个电子,总自旋为 1/2,最上边的电子是自旋基态 $|\uparrow\rangle$. 在持续隧穿过程中只有自旋单体态可能占据,这样仅有自旋 $\downarrow$ 电子能隧穿进入和离开量子点,I_s 是自旋 $\downarrow$ 形成的极化电流,见图 11.9(a).而共隧穿贡献的电流 I_c 含有自旋 $\uparrow$ 成分,潜在地减小了有效自旋分裂效应,表示为

$$\frac{I_s(\downarrow)}{I_c(\uparrow)} \sim \frac{\min[\Delta_Z^2, (E_{t+} - E_s)^2]}{\gamma \max(kT, \Delta\mu)}, \tag{11.4}$$

式中假设对于简单情况 $\gamma_1 \sim \gamma_2 \sim \gamma$,在两电极间量子点 1 的隧穿速率 γ_1. 在 ST 范围有 $\gamma < kT, \Delta\mu$,则对于 $kT, \Delta\mu < \Delta_Z, |E_t - E_s|$,式(11.4)给出的隧穿速率很大,自旋分裂是有效的.这类自旋滤波有很广的应用范围,多数自旋电子器件要求具有自旋极化电流,可以有多种设计方案,满足自旋电子器件和电路的要求.

(2) 单壁碳纳米管自旋滤波器

在量子点中,磁场电流 $I_B = (hc/eB)^{1/2}$ 通过的截面可以是量子点直径量级,通常所加磁场为 $B \approx 1\text{T}$ 量级.用磁场可以相当有效地调制量子点中的电流

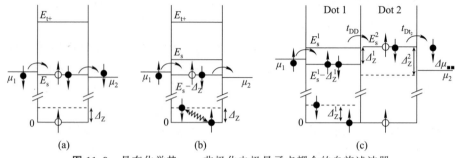

图 11.9 具有化学势 $\mu_{1,2}$ 非极化电极量子点耦合的自旋滤波器

通道,实际上是调制单线/三线态分裂参数 J(J 表示单量子点含有通道数). 在 SWNT 量子点中磁场几乎不影响电子轨道,因为管的直径 d 典型的为 $1\sim 3$ nm, 远小于管长 $\ll l_B$. 顺序能级间距 $E_t - E_s$ 完全决定于塞曼能 $\Delta_Z = g\mu_B B$(给出 $J(B=0) = J_0 > 0$),它是 B 的线性函数. 工作在简并点有 $J_0 = g\mu_B B$, $E_t = E_s$, SWNT 类量子点可作为自旋开关滤波器,因为自旋极化度用磁场 B 调制是很灵敏的,而且是可逆的. 当从某个粒子基态激发,对于单态 $|S\rangle (B < B_c)$ 时,自旋向下通过三线态 $|T_+\rangle (B > B_c)$,自旋向上被滤波. 可通过门电压控制改变 SWNT 量子点的化学势,使量子点总是在 ST 区 $\mu_1 < E^0(2) < \mu_2$,这样式(11.4)给出自旋滤波是有效的,这里 $\mu_{1,2}$ 是接触化学势, $E^0(2)$ 表示量子点上偶数电子相对于 $E(\uparrow)$ 的基态能量为 E_s 或 E_T. 可开关的自旋滤波工作范围为 $J_0 \sim g\mu_B \Delta B/2$, $g\mu_B \Delta B/2 > kT, \Delta\mu$,这里 ΔB 是开关场需要从 $\downarrow$ 滤波到 $\uparrow$ 滤波区的磁场改变. 若用 $\Delta\mu \approx kT = 10\mu eV$ 和 $g = 2$ 估值 ΔB,则要求 $\Delta B > 0.2T$. 发现实验值为 $J_0 \approx 0.1 meV$,它相应于 $B_c \approx 1T$,完全可以与要求的 $2B_c - \Delta B > 0.2T$ 相比拟.

(3) 单自旋退相干检测

建议测量装置用脉冲共振场加到量子点上,单自旋退相干时间 T_2 由通过量子点持续隧穿电流决定. 在这个装置中,在量子点上的塞曼分裂是很大的,为 $\Delta_Z = g\mu_B B > \Delta\mu, kT$,与电极上塞曼分裂 $\Delta_Z^l \neq \Delta_Z$ 不同. 当它的基态为 $|\uparrow\rangle$,由通过量子点的持续隧穿电流调制能级(图 11.9). 若存在 ESR 场,在量子点上产生 Rabi 分裂,通过量子点的电流涉及态 $|\downarrow\rangle$. 对于计算方程的驻波解,在转动波近似内,驻波电流可表示为

$$I(\omega) \propto \frac{V_{\downarrow\uparrow}}{(\omega - \Delta_Z)^2 + V_{\downarrow\uparrow}^2}, \qquad (11.5)$$

电流作为 ESR 频率 ω 的函数. 在 $\omega = \Delta_Z$ 有转动峰,宽为 $2V_{\downarrow\uparrow} = W_{S\uparrow} + W_{S\downarrow} + 2/T_2$,这里 $W_{S\sigma}$ 表示电子从电极到量子点隧穿的速率,初始态是 $|\sigma\rangle = |\uparrow\rangle$, $|\downarrow\rangle$. 这样,电流提供的传输时间低于固有的单自旋退相干时间 T_2. 对于弱隧穿

$W_{S\sigma}<2/T_2$,这时趋于饱和,即峰展宽变为 $2/T_2$. 对于有限温度,在线性响应范围 $\Delta\mu<kT$ 内,电流趋向饱和,连续隧穿峰形式为 $\cosh[(E_s-E_t-\mu)/2kT]$, 其中 $\mu=(\mu_1+\mu_2)/2$, 响应电流 $I(\omega)$ 保持不受影响. 最后指出若这个装置在 0 偏压 $\Delta\mu=0$, 仅具有自旋↑的电子能隧穿进入量子点,这时有自旋↓离开量子点,电极变成局域自旋极化. 这个浓度梯度影响自旋与化学势,导致有限自旋流,没有电荷电流. 通过有限电荷流噪声可检测这个自旋流.

上述装置可用来作为电子泵,允许在量子点与电极Ⅰ间,对于电子有自旋↑,↓相关隧穿率不相等. 在 0 偏压 $\Delta\mu=0$ 可用加 SER 源导出,正比于 $\gamma_1^1\gamma_2^1$. 自旋相关隧穿速率由自旋极化电极控制,自旋隧穿势全为图 11.9(c)表明的装置结构决定. 这个装置用加一个量子点作为自旋滤波器,起自旋倒相的作用,它取自旋向上电子作为输入,产生自旋向下电子作为输出.

(4) 自旋态存储

用全自旋极化电极连接量子点,有 $\Delta_Z^1>\Delta_Z$, 可用经由电荷流读量子点的自旋态. 这种情况可用稀磁半导体或在量子霍尔自旋极化带边态与量子点耦合实现. 若在两电极自旋极化是↑,量子点态是$|\downarrow\rangle$, 具有自旋↑的电子可隧穿进入量子点,形成一个单一态,然后隧穿进入另一个电极,这样 $I_s\neq0$. 由于电极可能吸收自旋向上的电子,只允许它们顺序隧穿传输,即 ↑ⓓ→ⓓ↑→ⓓ↑. 然而,若量子点态为$|\uparrow\rangle$,没有电子可能隧穿进入量子点,因为能量守恒禁止电子进入三线态,即 $I_s=0$. 另外,对于量子点态$|\uparrow\rangle$有很小的共隧穿漏电流,两个电流有一定比例,但其变为$(E_t-E_s+\Delta_Z)^2$, 由于这里只是 CT 过程,具有中等的三线态是可能的. 而量子点的初始自旋态可用通过量子点的电流检测,可实现初始化和读取. 对于开关自旋用 ESR 脉冲,估算单自旋极限时的自旋存储是可能的. 读出程序基于有效的测量量进行详细分析. 若在量子点上的自旋是$|\downarrow\rangle$, 那么经时长 t 后没有电子传输的概率为 $P_{\downarrow}(t)=\exp(-W_t)(1+W_t)$, 这里 $W=2I/e$ 是从一个电极到量子点的隧穿速率. 例如,在时间 $2e/I$ 之后自旋态可能被检测大于 90% 的概率. 对于一个典型的顺序隧穿的电流量级为 $0.1\sim1$nA, 测量时间是 $0.3\sim3$ns. 进而,器件允许量子点自旋态测量的时间分辨,能检测单自旋的拉比振荡和齐诺(Zeno)效应与电流 $I_s(t)$ 的关系. 为了测量 $I_s(t)$, 要求进行时间段内的统计平均,即用阵列量子点或对所有量子点进行时间序列测量.

3. 电子纠缠

这里讨论在固体中的非局域自旋纠缠电子的产生和检测. 量子通信中的远程传输通常用纠缠态,一个重要例子是应用自旋单态 $|S\rangle=[(|\downarrow\uparrow\rangle-|\uparrow\downarrow\rangle)/2]^{1/2}$. 这里建议的装置利用于在偏置超导-正常金属结上移动非局域自旋纠缠的安德列也夫(Andreev)隧穿,通过实验装置,可能检测在纳米结构中有关纠缠态的输

运和噪声特性.

(1) 安德列也夫纠缠

在 s-波超导(SC)中电子形成库珀对,具有单自旋的波函数可作为自旋纠缠电子的自然源.建议器件装置 SC 对两个分开的量子点是弱耦合,垂直于费米液体电极.SC 对正常范围的隧穿耦合是相反自旋的两个电子的相干传输,由于安德列也夫隧穿,其中单电子隧穿被抑制,在亚带隙范围 $0 < \Delta\delta = \mu_s - \mu_1, kT < \Delta$,这里 T 是温度,Δ 是 SC 带隙.形成两个电子隧穿相干进入分开的电极,而不是两个进入同一电极,用两个中间量子点处于库仑阻塞区,由于量子点的在位库仑排斥能 U,导致两个电子经由同一个量子点隧穿被抑制.对于两个电子经由不同量子点进入不同电极的隧穿电流为在 $\varepsilon_n = \mu_s^2$ 的粒子布雷特-维格纳(Breit Wigner)共振峰,这里 ε_n 与量子点的化学势有关,$n = 1, 2$,在同一轨道允许注入两个电子到电极上.对于检测纠缠,产生这样的隧穿是至关重要的.若每个量子点含有偶数个电子,在基态总自旋为 0,在另一个区 $\Delta, U, \delta\varepsilon > \delta\mu > \gamma_1, kT$ 和 $\gamma_1 > \gamma_s$ 应满足纠缠条件.这里 $\delta\varepsilon$ 为量子点能级间隔,$\gamma_{S(D)} = 2\pi\nu_{S(D)}|T_{DS(D)}|^2$ 是从 SC 电极到量子点的隧穿速率,$\nu_{S(D)}$ 是在化学势 $\mu_{S(D)}$ 上每种自旋的 DOS.这里计算驻波电荷电流,用 T 矩阵近似,发现对于注入两个纠缠电子进入不同的电极(电流 I_1)对于注入两个电子到同一电极(电流 I_2)的电流比例表示为

$$\frac{I_1}{I_2} = \frac{2e^2}{\gamma^2}\left[\frac{\sin(k_F\delta r)}{k_F\delta r}\right]^2 e^{-2\delta r/\pi\xi}, \frac{1}{\varepsilon} = \frac{1}{\pi\Delta} + \frac{1}{U}, \quad (11.6)$$

式中,$\gamma = \gamma_1 + \gamma_2$.电流 I_1 随在 SC 上隧穿点间的距离 $\delta r = |r_1 - r_2|$ 增加呈指数减小,ξ 为超导相干长度,在 $0 \leq \delta r \sim \xi$ 情况下,有 $\propto 1/(k_F\delta r)^2$ 关系,这里 k_F 是 SC 中的费米波矢.对于隧穿进入同一电极的抑制系数为 $(\gamma/\varepsilon)^2$.若 $k_F\delta r < \varepsilon/\gamma$,即可有效地观察到量子效应纠缠.

(2) 纠缠电子的噪声

假设一个纠缠器产生纠缠电子对,然后注入电极 1 和 2,如图 11.10 所示,图(a)是安德列也夫纠缠示意图.库珀对两个电子从超导体 SC 的两个点 r_1, r_2 试跳,振幅为 T_{DS},对于两个量子点 $D_{1,2}$ 发生安德列也夫隧穿的距离为 $\delta r = |r_1 - r_2|$.量子点与正常态电极 $L_{1,2}$ 耦合,隧穿振幅为 T_{DL}.SC 电极化学势 μ_S,正常态电极的化学势 $\mu_1 = \mu_2$,要求条件 $|T_{DL}| > |T_{DS}|$ 和大的库仑排斥能 U.测量纠缠电子噪声实验装置如图 11.10(b)所示,纠缠态与电极 $1'$ 和 $2'$ 是不关联的.纠缠电子对在纠缠中产生,然后注入电极 1 和 2,每个电极一个电子.两个电极的电流用束分裂混合(感应界面散射),导致在电极 3 和 4 中测量噪声,对于三线态无噪声.每个电极有两个电子,为了产生两个粒子的相干效应插入束分裂.在这种情况,对于进入电极 1 或 2 的电子直到其离开,进入电极 3 或 4 有相等的概率振幅.感兴趣的量是在电极 3 或 4 中测量噪声,即电流-电流关联.由于费米

海中的库仑相互作用因注入纠缠电子对只部分地减小,可用费米液体准粒子非相互作用的标准散射理论描述. 假设电极是由量子通道组成的,电极 α 和 β 间起伏 $\delta I_a = I_a - <I_a>$ 的特殊密度 $S_{\alpha\beta}$,在没有背散射和 0 频率时,有

$$S_{33} = S_{44} = -S_{34} = 2\frac{e^2}{h\nu}T(1-T)(1 \pm \delta\varepsilon_{\varepsilon1,\varepsilon2}), \tag{11.7}$$

式中,负(正)号表示自旋单线(三线)态,T 是分裂束的传输系数. 若有同样能量 $\varepsilon_1 = \varepsilon_2$ 的 2 个电子,在单线态注入电极 1 和 2,对于非关联粒子比较两个系数,散弹噪声增强为 $2e^2T(1-T)/h\nu$. 这个电子的聚束是由于它们的对称轨道波函数,故在同一输出电极出现电子. 对于三线态,反聚束效应出现,完全抑制了噪声,即 $S(\omega=0)=0$. 对于对称轨道波函数只出现聚束态,在束分裂的输出臂中测得的噪声增强提供了纠缠的证据.

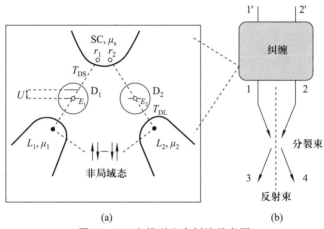

图 11.10　安德列也夫纠缠示意图

(3) 正常态电极中的双量子点

耦合双量子点(DD)纠缠的 2 个电子态可以用一个封闭回路结构,通过电流或噪声检测每个量子点是弱耦合,对于输入和输出电极隧穿振幅为 Γ,化学势为 $\mu_{1,2}$. 量子点平行地置入标准串联连接中. 在库仑阻塞区,量子点上的电荷是量子化的,在共隧穿区有 $U > |\mu_1 \pm \mu_2| > J > kT, 2\pi D\Gamma^8$,这里 U 是单态量子点荷电能,D 是电极量子态密度,J 交换耦合系数. 由于 $|\mu_1 \pm \mu_2| > J$,弹性以及非弹性电荷隧穿(CT)发生,非弹性 CT 意味着 DD 态改变(即从单线态到三线态). 进而,假设 Γ 为足够小,导致 DD 在下个电子通过之前将返回平衡态,这是因为封闭回路提供两个隧穿路径,在存在磁场中,电子的不同相与隧穿路径有关. 由阿哈罗诺夫-玻姆(Aharonov-Bohm)给出相位差 $\varphi = ABe/h$,A 是回路面积,这导致在 CT 电流 I 中相干效应,表示为

$$I = e\pi\nu^2 \Gamma^4 \frac{\mu_1 - \mu_2}{\mu_1 \mu_2}(2 \pm \cos\varphi),\tag{11.8}$$

得到散弹噪声功率 $S(0) = -e|I|$,这里正号表示 DD 在三线态,负号表示单线态.

(4)超导电极中的双量子点

在 DD 系统中用两个量子点直接耦合产生纠缠,代替 DD 中并联结构的是隧穿耦合两个超导电极(SC),振幅为 Γ. SC 的 s-波关联感应对量子点的自旋耦合,导致量级$\propto \Gamma^4$,用海森伯哈密顿量表示为

$$H_e \approx J(1 + \cos\varphi)\left(S_a \cdot S_b - \frac{1}{4}\right),\tag{11.9}$$

式中 $J = 2\Gamma^2/\varepsilon$,这里 ε 是低于电极费米能级量子点能量. φ 是横过 SC-DD-SC 结的相位差. 自旋间的交换耦合可用外参量 Γ 和 φ 调制,这样两个量子比特门或对于 EPR 传输可执行纠缠. 进而,若超导电极与另加的约瑟夫森(Josenphson)结进入 SQUID 环,则在量子点上的自旋态即可探测.

§11.3 自旋电子能谱实验

在费米能级附近价电子具有 100% 自旋极化是半金属材料的特殊性质,自旋电子能谱实验是研究这种现象与其相关电子结构的直接有效方法. 可以由光电子能谱、反向光电子发射能谱和 O1s 软 X 光吸收能谱等实验检测,探讨半金属磁性氧化物的电子结构.

1. 光电子能谱

光电子发射是物质被光照射后激发出光电子的现象,光电子能量、动量及自旋方向反映出物质的电子结构. 光电子能谱学研究包括测量光电子的强度对其能量、动量的分布,进而探讨物质的电子结构. 光电子能量分布曲线尖峰位置是电子能带在动量空间里某一点能量. 光电子发射是一个复杂的多体作用现象,如果将物质视为一含有 N 个电子的系统,光电子发射的过程将 N 个电子的系统激发至 N-1 个电子的系统和产生一个光电子,完整的光电子发射理论必须包含光电子的激发过程及物质对光电子的激发后所留下的空穴反应,实际上常用二极近似和单电子的观点来描述光电子发射现象,光电子发射微分截面表示为

$$\sum_{i,f} |\langle \Psi_f | \boldsymbol{A} \cdot \boldsymbol{P} | \Psi_i \rangle|^2 \cdot \delta(E_f - E_i - h\nu),\tag{11.10}$$

式中,$|\Psi_i\rangle$ 和 $|\Psi_f\rangle$ 分别表示光与物质作用之前与之后的量子态,$\boldsymbol{A}$ 与 $\boldsymbol{P}$ 分别表示光的向量及电子动量,E_i,E_f 和 $h\nu$ 分别是初态、终态和光子的能量,δ 函数表示满足能量守恒的要求,光电子的强度决定于矩阵元 $\langle \Psi_f | \boldsymbol{A} \cdot \boldsymbol{P} | \Psi_i \rangle$ 的大小,其中 $\boldsymbol{A}$ 隐含着入射光的偏振极性. 假设量子态 $|\Psi_i\rangle$ 和 $|\Psi_f\rangle$ 的主量子数、角动量量子数和磁量子数分别为 n,l,m 和 n',l',m',角动量守恒致使光电子发射现象只

在 $\Delta l = l' - l$ 为 ± 1 的条件下发生;若物质被线性偏振光激发,$\Delta m = m' - m$ 必须是 0 时,光电子才会被激发;若激发光源为圆偏振光,$\Delta m = m' - m$ 必须是 ± 1. 另外,如果终态 $|\Psi_f\rangle$ 简化为电子平面波,再经由光电子的动能和动量等测量,即可得到物质初态 $|\Psi_i\rangle$ 的信息,进而了解物质的电子结构. 对于半金属磁性材料, 必须利用电子自旋分辨的能谱技术来测得光电子的自旋方向,然后才可检验费米能级附近的价电子是否 100% 自旋极化.

这里以锰氧化物 $La_{0.7}Sr_{0.3}MnO_3$ 为例,来说明对半金属磁性材料的自旋分辨光电子能谱的实验研究. 1998 年 J. H. Park 与 E. Vescovo 等[3]首先测量了 $La_{0.7}Sr_{0.3}MnO_3$ 的自旋分辨光电子能谱,他们将 40eV 光子入射 $La_{0.7}Sr_{0.3}MnO_3$ 薄膜样品上,然后激发出光电子,得益于电子自旋分辨的能谱技术,测得自旋分

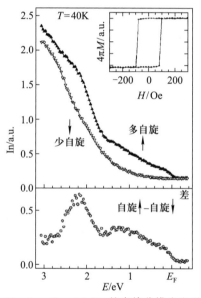

图 11.11 $La_{0.7}Sr_{0.3}MnO_3$ 的自旋分辨光电子能谱

辨光电子能量分布,如图 11.11 所示,其结果显示费米能级附近的价电子皆为自旋向上,并无自旋向下的光电子从费米能级被激发出来,费米能级附近的价电子是 100% 自旋极化的,自旋分辨光电子能谱实验结果直接证明了 $La_{0.7}Sr_{0.3}MnO_3$ 是半金属. 另外,从自旋向上与自旋向下的光电子强度差异对能量的关系图,可以发现这种光电子强度在费米能级以下 2.2 eV 处最大,显示 Mn e_g 电子在费米能级以下 2.2 eV 附近.

2. 反向光电发射能谱

当入射电子作用于物质,如果此电子的能量和动量与物质的某一非占据态耦合时,物质即被激发成激发态,然后会发射出光子而变成能量较低的激发态或

回到基态. 从多体物理的观点来看,可将电子-光子能谱实验解释为入射电子将一个 N 电子系统激发至 $N+1$ 电子系统的激发态,而且同时发射出光子. 若入射电子的能量与动量选定,由测量发射光子的强度对能量的分布,可以研究物质非占有态的电子结构. 若反向光电子发射过程的 $N+1$ 电子中间态为最低能量的激发态,即可测得费米能级附近的电子结构. 为了研究磁性物质(如半金属磁性材料)的电子结构,必须利用自旋极化入射电子来探测自旋分辨非占有态的电子结构.

3. 自旋 O1s 软 X 光吸收能谱

除了光电子能谱与反向电光子发射能谱实验外,亦可应用自旋分辨 O1s 软 X 光吸收能谱实验来研究半金属磁性氧化物的电子结构[4]. 过渡金属氧化物(如 CrO_2)中的 O2p 轨道会与过渡金属 3d 轨道杂化,在费米能级附近它们的对称性几乎相同,因此 O1s→2p 软 X 光吸收能谱可提供过渡金属 3d 轨道的能量与对称性等相关信息,图 11.12 显示 CrO_2 的 O1s 软 X 光吸收能谱,能量 529.6 eV 的吸收峰反映出 O2p 与 Cr3d 在 E_F 以上对称性,当入射光 E 向量与 CrO_2 晶体 c 轴垂直时,可发现 CrO_2 的 O1s 软 X 光吸收能谱中能量 529.6 eV 的特别强,而当入射光 E 向量与 CrO_2 晶体 c 轴平行时,能量 529.6 eV 的吸收峰强度大幅度地减弱,说明 Cr3d 轨道在 E_F 上方具有 d_{xz-yz} 对称性.

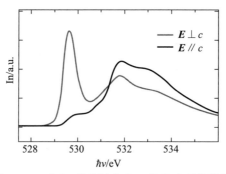

图 11.12 CrO_2 的光极化 O1s 软 X 光吸收能谱

为了研究磁性氧化物的半金属特性及其相关电子结构,必须测量自旋 O1s→2p 软 X 光吸收能谱,在 CrO_2 的基态电子结构中,图 11.13 的 LDA+U 能带计算结果表明 O2p 强烈地与 Cr3d 杂化,也具有半金属性质,由于电荷转移现象,假设 CrO_2 基态电子结构中有一个 O2p 自旋向上的电子跳至 Cr3d 轨道,留下一自旋向上的空穴,见图 11.13(a)的电子态示意图,在软 X 光吸收过程中,仅发生 O1s 自旋向上电子跃迁至 O2p(如图 11.13(b)所示的电子态),此时整个系统处于一激发态,然后发生俄歇(Auger)跃迁,一个自旋向上 O2p 电子跳至 O1s,并以激发另一个 O2p 电子的方式,将 O2p 与 O1s 两个电子态间的能量差释放出来,被激发出来的为俄歇电子(见图 11.13(c)的电子态示意图). 由于宇称守恒,俄歇电子的自旋向下,与 O2p 非占有态的自旋方向相反,因此经由收集自旋俄歇电子的信号可测量得到自旋 O1s 软 X 光吸收能谱. 图 11.14 显示费米能级附近的 O2p 能带具有 100% 自旋极化,因此 O1s→2p 软 X 光吸收能谱表明 CrO_2 的是半金属,如 LDA+U 能带计算所预测.

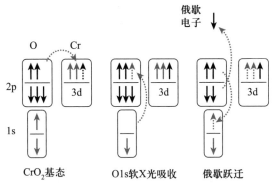

图 11.13 CrO_2 的自旋 O1s 软 X 光吸收能谱实验基本原理示意

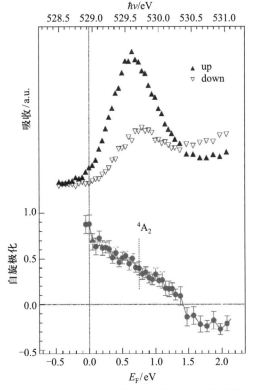

图 11.14 CrO_2 的自旋 O1s 软 X 光吸收能谱

§11.4 自旋电子关联

虽然 CrO_2 的自旋 O1s 软 X 光吸收能谱提供 CrO_2 是半金属的证据，仔细检验 CrO_2 的自旋 O1s 软 X 光吸收能谱，可发现能量距离费米能级 0.6 eV 时（即入射光能量 529.6 eV），O2p 能带并不是如能带理论所预测 100% 自旋极化，虽然它们反映出 Cr3d 轨道的 d_{xz-yz} 对称性，实验结果显示能量距离费米能级 0.6 eV 处 O2p 空穴的自旋极化为 50%，并不是 100%，这个差异源于电子关联特性。为了解释实验结果与能带理论的差异，必须考虑电子的多体效应。也就是说，暂时跳出能带理论的框架：以单电子在一个平均势能场中的行为来描述固体性质。一个多电子系统中，价电子的相互作用决定物质的物理性质，以 CrO_2 为例，两个 Cr3d 电子和其周围 O^{2-} 离子中六个 2p 电子来描述 CrO_2 基态的电子结构，若考虑 Cr3d 与 O2p 间的电荷转移，CrO_2 的电子结构是由 $Cr3d^2 O2p^6$、$Cr3d^3 O2p^5$ 和 $Cr3d^4 O2p^4$ 等不同的电子态组合而成，其中最低能量 $Cr3d^2 O2p^6$ 电子态的自旋为 $S=1$，z 轴方向的自旋分量亦为 $S_z=1$，$Cr3d^2 O2p^6$ 电子态并没有贡献 O1s→2p 吸收截面，而 O1s 软 X 光吸收主要来自 $Cr3d^3 O2p^5$ 电子态的贡献，在 $Cr3d^3 O2p^5$ 电子态中 $Cr3d^3$ 的自旋可以是 ($S=3/2$, $S_z=3/2$) 或 ($S=3/2$, $S_z=1/2$)；未填满 O2p 轨道的自旋可以是 $S_z=1/2$ 或 $S_z=-1/2$，它们的分布比例为 $3^{1/2}:1$，因此电子自旋向上与向下的 O1s→2p 吸收截面比值为 3:1，也就是说吸收能谱的自旋极化为 $(3-1)/(3+1)=50\%$，与图 11.14 的实验结果吻合得相当好。上述的分析与实验结果表明在某些电子系统，如果电子的关联效应比能带效应强，也就是说两个电子在同一个位置的库伦作用能量 U 比价电子能带宽度 W 大，虽然能带理论计算预测为半金属，可能会因为电子关联效应致使这种材料不是半金属。例如虽然能带理论计算预测 Fe_3O_4 为半金属，但尚无自旋分辨能谱实验结果证实 Fe_3O_4 为半金属。自旋电子学的主要内容是如何将电子自旋特性应用在目前的电子学中，若磁性材料中参与导电的电子是自旋极化的，例如半金属材料的导电特性，电子传输现象很自然地具有电子自旋方向

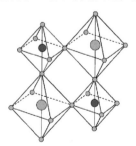

图 11.15 双钙钛矿结构 Sr_2FeMoO_6 中，FeO_6 与 MoO_6 八面体所形成的 NaCl 结构示意

性. 半金属材料具有很大的应用潜力,例如半金属薄膜是自旋电子学组件的重要功能材料. 因此半金属薄膜的合成及它们的电子结构为半金属研究的重要方向,其中超晶格、薄膜双钙钛矿结构材料和半金属反铁磁材料等都是研究重点. 1998年 Kobayashi 等首先发现双钙钛矿结构的 Sr_2FeMoO_6 是半金属,而且具有高于室温的磁相变温度($T_C=419$ K). 双钙钛矿结构材料 Sr_2FeMoO_6 中,Fe 和 Mo 分别与它们周围的 O^{2-} 构成一个八面体,FeO_6 与 MoO_6 八面体形成一个 NaCl 结构,如图 11.15 所示,而且 Fe 和 Mo 的磁矩是反平行的,有趣的是 1998 年 Pickett 就曾提出某些双钙钛矿结构的氧化物不但是半金属而且是反铁磁,它们的净磁矩为零,半金属反铁磁材料具有更高的应用价值.

§11.5 自旋传输概念

磁学的基本属性是电子的自旋,主要内容为自旋流、自旋积累和自旋霍尔效应,S. Takahashi1 等评述了有关研究工作[5]. 实验和理论研究显示自旋极化载流子可以从铁磁体(F)注入非铁磁金属(N),后者如正常态金属、半导体和超导体,给出非平衡自旋积累和超出扩散长度的自旋流. 在利用自旋自由度构造器件时,重要的特性包括有效自旋注入、自旋积累、自旋传输和自旋检测等,是自旋电子器件的重要参量. 这里是基于微电子的二极管或三极管结构展开上述问题讨论的,用二电极或三电极构成测量电路,如 F1/N/F2 自旋器件结构,这里 F1 是自旋注入器,F2 是自旋检测器,从这种结构中导出自旋相关传输方程. 自旋极化电子注入和自旋积累电子检测与结的界面特性有密切关系(金属接触和隧穿势垒). 对于 N/F2 结为金属接触时,有较大的自旋流注入 F2,由于 F2 具有短自旋扩散长度,例如坡莫合金(Py),会出现强自旋吸收(自旋下沉). 进而讨论在非铁磁金属中,用导电电子的自旋-轨道散射自旋霍尔效应(SHE),自旋(电荷)流改变电荷(自旋)流,可构建新型自旋电子器件.

1. 自旋注入和自旋积累

Johnson 和 Silsbee[6,7] 首次报告指出从铁磁膜自旋注入 Al 膜,其非平衡传输距离超过自旋扩散长度量级 1 μm(对于纯 Al 甚至几个 μm 量级). 这是相当长的自旋扩散长度,基于此设计自旋注入技术用于 F1/N/F2 结构(F1 是注入器,F2 是检测器),在 F2 的输出电压与 F1 和 F2 磁化相对取向有关. 后来,Jedema 等进行了自旋注入和检测实验,在坡莫合金/铜/坡莫合金(Py/Cu/Py)结构中进行非局域测量,在室温下清楚地观察到自旋积累信号[8],在 Co/A/Al/A/Co 结构中测量到较大的自旋积累信号,在多层膜结构 A(A=Al_2O_3)中存在隧穿势垒. 这个结构由铁磁注入器 F1 和检测器 F2 之间与非磁金属 N 连接,如图 11.16(a)和(b),F1 和 F2 是铁磁电极[5],其宽度为 W_F 和厚度为 d_F,长方形距离为 L. N 是下方正常金属电极,其宽度为 W_N 且厚度为 d_N,F1 和 F2 的磁化统调为平行或者反平行.在器件中发送偏置电流 I 从 F1 进入左边 N,自旋极化电子注入从 F1 进入右边 N,与 F1 距离 L 的 F2 检测自旋积累,在 F2 和 N 间加电压 V_2.由于在器件的左边缺少电压源,在 F1 右边没有电荷流.相比,注入自旋在两个方向扩散流是相等的,在右边产生自旋积累(图 11.16(c)),因此,自旋和电荷在器件中是分开传输的.非局域测量的优点是 F2 只探测自旋特性.由导体中电场 $E=-\nabla \varphi$ 驱动通道中的电流密度 j_σ,其电流密度为

$$j_\uparrow = \sigma_\uparrow E - eD_\uparrow \nabla n_\uparrow, \quad j_\downarrow = \sigma_\downarrow E - eD_\downarrow \nabla n_\downarrow. \quad (11.11)$$

式中,σ_σ 和 D_σ 分别是具有自旋 $\sigma(\sigma=\uparrow,\downarrow)$ 的电导率和扩散常数.考虑到 $\nabla n_\sigma = N_\sigma \nabla \varepsilon_F^\sigma$,这里 N_σ 是自旋亚带的态密度,ε_F^σ 是费米能级,又 $\sigma_\sigma = e^2 N_\sigma D_\sigma$,有

$$j_\uparrow = -(\sigma_\uparrow/e)\nabla \mu_\uparrow, \quad j_\downarrow = -(\sigma_\downarrow/e)\nabla \mu_\downarrow \quad (11.12)$$

式中,$\mu_\sigma = \varepsilon_F^\sigma + e\zeta$ 是电化学势(ECP),其中 ζ 是电势.在衰减态的电荷和自旋连续方程为

$$\nabla \cdot (j_\uparrow + j_\downarrow) = 0,$$

$$\nabla \cdot (j_\uparrow - j_\downarrow) = -e\frac{\delta n_\uparrow}{\tau_{\uparrow\downarrow}} + e\frac{\delta n_\downarrow}{\tau_{\downarrow\uparrow}}, \quad (11.13)$$

式中,$\delta n_\sigma = n_\sigma - \bar{n}_\sigma$ 是具有自旋 σ 的从平衡载流子密度 $\bar{n}_\sigma$ 的偏离,$\tau_{\sigma\sigma'}$ 是电子从自旋态 σ 到 σ' 散射时间.连续方程和细致平衡有关系 $N_\uparrow/\tau_{\uparrow\downarrow} = N_\downarrow/\tau_{\downarrow\uparrow}$,它保证在平衡态没有净自旋散射.从 ECP 得到描述电荷和自旋传输的基本方程为[9]

$$\nabla^2 (\sigma_\uparrow \mu_\uparrow + \sigma_\downarrow \mu_\downarrow) = 0,$$
$$\nabla^2 (\mu_\uparrow - \mu_\downarrow) = \frac{1}{\lambda^2}(\mu_\uparrow - \mu_\downarrow), \quad (11.14)$$

式中,λ 是自旋扩散长度,$\lambda = \sqrt{D\tau_{sf}}$.自旋弛豫时间 τ_{sf} 和扩散常数 D 表示为[10]:

$$\frac{1}{\tau_{sf}} = \frac{1}{2}\left(\frac{1}{\tau_{\uparrow\downarrow}} + \frac{1}{\tau_{\downarrow\uparrow}}\right),$$
$$\frac{1}{D} = \frac{N_\uparrow D_\downarrow^{-1} + N_\downarrow D_\uparrow^{-1}}{N_\uparrow + N_\downarrow}, \quad (11.15)$$

非铁磁 N 的物理方程与自旋无关,即电导率为 $\sigma_N^\uparrow = \sigma_N^\downarrow = \frac{1}{2}\sigma_N$,铁磁 F 是与自旋有关的,即 $\sigma_F^\uparrow \neq \sigma_F^\downarrow$ ($\sigma_F = \sigma_F^\uparrow + \sigma_F^\downarrow$).从电流垂直于平面的巨磁阻(CPP-GMR)实验得到,过渡金属铁磁体的自旋扩散长度为 $\lambda_F \sim 5$ nm,在坡莫合金中,对于 CoFe 有 $\lambda_F \sim 12$ nm,对 Co 有 $\lambda_F \sim 50$ nm.而对于非磁金属 Cu 为 $\lambda_N \sim 1~\mu m$,Al 为 $\lambda_N \sim 0.65~\mu m$.事实上典型的铁磁体 λ_F 很短于非铁磁金属的 λ_N,在器件中,

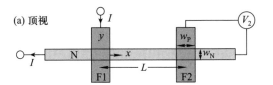
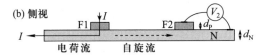
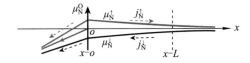
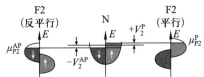
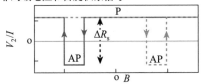

图 11.16 非局域自旋注入和检测器件,(a)顶视图,(b)侧视图.电流 I 从 F1 进入 N 左端.在 $x=L$ 由 F2 电压 V_2 测量自旋积累.(c)在 N 中自旋向上和向下电化学势(ECP)的空间变化.(d)自旋向上和向下态密度分布.(e)非局域电阻 V_2/I 与平面磁场 B 的关系

如 Al 或 Cu 等材料自旋传输起关键作用.横过结界面的电流用 Valet 和 Fert 发展的 CPP-GMR 处理.在自旋相关的电阻 $R^\sigma O_i$ 中,当电流(下标 $i=1,2$)流过结面时,ECP 在界面改变是不连续的.从 F1(F2) 到 N 自旋相关界面电流 $I_1^\sigma(I_2^\sigma)$ 表示为

$$I_1^\sigma = (\mu_{F1}^\sigma - \mu_N^\sigma)/(eR_1^\sigma),$$
$$I_2^\sigma = (\mu_{F2}^\sigma - \mu_N^\sigma)/(eR_2^\sigma), \tag{11.16}$$

这里假设在界面电流的分布是均匀的.透明金属接触中,横过界面的总电荷和自旋流分别表示为 $I_i = I_i^\uparrow + I_i^\downarrow$ 和 $I_i^\zeta = I_i^\uparrow - I_i^\downarrow$.在透明金属接触($R_i^\sigma \to 0$)中,隧穿结上通过界面的电流,由于 ECP 在界面的连续性约束,自旋积累主要在 N 的

一面,但具有短的扩散长度自旋积累在 F 中是很小的. 在实际器件中,横过界面的电流产生的电阻分布与电极电阻大小有关. 当界面电阻远大于电极电阻时,作为隧穿结,电流分布在接触区是均匀的,因此均匀界面电流的假设是有效的. 当界面电阻比电极电阻小时,在多铁性材料接触结中,界面电流分布是不均匀的,在接触局域区有高电流密度. 在这种情况中,有最大的电流通过远小于实际接触区的面积,有 $A_J = w_N w_F$. 当电流 I 是从 F1 到左边的 $N(I_1 = I)$,式(11.16)解取形式为

$$\mu_N^\sigma = \mu_N + \sigma(a_1 e^{-|x|/\lambda_N} - a_2 e^{-|x-L|/\lambda_N}), \qquad (11.17)$$

式中,第一项描述电荷传输,对于 $x < 0$ 有 $\bar{\mu}_N = -[eI/(\sigma_N A_N)]x$,其中 $A_N = d_N w_N$;对于 $x > 0$ 有 $\bar{\mu}_N = 0$(ECP 的基态能级). 第二项是向上自旋($\sigma = +$)和向下自旋($\sigma = -$)电子的 ECP 移动,这里 a_1 表示由于自旋从 F1 注入自旋积累,由于自旋进入 F2 的泄漏,这时 a_2 是自旋损耗. 纯自旋流渡过区域 $x > 0$,即缺少电荷电流($j_N = j_N^\uparrow + j_N^\downarrow$),只有自旋流($j_N^s = j_N^\uparrow - j_N^\downarrow$)流过(图 11.16(c)). 在 F1 和 F2 电极,厚度很大于自旋扩散长度($d_F \gg \lambda_F$),在 Py 或 CoFe 情况中,导致解接近界面可以取垂直 z 方向传输: $\mu_{F1}^\sigma = \bar{\mu}_{F1} + \sigma(b_1/\sigma_F^\sigma)e^{-z/\lambda_F}$ 和 $u_{F2}^\sigma = \bar{\mu}_{F2} - \sigma(b_2/\sigma_F^\sigma)e^{-z/\lambda_F}$,这里 $\bar{\mu}_{F1} = -[eI/(\sigma_F A_J)]z + eV_1$ 描述流过 F1 的电荷流,$\bar{\mu}_{F2} = eV_2$ 有常数势在 F2 中没有电荷流,V_1 和 V_2 为横过结 1 和 2 的电压降. 根据匹配条件要求自旋电流在界面 1 和 2 是连续的,由 ECP 中的系数 a_i, b_i 和 V_i 确定. 检测电压 V_2^P 和 V_2^{AP},在平行(P)和反平行(AP)磁化统调(图 11.16(d))为计算自旋积累信号 $\Delta R_s = (V_2^P - V_2^{AP})/I$,产生

$$\Delta R_s = R_N \frac{(2P_1 r_1 + 2p_F r_F)(2P_2 r_2 + 2p_F r_F)e^{-L/\lambda_N}}{(1 + 2r_1 + 2r_F)(1 + 2r_2 + 2r_F) - e^{-2L/\lambda_N}}, \qquad (11.18)$$

归一化电阻为

$$r_i = \frac{1}{(1-P_i^2)} \frac{R_i}{R_N}, \quad r_F = \frac{1}{(1-p_F^2)} \frac{R_F}{R_N}, \qquad (11.19)$$

式中,$R_i(1/R_i = 1/R_i^\uparrow + 1/R_i^\downarrow)$ 是第 $i(i=1,2)$ 个结的界面电阻,R_N 和 R_F 是 N 和 F 电极的电阻,具有长度 λ_N 和 λ_F,称为自旋电阻,表示为

$$R_N = (\rho_N \lambda_N)/A_N, \quad R_F = (\rho_F \lambda_F)/A_J, \qquad (11.20)$$

具有电阻率 ρ_N,N 的横截面积 $A_N = w_N d_N$. F 的电阻率 ρ_F,结的接触面积 $A_J = w_N w_F$. P_i 是界面流自旋极化和 p_F 是 F1 和 F2 自旋极化,表示为

$$P_i = |R_i^\uparrow - R_i^\downarrow|/(R_i^\uparrow + R_i^\downarrow),$$
$$P_F = |\rho_F^\uparrow - \rho_F^\downarrow|/(\rho_F^\uparrow + \rho_F^\downarrow), \qquad (11.21)$$

式中,$\rho_F^\sigma = 1/\sigma_F^\sigma(\sigma = \uparrow, \downarrow)$ 是 F 的自旋相关的电阻率. 在多铁性材料接触结中,从 GMR 实验和点接触安德列也夫反射实验中确定的自旋极化(P_i 和 P_F)的范

围约为 50%～70%,然而,从超导隧穿谱确定的,在隧穿结中 Al_2O_3 隧穿势垒的 P_i 范围约为 30%～55%,MgO 势垒为～85%. 自旋积累信号 ΔR_s 很强地依赖于结电阻间的相对大小(R_i 和 R_N). 由于 R_N 远小于 R_i ($R_i \gg R_N$),作为 Cu 和 Py 的器件,当两个结是隧穿结($R_1, R_2 \gg R_N$)时,有下列情况

$$\frac{\Delta R_s}{R_N} = P_T^2 e^{-L/\lambda_N}, \qquad (11.22)$$

式中,P_T 是隧穿自旋极化. 当结 1 是隧穿结和结 2 是透明金属接触($R_1 \gg R_N \gg R_2$)时,有

$$\frac{\Delta R_s}{R_N} = \frac{2 P_F P_T}{1 - P_F^2} \left(\frac{R_i}{R_N}\right) e^{-L/\lambda_N}. \qquad (11.23)$$

当两个结是透明接触($R_N \gg R_1, R_2$)时,有

$$\frac{\Delta R_s}{R_N} = \frac{2 P_F P_T}{(1 - P_F^2)^2} \left(\frac{R_i}{R_N}\right)^2 \frac{1}{\sinh(L/\lambda_N)}. \qquad (11.24)$$

在上限情况中 ΔR_s 与 R_i 无关. 图 11.17(a) 所示自旋积累信号 ΔR_s 与 F_1, F_2 间距离 L 的关系,对于 $R_N/R_i = 0.01$, $P_F = 0.7$, $P_1 = P_2 = 0.4$. 可看到用金属接触代替隧穿势垒时,ΔR_s 增加一个量级. 这是由于电阻失配,用 $(R_F/R_N) \ll 1$ 表示. 这个电阻失配来源于 N 和 F 之间很大的自旋长度($\lambda_F \ll \lambda_N$)差. 当 N 是非磁半导体时,材料的不匹配导致电阻失配($\rho_N \gg \rho_F$). 关键问题在于多铁性 Py/Cu/Py 结构中接触结是否接触真正透明($R_i/R_F \ll 1$),或者是隧穿类型的结($R_i/R_N \gg 1$). 若实验数据为 $\rho_F \sim 10^{-5} \Omega \cdot cm$,可得到 $R_i/R_F \sim 0.4$,表明 Py/Cu/Py 位于透明范围,式(11.24)可用于分析实验数据. 图 11.17(b) 所示为隧穿器件中 ΔR_s 与距离的关系,为金属接触器件,符号 (●,○) 是 Co/I/Al/I/Co 的实验数据. (□,■) 是 Py/Cu/Py 的[11],这里 (●,■) 和 (○,□) 是分别在 4.2K 和室温下实验测量的. 给出 Co/I/Al/I/Co 和 Py/Cu/Py 的实验数据中,对于隧穿器件 Co/I/Al/I/Co(I=

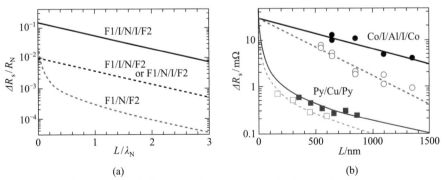

图 11.17 (a) 自旋积累信号 ΔR_s 与 F1 和 F2 间距离 L 的关系,
(b) 在隧穿器件中 ΔR_s 与距离的关系

Al$_2$O$_3$)用式(11.24)拟合,在 4.2 K 时产生 $\lambda_N=650$ nm,在 293 K 时 $\lambda_N=350$ nm, $P_T=0.1$ 和 $R_N=3\Omega$. 有关 $\lambda_N^2=D\tau_{sf}$, $\lambda_N=650$ nm 和 $D=1/[2e^2N(0)\rho_N]\sim 40$ cm^{2}s^{-1},导致在 4.2 K 的 $\tau_{sf}=100$ps,它与由超导隧穿谱得到的自旋-轨道参量 $b=\hbar/(3\tau_{sf}\Delta_{Al})\sim 0.01$ 是一致的. 在 Py/Cu/Py 的金属接触器件中,用式(11.24)对 Garzon 的数据拟合,在 4.2 K 产生 $\lambda_N=920$ nm,$R_N=5\Omega$,和 $[P_F/(1-P_F^2)]R_F=24$ mΩ. 用式(11.24)拟合 Kimura 等的数据,在 293K 产生 $\lambda_N=700$ nm,$R_N=2\Omega$,和 $[P_F/(1-P_F^2)]R_F=14$ mΩ. 在隧穿范围,ECP 的自旋分裂 N 在位置 x 给出

$$2\delta\mu_N(x)=P_T eR_N Ie^{-|x|/\lambda_N}. \tag{11.25}$$

对于器件有 $P_T\sim 0.1$,$R_N=3\Omega$ 和 $I=100\mu$A. 在 $x=0$,$\delta\mu_N(x)$ 的值约为 15μV,远小于 Al 膜的超导隙 $\Delta\sim 200\mu$eV. 在 SC(Al)器件中,自旋积累信号 ΔR_s 有很大的增强,理论预言和实验观察结果一致. 值得注意的,当 F1 和 F2 是两个半金属铁磁体($P_F=1$,$R_F\gg 1$)时,有最大的信号

$$\Delta R_s\approx R_N e^{-L/\lambda_N}. \tag{11.26}$$

使用半金属铁磁体的优点是没有隧穿势垒,有 100% 的自旋极化.

2. 自旋电流通道模型

当系统中的电子传输行为具有方向性时,则有电流出现. 产生电流的方式有很多种,如电子热发射、隧穿效应、光电效应等. 电子传输所造成的电流是整体电荷载流子在受外加电场的作用下运动,其平均运动会呈现出具方向性的行为. 一般而言,电子传输现象可以直接用电流来描述,也可以用电导率、电阻、弛豫时间或电子分布函数等相关的物理量来描述. 在传统的块材系统上,德鲁德模型就可以很好地来描述电子传输行为:体电流密度的大小正比于电导率和电场的乘积,其方向平行于电场的方向;电导率仅和物质特性有关,正比于体电荷密度和弛豫时间. 此外,还有更复杂的行为,如不同块材系统的串、并联组合,则可以用欧姆定律的电阻串、并联公式加以描述.

电子除了具有电荷特性外,还具有自旋;电子可以处于自旋向上态,也可以处于自旋向下态. 也就是说,系统内电子传输的行为,是这两种不同自旋态的电荷载流子所呈现的整体行为而不是单一自旋态的电子. 由于电子在自旋弛豫时间内维持其所有的自旋态,所以可直观地将具自旋向上态和自旋向下态的电子视为两种不同的带电粒子. 量子的相位效应需在相干时间内才能显见,该效应即是量子干涉. 不过由于统调时间比自旋弛豫时间短得多,所以运用电子具有量子相位的特性比运用其自旋的特性难度高很多. 无论是将自旋还是量子相位引入电子传输中,都会大大地增加了电子传输行为在未来运用上更宽广的空间. 在块体材系统中的电子传输,相对于其传输长度所能维持自旋态的时间太短. 也就

是说,在一个相对短的周期内,自旋态即会翻转.当在长距离的传输后,由于电子的自旋态会不断地翻转,其平均行为自旋的特性等效上消失.这也是为什么在块体系统中电流仅仅只能反应电荷的特性,而没有出现任何自旋态特征.

在薄膜系统中,自旋电子的传输距离比在块体系统中长得多,其相对的电流效应也就更能呈现出块体材没有的自旋态特征.当系统中的电子传输行为具有自旋特性时,此系统即属自旋关联电子传输的范畴.

(1) 自旋相关电流通道模型

考虑自旋传输电子可分两种具有不同弛豫时间的带电粒子,此两种不同的带电粒子虽具有相同的电荷量及电子质量,却不具有相同的传输性质(即弛豫时间).从电子能带理论可知,当接近费米面的空态愈多,则电子的散射概率愈高;而一旦电子的散射概率提高,则其相对自旋弛豫时间就会随之缩短.一般金属如铜,其上、下自旋电子能带是一样的,所以上、下自旋弛豫时间也就会相同;然而磁性材料如铁、钴、镍,其上、下自旋电子能带不同.所以,磁性材料中的自旋电子是有必要区分为上自旋电子及下自旋电子,尤其是当该磁性薄膜材料的膜厚小于自旋弛豫长度时.在此磁性薄膜系统中,独立的上自旋电子及下自旋电子所传输的电流,即可转化成其等效电路的上自旋电路及下自旋电路的并联电路;此电路模型称为"自旋电流双轨模型".在自旋电子传输理论中,上、下自旋电子各自独立的传输是最基本也是最重要的假设,其延伸引出的自旋电流双轨模型则是最基本的模型,无论是在量子理论计算或是半经典理论计算中,都经常引用到这个模型.自旋电阻串并联理论是以两个自旋相关电流通道模型为基础,更进一步地推广到用来描述不同薄膜系统的串并联组合后的传输行为.自旋电阻串并联理论可以表述为:当整体结构的膜厚小于自旋弛豫长度时,则自旋相同的个别电路可以先串联,然后套用自旋电流双轨模型.具体地说,个别的上自旋电路串联成一整体的上自旋电路,而下自旋电路则串联成一整体的下自旋电路;随后,整体的上自旋电路与整体的下自旋电路再进行电路间的并联,得到最后的等效电路.

(2) 自旋相关散射

电阻正比于散射概率,而散射概率则是取决于两个因素:其一为散射势垒的高度,另一为费米面附近的空态密度.当散射势是自旋相关时,则上自旋电子与下自旋电子行经该势垒所遭遇的散射强度不同;另外,当上、下自旋费米面附近的空态数并不相同时,散射后的自旋电子能进入的空态概率也随之而不同,会导致二者真正的散射发生概率呈现与自旋相关.在磁性层及金属层的交叠薄膜结构中,也就是所谓的磁性多层膜中,此两种自旋相关散射会同时出现于整个薄膜系统中,并且直接地呈现其电流效应中的自旋特征.对一个磁性复合膜而言,传输电子通过在磁性层与金属层的界面时会发生自旋相关散射,其原因系为界面上的散射势是自旋相关的.另外,如前所述,传输电子在磁性层中的上、下自旋电子能带不同,散射发生概率因之而不同,所以也会有第二类的自旋相关散射.因此,可以将磁性复合膜中传输电子的自旋相关散射分为两类,一类是界面自旋相关散射,另一类是块体自旋相关散射.以电子垂直流过磁性复合膜为例,自旋相关散射为立论基础,磁性多层膜中自旋相关散射所引发的电子传输行为如图 11.18[12]所示,所有磁性层均为相同的磁性材料,膜厚为 L_F. 所有金属层均为相同的金属材料,膜厚为 L_M. 由于安排的磁性复合膜结构具有周期性,故以磁性层(F)/金属层(M)/磁性层(F)/金属层(M)等四层结构描述整体结构的特性,此四层结构称为单位磁性复合膜.电子在磁性复合膜中传输时,会受到界面及体内二类的自旋相关散射,也就是说需引进体内自旋电阻及界面自旋电阻到"自旋电阻串并联模型"的等效电路中.体内自旋电阻有三种,界面自旋电阻有两种,其结构示意如图 11.18 所示,定义如下:磁性层内有上自旋电子及下自旋电子,其电阻率较高者为 ρ_F^H,较低者为 ρ_F^L;金属层中只有一种电子,电阻率为 ρ_M;磁性层与金属层的界面所造成的电阻较大者为 R_{F-M}^H,较小者为 R_{F-M}^L. 由于磁性层中的上自旋电子与下自旋电子 s 轨道的电子能带相同,其所受体内自旋电阻率大小的差异取决于 d 轨道的电子能带.以铁为例,其上自旋电子的 d 轨道的能带位于费米面之下,而下自旋电子的 d 轨道的电子能带则是横过费米面;所以上自旋电子比下自旋电子在费米面附近的空态数少得多,自然地散射概率也就比较小,因而上自旋电子有较低的 ρ_F^L,而下自旋电子则有较高的 ρ_F^H. 致使上、下自旋电子在通过磁性层与金属层的界面时,所遭遇的电阻则是取决于磁性层与金属层的电子能带之间的关系.以钴/铜磁性复合膜为例,系统中的上自旋电子能带在钴中与在铜中极为相似,然而下自旋电子能带在二层之间则有很大的差异(失配);而对上自旋电子来说,通过界面是容易的,但对下自旋电子则不容易.与钴/铜磁性复合膜比较,自旋电子在铁/铬磁性复合膜中的电子能带关系刚好相反.对于钴/铜磁性复合膜或是铁/铬磁性复合膜,ρ_F^L 大约等同于 ρ_M,所以为了简化,取 $\rho_F^L = \rho_M$,这个条件将用于所有计算及表述中.更进一步地简化,当某方向自旋电子在磁性层中的电阻率为较小的 ρ_F^L 时,则假设该自旋电子通过磁性层及金属层界面时所遭遇的电阻也是较小的 R_{F-M}^L;反之亦然.当两边磁性层

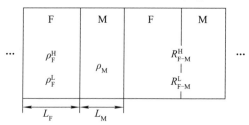

图 11.18 磁性复合膜结构示意图

的磁化强度方向平行时,其上自旋电阻记为 R_P^+,下自旋电阻记为 R_P^-,整体电阻记为 R_P;依自旋电流双轨模型,其关系为 $1/R_\mathrm{P}^+ + 1/R_\mathrm{P}^- = 1/R_\mathrm{P}$. 同理,当两边磁性层的磁化强度方向反平行时,相对之电阻记为 $R_\mathrm{AP}^+, R_\mathrm{AP}^-$ 和 R_AP,其关系为 $1/R_\mathrm{AP}^+ + 1/R_\mathrm{AP}^- = 1/R_\mathrm{AP}$. 不同磁性层由于磁化强度方向的不同,所以对于电子自旋方向的感受也就不相同. 对于自旋电子,当两临近磁性层的磁化强度方向两两平行时,来自于某一磁性层的自旋电子无法区分其间不同;然而,若两临近磁性层的磁化强度方向恰为两两反平行时,则电子会感受到其自旋方向交错地平行与反平行于磁性层中磁化强度的方向. 图 11.19(a) 显示了当临近磁性层的磁化强度方向两两平行时的磁性复合膜的示意图,图(b)为图(a)的等效电路,其中 R_P^+ 及 R_P^- 分别表示为

$$R_\mathrm{P}^+ = N_\mathrm{MC}(2L_\mathrm{F} \times \rho_\mathrm{F}^\mathrm{L} + 2L_\mathrm{M} \times \rho_\mathrm{M} + 4\varGamma \times R_\mathrm{F-M}^\mathrm{L}),$$

$$R_\mathrm{P}^- = N_\mathrm{MC}(2L_\mathrm{F} \times \rho_\mathrm{F}^\mathrm{H} + 2L_\mathrm{M} \times \rho_\mathrm{M} + 4\varGamma \times R_\mathrm{F-M}^\mathrm{H}), \tag{12.27}$$

经由 R_P^+ 及 R_P^- 并联,可得整体电阻 R_P. 图(c)当临近磁性层的磁化强度方向两两反平行的磁性复合膜的示意图,图(d)则为图(c)的等效电路,其中 $R_\mathrm{AP}^+ = R_\mathrm{AP}^-$ 表示为

$$R_\mathrm{AP}^+ = R_\mathrm{AP}^- = N_\mathrm{MC}[L_\mathrm{F} \times (\rho_\mathrm{F}^\mathrm{L} + \rho_\mathrm{F}^\mathrm{H}) + 2L_\mathrm{M} \times \rho_\mathrm{M} + 2\varGamma \times (R_\mathrm{F-M}^\mathrm{H} + R_\mathrm{F-M}^\mathrm{L})].$$

$$\tag{11.28}$$

用"自旋电阻串并联理论"来分析磁性复合膜中传输行为的电阻效应,可容易地发现经由 R_AP^+ 和 R_AP^- 并联,可得整体电阻 R_AP. 由上述,可以发现在理论上对于 $\sqrt{R_\mathrm{AP}} - R_\mathrm{P}\sqrt{R_\mathrm{AP}}$ 用其自旋相关散射所对应的电阻,在磁性层间的磁化强度方向不同时,对应不同的串并联组合而成的等效电路,并可由简单图标(图 11.19(b) 及(d))即可容易表示:无论是界面或是体内的自旋相关散射,对于电子传输行为上所呈现的自旋特征,均扮演着重要的角色. 自旋电阻串并联理论简化了原本不易理解的自旋电子传输行为,从而呈现了这两类自旋相关散射所带来的影响. 建立在自旋电流双轨模型上的自旋电阻串并联理论,对于自旋相关散射所引发电子传输行为的自旋特征,是一个相当直观的模型,有利于理论物理和实验物理学家对自旋电子传输行为作具体的想象. 但是在理论中视体自旋散射差异比 β 及界面自旋散射差异比 γ 随 L_F 变化的函数,其斜率和截距分别为 $N_\mathrm{MC}\rho_\mathrm{F}^*\beta$ 和 $2N_\mathrm{MC}\varGamma R_\mathrm{F-M}^*\gamma$,其中 β 称为块体自旋散射差异比,γ 为界面自旋散射差异比. 可由实验曲线中的斜率及截距分别量测得到 β 与 γ,为常数且相互独立. 但在某些情况下,与实验结果大相径庭;因而,必须放弃而改以玻尔兹曼输运平衡模型来加以描述. 但玻尔兹曼输运平衡模型是建立在微分方程基础上的,通常只能得出数值解,其间机制并无法具体地说明. 基于上面所述,如何结合自旋电阻串并联理论和玻尔兹曼输运平衡模型二者的优点,进而形成一个不仅直观而且正确的

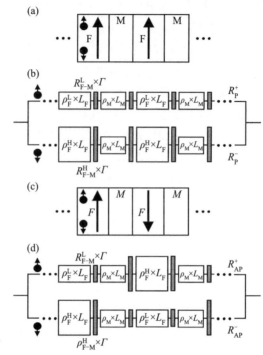

图 11.19 金属/磁性复合薄膜结构,(a)近邻 F 自旋平行,(b)为(a)的等效电路图,(c)近邻 F 反平行磁性复合膜,(d)为(c)的等效电路

理论模型,值得深入地研究.

3. 非局域自旋电流调控

这里讨论自旋流通过非局域结构,特别是自旋流横过 N/F2 界面,有关的纯自旋流注入非局域化器件,可实现磁极化开关行为[13]. 图 11.20(a)所示为 F1/I/N/F2 的非局域自旋流注入器件,器件 1 是隧穿结,器件 2 是金属接触,图(b)所示为自旋积累的空间变化 $\delta\mu_N$,图(c)所示为在 N 中的自旋流 I_N^s 与 L/λ_N 的关系,这里 L/λ_N 取 $0.5, \infty$,其他参量值与图 11.16 相同. 在 $L/\lambda_N = 0.5$ 表明从 N 流出最大自旋流通过 N/F2 界面时,自旋流是不连续变化的. 图(d)所示为利用非局域自旋流注入的自旋开关器件,在 F2 中的磁极化方向用 F3 检测. 在自旋电流非局域器件中,自旋积累的大小和分布与界面电阻(R_i)和电极自旋电阻(R_F, R_N)的大小有很强的依赖关系. 图 11.20(b)表明在 N 电极的 F1/I/N/F2 结构中,自旋积累 $\delta\mu_N$ 空间变化,虚线表示在不存在 F2 时的 $\delta\mu_N$. 当在 $L/\lambda_N = 0.5$ 处 F2 与 N 接触时,自旋积累被很强地抑制. 用具有小 R_F 的 F2,在 F2 右侧离开很小距离处有自旋积累. 在具有 3 个 Py 电极非局域器件中也观察到这个行为,同时注意到在 F1 和 F2 间($0 < x < L$)的曲线斜率变得很陡于虚线,表明

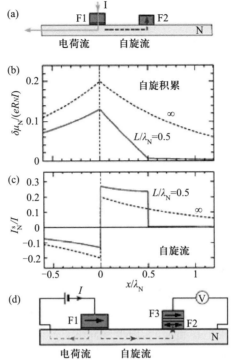

图 11.20 (a)F1/I/N/F2 的非局域自旋流注入器件,器件 1 是隧穿结,2 是金属接触,(b)自旋积累的空间变化,(c)在 N 中的自旋电流 I_N^s 与 L/λ_N 的关系,(d)自旋开关器件结构

在 F1 和 F2 间的自旋电流 I_N^s 大于没有 F2 的,如图 11.20(c)所示的. 在 $x=L$ 处,I_N^s 有很大的不连续下降,表明变化为 $\delta\mu_N$. 图(c)所示为在 N 中的自旋流 I_N^s 与 L/λ_N 的关系,图(d)所示为利用非局域自旋流注入的自旋开关器件,自旋流从 N 流出通过 N/F2 界面进入 F2,这是由 F2 中自旋电流强吸收引起的. 在 F2 右侧($x>L$)N 区中,自旋流很小,这意味着 F2 有很小的 R_F,如 Py 和 CoFe 与 N 存在金属接触,起很强的自旋吸收器作用(理想自旋库). 计算横过 N/F2 界面的自旋流 I_2^s,表示为

$$I_2^s = \frac{2(P_1 r_1 + P_F r_F)\,e^{-L/\lambda_N} I}{(1+2r_1+2r_F)(1+2r_2+2r_F) - e^{-2L/\lambda_M}}, \quad (11.29)$$

它导致从 N 到 F2 注入的自旋流是很大的,与第一次注入相比是隧穿结($r_1 \gg 1$). 第二次注入是金属接触($r_2 \ll 1$),F2 是很强的自旋吸收器($R_{F2} \ll R_N$),如 Py 或 CoFe,产生自旋流非局域的注入 F2,表示为

$$I_2^s \approx P_T I e^{-L/\lambda_N}. \quad (11.30)$$

当小的 F2 岛与 N 具有的接触区约 10000 nm²,距离为 $L \sim \lambda_N$ 时,注入 F2 的自旋流密度为 $I_2^s \sim 10^6 \mathrm{A \cdot cm^{-2}}$ 量级或更大. 对于 $I=1\mathrm{mA}$ 和 $P_T=0.3$ 可能达到大的自旋流注入. 因此,从 F1 到小的 F2 自旋-角动量传输是有效的,由于在非局域器件中能进行自旋转矩传输,这个结果提供一个调控磁化取向的方法.

4. 自旋霍尔效应

反常霍尔效应(AHE)起源于自旋与轨道电子间的相互作用(自旋-轨道耦合). 多铁性材料或半导体中,导电电子被由晶体中的杂质或缺陷产生的局域势散射,在局域势处自旋-轨道相互作用引起导电电子的自旋不对称散射. 在铁磁材料中自旋向上的电子(多数)优先散射在一个方向,自旋向下电子(少数)散射到相反方向,导致出现垂直于所加电场和磁化方向的横向电流. 在纳米结构器件中,非局域自旋注入可使在非磁导体中能观察 AHE,被称为自旋霍尔效应(SHE). 若在非磁电极(N)中,存在自旋极化电子流,这些电子被自旋-轨道散射偏转,感应自旋和电荷霍尔电流,并在 N 边上横向积累自旋和电荷. 用非局域自旋注入和检测器件,可观察有两种 SHE. 当只有自旋流没有积累电荷(纯自旋流)时,在 N 经由非局域自旋注入产生向上和向下自旋流,它们在相反方向流动,在同一方向被检测. 在横向感应电荷流,在 N 边电荷积累. 相反的,当在 N 中非极化电荷流是由外加电场引起的,向上和向下自旋流在同一方向被检测,在相反的横向方向感应自旋流,在 N 边附近自旋积累. 这样在非磁导体中因为自旋-轨道散射,产生自旋(电荷)自由度修正电荷(自旋)自由度. 在金属基纳米结构器件中,观察到用非局域自旋注入的 SHE,它开辟了自旋电子学应用的新途径.

§11.6 自旋电子器件介绍

以巨磁阻(GMR)和庞磁阻(CMR)为代表的磁性材料的发现,推动了新型磁学材料的研究,特别是在电子器件方面的应用前景引起人们的兴趣. 微电子学的不断发展,激发人们考虑利用电子的自旋属性研制新型器件,因此迅速发展了自旋电子学(spintronics). 本章从关联电子学角度,重点讨论有关自旋电子器件的机理和研究的主要内容.

1. 自旋阀三极管

巨磁阻器件(giant magneto-resistance,GMR)特性是 1988 年由 A. Fert 和 P. Grunberg 等发现的,这是个全金属系统,它的主要结构和特性测量,见图 11.21 所示,是由磁性材料层(CoFe)和非磁性材料层(Cu)相间组成,构成垂直方向超晶格周期排列. 实验上用四探针测量,得到磁场 H 与电阻变化 ΔR 的关系曲线,相同取向极化层有最小电阻,相反取向的极化层有最大电阻,即调制磁性层的极化方向可以改变非极性层中通过的电流大小,这是 GMR 的主要现象.基于这种现象发展了两种自旋器件,见图 11.22 所示的自旋相关的传输结构(a)自旋阀,(b)磁隧穿结[17],每个器件都是由多层构成,保证其中一个铁磁层

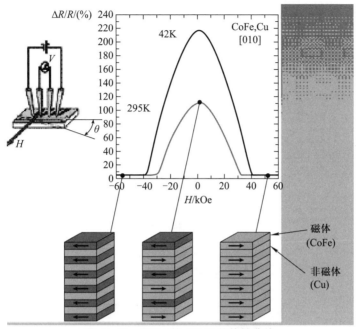

图 11.21 GRM 的 ΔR-H 的特性曲线

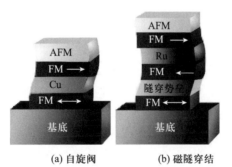

(a) 自旋阀　　(b) 磁隧穿结
图 11.22 自旋相关的传输结构

的取向可由外场调控,而另一极性层的自旋取向则要固定不变.在隧穿结器件中,电流是垂直于层方向传输的.在隧穿结的组成上,需要考虑能得到最大的自旋隧穿电流.不论是平行金属层的电流,还是垂直于金属层的电流,都可以通过磁化层的磁化强度来控制电流的大小,从而实现信号放大.图 11.23 为自旋阀三极管,图(a)三极管结构,由半导体 Si 构成发射极和收集极,其间加入铁磁层和非磁性的金属层.由铁磁层的自旋取向调控,控制隧穿电流的大小,实现信号的

放大.图(b)是收集电流 I_c 与外加磁场 H 的关系,当两个铁磁层取向相同时,有最大电流(最小电阻),相反时有最小电流(最大电阻),故通过磁场可控制收集极电流的变化,由此实现 0 态和 1 态的控制,以及信号的放大.

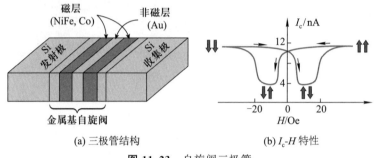

(a) 三极管结构 (b) I_c-H 特性

图 11.23 自旋阀三极管

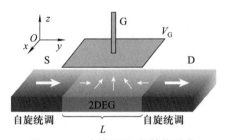

图 11.24 自旋 FET 的结构示意

2. 自旋场效应管

图 11.24 是自旋场效应管(FET)的结构示意图发射极和收集极是可控制的铁磁材料,在电极间形成 2D 电子气(2DEG),它是由铁磁电极注入有特定自旋取向的电子,通过门电压 V_G 控制自旋电流的大小,实现信号加工.在这个结构中,统调自旋极化,自旋在 y-z 方向运动,转动角为 $\Delta\varphi \propto aL$,这里 a 是与结构有关的常数,L 是通道长度.用门电压控制转动角 φ.这种器件的关键问题是自旋注入、自旋检测和自旋控制,将会涉及自旋-轨道耦合强度系数 α[拉什巴(Rashba)参量].这种结构的自旋三极管称为达它-达斯(Datta-Das)自旋 FET[18].在自旋 FET 中传输的电子要满足通道长度 L 小于弹道电子(l_e)、相干电子(l_φ)和自旋电子平均自由程(l_{sf})长度的条件.实现这些条件应该是具有高迁移率的 2D 电子自旋(2DES)气体、没有肖特基势垒、高自旋电子注入率 η 的界面,且在低温下进行检测.在自旋 FET 中自旋电子运动的角度决定于自旋-轨道耦合作用,这个作用称为拉什巴效应.将前面讲到的自旋阀和自旋 FET 耦合构成新型自旋电子器件,如图 11.25 所示[19],(a)自旋阀和自旋 FET 耦合电子器件,

(b)电导改变 ΔG 与门电压 V_G 关系。在这类器件中,用磁场和电场控制来实现三极管信号的调制,用磁场可以改变电极的磁化取向,用电场调制通道和电子自旋角度关系,形成复合场调控电流的新一类三极管。在门电压控制下电导率的改变可表示为

$$\Delta G = 1 - 2\sin^2(\varphi)\left[1 - 2\sin^2(\alpha_{F1})\sin^2(\alpha_{F2})\right], \tag{11.31}$$

式中 α_F 为磁化矢量 M 与传输方向 x 轴的夹角,自旋转动角 $\varphi = 2\pi\Delta k \cdot L$。这些参量由注入 2DES 中的参数和门电压调控。

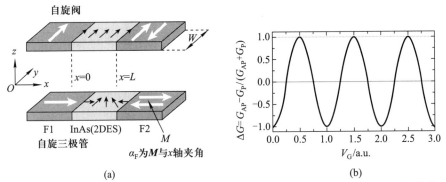

图 11.25 (a)自旋阀和自旋 FET 耦合电子器件,(b)电导改变 ΔG 与门电压 V_G 关系

3. 自旋滤波器

对于自旋注入半导体的扩散输运理论的基本问题是电导错配,阻碍自旋注入块体半导体。这需要在理论和实验上研究铁磁金属与半导体(FM/SC)界面的弹性散射、界面的透射等问题。每个自旋通道的朗道尔-比特克公式表示为

$$I = \frac{e}{\hbar}\frac{k_F W T}{\pi}(\mu_1 - \mu_2), \tag{11.32}$$

式中 μ 为化学势,k 为波矢,W 为宽度,透过率 T 为,

$$T = \frac{T_1 T_2}{T_1 - T_1 T_2 + T_2}. \tag{11.33}$$

沙文(Sharvin)电阻为

$$R_S = \frac{\hbar\pi}{k_F W}. \tag{11.34}$$

由于界面存在台阶势,考虑自旋取向与铁磁电极的关系,自旋选择沙文电阻分别为

$$R_S^{\downarrow} = \frac{2R_S}{1-\gamma}, \tag{11.35}$$

和

$$R_s^{\uparrow} = \frac{2R_s}{1+\gamma},\tag{11.36}$$

式中,γ 是界面自旋对称参量. 在半导体中自旋极化率为

$$\eta = \gamma \frac{2R_s}{R} \frac{1}{\frac{2R_s}{R}+(1-\gamma^2)} = \gamma \frac{1}{1+\frac{R(1-\gamma^2)}{2R_s}},\tag{11.37}$$

式中,R 是半导体电阻,对于弹道半导体有 $\eta = \gamma$. 通过外延界面的自旋滤波器,朗道尔-比特克公式包括在界面布洛赫波函数的重叠,Datta-Das 研制的自旋滤波器的特性,见图 11.26[20],Fe/GaAs 界面构成的自旋滤波器,给出了电导率与自旋能量的关系,不同自旋的透过率相差大于 4 个量级,在界面透射电流是自旋极化的,在 $E_F \sim 20 \mathrm{meV}$ 的 $\eta = 99\%$,ΔG 几乎为 100%. 关于自旋电子器件的研究是当前电子学、物理学、材料学领域的热门课题,这些研究进展是自旋电子学的重要内容,而自旋电子学是一门正在兴起的重要学科.

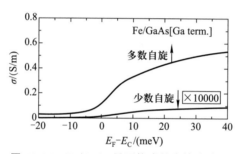

图 11.26 Fe/GaAs 界面构成的自旋滤波器

参 考 文 献

[1] 黄迪靖. 物理双月刊,2003,25:649.

[2] Engel H, Recher P, Loss D. Electron spins in quantum dots for spintronics and quantum computation. Solid State Commun. ,2001, 119:229.

[3] Park J H, Vescovo E, Kim H J, et al. Direct evidence for a half-metallic ferromagnet. Nature, 1998,392 :794.

[4] Huang D J, Tjeng L H, Chen J, et al. Anomalous spin polarization and dualistic electronic nature of CrO_2. Phys. Rev. B, 2003, 67:214419.

[5] Takahashi S, Maekawa S. Topical review: Spin current, spin accumulation and spin Hall effect. Sci. Technol. Adv. Mater. ,2008,9:14105.

[6] Johnson M, Silsbee R H. Interfacial charge-spin coupling: Injection and detection of spin magnetization in metals. Phys. Rev. Lett. , 1985, 55:1790.

[7] Johnson M, Silsbee R H. Coupling of electronic charge and spin at a ferromagnetic-par-

amagnetic metal interface. Phys. Rev. B,1988,37:5312.

[8] Jedema F J, Filip AT, van Wees B J, et al. Electrical spin injection and accumulation at room temperature in an all-metal mesoscopic spin valve. Nature,2001,410:345.

[9] Johnson M, Byers J. Charge and spin diffusion in mesoscopic metal wires and at ferromagnet/nonmagnet interfaces. Phys. Rev. B, 2003 ,67:125112

[10] Hershfield S, Zhao H L. Charge and spin transport through a metallic ferromagnetic-paramagnetic-ferromagnetic junction. Phys. Rev. B, 1997,56:3296.

[11] Kimura T, Hamrle J, Otani Y, et al. Estimation of spin-diffusion length from the magnitude of spin-current absorption: Multiterminal ferromagnetic/nonferromagnetic hybrid structures. Phys. Rev. B, 2005,72:014461.

[12] Maekawa S, Inomata K, Takahashi S. Japan Patent, 2006,381:8276.

[13] Lyo S K, Holstein T. Side-jump mechanism for ferromagnetic Hall effect. Phys. Rev. Lett. , 1972,29:423.

[14] Takahashi S, Maekawa S. Nonlocal spin Hall effect and spin-orbit interaction in nonmagnetic metals. J. Magn. Magn. Mater, 2007,310:2067.

[15] Yamashita T, Takahashi S, Imamura H, et al. Spin transport and relaxation in superconductors. Phys. Rev. B, 2002,65:172509.

[16] 陈穗斌,张庆峰.物理双月刊,2004,26:577.

[17] Wolf S A , Awschalom D D, Buhrman R A, et al. Spintronics: a spin-based electronics vision for the future. Science, 2001,294:1488.

[18] Datta S, Das B. Electronic analog of the electro-optic modulator. Appl. Phys. Lett. , 1990, 56:665.

[19] Freedman M H, Larsen M, Wang Z H. A modular functor which is universal for quantum computation. Commun. Math. Phys. ,2002, 227, 605.

[20] Zhao T, Ogale S B, Shinde S R, et al. Colossal magnetoresistive manganite-based ferroelectric field-effect transistor on Si. Appl. Phys. Lett. ,2004,84:750.

第 12 章 量子信息学

量子信息学是建立在 20 世纪初发展起来的量子力学基础之上的信息学,或者说是量子力学与信息科学相结合所产生的一门新的信息学科,主要是利用量子力学原理来解决经典信息学和经典计算机遇到的新问题. 量子信息学最重要的三方面应用是量子信息加工、量子计算和量子通信. 随着微电子小型化的发展和纳米科技的兴起,电子科学有关的器件(电路)尺寸和响应时间可小于纳米和纳秒,其量子效应显著,从而使得器件、电路的特性不同于传统的微电子器件和集成电路,因此电子学的发展进入量子信息学时代. 近些年有关量子信息学的研究得到迅速发展,越来越为人们所关注.

§12.1 量子信息

量子信息(quantum information)是以量子力学为基础,通过量子特性,相位相干、量子纠缠和量子不可克隆等进行信息编码、加工、计算和传输,这是量子信息学研究的主要内容. 因此量子信息是量子力学、信息论、计算机科学的交叉学科,诞生于 20 世纪 70 年代末,在 20 世纪 90 年代中期开始迅速发展. 量子信息学的研究内容包括量子信息加工、量子比特、量子计算、量子纠缠、量子通信、量子编码和量子密钥等诸多科技内容.

在传统的微电子器件和电路中,信息加工过程中所处理的是以大量电子、空穴或光子作为信号的载流子,基本是宏观体系,为经典物理描述,所涉及的量子效应也多是将量子力学用于宏观系统,采用费米气体或费米液体模型讨论有关特性. 当信号加工的器件尺寸小于其物理极限时,运行机制超出了传统理论,因此信息科学面临着对下一代电子学的理论探索. 量子信息的研究就是充分利用量子物理基本原理的研究成果,突出量子相干特性的作用,探索以全新的信息进行加工、计算、编码和传输的科学原理和关键技术,这将是电子学发展重大变革的关键所在.

量子信息学是利用微观粒子的波粒二重性和量子系统的相干特性,研究信息加工、存储、编码、计算、发送、传输、接收、综合、判断和控制等信息的全过程. 量子信息加工的载体可以是任意两态的微观粒子系统,例如光子具有的两个不同的线偏振态;恒定磁场中原子核、电子的自旋;具有二能级的原子、分子或离子;围绕单一原子旋转的电子的两个状态(如图 12.1 所示)等. 这些微观粒子构成的系统都是只有用量子力学才能描述的微观系统,利用这些系统传递和处理具有量子特征载流子上的信息. 基于量子效应为主的信息加工体系,与我们已经熟悉的传统微电子器件相比有很多新特征,主要有:①量子态相干性,微观系统中量子间相互干涉的现象成为量子信息很多奇异特性的物理基础;②量子态叠加性,量子状态可以叠加,因此量子信息也可以叠加,所以可以同时输入或操作 N 个量子比特的叠加态;③量子态纠缠性,$N(>1)$ 个量子态在特定的(温度、磁场)环境下可以处于稳定的量子纠缠状态,对其中某个子系统的局域操作会影响到其余子系统的状态;④量子不可克隆性,量子力学的线性特性确保对任意量子态无法实现精确的复制. 量子不可克隆定理和测不准原理构成量子密码技术的物理基础.

图 12.1　具有两个电子占据轨道的原子表示的不同量子态

在传统的信息加工已经进入了全数字化时期,信息处理的最基本单元是比特,用得较多的二进制体系的每一个比特取效 0 或 1,表示器件的 0 态或 1 态. 这样按照一定数学规则给出的随机二进制数据串构成含有一定内容的信息. 在经典信息中只考虑信号的振幅,不考虑信息的相位,但当器件的尺寸与载流子的相干长度可比拟时,信号加工过程中将保有粒子的相位,故相干特性显著,这就是量子信息科学奇异特性的基础. 因此量子信息数字化加工的基础是量子比特,传统的 0 态和 1 态是量子比特的特例,此外还包括二者的叠加态,含有更多信息.

图 12.1 表示的原子模型中,具有两个电子占据轨道的原子表示不同量子态,其中一种是基态,另一种是激发态,分别表示为 $|0\rangle$ 态和 $|1\rangle$ 态. 用某种外场如光或电等将原子的轨道电子从占据能级激发到空能级,该原子体系将从 $|0\rangle$ 态变成 $|1\rangle$ 态,其退激发过程是其逆变换. 如果该系统的 $|0\rangle$ 态或 $|1\rangle$ 态分别是一种稳定态,即去掉外场,仍能保持状态不变,就可以利用此特性进行信号加工和信息存储. 由于量子效应起主要作用,体系的状态不只是 $|0\rangle$ 态或 $|1\rangle$ 态,两种态可以同时存在,每种态出现有一定概率,而且存在多个微观粒子态间的相干叠加,故比经典体系有更多状态,极大地增强了量子信息加工的能力.

量子信息的量子比特是一个 2D 复数空间的向量,它的两个极端态 $|0\rangle$ 和 $|1\rangle$(图 12.1)对应于经典状态的 0 和 1. 为区别经典的字节态,这里用量子力学中使用狄拉克(Dirac)标记 $\langle x|$ 和 $|y\rangle$ 表示量子态. 英文中括号叫 bracket,Dirac 把符

号 $\langle x|y\rangle$ 拆成两半:bra 和 ket,分别用来称呼括号的左半 $\langle x|$ 和右半 $|y\rangle$,bra 和 ket 在中文中分别译作左矢量和右矢量. 一个量子比特可以连续地随机地存在于状态 $\langle 0|$ 和 $\langle 1|$ 的任意叠加状态上,其量子态可表示为

$$|\psi\rangle = \alpha|0\rangle + \beta|1\rangle, \tag{12.1}$$

式中,α 和 β 为任意复数,且必须满足归一化要求 $\alpha\alpha^* + \beta\beta^* = 1$. 处于两种状态 $|0\rangle$ 和 $|1\rangle$ 叠加态的粒子系统就是量子信息的基本存储单元的量子比特. 因为 $|\alpha|^2 + |\beta|^2 = 1$,可以将式(12.1)改写成为

$$|\psi\rangle = \cos\frac{\theta}{2}|0\rangle + e^{i\varphi}\sin\frac{\theta}{2}|1\rangle, \tag{12.2}$$

式中,$-\pi \leqslant \theta \leqslant \pi, 0 \leqslant \varphi \leqslant 2\pi$. 设 $x = \sin\theta\cos\varphi, y = \sin\theta\sin\varphi, z = \cos\theta$,显然 θ 和 φ 在单位 3D 球体上定义了一个点,这个球体通常称为布洛赫球.布洛赫球提供了非常直观实用的单个量子比特状态可视化的几何表示,人们常常利用布洛赫球作为测评量子计算和量子信息有关新设想的物理图像平台.由式(12.1),可画出 3D 表示的图 12.2[1],由其可知,一个量子比特可以连续地、随机地存在于状态 $|0\rangle$ 和 $|1\rangle$ 的任意叠加态上,直到它被某次测量退化为止. 这个过程由量子物理指出测量粒子运动会导致"波包塌缩",使被测量的量子比特状态以某一概率区间值退化到状态 $|0\rangle$ 或 $|1\rangle$. 例如一个量子比特能够处在

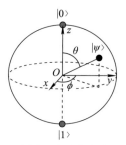

图 12.2 一个量子比特的布洛赫球表示法

$$\frac{1}{\sqrt{2}}|0\rangle + \frac{1}{\sqrt{2}}|1\rangle \tag{12.3}$$

状态,当测量这个量子比特时,测量的瞬间其 50%($|1/\sqrt{2}|^2$)的结果是 0,还有 50%($|1/\sqrt{2}|^2$)的结果是 1. 由此可见一个量子比特在每种状态上出现的概率 $p = |c|^2$ 是由复系数 $c = \alpha, \beta$ 确定的. 因此,这种叠加态具有明显的量子相干特征,其 α 和 β 相对的位相在量子信息过程中起着至关重要的作用.

在量子力学态矢空间中使用标准符号 $|\psi\rangle$ 描述向量,且用 0 表示该向量空间的零向量,因此对于任意的 $|v\rangle$,有下列等式 $|v\rangle + 0 = |v\rangle$ 关系. 矢量空间生成一个向量集合 $\{|v_1\rangle, \cdots, |v_n\rangle\}$,该矢量空间中的任意向量 $|v\rangle$ 都能够写成这

个生成集合的线性组合 $|v\rangle = \sum_i a_i |v_i\rangle$。例如矢量空间 C^2 生成的集合表示为

$$|v_1\rangle \equiv \begin{bmatrix} 1 \\ 0 \end{bmatrix}, |v_2\rangle \equiv \begin{bmatrix} 0 \\ 1 \end{bmatrix}, \tag{12.4}$$

其 C^2 中的任意向量表示为

$$|v\rangle \equiv \begin{bmatrix} a_1 \\ a_2 \end{bmatrix}, \tag{12.5}$$

由此可以写成 $|v_1\rangle$ 和 $|v_2\rangle$ 的线性组合表示为 $|v\rangle = a_1|v_1\rangle + a_2|v_2\rangle$。可以由 $|v_1\rangle$ 和 $|v_2\rangle$ 生成向量空间 C^2。进而,对于一个 m 维向量与 n 维向量的张量乘积的矩阵表示,这是线性代数的基本运算,表示为

$$\begin{bmatrix} a_1 \\ a_2 \\ \vdots \\ a_m \end{bmatrix} \otimes \begin{bmatrix} b_1 \\ b_2 \\ \vdots \\ b_n \end{bmatrix} = \begin{bmatrix} a_1 b_1 \\ \vdots \\ a_1 b_n \\ a_2 b_1 \\ \vdots \\ a_2 b_n \\ \vdots \\ a_m b_n \end{bmatrix}. \tag{12.6}$$

式(12.6)给出了线性代数量子力学中量的标准表示,有关符号和量的关系简要说明在表 12.1。

表 12.1 线性代数中的一些量子力学标准符号

符号	说明
z^*	复数的复变换,$(1+i)^* = 1-i$
$\|\psi\rangle$	矢量,也称为 ket
$\langle\psi\|$	$\|\psi\rangle$ 的对偶矢量,也称为 bra
$\langle\varphi\|\psi\rangle$	矢量 $\|\varphi\rangle$ 和 $\|\psi\rangle$ 的内积
$\|\varphi\rangle\otimes\|\psi\rangle$	矢量 $\|\varphi\rangle$ 和 $\|\psi\rangle$ 的张量积
$\|\varphi\rangle\|\psi\rangle$	矢量 $\|\varphi\rangle$ 和 $\|\psi\rangle$ 的张量积的简写
$\mathbf{A}^*$	矩阵 $\mathbf{A}$ 的复共轭
$\mathbf{A}^T$	矩阵 $\mathbf{A}$ 的转置
$\mathbf{A}^H$	矩阵 $\mathbf{A}$ 的埃尔米特(Hermite)变换或称矩阵 $\mathbf{A}$ 的伴随
	$\mathbf{A}^H = (\mathbf{A}^T)^H$,$\begin{pmatrix} a & b \\ c & d \end{pmatrix}^H = \begin{pmatrix} a^* & c^* \\ b^* & d^* \end{pmatrix}$
$\langle\varphi\|\mathbf{A}\|\psi\rangle$	矢量 $\|\varphi\rangle$ 和 $\mathbf{A}\|\psi\rangle$ 的内积。等于矢量 $\mathbf{A}^H\|\varphi\rangle$ 和 $\|\psi\rangle$ 的内积

§12.2 量子纠缠

量子态的叠加源于微观粒子波粒二象性中波动相干,即一个以上的信息状态叠加在同一个微观粒子上的现象. 与相位相干有关的量子纠缠态(quantum entangled state)是两个或多个量子系统之间的非定域的关联, 是量子系统内各子系统或各自由度之间关联的属性, 或一个以上的微观粒子因微观系统的特性相互纠缠在一起的现象.

自从 20 世纪初期量子力学的基本理论形成以来, 对于量子纠缠的研究就一直是基本理论的重要问题. 量子力学的创始人以其深刻的洞察力提出了 EPR 佯谬和薛定谔猫态的问题, 预示了量子理论的基本问题的发展方向, 量子纠缠理论正是在这一问题的讨论中产生的. 纠缠态的概念最早出现在 1935 年 Schrödinger 关于"猫态"的论文中. 之后人们对有关实验进行了探索研究, 这些工作表明了一个事实: 虽然宏观相干性在通常状态下是很脆弱的, 很难持久地保持, 但在某些极端条件下, 大量电子的库珀对, 能协调一致地处在单一的量子态上并实现宏观量子态的相干叠加, 或使得人们看到日常不存在的"死猫"与"活猫"的相干叠加. 这关系到宏观系统的量子退相干与"薛定谔猫佯谬"问题. 从近代物理学发展史的角度看, 关于宏观物体量子效应的讨论最初缘于"薛定谔猫佯谬". 与 Einstein 一样, 作为量子力学创始人之一, Schrödinger 对量子力学的"哥本哈根解释"经常提出质疑. 1935 年 Schrödinger 提出了一种设想"一只猫与放射原子关在一个盒子里"的理想实验. 让盒内整个系统处于两种态的叠加 $|cat\rangle = |e, 死猫\rangle + |g, 活猫\rangle$ 之中, 其中第一分量意味着死猫与原子嬗变态 $|e\rangle$ 的关联; 第二分量意味着活猫与原子稳态 $|g\rangle$ 的关联, 如图 12.3 所示, 这样的关联状态就是所谓的量子纠缠态. Schrödinger 认为, 如果关于量子力学测量的"哥本哈根解释"对宏观物体(猫)也是有效的. 猫的死活不再是一种独立于观察者主体的客观存在, 而是依赖于观察者的测量结果. 这种有悖常理的"薛定谔猫佯谬"本质是: 为什么在通常情况下, 不存在宏观物体量子效应(即宏观态的相干叠加)? 20 世纪八九十年代的系列研究工作, 用量子退相干的观点, 对薛定谔猫佯谬和宏观物体的退相干问题给出了初步的物理解答. 概括地说, 组成宏观物体的微观粒子的无规运动, 以及所处的环境的随机涨落, 都会与宏观物体(薛定谔猫)的集体自由度纠缠起来. 随着环境的自由度或组成宏观物体的粒子数增多, 与之相互作用的薛定谔猫的集体自由度必出现量子退相干, 使得薛定谔猫的量子相干叠加名存实亡. 通过具有许多内部自由度大分子干涉实验, 有可能对这个基本问题的理解给出直接的实验检验.

量子纠缠理论的发展为量子信息技术创造广阔的应用前景. 早期对量子纠

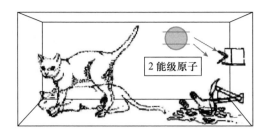

图 12.3 量子纠缠态的"薛定谔猫"

缠态表现出来的量子非局域性的研究大多是停留在哲学层次上的探讨,直到 1964 年 Bell 提出著名的贝尔(Bell)不等式,才使得量子纠缠态的非局域性可以通过实验来验证. 贝尔不等式也成为在实验上对量子纠缠态可操作的第一个数学判别准则. 利用贝尔不等式,大量设计精巧的实验支持了量子力学关于量子纠缠态的非经典关联,即量子非局域性的预言,这类实验为以量子的方法来处理信息问题的新技术的发展奠定了基础. 从 1984 年第一个量子加密协议的提出,到 1991 年它的实验实现;从 1985 年量子计算机理论模型的提出,到 1994 年 Shor 大数分解算法的提出,以及 1996 年 Grover 搜索算法的提出,进而到 1998 年的核磁共振(NMR)实验演示;从 1993 年量子隐形传态方案的提出,到 1997 年的首次试验实现. 量子信息与量子计算这一跨学科的交叉研究领域在过去 20 多年中得到了迅速发展,带来了当代科学技术可能发生的最大变革. 随着量子信息技术的迅猛发展,作为它的重要基础之一的量子纠缠态的定性和定量研究很自然地被提到了议事日程上来. 这方面的研究既有理论上的又有实验上的,既有物理方面的也有数学方面的,它们相互融合相互促进,形成了当代量子理论中的一个重要研究方向.

量子纠缠是两个或多个量子系统之间存在非定域、非经典的强关联. 量子力学是非定域的理论,这一点已被违背贝尔不等式的实验结果所证实,因此,量子力学展现出许多反直观的效应. 量子纠缠涉及实在性、定域性、隐变量以及测量理论等量子力学的基本问题,并在量子计算和量子通信的研究中起着重要的作用. 多体系的量子态的最普遍形式是纠缠态,而能表示成直积形式的非纠缠态只是一种很特殊的量子态. 纠缠态对于理解量子力学的基本概念具有重要意义,量子态可以叠加的物理机理是实现量子并行计算的基础,是实现信息不可破译通信的理论基础.

这里引用 Bohm 给出的一个简化形式来说明量子纠缠的要点:考虑两个自旋都为 1/2 的粒子,粒子 1 为上自旋,粒子 2 为下自旋,两个粒子处于自旋叠加态(又称为贝尔态). 根据量子力学原理,当测量到粒子 1 上自旋时粒子 2 必为下自旋,测量到粒子 1 下自旋时粒子 2 必为上自旋. 假设两个粒子反向飞行相距很远,分别对粒子 1 和粒子 2 作测量. 只要对它们分别测量的时刻足够靠近,这两次测量所构成的两个事件将是互不影响的. 若对粒子 1 测量得到上自旋, 则可以肯定地推断粒子 2 是下自旋. 按照 EPR 的实在性观点, 因为我们没有对粒子 2 产生任何干扰就能确定地预料它自旋向下, 粒子 2 的自旋向下是一个物理实在. 因此, 粒子 2 下自旋是它自身的一个性质, 与我们对粒子 1 的测量没有关系, 它必定是来自于两个粒子相互作用的那一点, 分开时刻就是下自旋的. 同理, 若测量得到粒子 1 下自旋, 则粒子 2 上自旋. 粒子 2 上自旋与我们对粒子 1 的测量没有关系, 它必定是在分开的时刻就是上自旋的. 但是, 量子力学否定这种简单的观点. 按照量子力学的观点, 直到对粒子 1 测量之前, 粒子 2 的自旋是不确定的, 它处于上自旋和下自旋的叠加态上, 在原理上人们在对粒子 1 测量时对粒子 2 的上自旋或下自旋的可能性可以有干涉, 即量子非局域性——幽灵般的超距作用. 这就是著名的 Einstein 和 Bohr 之间论战的焦点. 在 1964 年之前, 人们还无法对这两种观点的差异进行可能的实验检验. 但就在这一年, Bell 证明了他的著名的定理: 如果人们在各个方向上对粒子的自旋作测量, 粒子自旋的实在性假设对粒子之间可能存在的关联有一定的限制, 这种限制可以用一个不等式——贝尔不等式来描述. 用数学的语言讲, 人们可以根据实在性假设建立经典概率模型来描述粒子的自旋, 两个粒子自旋的关联函数满足贝尔不等式. 此时, 贝尔定理说的是经典概率模型不能包括所有量子力学描述的情况. 这种贝尔不等式的量子行为违背源于贝尔态是一个纠缠态. 量子纠缠是存在于两体以上量子体系中的一种量子属性. 现在, 这种量子属性已证明可以用于量子密钥分配、量子密集编码、量子隐形传输、量子纠错码和量子计算等诸多方面, 是量子信息超越经典信息的根源. 问题是如何获得在实际中可操作纠缠态判别法, 可以想象, 第一个有效的判别法就是贝尔不等式. 在理论上已经证明, 经典贝尔不等式的一种推广形式, 即克劳泽-霍恩-西莫尼-霍尔特(Clauser-Horne-Shimony-Holt, CHSH) 不等式可以给出两体量子位体系的纯态是否为纠缠态的准确判别; 一个纯态为纠缠态当且仅当它违背 CHSH 不等式, 这就是吉桑(Gisin)定理. 以后我们讲到态都是指纯态, 讲混合态时会特别指出. 遗憾的是, 业已证明目前已知的各种贝尔型不等式不能给出三体以上的吉桑定理. 也有人给出一个三体量子位体系概率关联的贝尔型不等式, 数值模拟表明吉桑定理对三体量子位体系成立, 但没有给出数学证明. 特别是, 现在还没有一个普遍适用的多体量子位体系纠缠态的可操作判别法, 因此第一个研究内容和目标就是要获得这种数学判别法.

与经典比特本质不同, 一个量子比特可以处在 $|0\rangle$ 和 $|1\rangle$ 的相干叠加态 $|u\rangle = a|0\rangle + b|1\rangle$ 上, 即量子比特可以随机地存在于状态 $|0\rangle$ 和 $|1\rangle$ 上, 且在每种状态上出现的概率 $p = |c|^2$, 由复数系数 $c(a, b)$ 确定. 这样的叠加态具有明显的量子相干特征, 经典概率 $p = |c|^2$ 不足以描写这个叠加态, a 和 b 相对的位相在量子信息加工中, 起着至关重要的作用. 由于量子相干性, 量子比特在测量过程

中会表现出与经典情况完全不同的行为. 在经典力学中, 至少在理论上可以构造理想的测量, 使得测量本身不会从本质上改变被测体系的状态. 而在量子力学中则不然, 测量仪器与被测系统的相互作用会引起所谓的波包塌缩: 设 $|0\rangle$ 和 $|1\rangle$ 是力学量 A 的本征态, 相应的本征值是 a_0 和 a_1. 在 $|u\rangle$ 上对 A 进行测量, 一旦单一的测量得到了值 a_0, 波函数便塌缩到 $|0\rangle$ 上. 这时 $|u\rangle$ 的相干性将被彻底破坏, 即发生了所谓的量子退相干. 正如在中子干涉问题中, 一旦通过测量观测到中子到达屏的路径, 干涉条纹将不复存在了.

这里对于量子纠缠态的表示作简单介绍, 量子态矩阵表示一对量子比特

$$|0\rangle \equiv \begin{pmatrix} 1 \\ 0 \end{pmatrix}, \quad |1\rangle \equiv \begin{pmatrix} 0 \\ 1 \end{pmatrix} \tag{12.7}$$

能够组成四个不重复的量子比特 $|00\rangle, |01\rangle, |10\rangle, |11\rangle$, 求出它们张量积的矩阵表示, 很显然集合 $\{|00\rangle, |01\rangle, |10\rangle, |11\rangle\}$ 是 4D 向量空间生成的集合, 表示为

$$\begin{aligned}
|00\rangle &\equiv |0\rangle \otimes |0\rangle = \begin{pmatrix} 1 \\ 0 \end{pmatrix} \otimes \begin{pmatrix} 1 \\ 0 \end{pmatrix} = \begin{pmatrix} 1 \times \begin{pmatrix} 1 \\ 0 \end{pmatrix} \\ 0 \times \begin{pmatrix} 1 \\ 0 \end{pmatrix} \end{pmatrix} = \begin{pmatrix} 1 \\ 0 \\ 0 \\ 0 \end{pmatrix}, \\
|01\rangle &\equiv |0\rangle \otimes |1\rangle = \begin{pmatrix} 1 \\ 0 \end{pmatrix} \otimes \begin{pmatrix} 0 \\ 1 \end{pmatrix} = \begin{pmatrix} 1 \times \begin{pmatrix} 0 \\ 1 \end{pmatrix} \\ 0 \times \begin{pmatrix} 0 \\ 1 \end{pmatrix} \end{pmatrix} = \begin{pmatrix} 0 \\ 1 \\ 0 \\ 0 \end{pmatrix}, \\
|10\rangle &\equiv |1\rangle \otimes |0\rangle = \begin{pmatrix} 0 \\ 1 \end{pmatrix} \otimes \begin{pmatrix} 1 \\ 0 \end{pmatrix} = \begin{pmatrix} 0 \times \begin{pmatrix} 1 \\ 0 \end{pmatrix} \\ 1 \times \begin{pmatrix} 1 \\ 0 \end{pmatrix} \end{pmatrix} = \begin{pmatrix} 0 \\ 0 \\ 1 \\ 0 \end{pmatrix}, \\
|11\rangle &\equiv |1\rangle \otimes |1\rangle = \begin{pmatrix} 0 \\ 1 \end{pmatrix} \otimes \begin{pmatrix} 0 \\ 1 \end{pmatrix} = \begin{pmatrix} 0 \times \begin{pmatrix} 0 \\ 1 \end{pmatrix} \\ 1 \times \begin{pmatrix} 0 \\ 1 \end{pmatrix} \end{pmatrix} = \begin{pmatrix} 0 \\ 0 \\ 0 \\ 1 \end{pmatrix}.
\end{aligned} \tag{12.8}$$

量子态的纠缠是量子系统内各子系统或各自由度之间关联的属性. 经典系统内也有此关联, 但它反映在概率不相乘上, 然而量子态的纠缠却反映在概率幅不相乘上. 概率幅的叠加表现出量子力学特有的干涉现象, 概率幅的纠缠将对量子干涉产生重要的影响. 当量子比特列的叠加状态无法用各量子比特的张量乘积表示时, 这种叠加状态就称为量子纠缠状态. 例如有一量子叠加态表示为

$$\frac{1}{\sqrt{2}}|00\rangle + \frac{1}{\sqrt{2}}|10\rangle = \frac{1}{\sqrt{2}}|0\rangle|0\rangle + \frac{1}{\sqrt{2}}|1\rangle|0\rangle. \tag{12.9}$$

由于最后一位量子比特位都是$|0\rangle$,因此能够将它写成量子比特$\left(\frac{1}{\sqrt{2}}|0\rangle + \frac{1}{\sqrt{2}}|1\rangle\right)$与量子比特$|0\rangle$的乘积

$$\left(\frac{1}{\sqrt{2}}|0\rangle + \frac{1}{\sqrt{2}}|1\rangle\right)|0\rangle, \tag{12.10}$$

但是,对于量子叠加态

$$\frac{1}{\sqrt{2}}|01\rangle + \frac{1}{\sqrt{2}}|10\rangle, \tag{12.11}$$

无论采用怎样的方法都无法写成两个量子比特的乘积,这个叠加状态就称为量子纠缠状态.

量子纠缠状态是量子信息理论中特有的概念,尽管处于纠缠的两个或多个量子系统之间不存在实际物质上的联系,但不同的量子位却会因为纠缠而彼此影响. 正是由于"纠缠"的神秘性,使得一个量子的状态将同与之发生纠缠的另一个量子的状态相关,似乎它们相互之间的关联性比紧密结合的两个原子还强. 进而对于十进制整数,例如十进制数 10 和 5,若用量子比特来表示,则可分别写成为

$$\begin{aligned} |10\rangle\rangle_{10} &\equiv |1010\rangle = |1\rangle \otimes |0\rangle \otimes |1\rangle \otimes |0\rangle, \\ |5\rangle\rangle_{10} &\equiv |0101\rangle = |0\rangle \otimes |1\rangle \otimes |0\rangle \otimes |1\rangle, \end{aligned} \tag{12.12}$$

取它们的叠加态,表示为

$$\begin{aligned} |10\rangle\rangle_{10} + |5\rangle\rangle_{10} &= |1010\rangle + |0101\rangle \\ &= |1\rangle \otimes |0\rangle \otimes |1\rangle \otimes |0\rangle + |0\rangle \otimes |1\rangle \otimes |0\rangle \otimes |1\rangle. \end{aligned} \tag{12.13}$$

针对它们的叠加态就可以利用量子算法同时处理十进制整数的 10 和 5. 显然状态的各量子位是纠缠态,可以对这个叠加状态实施各种运算,其结果如同时对 10 和 5 进行计算,最后通过测量即可分别获得 10 和 5 的计算结果,实现两个数物理上的并行计算. 由此更进一步,如果同时计算一个函数 $f(x)$ 在 $x = x_1$, $x_2, \cdots, x_n$ 在一系列位置上的取值,也可以取更复杂的纠缠态,例如设置 x 和 $y = f(x)$ 为两个存储器,它们的量子态分别为 $|x\rangle\rangle$ 和 $|f(x)\rangle\rangle$,则下列纠缠态就包含了该函数整体上的信息,表示为

$$\sum_{i=1}^{n} |x_i\rangle\rangle \otimes |f(x_i)\rangle\rangle = |x_1\rangle\rangle \otimes |f(x_1)\rangle\rangle + |x_2\rangle\rangle \otimes |f(x_2)\rangle\rangle + \cdots + |x_n\rangle\rangle \otimes |f(x_n)\rangle\rangle. \tag{12.14}$$

对它实施各种运算,如同并行计算一个函数 $f(x)$ 在 $x = x_1, x_2, \cdots, x_n$ 的一系列

位置上的函数值.由此可见量子叠加状态是实现真正意义上并行计算的物理基础.

多比特系统特有的量子性质是量子纠缠(quantum entanglement)[2],两个比特的量子系统有四种不同的状态,即两个比特都在$|0\rangle$上的状态$|0,0\rangle$,两个比特都在$|1\rangle$上的状态$|1,1\rangle$,第一个比特在$|0\rangle$上同时第二个比特在$|1\rangle$上的状态$|0,1\rangle$,以及第一个比特在$|1\rangle$上同时第二个比特在$|0\rangle$上的状态$|1,0\rangle$.这一点与两个比特经典系统的情况一样.不同的是,两比特量子系统可以处在双粒子相干叠加态,即量子纠缠态上,如$|EPR\rangle=(1/2)^{1/2}(|0,1\rangle+|1,0\rangle)$表现在它不能够分解为单个相干叠加态的乘积,从而呈现出比单比特更丰富的、更奇妙的量子力学特性:想象$|EPR\rangle$描述了处在自旋单态上的双电子体系,其中$|1\rangle$代表电子自旋向上的状态,$|0\rangle$代表电子自旋向下的状态.测量第一个电子的自旋,可以50%的概率得到自旋向上的电子和50%自旋向下的电子;当第一个电子被发现向下,整个波函数被塌缩到态$|0,1\rangle$上.这时,再测量第二个电子,必得到自旋向上的确定的结果.即使是两个电子分开得很远,这种不可思议的关联仍然存在.表面上看,这种自旋向上、向下关联与经典情况相似:假设一个黑盒子里放了一个白球和一个黑球.而两电子自旋向上、向下的关联,发生量子纠缠,本质上不同于经典关联:如图12.4所示,同一个$|EPR\rangle$态,还可以重新表达为沿任意方向(如自旋向左、向右)自旋的关联,因而它描述哪一种自旋关联,依赖于你对第一个粒子测量出什么.而经典关联具有确定的特征:伸手到一个放了一只白球和一只黑球的黑盒子里,随便摸得黑球和白球的概率各为50%.拿到了一只黑球后把盒子拿到远处,再摸你一定得到白球.没有白球和黑球的叠加,这种经典关联是不足为奇的.Einstein,Podolsky,Rosen在20世纪30年代提出来的EPR态的观念(Bohm后来给出了EPR态的上述直观表达),其目的是要通过量子纠缠现象与相对论因果关系表面上的矛盾质疑量子力学的完备性,它引发了许多关于量子力学基本问题的讨论.$|EPR\rangle$量子纠缠与经典关联的这种基本差异,正是量子通讯的物理基础.

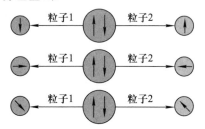

图12.4 量子纠缠描述的电子自旋关联的特性

§12.3 量子隐形传输

量子隐形传输(quantum teleportation)是量子远程通信的重要基础[3],"teleportation"一词是指一种无影无踪的传送过程。从物理学角度,可以这样来想象隐形传输的过程:先提取原物的所有信息,将这些信息传送到接收地点,接收者依据这些信息,选取与构成原物完全相同的基本单元,制造出原物复制品。但是,量子力学的不确定性原理不允许精确地获取原物的全部信息,这个复制品不可能是完美的。因此长期以来,隐形传输只不过是种幻想而已。量子隐形传输的理论基础是量子力学的非局域性,这种非局域关联或称非局域作用能使量子态从一个地方不需要媒质瞬间达到另一个地方,甚至遥远的地方。利用量子隐形传输进行通信,不仅关系到量子信息技术的开发,而且关系到两位物理学家Einstein和Bohr争论的是非,关系到对量子力学的合理诠释,关系到相对论和量子论的融合,以及关系到哲学和文化等。以Bohr为首的哥本哈根学派认为量子力学中存在非定域现象(超距作用),非定域现象与狭义相对论的理论相矛盾。Einstein曾对量子力学的基础提出过疑问,他认为"量子理论含有幽灵般的远距离作用的意思",因而"不能虔诚地相信"这个理论。Einstein与Bohr也曾展开过多次激烈的辩论。以Bohr为首的哥本哈根学派提出的"猫处于一种活与死的不确定的态"的观点,至今仍未能使所有的物理学家折服,而Einstein曾提出的"月亮只有你在看它的时候它才存在吗?"的论点,也没能被否定。Einstein还曾经设计了一些实验,试图证明量子力学的非定域现象是不存在的。在Einstein去世后,物理学家Bell利用补充经典变量论证了实在量子的纠缠意味着量子行为的非局域性,并推出了一个不等式,此后许多检验此类不等式的实验,均证实非局域作用的存在。1993年美国物理学家C. H. Bennett等提出了量子隐形传输的方案:将某个粒子的未知量子态(即未知量子比特)传送到另一个地方,把另一个粒子制备到这个量子态上,而原来的粒子仍留在原处。其基本思想是:将原物的信息分成经典信息和量子信息两部分,它们分别经由经典通道和量子通道传送给接收者。经典信息是发送者对原物进行某种测量而获得的,量子信息是发送者在测量中未提取的其余信息。接收者在获得这两种信息之后,就可制造出原物量子态的完全复制品。这个过程中传送的仅仅是原物的量子态,而不是原物本身。发送者甚至可以对这个量子态一无所知,而接收者是使别的粒子(甚至可以是与原物不相同的粒子)具有原物的量子态,而原物的量子态在此过程中已遭破坏。1997年年底奥地利的一个研究小组首先在实验上成功演示了量子隐形传输,在Nature发表论文,引起国际学术界的极大兴趣。此后,有若干研究小组也相继在实验上实现了量子隐形传输。量子隐形传输所传输的是量子信息,它是量子通信最基本的过程. 人们基于这个过程提出了实现量子因特网的构想, 量子因特网是用量子通道来联络许多量子处理器, 它可以同时实现量子信息的传输和处理. 与现在经典因特网相比, 量子因特网具有安全保密特性, 可实现多端的分布计算, 有效地降低通信复杂度等一系列优点. 这样基于量子物理基本概念的量子纠缠展示了许多经典信息领域所没有的特性, 典型的特性包括量子非局域性和相干性, 在量子信息和量子计算领域扮演着重要的角色, 已作为量子信息传送和量子信息处理的资源被广泛应用于量子信息领域的各个方面, 例如量子通信、量子编码和量子密码术等.

Einstein 等认为量子力学只给微观客体以统计性描述是不完备的, 因为这样的描述不能解释微观粒子的某些行为. Bohr 认为有必要引入一些附加变量对微观客体做进一步的描述, 因此有了隐变量理论. Bell 源于隐变量理论推出了一个著名的不等式. 人们有可能通过在满足必要的条件下, 实验结果是否满足不等式来判定以 Bohr 为代表的哥本哈根学派对量子力学的解释是否正确, 即量子力学是否自洽、本身是否完备. 贝尔不等式给出这样的一个事实: 假设两个观察者 A 和 B 分别对光子对的个别光子做偏振测量, 两人可以任意选择各种不同的测量基底, 假设 A 选了 a 和 a' 两种基底, 而 B 选 b 和 b'. 当 A 用 $E(a,b)$ 基底, B 用 $E(a',b')$ 基底时, 在他们重复多次同样的实验后, 统计的结果"平行"与"垂直"的两种概率差 (即期望值), 由经典的理论预测总是有不等式为

$$-2 \leqslant E(a,b) - E(a,b') + E(a',b) + E(a',b') \leqslant 2, \quad (12.15)$$

式(12.15)就是贝尔不等式. 用某个算符 B (称为贝尔算符)在一定量子态上的平均值 $\hat{B}$, 将贝尔不等式表示成 $-2 \leqslant \langle \psi | \hat{B} | \psi \rangle \leqslant 2$. 贝尔算符的全套本征态称为贝尔基态. 贝尔态基由四个态矢组成, 表示为

$$|\beta_{00}\rangle = \frac{|00\rangle + |11\rangle}{\sqrt{2}} = \frac{1}{\sqrt{2}}\begin{pmatrix}1\\0\\0\\0\end{pmatrix} + \frac{1}{\sqrt{2}}\begin{pmatrix}0\\0\\0\\1\end{pmatrix} = \frac{1}{\sqrt{2}}\begin{pmatrix}1\\0\\0\\1\end{pmatrix},$$

$$|\beta_{01}\rangle = \frac{|01\rangle + |10\rangle}{\sqrt{2}} = \frac{1}{\sqrt{2}}\begin{pmatrix}0\\1\\0\\0\end{pmatrix} + \frac{1}{\sqrt{2}}\begin{pmatrix}0\\0\\1\\0\end{pmatrix} = \frac{1}{\sqrt{2}}\begin{pmatrix}0\\1\\1\\0\end{pmatrix},$$

$$|\beta_{10}\rangle = \frac{|00\rangle - |11\rangle}{\sqrt{2}} = \frac{1}{\sqrt{2}}\begin{pmatrix}1\\0\\0\\0\end{pmatrix} - \frac{1}{\sqrt{2}}\begin{pmatrix}0\\0\\0\\1\end{pmatrix} = \frac{1}{\sqrt{2}}\begin{pmatrix}1\\0\\0\\-1\end{pmatrix},$$

$$|\beta_{11}\rangle = \frac{|01\rangle - |10\rangle}{\sqrt{2}} = \frac{1}{\sqrt{2}}\begin{pmatrix}0\\1\\0\\0\end{pmatrix} - \frac{1}{\sqrt{2}}\begin{pmatrix}0\\0\\1\\0\end{pmatrix} = \frac{1}{\sqrt{2}}\begin{pmatrix}0\\1\\-1\\0\end{pmatrix}. \tag{12.16}$$

贝尔基态也可以写成下列形式：

$$|\Psi^{(\pm)}\rangle = \frac{(|01\rangle \pm |10\rangle)}{\sqrt{2}} = \frac{1}{\sqrt{2}}(|0\rangle \otimes |1\rangle \pm |1\rangle \otimes |0\rangle) : (|\beta_{01}\rangle, |\beta_{11}\rangle),$$

$$|\Phi^{(\pm)}\rangle = \frac{(|00\rangle \pm |11\rangle)}{\sqrt{2}} = \frac{1}{\sqrt{2}}(|0\rangle \otimes |0\rangle \pm |1\rangle \otimes |1\rangle) : (|\beta_{00}\rangle, |\beta_{10}\rangle).$$

$$\tag{12.17}$$

1993 年 Bennet 等联名发表的论文中提出了量子隐形传输的设想[4]，其原理就是利用量子态纠缠 EPR 粒子对的远程关联。他们设想利用经典与量子理念相结合的方法实现量子隐形传输的方案，其基本思想是：由原物的信息生成经典信息和量子信息两部分，它们分别经由经典通道和量子通道传送给接收者。经典信息是由发送者对原物进行某种测量而获得的信息，量子信息是发送者在测量中未提取的其余信息；接收者在获得这两种信息后，就可以制备出原物量子态的完全复制品。该过程中传送的不是原物本身，而仅仅是原物的量子态的信息。发送者甚至可以对要传送的量子态一无所知，而接收者则是将原物的量子态备制到另一个粒子上。在这个方案中，纠缠态的非定域性起着至关重要的作用。量子力学是非定域的理论，这一点已被贝尔不等式的实验结果所证实。在量子力学中能够以这样的方式制备两个粒子——EPR 对，它们之间的关联不能用经典理论解释。量子隐形传输不仅在物理学领域对人们认识和揭示自然界的神秘规律具有重要意义，而且可以用量子纠缠态作为信息传播的媒体，通过量子纠缠态的传输完成大容量信息的高速传输，实现原则上不可破译的量子保密通信。

§12.4 量子通信

量子信息学是量子物理与信息科学融合而成的新兴学科。20 世纪 70 年代美国哥伦比亚大学一位年轻人提出基于量子力学的"电子货币"概念，其后被发展成为量子密码。80 年代国际上一批物理学家研究诸如"支配电子计算机发展的摩尔定律是否有其极限"等重要问题，导致信息物理学的诞生。1994 年美国数学家 Shor 发现了量子并行算法，可轻易地攻破现在广泛使用的 RSA 公钥密码体系，这项成果成为量子信息发展的重要出发点。从此，量子通信、量子计算和量子信息论便成为世人关注的活跃领域，在理论和实验研究上不断取得重要进展。

量子通信是利用量子纠缠效应进行信息传递的一种新型的通信方式。在量子传输方面,当今研究较多的量子远程通信,主要是光量子通信,因为光子具有速度快和环境耦合小,并且光纤传输技术比较成熟等优点,所以实现量子密钥分配和量子通信一般使用的载体是光子.用光子做密钥分配一般有两种方法,第一种是利用单光子偏振编码,把随机信息赋予单光子的偏振,根据量子不可克隆定理,用经典通信的方法可以保证绝对地防止窃听.但在实际应用中,因为噪声的存在和环境对光子的吸收,导致光子数呈指数衰减,所以远程通信势必要求高亮度的单光子源,在现有的技术条件下是不现实的.另外一种是利用纠缠源来做密钥分配,根据量子纠缠的特性,窃听者利用局域操作无法得到任何信息,并且产生密钥的双方可以通过测量贝尔不等式的方法来判断是否存在窃听.在理论上,这种方法是绝对安全的.而且这种利用纠缠对的量子密钥分配方法在远程通信过程中可以设立很多中继站,利用纠缠交换的方法,使光子衰减变成线性衰减,这样就可以克服单光子密钥分配的缺点,纠缠交换操作已在实验上实现.但是这种利用纠缠的方法也有严重的缺陷,就是纠缠对在传播的过程中与环境相互作用,会有量子消相干效应,导致纠缠度和纯度的下降,使远程通信不能实用.解决消相干效应最有效的方式是量子纠缠纯化,即从几对纠缠度和纯度都很低的量子纠缠对中提取一对纠缠度和纯度都符合量子密钥分配要求的纠缠对.把纠缠纯化和纠缠交换结合起来实现量子中继站技术.有了中继站,基于纠缠对的量子远程通信才能最终实现.由此可见,量子纠缠是量子信息处理的一种基本"资源",利用这种资源,人们可以完成经典信息处理无法完成的任务(如绝对保密通信).量子信息处理的基本任务之一就是获得高品质的量子纠缠资源,其办法就是量子纠缠纯化.量子纠缠纯化的思想和第一个实验方案是美国科学家 C. H. Bennett 及其合作者于 1996 年提出的.此后,出现了一系列关于纠缠纯化的方案,但是基本上所有的方案中都需要可控非门(controlled-NOT)操作或类似性质的量子逻辑操作.而现有的实验技术实现的可控非门操作都无法满足量子通信和量子计算的要求.近来在一些实验中,使用纠缠浓缩和定域过滤的方法克服了一些特殊的消相干过程,推进了相关研究取得进展.

可以设想这样的量子通讯过程:将某物体待传递量子态的信息分成经典和量子两个部分,它们分别经由经典通道和量子通道传送给接收者.经典信息是发送者对原物进行某种测量而提取的,量子信息是发送者在测量中未提取的大量信息;接收者在获得这两种信息后,就可以制备出原量子态的完全复制品.该过程中传送的仅仅是该物体的量子态,而不是该物体本身.发送者甚至可以对这个待传送量子态一无所知,而接收者则能将他持有的粒子处于原物体的量子态上.量子远程传输(teleportation)或隐形传输,是传输时将物质转换为能量,接收信息时将能量转换成物质.这种量子远程通信的方案:通过经典信道发送的两个比特的信息将破坏空间某点的量子态,可以在空间不同点制备出一个相同的量子

态. 通常的远程传输态描述了这样一种思想,物质以能量形式传输,在远处某地再转换成物质显示出来. Bennet 等的量子态远程传输方案具体描述于图 12.5,图(a)量子离物传态方案示意,设想 Bob 要将他持有的粒子 B 的未知量子态 $|u\rangle=a|0\rangle+b|1\rangle$ 传输给远方的持有粒子 A 的 Alice[5]. 可以操控他持有的粒子 B 由 BBO 型量子纠缠源分发给的粒子 S. 由于量子纠缠源产生了粒子 A 和粒子 S 的量子纠缠态 $|ERP\rangle$, Bob 对粒子 B 和粒子 S 的联合测量结果(依赖于对 A 和 S 的四个贝尔基态的区分),会导致 Alice 持有的粒子 A 塌缩到一个与 $|u\rangle$ 相联系的状态 $|u'\rangle=W|u\rangle$ 上,其中幺正变换 W 完全由 Bob 对粒子 A 和粒子 S 的联合测量结果的两个比特经典信息决定,而与待传的未知量子态无关. Bob 将已测到的结果,通过经典通道(电话、传真或 Email 等)告诉 Alice. 远方的 Alice 就知道粒子 A 已经塌缩到 $|u'\rangle$ 上,选取合适的幺正变换 W^+, Alice 便可以将粒子 A 制备在 $|u\rangle$ 上了. 量子纠缠态的特性允许在较长距离上实现局域变换,这在通信的其他技术中是不可能的,至少是困难的. 这个思想表述于图 12.5(b) 中[6], 在量子通信过程中,利用量子纠缠实现 Alice 和 Bob 间的通信. Alice 和 Bob 在态 $|\psi_1\rangle$ 分享一个有限的双向系统. 只用局域量子控制连接(LQCC)它们不能转换态 $|\psi_1\rangle$ 为态 $|\psi_2\rangle$. 若它们是暂时与另一个态 $|\phi\rangle$ 纠缠,就可以从态 $|\psi_1\rangle$ 变换到态 $|\psi_2\rangle$. 态 $|\phi\rangle$ 是不消耗的,可能看成是对这个传输的催化. 想象 Alice 和 Bob 共享有两个粒子纠缠态 $|\psi_1\rangle$,它们将发生变换,用任意 LQCC 使之进入 $|\psi_2\rangle$ 态. 对于 $|\psi_1\rangle$ 和 $|\psi_2\rangle$ 的选择存在局部协议,完成某种任务,对于其他可能存在概率,最大出现概率 $P_{max}<1$. 现在假设有一个纠缠库,称它为 Scrooge,同意发给 Alice 和 Bob 另一个粒子 $|\phi\rangle$ 纠缠对,条件是精确的同一态必须能返回. 加入这个附加态,Alice 和 Bob 能够变换 $|\psi_1\rangle$ 和 $|\psi_2\rangle$,同时态 $|\phi\rangle$ 仍回到 Scrooge. 用中间纠缠态加入的这种变换,是纠缠辅助局域变换,而加入的中间纠缠态没有消耗,简称为 ELQCC. 纠缠辅助局域传输是真正有可能实现的局域传输,是有应用意义的方法之一. 第一,它提供一个机制,Alice 和 Bob 可能增强他们的纠缠调制能力. 这里演示纠缠集合的 ELQCC 比 LQCC 是更有效的,可以定义纠缠变换新一类演示双向态纠缠的结构.

  在实验上,实现量子通信与量子隐形传输的关键技术是制备理想的 EPR 纠缠态和进行贝尔基测量的基础. 20 世纪 80 年代末,Mandel 等的研究小组利用 BBO 晶体非线性效应的参量下转换,如图 12.6 所示,BBO 晶体参量下转换产生纠缠光子对,成功地演示了纠缠光子对的存在. 1997 年 12 月,A. Zeilinger 研究小组利用这种纠缠光子对,对量子隐形传输进行了一次的重要的实验演示,图 12.7 所示为量子隐形传输实验原理示意图. 1998 年年初,意大利学者报道了另一个成功的实验. 在这些实验中,纠缠态的非定域性起着至关重要的作用,而量子力学非定域效应已被违背贝尔不等式的实验结果所证实. 因此,量子隐形传

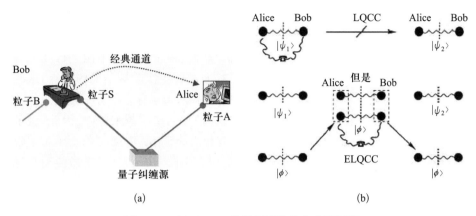

图 12.5 （a）Bennet 的量子离物传态方案示意
（b）在量子通信过程中,利用量子纠缠实现 Alice 和 Bob 间的通信

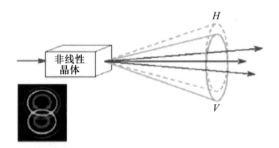

图 12.6 BBO 晶体参量下转换产生纠缠光子对

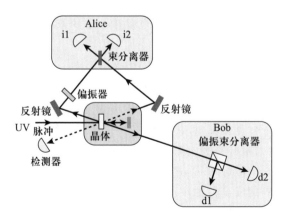

图 12.7 Zeilinger 小组量子隐形传输实验原理示意

输实验的实现,不仅在物理学领域对人们认识与揭示自然界的量子特性具有重要意义,而且可以用量子态作为信息载体,通过量子态的传送完成大容量信息的传输,实现原则上不可破译的量子保密通信.然而,由于实验中不能进行完整的贝尔基测量,即区分四个贝尔基态,学术界有人对这些实验持不同的观点,这些争论均涉及对基本量子测量问题的不同理解.另外,由于存在各种不可避免的环境噪声,量子纠缠态的品质会随着传送距离的增加而变得越来越差.因此,量子离物传态的实验距实用量子通讯的要求还有相当的距离.图 12.8 给出了量子隐形传态的实验装置示意图,描述了量子隐形传态实验装置和量子隐形传输全过程的示意图:量子通信系统的基本部件包括量子态发生器、量子通道和量子测量装置.按其所传输的信息是经典还是量子而分为两类.前者主要用于量子密钥的传输,后者则可用于量子隐形传输和量子纠缠态的分发.首先在 EPR 备制中心通过非线性晶体下转换器制备好 EPR 光子对(粒子 2,3 的纠缠态),并将光子 2 分发到 Alice 处,光子 3 分发到 Bob 处;将所要传递的信息通过起偏器体现在光子 1 的量子态中.然后将光子 1 和 2 通过光分束器产生纠缠,随即发生纠缠交换.接下来 Alice 测量并判断粒子 1,2 哪个处于贝尔纠缠态,并通过经典信道向 Bob 传送测量结果.最后 Bob 通过偏振分析器和两个光子检测器来测量光子 3 的偏振态,即可获知光子 1 所载有的信息.信息是经典信息和非经典信息两部分传递的:①通过经典信道传送的经典信息是 Alice 所测得粒子 1,2 的贝尔基态.②通过 EPR 粒子对纠缠态瞬间传递的非经典信息是 Bob 所得到的粒子 3 的量子态.所以全过程不可能在超空间距离上传递,因果律并未遭到破坏.此外,在整个过程中第三者绝对不可能"偷听",因此通信的保密性是绝对可靠的.

因为量子力学的理论是线性的,使量子态不可克隆定理显得简单.由于量子态具有叠加性,因此单次测量是不能完全得知一个量子态.例如在一次测量自旋量子态为

$$|\varphi\rangle = \alpha|\uparrow\rangle + \beta|\downarrow\rangle. \tag{12.18}$$

在自旋 z 分量中得到它的本征值之一[$+1/2$]或[$-1/2$],但不可能得到它的全部本征值,更不可能知道它们的概率幅 α 和 β.由于该次测量引起量子状态塌缩了,不可能对它再进行重复测量.为了获取一个量子的完整信息,我们能不能将这个量子态复制出大量样本呢?有证明指出:任意量子态是不能复制的.这便是量子态不可克隆(nonclonability of a single quantum)定理.它是信息理论的重要基础,为量子密码的安全性提供理论保障.

目前量子密钥分配已在光纤中传输 100km,在自由空间中传输的量子密码技术已接近实际应用.目前学术界正致力于研究高亮度纠缠源、量子中继原理和方法、量子存储和处理器、量子编码和量子测量等基本问题,在这些相关技术研究上取得一系列重要进展,但距建成量子互联网尚有相当路程.

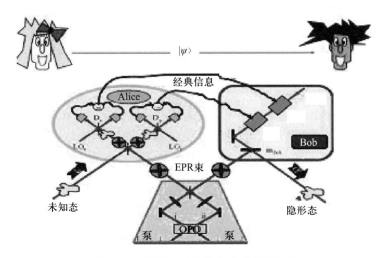

图 12.8　量子隐形传输的实验装置示意

§12.5　量子密钥

经典的密钥学是一门古老的学科,尽管在四千年前,就已经出现信息有意变形的记载,为的是某种保密. 但密码学作为一门严格的科学建立起来还仅仅是近半个世纪的事. 此后有关密码研究更像是一门艺术而非科学. 主要原因在于,在这个时期没有任何公认的客观标准衡量各种密码体制的安全性,因此也就无法从理论上深入研究信息安全问题. 直到 1949 年,C. E. Shannon 发表了"保密系统的通信理论",首次把密码学建立在严格的数学基础之上. 密码学从此才成为真正意义上的科学. 密码学的目的是改变信息的原有形式使得局外人难以读懂. 密码学中的信息代码称为密码,尚未转换成密码的文字信息称为明文,由密码表示的信息称为密文,从明文到密文的转换过程称为加密,相反的过程称为解密. 解密要通过所谓的密钥进行. 因此,一个密码体制的安全性只依赖于其密钥的保密性. 在设计、建立一个密码体制时,必须假定破译对手能够知道关于密码体制的一切信息,而唯一不知道的是具体的一段密文到底是用哪一个密钥所对应的加密映射加密的. 在传统的密码体制中,只要知道了加密映射也就知道了解密映射. 因此,传统密码体制要求通信双方在进行保密通信之前必须先约定并通过"安全通道"传递密钥. 此外,在传统的密码体制下,每一对用户都需要有一个密钥. 这样,在 n 个用户的通信网络中,要保证任意两个用户都能进行保密通信,就需要很多安全通道传送 $n(n-1)/2$ 个密钥. 如果 n 很大,保证安全将是很困难的. 为解决上述难题,人们另辟蹊径,于 1976 年提出了公开密钥密码体制的思想:将密钥分成公开密钥和秘密密钥两部分,分别决定互逆的加密映射和解密映射.在这种密码体制下,每个用户均有自己的公开密钥和秘密密钥.公开密钥是公开的,可以像电话号码一样供人查阅,这样,通信双方不必事先约定即可进行保密通信,也不存在需要"安全通道"传送密钥的问题;私密密钥则是秘密的,由每个用户自己保存,供解密之用.典型的一个公开钥密码体系是RSA密码体制,它主要是基于经典计算机几乎无法完成大数分解有效计算这一事实.从这个意义上讲,如果人们能够在实际中实现"Shor大数因子化"的量子算法,RSA保密体制完成的任何加密就会被解密.因此,量子计算会对由传统密码体系保护的信息安全构成致命的打击,对现有保密通信提出了严峻挑战.要预防这种冲击,必须采取量子的方式加密.虽然量子密码体系当初并非因此而生,但它的确是解决这个问题的有效途径.

量子密钥(quantum cryptography)体系采用量子态作为信息载体[7],经由量子通道在合法的用户之间传送密钥.量子密码的安全性基于量子力学原理.所谓绝对安全性是指:即使在窃听者可能有极高的智商、可能采用最高明的窃听措施、可能使用最先进的测量手段,密钥的传送仍然是安全的.通常,窃听者截获密钥的方法有两类:一种方法是通过对携带信息的量子态进行测量,从其测量的结果来提取密钥的信息.但是,量子力学的基本原理决定,对量子态的测量会引起波函数塌缩,本质上改变量子态的性质,发送者和接受者通过信息校验就会发现他们的通信被窃听,因为这种窃听方式必然会留下具有明显量子测量的特征痕迹,合法用户之间便因此终止正在进行的通信.第二种方法是避开直接的量子测量,采用具有复制功能的装置,先截获和复制传送信息的量子态,然后窃听者再将原来的量子态传送给要接受密钥的合法用户,留下复制的量子态可供窃听者测量分析,以窃取信息.这样,窃听原则上不会留下任何痕迹.但是,由量子相干性决定的量子不可克隆定理使得任何物理上允许的量子复制装置都不可能克隆出与输入态完全一样的量子态来.这一重要的量子物理效应,确保了窃听者不会完整地复制出传送信息的量子态.因而,第二种窃听方法也无法成功.量子密码术原则上提供了不可破译、不可窃听和大容量的保密通讯体系.

理论上,量子密码术是Bennett和Brassard于1984年开发的传统模式:假设两个人(Alice和Bob)想安全地交换信息,Alice通过发送给Bob一个键来初始化信息,这个键可能就是加密数据信息的模式,是一个随意的位序列,用某种类型模式发送,可以认为两个不同的初始值表示一个特定的二进制位(0或1).暂且认为这个键值是在一个方向上传输的光子流,每一个光子微粒表示一个单个的数据位(0或1).除了直线运行外,所有光子也以某种方式进行振动.这些振动沿任意轴在360°的空间进行着,最简单的(至少在量子密码术中可简化问题)是把这些振动分为四组特定的状态,即上、下、左、右、左上、右下和右上、左下,振动角度就沿光子的两极. 现在为这个综合体加入一个偏光器, 偏光器是一种简单的过滤器, 它允许处于某种振动状态的光子毫无改变的通过, 令其他的光子改变振动状态后通过 (它也能彻底阻塞光子通过, 但在这里将忽略这一属性). Alice 有一个偏光器允许处于这四种状态的光子通过, 实际上, 她可以选择沿直线 (上、下、左、右) 或对角线 (左上、右下、右上、左下) 进行过滤. Alice 在直线和对角线之间转换她的振动模式来过滤随意传输的单个光子. 这样, 就用两种振动模式中的一种表示一个单独的位, 1 或 0. 当接收到光子时, Bob 必须用直线或对角线的偏光镜来测量每一个光子位. 他可能选择正确的偏光角度, 也可能出错. 由于 Alice 选择偏光器时非常随意, 那么当选择错误的偏光器后光子会如何反应呢? 海森伯不确定原理指出, 人们不能确定每一个单独的光子会怎样, 因为对它测量的行为已经改变了它的属性 (如果想测量一个系统的两个属性, 测量一个的同时排除了对另外一个量化的权利). 然而, 可以估计这一组发生了什么. 当 Bob 用直线偏光器测量左上/右下和右上/左下 (对角) 光子时, 这些光子在通过偏光器时状态就会改变, 一半转变为上下振动方式, 另一半转变为左右振动方式. 但不能确定一个单独的光子会转变为哪种状态 (当然, 在真正应用中, 一些光子会被阻塞掉, 但这与现在讨论的理论关系不大). Bob 测量光子时可能正确也可能错误, 可见, Alice 和 Bob 创建了不安全的通信信道, 其他人员也可能监听. 接下来 Alice 告诉 Bob 她用哪个偏光器发送的光子位. 她可能说 8597 号光子 (理论上) 发送时采用直线模式, 但她不会说发送时是否用上、下或左、右. 这确定了 Bob 是否用正确的偏光器接受了每一个光子. 然后 Alice 和 Bob 就抛弃他利用错误的偏光器测量的所有的光子. 他们所拥有的, 是原来传输长度一半的 0 和 1 的序列. 但这就形成了 one-time pad(OTP) 理论的基础, 即一旦被正确实施, 就被认为是完全随意和安全的密码系统. 现在, 假设有一个监听者 Eve 尝试着窃听信息, 她有一个与 Bob 相同的偏光器, 需要选择对光子进行直线或对角线的过滤. 然而, 她面临着与 Bob 同样的问题, 有一半的可能性她会选择错误的偏光器. Bob 的优势在于他可以向 Alice 确认所用偏光器的类型. 而 Eve 没有办法, 有一半的可能性她选择了错误的检测器, 错误地解释了光子信息, 致使其无用. 而且, 在量子密码术中还有另一个固有的安全级别, 就是入侵检测. Alice 和 Bob 将知道 Eve 是否在监听他们. Eve 在光子线路上的事实将非常容易被发现, 原因如下: 让我们假设 Alice 采用右上/左下的方式传输编号为 349 的光子给 Bob, 但这时 Eve 用了直线偏光器, 仅能准确测定上下或左右型的光子. 如果 Bob 用了线型偏光器, 那么无所谓, 因为他会从最后的键值中抛弃这个光子. 但如果 Bob 用了对角型偏光器, 问题就产生了, 他可能进行正确的测量, 根据海森伯不确定性理论, 也可能错误的测量. Eve 用错误的偏光器改变了光子的状态, 即使 Bob 用正确的偏光器也可能出错. 一旦发现了 Eve 的恶劣行为, 他们一定采取上面的措施, 获得一个由 0 和 1 组成的唯一的键序列,除非已经被窃取了,才会产生矛盾.这时他们会进一步采取行动来检查键值的有效性.在不安全的信道上比较二进制数字的最后键值是很愚蠢的做法,也是没必要的.我们假设最后的键值包含 4000 位二进制数字,Alice 和 Bob 需要做的就是从这些数字当中随机的选出一个子集,如 200 位,根据两种状态(数字序列号 2,34,65,911 等)和数字状态(0 或 1),进行比较,如果全部匹配,就可以认为 Eve 没有监听.如果她在监听,那么不被发现的概率是万亿分之一,也就是不可能不被发现. Alice 和 Bob 发现有人监听后将不再用这个键值,他们将在 Eve 不可到达的安全信道上重新开始键值地交换,当然上述的比较活动可以在不安全的信道上进行.如果 Alice 和 Bob 推断出他们的键值是安全的,因为他们用 200 位进行了测试,这 200 位将被从最后的键值中抛弃,4000 位变为了 3800 位.因此,量子加密术在公共的键值密码术中是连接键值交换的一种相对较容易、方便的方式.

除了最初利用光子的偏振特性进行编码外,现在还出现了一种新的编码方法,利用光子的相位进行编码,与偏振编码相比,相位编码的好处是对偏振态要求不那么苛刻.要使这项技术可以操作,大体上需要经过这样的程序:在地面发射量子信息,通过大气层传输量子信号,卫星接收信号并转发到散步在世界各地的接受目标.这项技术面对的挑战之一是大气层站的空气分子会把量子散射到四面八方,很难让它们被指定的卫星接收.另外,这项技术还要面对"低温状态下加密且无法保证加密速度"的挑战.保密与窃密就像矛与盾一样相影相随,它们之间的斗争已经持续了几百年,量子密钥的出现,在理论上终结了这场争斗,希望它是真正的终结者.

§12.6 量子信息编码

在经典信息论中,为了确保信息能够被快速无误地处理和传输,在以香农熵为度量准则的基础上,针对信息源引入了各种编码体系,其目的是去除冗余压缩代码提高效率.代码在信道中传输时,噪声干扰不可避免,为了克服由噪声引发的代码出错,引入了信息的信道编码体系,通过重复代码自身、增加冗余方法达到系统自动纠正信道传输中出错代码的目的,确保信息传输无误.量子信息理论中能否借鉴经典信息理论中的这些理念和方法一直备受计算机科学理论界的关注.

利用量子计算中的量子信息的状态叠加与并行运算的原理,成功地实现大数因子分解的多项式算法以来,量子信息理论的研究对象从最初的比特转移到量子比特,并开始构筑以量子比特为对象的量子信息理论.

与经典信息的信源编码和信道编码的理念一样,量子信息理论的研究也包含信源编码和信道编码的研究.量子信源编码依然是考虑去除量子比特列中包含的冗余信息,压缩信息量;量子信道编码也依然是考虑增加量子比特列的冗余,实现量子信息的高可靠性的传输.量子信息自动纠错是量子信道编码体系的主要研究对象,其目的是克服量子信道的噪音对量子信息的干扰,提高量子计算机的容错能力,实现量子信息的高可靠性的处理.长期以来,人们一直认为量子纠错比数字通信纠错更为困难,这是由于量子通信和量子计算的机制所造成的(表示信息的量子状态与环境的相互影响,以及量子状态的连续性、纠缠性、不可克隆等).经多年研究,人们不仅利用各种经典纠错码得到一批纠错性能不断改善的量子码,而且开展了关于量子码性能有关的研究,明确了经典纠错编码与量子纠错编码在代数构造上的不同,指出了量子纠错编码的研究方向.

1.量子信息编码

现在利用计算机进行复杂运算时,不再为结果的可靠性担心.但是在计算机概念刚提出时,曾经有人提出如下反驳:在计算机这样一个复杂系统中,噪声是不可避免的,只要噪声使得计算机中任一部件发生一次错误,最后的运算结果都会变得面目全非,因此,利用计算机进行复杂运算是不可能的.这一困难后来被克服了,信息的信道编码在其中起了关键性的作用.信道编码是通过引入冗余信息,使得在一部分比特发生错误的情况下,系统仍有可能按照一定的规则自动纠正这些错误,实现无失真地传送和处理信息.举一个最简单的重复码为例,可以将信号 0 编码为 000 信号,1 编码为 111,这样如果最多只有一个比特发生错误,譬如,000 变成了 001,我们可以按照少数服从多数的原则,找出错误的比特,并纠正.

量子信息论中,信息的载体是一个二态量子体系,可以是一个二能级的原子或离子,也可以是一自旋为 1/2 的粒子或具有两个偏振方向的光子,所有这些体系,均称为量子比特.区别于经典比特,量子比特可以处于 0,1 两个本征态的任意叠加态,而且在对量子比特的操作过程中,两态的叠加振幅可以相互干涉,这就是所谓的量子相干性.已经发现,在量子信息论的各个领域,包括量子计算机、量子密码术和量子通信等,量子相干性起着本质性的作用.可以说,量子信息论的所有优越性均来自量子相干性.因为环境的影响,量子相干性将不可避免地随时间指数衰减,这就是困扰整个量子信息论的消相干问题.消相干引起量子错误,量子编码的目的就是为了纠正或防止这些量子错误.虽然量子编码和经典编码的基本想法类似,即要以合适的方式引进信息冗余,以提高信息的抗干扰能力,但量子码不是经典码的简单推广.在量子情况下,编码存在着一些基本困难,表现在如下三方面:①经典编码中,为引入信息冗余,需要将单比特态复制到多比特上去.但在量子力学中,由于量子态不可克隆定理,禁止态的复制.②经典编码在纠错时,需要进行测量,以确定错误图样.在量子情况下,测量会引起态坍缩,从而破坏量子相干性.③经典码中的错误只有一种,即 0,1 之间变化,而量子错误的自由度要大得多.对于一种确定的输入态,其输出态可以是 2D 空间中的任意态,因此,量子错误的种类为连续态.因为这些原因,量子纠错比经典纠错困难得多.直到 1995 年年底,Shor 和 Steane 才各自独立地提出了最初的两个量子纠错编码方案,量子纠错码通过一些巧妙的措施,克服了上面的三个困难,具体为:①为了不违背量子态不可克隆定理,量子编码时,单比特态不是被复制为多比特的直积态,而是编码为一较复杂的纠缠态.对于纯态而言,纠缠态即指不能表示为直积形式的态.通过编码为纠缠态,既引进了信息冗余,又没有违背量子力学的原理.②量子纠错在确定错误图样时,只进行部分测量,通过编码,可以使得不同的分量错误对应于不同的正交空间,通过部分的量子测量(即只对一些附加量子比特,而不是对全部比特进行测量)使得态投影到某一正交空间.在此正交空间,信息位之间的量子相干性仍被保持,同时测量的结果又给出了量子错误图样.③量子错误的种类虽然为连续态,但人们发现,它可以表示为三种基本量子错误(对应于三个泡利矩阵)的线性组合,只要纠正了这三种基本量子错,所有的量子错误都将得到纠正.自从给出了最初的两个量子编码方案,各种更高效的量子编码已被相继提出,这里介绍两类最重要的量子编码,即随机纠错的量子码和预防合作错的量子码.

2.量子编码定理

量子编码定理研究的目标是要寻找香农(Shannon)定理的量子对应,香农信源编码定理确定了任一信源给出的信息的最大压缩率,信道编码定理确定了信息在有噪声信道中无失真地传输的最大速率,即信道容量.香农定理奠定了整个经典信息论的基础,对于量子信息论,是否存在类似的定理?是否能够引进信道容量的概念?如何发展有效的算法去计算量子信道容量?这些问题是量子信息论中的基本问题.

量子信源以概率 P_i 发送密度算符为 ρ_i 的量子态,用 $\rho=\sum_i P_i\rho_i$ 表示信源的总密度算符.量子信源编码定理要回答的是,对于这样的量子系统,其信息最少可以用多少个量子比特表征出来? Schumacher 的定理表明,如果所有 p_i 均限制为纯态,以 2 为底的冯•诺伊曼(von Neumann)熵 $S(\rho)=-\mathrm{Tr}(\rho\ln_2\rho)$ 确定了所需要的最小量子比特数.Schumacher 的定理后来经 Holevo 推广到为混合态的情况,此时相对冯•诺伊曼熵 $S(\rho)=-\mathrm{Tr}(\rho\ln_2\rho)$ 确定了所需的最小量子比特数.

相比信源编码定理,信道编码定理的证明要复杂得多,首先要弄清楚的一点是,量子信道可以同时传送经典信息和量子信息.因此,对于一个给定的量子信息,既存在经典信息容量,又存在量子信息容量,这两者有时相差悬殊.为了说明

这种区别,这里举一个简单的例子,考虑一个具有如下性质的信道,如果输入态在基底 $|0\rangle,|1\rangle$ 下具有对角形式,该信道不影响传送的态;反之,如果输入态为一般的量子态,信道将完全破坏 $|0\rangle,|1\rangle$ 之间的相干性,使基态 $|0\rangle,|1\rangle$ 下的非对角项消失,但保持对角项不变,此信道称为完全分解相干信道.可以证明,该信道的经典信息容量为 1,而量子信息容量为 0,因为量子相干性在该信道中不能维持.

量子信道编码定理的研究已经取得了很大进展,量子信道的经典信息容量已完全确定,它可以用前面引入的相对冯·诺伊曼熵表示出来,其证明有点类似于量子信源编码定理.量子信道的量子信息容量尚未完全解决,但也已经取得重要突破.Schumacher,Lloyd 和 Nielsen 等引入了相干信息的概念,并证明,此概念可以作为经典交互信息的量子类比.利用相干信息,他们给出了量子信息容量的一个上限,人们相信,通过合适的改进,该上限将给出量子信息容量.另外,如何发展有效的算法去计算一般信道的量子信息容量,也是需要进一步研究的课题.

3. 量子编码方案

通常所谓的量子纠错码即指随机纠错的量子码,各种量子纠错方案,实际上都假定发生量子错误的比特数是给定的,例如常见的有纠一位错的量子码.然而在实际情况下,所有的量子比特均经历消相干,因此每个比特都有可能出错,发生错误的比特数是不确定的.那么哪种设计在纠一位错或更多位错的量子码的实际应用中更加有效?分析表明只要量子比特独立地发生消相干(亦即各个比特随机的出错),所有的量子纠错方案都会行之有效.这里简单地说明一下,设在 T 时间内进行 N 次纠错操作,在两次纠错间隔中,比特的出错率正比于 T/N(即 N 越大,间隔越小,比特的出错率也就越小).纠一位错后,其剩余错误率将正比于 T^2/N^2,因此 N 次纠错后,系统的累计剩余错误率正比于 $N(T^2/N^2)$.只要 N 足够大,亦即两次纠错的时间间隔足够小,就可以使得系统的累计剩余错误率任意的小.

Shor 的第一个纠错方案为量子重复码,它利用 9 比特来编码 1 比特信息,可以纠正 1 位错.Shor 的方案简单,而且与经典重复码有较直接的类比,但它的效率不高.事实上,Steane 的编码方案对后来的量子纠错码影响更大.在该方案中,Steane 提出了互补基的概念,给出量子纠错一般性的描述,并具体构造了一个利用 7 比特来编码 1 比特纠 1 位错的量子码.紧接着,Calderbank 和 Shor 以及 Steane 提出了一个从经典纠错码构造量子纠错码的方法,该方法建立在群论语言之上.纠 1 位错的最佳(效率最高)量子码方案是利用 5 比特来编码 1 比特.纠多位错的量子码情况更复杂.迄今为止,只发现一些简单的纠多位错的量子码的方法.现有的各种量子纠错码,都可以被统一在群论框架之下,Gottesman 和 Calderbank 等对此进行了表述.但利用现有的理论去构造新的量子纠错码,仍然是一件非常艰巨的工作,为了寻求更高效的量子码,人们还需要继续探索.

前面已表明,量子纠错方案适合于随机量子纠错.但在实际中,量子比特有可能发生合作消相干,结果导致各个比特出错的概率相互关联,此即合作量子错.设计用来随机纠错的量子编码是否适合于合作量子错?这个问题还有待于解决.已有的研究可以肯定的一点是,对于克服合作消相干,利用随机纠错的量子码不是一种高效率的方案.事实上,已经发现更好的方案用来克服合作量子错.有别于量子纠错编码,这些方案防错而不纠错,它们是利用了量子比特消相干过程中的合作效应.

量子纠错编码假定了各个量子比特将独立地发生消相干,另一方面,现有的几种合作消相干方案又利用了相干保持态,而相干保持态建立在某些量子比特发生集体消相干的假设之上.独立消相干和集体消相干显然都是一种理想情况,一个重要的问题是,对于具体的量子计算机,哪种假定更为合理?现在实验上已经提出几种量子计算机模型,对每种模型,都有多种噪声对消相干过程有贡献.一些研究表明,不同噪声引起的消相干具有十分不同的特性:某些噪声引起独立消相干,另外一些噪声引起集体消相干或一般的合作消相干;有的噪声随时间增长速度快,另一些噪声随时间增长速度慢.为了使量子编码在实际中行之有效,有必要先根据具体的量子计算机和噪声模型,来分析其消相干特性.根据此特性,选择合适的量子纠错或防错编码,或者这两种方案的结合.量子信息学的发展和实现将是电子学发展具有革命性的飞跃,是未来智能信息时代的基础,将对人类社会产生巨大的影响.

参 考 文 献

[1] Nielsen M A, Chuang I L, Nielsen M A. Quantum Computation and Quantum Information. Cambridge University Press, 2009.

[2] Yamamoto N, Tsumura K. Feedback control of quantum entanglement in a two-spin system. Automatica, 2007, 43(6): 981.

[3] Gottesman D, Chuang I L. Demonstrating the viability of universal quantum computation using teleportation and single-qubit operations. Nature, 1999, 402: 390.

[4] Noh C, Chia A, Nha H, et al. Quantum teleportation of the temporal fluctuations of light. Phys. Rev. Lett., 2009, 102: 230501.

[5] Elliott C. Quantum Cryptography. IEEE Security & Privacy, 2004, 2(4): 57.

[6] Jonathan D, Plenio M B. Entanglement-assisted local manipulation of pure quantum states. Phys. Rev. Lett., 1999, 83: 3566.

[7] Zhou X, Leung D W, Chuang I L, et al. Methodology for quantum logic gate construction. Phys. Rev. A, 2000, 62: 52316.

第13章 石墨烯

碳的同素异构体(金刚石和石墨)是无限晶格构成的晶体,图 13.1 所示为金刚石和石墨的原子结构,它们是 3D 结构的宏观体系材料.而巴克敏斯特富勒烯(Buckminsterfullerene)C_{60} 是分子形式的,其他如 C_{70} 和 C_{84},最小的可能是十二

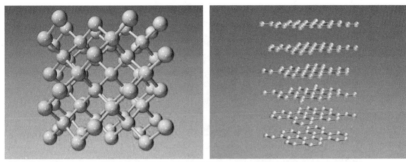

图 13.1 碳同素异构体中两种无限多元胞晶体:金刚石和石墨

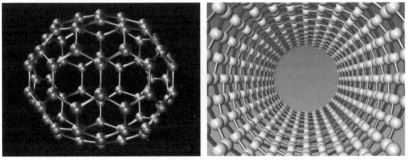

图 13.2 C_{70} 和 CNT

面体的 C_{20}(12 个五边形构成的),没有六边形,都可自成为一个大分子.图 13.2 是 C_{70} 和碳纳米管(CNT),而碳纳米球和管是石墨烯卷成的有特殊意义的结构.不论是碳球和碳纳米管都可以包含碱金属原子,从而具有新的功能.如 C_{60} 包含钾原子,表示为 $K*C_{60}$. 21 世纪初,纳米科技的迅速发展,又有新的碳异构体的发现,首先是典型 2D 体系石墨烯(graphene)的发现.

§13.1 石墨烯的发现

2004年Geim课题组首先用所谓爆炸法制备出了单层石墨片,从而科学家发现了一种全新的超薄材料,见图13.3,英国Manchester大学的A. Geim教授、K. Novoselov博士以及他们发现的金(Au)纳米线上的石墨烯[1],很快引起了科学技术界的关注,这个发现被誉为科学界"非凡的贡献"。领导此次发现新材料的课题组是曼彻斯特大学物理和天文学院的A. Geim教授(图13.3左下),他们将石墨爆裂成碎片,其中存在六角密排的单原子层,这个足够大面积2D体系的单原子片,在大气环境中异常的稳定,称为石墨烯。这是个典型的自持2D体系,此前还没有一个在大气环境中稳定的2D体系材料,对于2D体系的实验研究多采用肥皂泡或大直径的碳纳米管等样品代替.这个石墨烯的发现,在材料维数的研究上也是非常有意义的.晶态石墨是层状石墨片的堆叠,将石墨片从其中分离,成为独立的2D材料是制造石墨烯的基础.最初将石墨爆裂成单原子层的技术叫作微机械力分裂法,也可能用同样的方法得到更多材料的2D结构,并独立存在.石墨烯属于富勒烯分子家族的2D富勒烯.这种自持严格2D结构的原子晶体,用微机械力解理可以是从石墨块体上扯下来的单层原子平面,或者可以看成没有卷起来的单壁碳纳米管材料.在此基础上,通过进一步探索,人们已制备和研究了多种2D晶体,包括单层BN、几个硫化物材料和复杂氧化物等.这

图 13.3 Au 纳米电极上的石墨烯和发现者

些原子薄片(基本是 2D 分子)在空气环境下是稳定的,具有高晶体质量和连续的宏观尺度. 图 13.4 是剥离层状样品的几个例子,图(a)单层 $NbSe_2$ 的 AFM 像,图(b)石墨烯的 AFM 像,图(c)$Bi_2Sr_2CaCu_2O_x$ 片的 SEM 像,图(d)MoS_2 的光学显微镜像,所有比例尺为 $1\mu m$. 图(b)的石墨烯就是通过摩擦加工得到的(正如在黑板上用粉笔写字),出乎意料的是,几乎所有得到的片总是单层片,而且发现在氧化硅绝缘层基底上石墨烯可以用光学显微镜观察到,这是因为 2D 晶体在氧化硅层上面满足一定的相干条件变为可见,图 13.4(d)是二硫化钼可见光像,因为加上单层后有足够的光反射路径导致彩色改变. 这些 2D 样品显示它们纵向为一个原子层厚,横向接近宏观尺度. 为制取 2D 晶体,可用多种简单但有效的方法. 晶体层的新鲜表面相对其他表面摩擦(实际上是适用任何固体表面),借用静电力分离单原子层,多数样品在大气中是稳定的,可以进一步进行加工、测量和表征. 用 AFM 对于石墨烯的单原子层的分析,显示了分离的单层晶体表观厚度近似接近石墨 3D 晶体的层间厚度. 早期用机械剥离石墨片技术得到的多为 10~100 层厚,这类石墨片薄层的 2D 晶体在普通的透射电镜中几乎观察不到清楚的特征,单原子层的石墨烯对可见光是完全透明的,在没有基底时光学显微镜是不能看见的,当初 AFM 是唯一识别单层晶体的方法,后来用 TEM 和 SEM 技术很清楚地观察了原子六角排布结构. 进而,发现在光学显微镜中可以容易地观察到 2D 晶体的石墨烯片,采用物理学方法从相干计算模拟中证实了这种技术的可行性.

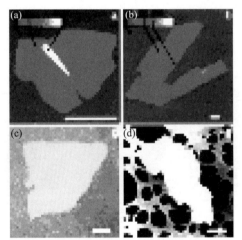

图 13.4 2D 晶体材料:(a)单层 $NbSe_2$ 的 AFM 像,(b)石墨烯的 AFM 像,(c)$Bi_2Sr_2CaCu_2O_x$ 片的 SEM 像,(d)MoS_2 的光学显微镜像,所有比例尺为 $1\mu m$

美国 Atlanta 大学的 Walt de Heer,与法国合作者 Grenoble 试图在 SiC 上

生长石墨烯片,进而刻蚀加工成电子器件结构[2]. 因为他们首先想到,人们在 SiC(0001)表面上观察到有几百 nm 直径的石墨片,通常在有台阶的 SiC 表面上,能观测到像地毯似的石墨层覆盖在台面上. 从这些现象出发,他们开创了一种制造石墨烯的新方法,在抛光的 SiC(0001)表面制备石墨烯. 用将 SiC(0001)加热,使 Si 从表面升华,可以得到质量很好的单层石墨片结构,图 13.5 是单层石墨片:(a)TEM 像,(b)结构模型,(c)能带结构. 科学家们用各种技术制备石墨烯,其中有化学家用氧化剂与石墨作用,分裂石墨片,得到的 2D 结构是不导电的,再去掉有机物,得到石墨烯. 有用放电裂解法得到石墨烯的,也有更简单的方法,在硅表面,先形成大于 200nm 的氧化硅层,再用高定向石墨(HOPG)在氧化硅表面摩擦得到石墨烯,而且可以在普通光学显微镜下观察到所制备的样品. 图 13.6 就是现今人们制备的各种石墨烯样品:(a)SEM 像,(b)光学显微镜像,(c)TEM 像. 这些样品可以长期存放,不发生结构变化,表明是相当理想的 2D 体系.

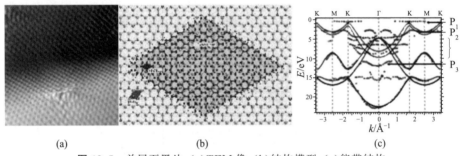

图 13.5 单层石墨片:(a)TEM 像,(b)结构模型,(c)能带结构

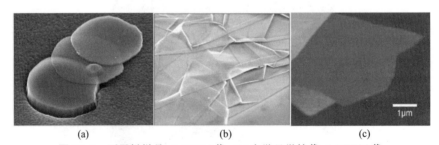

图 13.6 石墨烯样品:(a)SEM 像,(b)光学显微镜像,(c)TEM 像

石墨烯的发现,在理论和应用前景上都具有重要意义,因此 Geim 和 Novoselov 获得 2010 年诺贝尔物理学奖.

§13.2 石墨烯的结构与特性

2004 年，A. Geim 等[3]分离石墨晶体得到石墨烯,它是单原子六角晶格排布,结构稳定,独立存在,而且导电.这是一种单原子层的稳定 2D 原子结构的片,见图 13.7,与所有的纳米材料一样,有其特有的结构稳定规则,其边界只有某些结构才能稳定存在,即不会是随意剪裁都可以有稳定边界原子排列的.这样碳同素异构体家族中又增加了一个新成员——石墨烯,稳定的 2D 体系,见图 13.8,现今人们找到的独立自持的 2D 体系,这是第一个.与 C_{60},CNT 不同的是石墨烯可以看成是六角排列的碳原子单层形成的无限扩展的 2D 片,它可作为很多碳材料基本的母系统,如将片卷成筒,密封无接缝,形成 CNT,也可将片弯曲成封闭的笼,形成各种稳定结构的球,或多个不同直径球同心套叠的巴基葱.关于石墨烯的电子结构人们已经开始了研究,展示了有效调控其价带和导带的可能性.在当今半导体技术带隙工程的基础上,研究石墨烯在电子学方面的应用,有可能发掘出比硅材料更优越的特性.图 13.9 给出了石墨烯的电子结构[4],图中从左至右依次为单层石墨烯的电子结构,双层对称的,双层不对称的.石墨烯的电子轨道由原子态耦合的发展成为价带(π)和导带($\pi*$),在狄拉克面(E_D)分开或交叉.这个能带只与电子的平面动量有关,它的运动受限于石墨烯的 2D 晶格,呈现典型 2D 体系特征.对于双层石墨烯,具有两个原子层厚度.由于掺杂在两层间产生不对称,如吸附钾(K)原子,可以改变价带和导带间的带隙.图 13.10 所示为 K 掺杂调控双层石墨烯带隙:(a)有较小带隙,(b)K 原子吸附关闭带隙,(c)更多 K 吸附带隙再打开.每 4 个原子单胞掺杂产生的电子数表示在每种结构的上边.通过掺杂 K 同样可以调控能带,加电场,有横过双层的大电流出现,也可以调控带隙.在 30K 时,实验测得导电电流达 400mA,这相当于 $20A/cm^2$ 的电流密度,与 SWNT 和多层石墨烯的有相同量级.若不掺杂,材料的导带和价带在能量上稍微重叠,双层石墨烯呈现为半金属行为.Rotenberg 等[5]在 SiC 基底上第一次合成了双层石墨烯,石墨烯变成弱 n 型半导体,有过剩

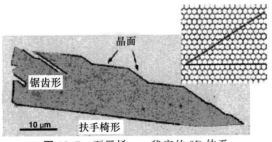

图 13.7 石墨烯——稳定的 2D 体系

的负电荷电子;在层的界面得到过剩导电电子,产生小的带隙.K原子掺杂进入石墨烯,将价电子转移到石墨烯的表面层,导致能级交叉.但是K连续沉积,由于在石墨烯表面层有过多的电子,带隙重新打开.进一步的K沉积增强了n型掺杂.

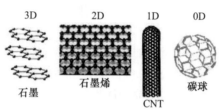

图 13.8 碳同素异构体家族中又增加了一个新成员——石墨烯

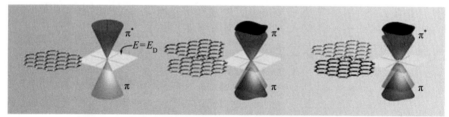

图 13.9 石墨烯的电子结构:单层、双层对称、双层不对称

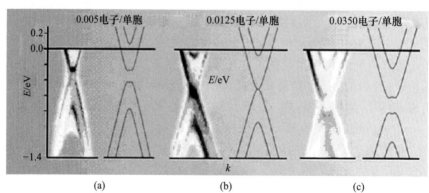

图 13.10 K掺杂调控双层石墨烯带隙:(a)有较小带隙,(b)K原子吸附关闭带隙,(c)更多K吸附带隙再打开

A. Geim 等[3]成功地制备的石墨片样品有几个原子层厚(包括单层石墨烯),用机械剥离,简便的工艺便很可靠地产生出达到 $10\mu m$ 尺寸的石墨烯膜,现今的一些技术可以制备几十厘米的大尺寸样品.单层或只有几个原子厚的石墨烯膜,具有很好的质量,在环境条件下是稳定的.这类材料是金属性的,显示 2D 弹道电子传输特性.研究者实验观察到线性电流-电压的关系,能承受大电流密

度,超过 $10^8\,\text{A/cm}^2$. 进而用石墨烯制造了场效应三极管(FET),通过改变门电压来控制 2D 导电通道中的电子和空穴,实现开关效应.

维数是材料的重要参量,同一化学元素由于维数不同显示出截然不同的特性,对于碳同素异构体存在依次为 0D,1D,2D,3D 晶体结构,准 0D 即笼形分子,准 1D 即 CNT,2D 晶态的如石墨烯和 3D 晶体如金刚石、石墨. 后者是多层的材料,有很强的面内共价键和层间弱的范德瓦耳斯键耦合连接. 单层石墨烯是由 sp^2 键碳原子蜂窝密排的晶体结构. 它是半金属的,具有价带与导带间极小交叠(0 带隙材料). 在 3D 石墨片结构中,层间是范德瓦耳斯力的弱耦合. 2D 石墨烯结构实验中观察有量子霍尔效应且具有极好的电学特性,研究报告载流子迁移率在 $3000\sim 27000\,\text{cm}^2/(\text{V}\cdot\text{s})$ 之间,极有希望成为未来纳电子器件的材料. 在石墨烯中载流子传输是垂直于平面的 π 轨道,极好的传输特性归因于单粒子量子化的亚带结构,电子有质量为 $m_e=0.06m_0$,轻空穴质量为 $m_l=0.03m_0$,重空穴质量为 $m_h=0.1m_0$,这里 m_0 为电子质量. 载流子的平均自由程 $L=400\,\text{nm}$,在室温,可实现弹道电子传输. 石墨烯超过 CNT 的最主要优点是 2D 平面形式,与现行微电子技术兼容,满足自上而下发展 CMOS 的要求. 多数实验数据主要来自在氧化硅片上(石墨烯在绝缘基底上)或在碳化硅上的单层到几个石墨烯层的测量结果.

§13.3 石墨烯三极管

在获得稳定存在的单层石墨片的基础上,人们研究石墨烯三极管. 图 13.11 是石墨烯构成第一只三极管结构的 SEM 像[3],在硅的氧化层基底上,放置单层石墨烯,在其左右两边沉积 Au 电极,在两电极间加工出如图中所示的石墨烯隙

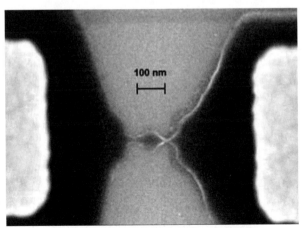

图 13.11 用石墨烯构成的第一只三极管

间的量子点结构,这相当于一个单电子管(SET),以基底重掺杂的 Si 为门电极. 该石墨烯构成的三极管,只有单原子厚度和 50 原子宽度. 这是将石墨烯用微电子光刻技术制造成类似于 2DEG 的结构,即在两电极间夹有一导电纳米粒子,操纵电子在电极和纳米粒子间隧穿,以下面基底为门电极,对隧穿电压和隧穿速率进行调控,从而实现电信号放大,基于库仑阻塞效应,构成具有放大能力的三极管. 在获得石墨烯 2D 晶体以后,人们研究了石墨烯-场效应三极管(G-FET),图 13.12 是场效应器件的 SEM 像[6]. 在硅基底上,p-Si(100)的硼掺杂浓度为 $N_A = 10^{15}$ cm^{-3},热氧化的 SiO$_2$ 厚 300 nm. 石墨烯在 SiO$_2$ 上,用光刻技术加工三极管的图形. Ti/Au 接触电极被蒸发沉积在保留下来的结构上. 在石墨烯上面用电子束光刻限定门电极. 最后,石墨烯(20 nm)置于 SiO$_2$ 上,其上门电极 Ti(10 nm)和 Au(100 nm). 源漏长 $L = 7.3$ mm,宽 $W = 265$ nm,门区长 $L = 500$ nm,由 AFM 确定的绝缘层厚 $t = 1.5$ nm. 图 13.13 是在顶门加电压前后,比较 G-FET 背门传输特性(lgI_D-V_G). 固定源-漏电压 $V_D = 100$ mV,背门场扫描从 $E_{bG} = -3.5$ MV/cm 到 3.5 MV/cm,测量通过石墨烯层源-漏电流 I_D. 没有顶门时,加电场用背门调制,源-漏电流几乎差一个量级大小(图 13.13 黑点),表明顶门的存在对于 G-FET 有显著影响,门电压可能调制纳米带或双层石墨烯为金属或半导体的带隙. 观察到空穴电导超过电子电导,呈现双极性行为. 与正背门电场比较,负背门电场导致较高的源-漏电流. 在加工和处理样品过程中的吸附,会引起源-漏电流最小值移向较正 E_G. 对于图 13.13 所示的 G-FET,基于石墨烯宽 $W = 265$ nm,门介质的 $e_G = 2.4$,计算电流密度,有效场强 $E_{eff} = 0.4$ MV/cm 下得到空穴和电子的迁移率分别为 $\mu_h = 4790$ cm^2/(V·s)和 $\mu_e = 4780$ cm^2/(V·s)[6]. 在图 13.13 中,下边的曲线表明在沉积顶门电极后的背门调制,在测量期间顶门势保持浮动,源-漏电流相当大地减小. 沉积顶门后,在 $E_{eff} = 0.4$ MV/cm 和室温下,迁移率分别为 $\mu_h = 710$ cm^2/(V·s)和 $\mu_e = 530$ cm^2/(V·s). 与非覆盖石墨烯相比这个减小归因于顶门顶 π 轨道渗透到氧化硅的范德瓦耳斯键中. 根据文献[7]建议石墨烯轨道-覆盖层间的范德瓦耳斯键作用导致电导率减小. 通常 Si-FET 在 0.4 MV/cm,其迁移率分别为 $\mu_h = 95$ cm/(V·s)和 $\mu_e = 490$ cm/(V·s),与之相比 G-FET 有希望用于构造 CMOS 器件和电路. 显然 G-FET 迁移率超过 Si-FET 的迁移率,测量范围为 E_{eff}:0~1 MV/cm,特别是空穴的迁移率大得多. 对于 Si-FET,在绝缘层厚 $t = 3.7$ nm 时,空穴迁移率下降低于 $\mu_h \sim 60$ cm^2/(V·s). 室温下,在 Si(100)面上的绝缘层厚 $t = 2.5$ nm 时,电子迁移率下降为 $\mu_e = 70$ cm^2/(V·s). 在更薄的绝缘层情况,G-FET 显示其突出的优越性,如图 13.14 所表明的顶门传输特性,对于 3 个不同背门电场 E_{bG},用顶门电场 E_{tG} 可调制漏电流 I_D 的大小. 对于增加负顶门电场,观察到恒定增加空穴电流. 对于正顶门电场,在 0.1~0.4 MV/cm 间,出现明显的台阶,可能是由氧化物缺陷引起的.还应该注意到,背门电场 E_{bG} 感应影响顶门的转移特性,但没有改变双极性特征.这归因于串联电阻调制的是 G-FET 的顶门电场,而不是调制石墨烯 FET 通道的电阻率.

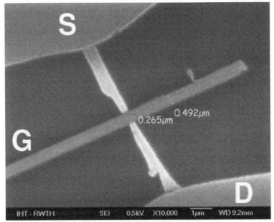

图 13.12 石墨烯-场效应三极管的 SEM 像

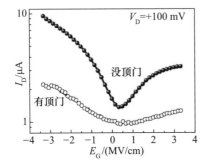

图 13.13 有和没有顶门电极的 G-FED 三极管门电场与源漏电流的关系

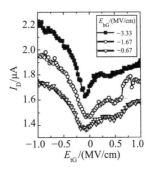

图 13.14 G-FED 顶门电极的传输特性

§13.4 双层石墨烯电子器件

在室温石墨烯载流子迁移率达到 $10000\text{cm}^2/(\text{V}\cdot\text{s})$,高于 Si 的 10 倍,于是人们探索石墨烯在高速集成电路中的应用.研究石墨烯基电子学,需要解决几个问题,其中一个是没有能隙分开价带和导带,即石墨烯是 0 带隙半导体,这样不能用电压控制电子导电实现开关状态,而开关行为是传统三极管的操作基础.单层石墨烯有蜂窝类晶格结构,每个胞有两个原子,通常标志为 A 和 B 原子,这样

的原子结构导致石墨烯的色散关系表示为 $E=\pm\hbar v_F|k|$,图 13.15 给出石墨烯器件的结构图[8]:(a)单层晶格结构;(b)双层晶格结构,图中标出的晶格位置分别表示原子为 A(A1/A2) 和 B(B1/B2),图中下部分给出低能量范围的能量色散关系,表明单层和双层石墨烯是 0 带隙半导体(对于双层石墨烯存在高能带,这里没有画出);(c)垂直双层加电场 $E_\perp$,在双层中打开带隙 2Δ,其大小可由电场调制.(d)双门石墨烯器件结构图,在石墨烯中借助于背门电压 V_{bG} 和顶门电压 V_{tG} 产生的垂直电场,可调控费米能级位置,在此基础上研究石墨烯电流与两个门电压的关系,实验结构中设计顶门和背门的绝缘层 SiO_2 的厚度是不相同的.对于单层石墨烯的导带和价带在 $k=0$ 相遇,结果有带隙 $\Delta=0$,意味没有带隙(图 13.15(a)).为了打开带隙,必须打破石墨烯平面的对称性,使 $\Delta\neq 0$.在石墨烯中,低能哈密顿量导致带隙色散关系可表示为 $E(K)=\pm\sqrt{\Delta^2+(\hbar v_F k)^2}$,这里 k 为波矢值,$\hbar$ 为普朗克常量,v_F 为费米速度.原则可由实验结构设计实现对称破缺,如设想用氮化硼(BN)作为石墨烯基底,同样有蜂窝晶格结构,比较晶格间隔,结果 A 和 B 原子经历不同的格位能.在双层石墨烯中,由上、下两个单层组成,如自然石墨那样堆积(图 13.15(b)).这是所谓贝尔纳(Bernal)堆积产生 4 原子单胞(每亚晶格有原子 A1,B1,A2 和 B2 中的一个),导致 4 个电子带,对于电子传输有影响的只与两个低能带有关.对于单层石墨烯,它导致具有价带和导带间 0 带隙的谱.当 $\Delta=0$ 时,有抛物线色散关系 $E=\pm\hbar^2 k^2/2m$(图 13.15(b)).而对于双层石墨烯,有 4 个原子单胞,两个不同层中间含有原子 A1 和 B2 的波函数交叠.这样能控制 A1 和 B2 格位静电能不同,可通过施加垂直于碳原子平面足够强的电场 E,在导带和价带间打开带隙 2Δ(图 13.15(c)).由电场产生带

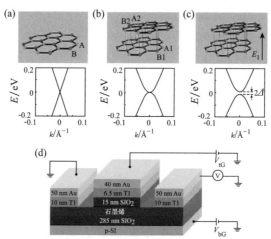

图 13.15 石墨烯器件的结构图:(a)单层晶格结构,(b)双层晶格结构,(c)垂直双层加电场 $E_\perp$ 打开带隙 2Δ,(d)双门石墨烯器件结构图

隙的机制,在角分辨光电谱中观察结果被证实[9],在化学掺杂的双层石墨烯中,电场使其发生从掺杂位到碳原子的电荷转移. 这里用双门器件结构,对双层石墨烯加垂直电场,调控其能带结构从 0 带隙半导体变为宽带隙的绝缘体. 实验的器件结构如图 13.15(d)所示,单层或双层石墨烯与两个金属电极接触,其上和下分别为顶门电极和背门电极. 这个双门电极结构能同时垂直于石墨烯外加电场,独立地调制系统中的电荷密度(调制费米能级位置). 在单层中,加垂直电场不希望影响传输特性,器件的电导与所加的门电压无关,通常不小于最小值 $4e^2/\hbar$. 在双层情况中,加大的电场导致两层间静电势差,相应的理论预言将诱导打开带隙. 若费米能级保持在带隙中(这时器件操作在电中性点附近),这导致绝缘体状态,电导与温度有关,在低温下掉到 $4e^2/\hbar$. 低温下这个影响表现为电导减小,若施加较大的电场这个现象变得更为显著. 由于外场控制感应绝缘态,构成开关器件的基础. 制造双门石墨烯器件主要用电子束光刻,蒸发沉积 Ti/Au 双层(10/50 nm). 电子束蒸发沉积顶门绝缘层 SiO_2(15 nm),再沉积 Ti/Au 双层(6.5/40 nm). 用单和双层石墨烯构造相似器件,有利于进行比较,探索运行机理. 单层石墨烯器件结构如图 13.16 所示,单层石墨烯门电压和温度与电阻的关系:图(a)所示为单层片光学显微镜像(左边)和双门器件结构(右边). 中间方块为顶门电极,两边的宽条表示源、漏金属电极接触,同时显示了四探针测量器件结构. 图(b)所示为电阻 R 与背门电压 V_{bG} 的关系,这时固定不同顶门电压值,测量电阻峰值大小几乎与顶门电压无关,右边轴给出估计方块电阻值,测量电阻时忽略顶门和任何 pn 结的贡献. 在电阻峰附近存在无周期的起伏可重复,这是由量子相干产生的. 较小的其他峰(箭头表示)来源于没有为顶门覆盖的部分的贡献. 图(c)所示为电阻 R 与顶门电压 V_{tG} 的关系,其中背门电压取不同固定值. 由图可知电阻峰高度与背门电压几乎无关. 顶门和背门电压差(见图(b)和(c))来源于不同的 SiO_2 厚度. 图(d)所示为对于不同温度下电阻与顶门电压的关系,其中对于不同背门电压值取 0 和 50V,测量三个温度分别为 4.7,14.4 和 52K,三条曲线几乎重合在一起,电阻峰高度与温度无关. 从图 13.16(b)和(c)电阻与门电压的关系,导出载流子迁移率约为 $3000 cm^2/(V·s)$. 尽管有一个门电压保持常数,总可以观察到电阻的特征峰,对应于不同载流子密度 $n1,n2,n3$. 随所加电压改变电阻峰位置移动是线性的. 从顶门电极尺寸,可能估计最小电导值接近 $4e^2/\hbar$. 由于不对称结构,在器件电极接触界面形成 pn 结,见图 13.16(b)和(c),特性与加在两个门上的电压有关. 图 13.16(d)表明电阻 R 与顶门电压 V_{tG} 的关系,不受在 4~50K 间的温度改变影响. 在单层石墨烯的特性曲线中存在可重复的电导起伏,温度降低振幅增加. 这些观察与预期的电子传输行为一致. 双层石墨烯的双门器件行为如图 13.17 所示,双层石墨烯器件在不同温度下,电阻与门电压的关系. 图(a)所示为双层石墨烯光学显微镜像(左边)和器件结构(右边).中间长条表示顶门电极,两边长条表示金属接触电极.给出了二探针测量结构,测量电阻包括接触电阻,约小于 250Ω.图(b)所示为对于不同顶门电压 V_{tG} 固定值,测量电阻 R 与背门电压 V_{bG} 的关系,测量温度为 $4.2K$.当两个门之间相对电压增加时,电阻峰的高度随之增加.图(c)所示为施加不同固定背门电压 V_{bG} 时,电阻 R 与顶门电压 V_{tG} 的关系,在 $4.2K$ 测量,表明相似的门电压与电阻峰高度的关系.图(d)所示为在不同温度下,电阻 R 与顶门电压 V_{tG} 的关系,其中两个背门电压 V_{bG} 值取值 0 和 $-50V$,在温度为 $4.2,14.5,55K$ 测量得到曲线 $1,2,3$.当两个门电压差较小时,电阻峰高度不受温度的影响(见图中在 V_{tG} 的 $0V$ 附近的峰).当两个门加上较大的相对电压时,可清楚地观察到电阻峰与温度的关系(图中右边曲线 $1,2,3$).图 13.17(b)和(c)表明,双层石墨烯电阻 R 与背门电压 V_{bG} 和顶门电压 V_{tG} 的关系,测得载流子迁移率约为 $1000 cm^2/(V\cdot s)$.相似的单层电阻峰位置随各门电压改变线性移动,其电阻峰几乎完善地对称,可能 pn 结对测量电阻有重要贡献.更重要的是最大电阻值与门电压结构有关;特别是,当两个门所加电压接近 $0V$ 时,电阻峰的高度相应于电导量级 $4e^2/\hbar$,这是典

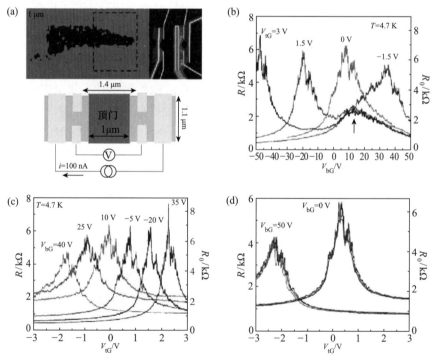

图 13.16 单层石墨烯器件:(a)单层片光学显微镜像(上)和双门器件结构(下),
(b)电阻与背门电压的关系,(c)不同背门电压下,电阻与顶门电压的关系,
(d)电阻与顶门电压的关系

型的双层石墨烯 0 带隙特征,当在顶门和背门施加电压时,相对增加振幅,电阻峰的高度明显上升.另外,在双层石墨烯器件中观察的温度关系显著不同于在单层器件中测量的(图 13.17(d)).对于小的门电压,电阻基本与温度无关,有 0 带隙半导体特征.当顶门和背门电压差增加,温度降低时,最大电阻值随之增加.电导率小于 $4e^2/h$ 的观察结果表明是绝缘态行为.为了确定在双门双层石墨烯器件中顶门和背门间电压差作用下的绝缘态行为,进行深冷冻测量,温度范围为 $50\text{mK}\sim1.2\text{K}$,随着降低温度电阻增加更为显著,如图 13.18 所示,双层石墨烯器件门感应绝缘态.图(a)所示为方块电阻与顶门电压的关系,图中曲线自上而下温度 $T=55,270,600,1200\text{mK}$(背门电压固定在 $V_{bG}=+50\text{V}$).在顶门电压范围内,观察到显著的温度关系.坐标为对数表明当顶门和背门加电压不对称时,在电阻峰附近方块电阻很强地与温度有关,在 55mK 达到值在 $10\sim100\text{M}\Omega$ 之间;否则电阻与温度无关,相应于电导 $4e^2/h$,在低温继续下降.图(b)所示为方块电阻与顶门和背门电压关系的 3D 图,在 $T=50\text{ mK}$,表明电阻峰高度随电场迅速地上升,插图表明电阻峰位置随两个门电压线性移动.深色区相应电压对应

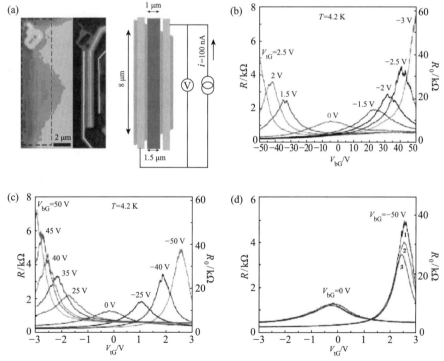

图 13.17 双层石墨烯器件:(a)器件的光学显微镜像(左边)和器件结构(右边).
(b)电阻与背门电压的关系,(c)电阻与顶门电压的关系,
(d)不同温度下电阻与顶门电压的关系

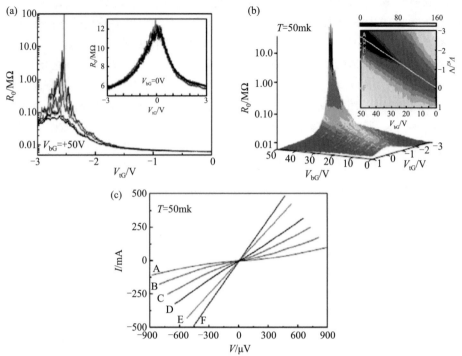

图 13.18 双层石墨烯器件的门感应绝缘态:(a)方块电阻与顶门电压的关系,(b)方块电阻与顶门和背门电压关系的 3D 图,(c)在不同门电压下的 I-V 特性

的绝缘态. 图(c)所示为在不同门电压下的 I-V 特性(字母表示在图(b)插图中的相应区域). 最后,讨论对于大的相对门电压观察到绝缘态电阻与温度的关系. 在理想的无缺陷的绝缘体中,预期是热激发传输,最大电阻 R 随温度变化表示为 $R(T) \propto \exp(E_a/kT)$ 关系,这里 k 是玻尔兹曼常数,E_a 是激活能,相应于半导体带隙. 图 13.19 给出双层石墨烯中热激发跳跃传输特性:图(a)所示为电阻峰的方块电阻对数与温度倒数的关系,对于不同的垂直场 $E_\perp = (V_{bG} - V_{tG})/(d_{bG}/d_{tG})$,这里 d_{bG} 和 d_{tG} 分别是背门的和顶门的氧化层厚度. 这些曲线清楚表明近似线性行为,在温度范围 55mK~55K,测得的数据不符合 $R(T) \propto \exp(E_a/kT)$ 关系. 图(b)表明对于不同垂直电场,在温度范围 55mK~55K,电阻峰的方块电阻对数作为 $T^{-1/3}$ 函数. 线性拟合数据(实线)表明,在最高电场数据用 $R(T) \propto \exp(T_0/T)^{1/3}$ 描述. 在低电场,拟合表明 n 小于 $1/3$(见插图,误差棒表示拟合值的标准偏差). 温度低到近 $T=5K$,加最高电场,$R(T) \propto \exp(T_0/T)^{1/3}$ 关系是最好的描述,见图 13.19(b),拟合值 T_0 为 0.5~0.8K. 注意在 5 和 55K 间电阻下降,电导随温度增加,但对于导出正确值的激活能量,范围太小. 定量上,对于在 2D 传输预期的 $n=1/3$,说明经由绝缘材料非相互作用的载流子经历跳跃

过程传输,受局域杂质位置的调制.这种局域态理论预言在双层石墨烯中存在无序,但定量导出电导与这些杂质态的关系,如它们的态密度、空间分布范围等是困难的.对于较小的垂直电场,拟合表明 n 小于 $1/3$,甚至减小到 0(见图 13.19(b)插图).这清楚说明绝缘态的温度与电阻关系.当施加的垂直电场更高时,变化更显著.测量结果表明,存在垂直电场时,双层石墨烯中发生了绝缘态.观察到的绝缘态只发生在双层,而不是在单层中.施加垂直电场,材料的电阻随温度降低而增加,这与电场控制打开带隙的预言是一致的.然而,这些现象不能简单地归因于增加了石墨烯中的无序.对于垂直电场形成带隙导致这个观察结果的解释可能是更合理的.通过实验可分析出在双层石墨烯器件中,电场感应形成带隙是相当小的,这与现存的理论计算结果一致[10],实际带隙的大小低于 10 meV,与双层模型中屏蔽效应有关.相比较,无序能量的大小可估计是 meV 量级,从测量量子霍尔效应的自旋分裂[11]和单电子三极管实验得到相似的结论[12].总之,带隙低于 10meV,可能与存在亚带隙态有关.在温度范围 50mK~4.2K,存在无序可归因于观察的电阻值 $\exp(T^{-1/3})$ 关系.而这不能解释在温度 4.2~55K 时与电场的陡峭变化关系,这些有待进一步研究.

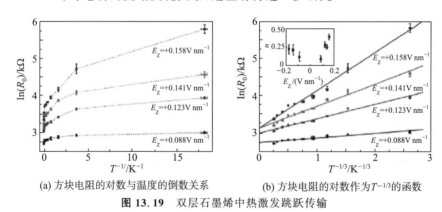

(a) 方块电阻的对数与温度的倒数关系　　(b) 方块电阻的对数作为 $T^{-1/3}$ 的函数

图 13.19 双层石墨烯中热激发跳跃传输

§13.5 石墨烯的奇异特性

2004 年,两篇文章发表在 *Science* 和 *PNAS* 上,各自独立地演示单层石墨片只有一个原子层厚样品存在的可能,命名为石墨烯.接下来在 *Nature* 上发表的文章报告了有关实验结果,表明电荷载流子在石墨烯中有 2D 相对论粒子行为.在过去,研究相对论的粒子主要是在高能物理中,现今可能在石墨烯中实现相对论电子物理实验,这显然不同于普通半导体器件.在石墨烯中观察到相位相干的现象,这个现象可用通常半导体中量子阱效应和弱局域化特性来理解.因此,石墨烯器件能用来研究相对论动力学,在可控制加工的纳米电路中制造相对论电子芯片,研究其行为,探索信息加工过程中的相对论特性.基于这些现象的石墨烯电子特性,吸引了全世界学者,研究结果大量地出现在杂志期刊上.石墨烯这个最简单的 2D 原子片,理论上热波动将引起任何完善 2D 晶体发生平面振动,即平面实际上起皱的,呈现波动状态,见图 13.20.石墨烯有奇特的能带结构,单一的 sp^2 键构成的碳层,具有锥形电子和空穴波包形状的电子云分布,只在动量空间布里渊区的 k 点相遇.由于在动量空间能量的线性关系,载流子的有效质量趋于 0,相对论的狄拉克-费米子(Dirac-Fermions)表征的等效光速度为 $C_{eff}=10^6$ m/s.这个行为可用狄拉克方程描述.从实验报告可知,它具有大的载流子迁移率,在 4K 为 60000 $cm^2/(V·s)$,在 300K 为 15000 $cm^2/(V·s)$,具有偶极场效应,是相当迷人的.进而研究 2D 材料的导电特性,估算其微观质量和宏观连续性,做成场效应类器件,如图 13.21 所示,单原子层晶体中的电场效应,给出了石墨烯、$NbSe_2$ 和 MoS_2,样品门电压 V_G 与电导率 σ 的关系[11].石墨烯电导改变作为门电压 V_G 的函数,特性是在室温 300K 下测量的.实验发现 2D 的 $Bi_2Sr_2CaCu_2O_x$ 和 BN 是绝缘体,甚至施加的门电场高达 0.3V/nm(即接近了 SiO_2 的击穿电场)时也没有感生电导,这可能表示这个 2D 材料的带隙远大于 SiO_2 的.研究人员尝试对单层 $Bi_2Sr_2CaCu_2O_x$ 在氧气中退火,但晶体总是保持绝缘状态.相反,2D 的石墨烯和两个硫族化合物呈现是金属性的,具有显著的电场效应(见图 13.21).测量载流子迁移率 $\mu=\sigma(V_G)/en(V_G)$,这里 e 是电子电荷,$n \propto V_G$ 是载流子浓度,由门电压 V_G 感应产生($n \approx 7.2 \times 10^{10}$ cm^{-2}/V,对于 300 nm 的 SiO_2).在图 13.21 中看到,在 n 很大的范围内 σ 正比于 V_G,表明 μ 与载流子浓度无关.外推实验关系 $\sigma(V_G)$ 到 0,可以确定初始($V_G=0$)电荷载流子浓度和它们的类型.石墨烯行为更相似几层石墨片和或者是窄带隙半导体或者是小交垒半金属样品,在正和负门电压下分别感应产生 2D 电子和空穴载流子,浓度达到 10^{13} cm^{-2} 左右.石墨烯典型价值 μ 在 2000~5000 $cm^2/(V·s)$ 范围内,对于 2D 的 $NbSe_2$ 和 MoS_2,测量迁移率分别为 0.5 和 3 $cm^2/(V·s)$,与相应 3D 晶体室温迁移率一致.对于两个 2D 硫化物,发现导电载流子浓度 n 在 10^{12} ~10^{13} cm^{-2}.通过对电导详细研究,作为温度和 V_G 的函数揭示 2D 的 MoS_2 是重掺杂半导体,带隙 ≥ 0.6 eV;而 $NbSe_2$ 是半金属.发现 2D 的 $NbSe_2$ 电子浓度比 3D 单层 $NbSe_2$ 的小两个量级,这表明从 3D 的正常金属到 2D 的半金属,显著地改变 $NbSe_2$ 的能谱.

用石墨烯构造具有顶门电极和背门电极的两种三极管结构,发现它具有库仑阻塞效应(表明单电荷载流子效应).相当于在低温下较大的 QD(0.25μm 直径)的行为.操作在室温的 10 nm 器件,能够完全截断电流.从毫米级稳定的材料上加工出微米尺寸的三极管,再进一步到几十纳米大小的单个元件,甚至几个纳米大小,在逻辑上实现纳米电路,这是石墨烯的优势.Geim 团队与 Berger 组

图 13.20　室温下 2D 石墨烯呈现波动状态

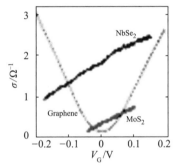

图 13.21　单原子片晶体的电导 σ 与门电压 V_G 的关系

同时研究了石墨烯三极管,后者是在碳化硅基底上生长石墨烯.在石墨烯用于电子电路中的研究基础上,探索新物理现象和新应用领域.有理论研究结果表明石墨烯器件结构有意外的功能:第一,Rycerz[7]提出石墨烯的电子能带可以相似的形式拓展到自旋电子学.第二,Trauzettel 和他的同事[12]提出用石墨烯纳米带构造固态量子比特器件.石墨烯是唯一无带隙半导体,它的费米能级位于它的电子结构导带和价带接触点附近.这个简并点为狄拉克点,位于石墨烯材料六角布里渊区的角上.蜂窝晶格有 120° 旋转对称,由此定义了动量空间的两个不同谷点,在其间载流子可能运动.每个锥形谷底附近意味着在它们中传输的载流子能量随动量线性改变,好像它们是无质量的.有 2×2 泡利矩阵,可用蜂窝结构内的两个三角亚晶格描述电子波函数振幅.这个结果导致石墨烯的电荷载流子运动是手性的,每个亚带贡献载流子波函数与方向有关.这个性质可由在量子霍尔效应测量中观测到平台行为加以解释.当石墨烯场效应三极管加门电压时,石墨烯中的载流子密度可连续改变,从 p 型(空穴)到 n 型(电子)导电.这个行为可用于构造 p 和 n 型器件电路网,即在石墨烯片内分裂门阵列中,对单个电极加电压可构造所需要功能的器件.在这个器件中出现电子和空穴的混合,类似于传统半导体结构中横向量子点结构.这能使电子的自旋态移到每个量子点,实现自旋控制.若量子点足够接近,由于交换相互作用耦合这些自旋,将可能形成耦合自旋量子比特网络形式[9].然而,在制造中,pn结会产生泄漏相当的电荷.当 n 型区导带中的电子发生在具有 p 型区垂直界面上,通过界面传输有一定概率进入 p 型一边的价带.Rycerz 等[7]的工作表明,用窄带形成器件(称为纳米带)这个困难可能克服.对于这个工作,这些条带边必须是终端稳定结构,即要么扶手椅,要么是锯齿形结构.在纳米带情况中,有扶手椅形两个边,石墨烯的六角结构的亚晶格在两边将有相等的终端.这种情况石墨烯的电荷载流子两个分量波函数振幅等于 0,在传播电子模式谱中,带边上带隙值是反比于带宽,这将能使载流子局域化.

  基于量子力学与相对论的量子电动力学,可用来理解从物理学的基本粒子行为到宇宙基本现象.在量子电动力学概念下,同样涉及凝聚态物理,但量子相对论效应对于微小系统的应用仍是有效的.在已知的实验系统中,用非相对论的薛定谔方程可精确地描述.这里报告了实验研究凝聚态系统(单原子层碳原子的石墨烯),其内电子传输基本由狄拉克方程描述.在石墨烯中的电荷载流子类似于相对论粒子,静止质量为 0,等效速度为光速 c.这样石墨烯体系相当于无质量的 2D 电子气系统.研究暗示了多种有用的现象,可用 2D 狄拉克方程表征.实验观察到:第一,石墨烯电导下降不低于最小值,相应于量子电导,即使载流子浓度趋于 0.第二,在石墨烯中的整数量子 Hall 效应是不寻常的,发生半整数填充因素.第三,在石墨烯中无质量载流子的回旋加速质量 m_c 表述为 $E=m_c c^2$.这样不仅兴趣在于个 2D 系统自身,而且有丰富的奇异的量子电动力学物理问题.

  石墨烯已经成为凝聚态物理学中的一个模型体系,因为其带电荷的粒子能以相对论速度运动,从效果来看,其行为就好像它们没有质量一样.这种现象导致了一些奇特的电子输送性质,就像夹在两个超导电极之间的一个石墨烯层,其内一个超导电流可在低温下流动.电流要么是被电子要么是被空穴运载的,这取决于门电压,因而也取决于石墨烯层中的电荷密度.有趣的是,即使当电荷密度为零时,一个有限的超电流也可以流动.这些观测结果为研究"时间反演对称"的相对论现象和石墨烯中的电子输送机制提供了线索.

参 考 文 献

[1] Novoselov K S, Geim A K, Morozov S V, et al. Electric field effect in atomically thin carbon films. Science, 2004, 306(5696):666.

[2] Hass J, Feng R, Li T, et al. Highly ordered graphene for two dimensional electronics. Ap-

pl. Phys. Lett. , 2006,89:143106.

[3] Novoselov K S, Geim A K, Morozov S V, et al. Two-dimensional gas of massless Dirac fermions in graphene. Nature, 2005, 438(7065):197.

[4] Ohta T, Bostwick A, Seyller T, et al. Controlling the electronic structure of bilayer graphene. Science,2006, 313(5789):951.

[5] Uchoa B, Neto A H C. Superconducting states of pure and doped graphene. Phys. Rev. Lett. , 2007,98:146801.

[6] Lemme M C, Echtermeyer T J, Baus M, et al. A graphene field-effect device. IEEE Electron Device Lett. , 2007,28:282.

[7] Aleiner I L, Efetov K B. Effect of disorder on transport in graphene. Phys. Rev. Lett. ,2006,97:236801.

[8] Oostinga J B, Heersche H B, Liu X L, et al. Gate-induced insulating state in bilayer graphene devices. Nature Mater. , 2008, 7(2):151.

[9] Min H, Sahu B R, Banerjee S K, et al. Ab initio theory of gate induced gaps in graphene bilayers. Phys. Rev. B,2007,75:155115.

[10] Zhang Y, Jiang Z, Small J P, et al. Landau-level splitting in graphene in high magnetic fields. Phys. Rev. Lett. ,2006, 96:136806.

[11] Martin J, Akerman N, Ubricht G, et al. Observation of electron-hole puddles in graphene using a scanning single-electron transistor. Nature Phys. ,2008, 4:144.

[12] Trauzettel B,Jordan A N,Beenakker C W, et al. Parity meter for charge qubits: An efficient quantum entangler. Phys. Rev. B, 2006 ,73:235331.

第 14 章 拓扑绝缘体

在 21 世纪初发现 2D 晶体石墨烯不久,人们又发现了一种新材料,即拓扑绝缘体.它不同于一般绝缘体,这里首先讨论它与传统绝缘体的区别.在 20 世纪初量子力学成功地用能带理论表征了金属、绝缘体和半导体.后两者在能带结构中存在带隙(禁带),通常认为禁带宽大于 2eV 为绝缘体,其他为半导体. 2005 年研究发现,在一些具有特殊能带结构的绝缘体中,存在和量子霍尔效应相类似的量子拓扑效应,称这类材料为拓扑绝缘体.拓扑绝缘体表面电子具有和 2D 体系的石墨烯类似的狄拉克准粒子行为,同时又被时间反演不变保护,两者相结合使得拓扑绝缘体边态的输运行为具有独特的性质,导致在这种材料表面电子传输不受杂质散射影响,所以拓扑绝缘体是具有特殊性质的材料.

这里我们先简单介绍有关狄拉克方程问题.在考虑相对论效应时,解薛定谔方程可以得到本征能量为负的值,当时对其含意无法理解.为对此结果进行解释,Dirac 提出能量是可以为负的假设.定义能量取值范围可以从负无限大到正无限大.指出处于宇宙的基态时,所有的负能量状态都被填满,称为真空态.由于泡利不相容原理:对自旋为半整数的费米子,一个量子态只能占有一个电子,所以把负能量的能级填满后,剩下的电子就得填充在能量为正的较高能级上.后来人们将能量从零到负无限大的这段能带称为"狄拉克海",在基态时它是完全填满的.这样在考虑相对论效应时,静止条件下量子力学波动方程称为狄拉克方程,建立于 1928 年.这个方程预言了反物质的存在,1932 年 C. D. Anderson 发现了正子(positron)从而证实这个模型是正确的,此后逐渐为人们接受,越来越多地用于讨论凝聚态物理和纳米材料中所遇到的问题.

在讨论这类绝缘体时,引入用拓扑的术语,拓扑学是数学中一个重要分支,最初是几何学的概念.最初称为形势分析学,是莱布尼茨(G. W. Leibniz)于 1679 年首先提出的名词. 19 世纪中期,黎曼(G. F. B. Riemann)于复变函数的研究中强调在求解函数和进行积分时,就必须研究形势分析学.从此开始了拓扑学的系统研究,主要考虑几何图形在连续变形下某些参量间的关系保持不变的性质,现在已经发展为研究连续性现象的重要数学分支.连续性和离散性是自然界和社会现象中普遍存在的性质.拓扑学对连续性数学是具有根本意义的,对于离散性数学的发展也起着巨大的推动作用.拓扑学的基本内容已经成为现代数学的常识,拓扑学的概念和方法在物理学、生物学、化学和信息学等学科中广泛应用.在此物理和数学的基础上,我们将对拓扑绝缘体进行讨论.

§14.1 发现与分类

从材料的能带结构上,拓扑绝缘态不能用传统的金属或绝缘体来描述,它是凝聚态物理中一种全新的物质态. 它的块体电子态是有能隙的绝缘态,但对 3D 体系它的表面,对 2D 体系它的边缘,电子态则是零能隙有手性的金属态. 由强磁场引起的整数量子霍尔效应(integer quantum Hall effect,IQHE)是被发现的第一类拓扑绝缘态,这种材料分类称为 Z 类. 有关霍尔效应的发现对现代物理学产生了深远的影响,因其研究成果曾两次共四人获得过诺贝尔奖. 人们在实验发现几种 2D 或 3D 材料在特定条件下会形成拓扑绝缘态. 这类拓扑绝缘态是由材料的强自旋-轨道耦合引起的,不破坏时间反演对称性,被称为 Z_2 类拓扑绝缘态. 量子自旋霍尔效应(quantum spin Hall effect,QSHE)是最早的实验,证实有这类 2D 拓扑绝缘体. 在 QSHE 样品中,由于强自旋-轨道耦合,载流子只能沿着样品边缘传输,但是对于不同自旋的载流子,传输方向完全相反. 量子自旋霍尔效应最早由 C. L. Kane 和 E. J. Mele 在研究单层石墨烯样品的特性中提出的,在他们发表的论文中给出拓扑绝缘体(topological insulator,TI)概念[1]. 很快被斯坦福大学的张守晟研究组推广到 HgTe/CdTe 量子阱体系[2],随后被德国的 L. Molenkamp 研究组实验证实[3],在他们的实验中,测量了横向电阻. 在介观样品中观测到量子化的横向电阻平台,从而间接证实了量子自旋霍尔效应和拓扑性质. 但是该量子化平台仅仅出现在介观尺度样品中;当样品尺度变大时,尽管平台属性还能够保持,但是其值已经远远偏离量子化值. 而在第一类拓扑绝缘体(即整数量子霍尔效应)中,量子化霍尔平台能够在宏观尺度被观测到. 1911 年,荷兰物理学家 K. Onnes 在金属中发现了低温超导现象. 直到 1957 年,J. Bardeen,L. Cooper 和 R. Schrieffer 提出的 BCS 理论解释了超导现象. 他们表明在超导中的载流子是电子对,称为"库珀对". 在 BCS 理论提出 50 周年之后,美国的物理学家 J. Valles 领导的小组研究发现,库珀对不仅仅形成于超导体中,在绝缘体中同样存在,他们的实验验证了这一结论[4].

拓扑绝缘体是一种新的量子物质态,完全不同于传统意义上的金属和绝缘体. 这种物质态的体电子结构是在体内有能隙的绝缘体,而其表面则是无能隙的金属态. 这种无能隙的表面金属态也完全不同于一般意义上的由于表面未饱和键或者是表面重构导致的表面态,拓扑绝缘体的表面金属态完全是由材料块体电子态的拓扑结构所决定,特别是与对称性有关,与表面的具体结构无关. 也正是因为如此,它的存在非常稳定,基本不受杂质与无序的影响. 此外,拓扑绝缘体的基本性质是由量子力学和相对论共同表征的结果,由于自旋-轨道耦合作用,在表面上会产生由时间反演对称保护的无能隙的自旋耦合的表面电子态. 这种表面态形成一种有效质量为 0 的 2D 电子气,由狄拉克方程描述. 正是由于这些重要特征,奠定了拓扑绝缘体在未来的信息技术发展中的应用基础. 可允许电子室温条件下在表面运动,但不损耗能量,这将显著提高芯片的运行速度,对于它的深入认识将会在自旋电子学、光电子学、关联电子学等领域的发展中做出重要贡献.

§14.2 基本概念

自 2005 年以来,拓扑绝缘体成为凝聚态物理中人们热情研究的一个新课题,它是一种新材料,其特性拓宽了传统绝缘体和金属的概念. 拓扑绝缘体的现象学可用固体的能带理论框架加以解释. 拓扑绝缘体有三个主要特征:①块体是一个绝缘体;②有无能隙的手性边缘态,边缘态是拓扑保护的,即即便有杂质,有相互作用,只要不关闭块体的带隙就不会影响边缘态的性质,或者说,要破坏边缘态,一定要经过一个量子相变;③可以用一个拓扑不变量来表征其特性[5]. 通常如果前两点满足,那么这个系统就有很大可能性是一个拓扑绝缘体. 但是真正要确定其是不是有拓扑序,还是要通过特征③判断. 其实在实验上最早观察到的拓扑绝缘体是著名的整数量子霍尔态. 能级的朗道量子化显然满足特征①;但无带隙的边缘态则不那么明显. Halperin 的著名的工作是论证了边缘态必须存在,并且是一个 1D 的手性费米液体[6]. IQHE 是所谓时间反演破坏(time reversal breaking, TRB)TI 的一个典型例子. 基于实现自旋-轨道相互作用导致产生拓扑绝缘体电子相,具有无带隙手性边界态,这很相似于 2D 整数量子霍尔态. 在表面(或边界)态导致的导电行为不像任何其他已知的 1D 或 2D 电子系统的特性. 由自旋电子学量子计算结果可知这些态有特殊的性质. 这里拓扑序的概念是通常用于表征复杂关联的分数霍尔态引进的,它需要通过本征的多体近似理解,同样可应用于简单的整数量子霍尔态. 由于存在单粒子能隙,电子-电子相互作用不能用一般方法改变其量子态.

拓扑绝缘体的一个重要特性是时间反演不变(time reversal invariance, TRI),其基本物理图像为:把两个互为时间反演的 TI 放在一起. 在 IQHE 中,没有考虑电子的自旋,因为通常强磁场的塞曼效应使得自旋极化. 设想能够实现这样的一个磁场:自旋向上的电子感受到一个均匀的磁场 B,自旋向下的电子则感受到一个均匀的磁场 $-B$,并且自旋向上和向下的电子有相同的填充数,这样自旋向上和向下的电子分别形成一个整数霍尔态,这个体系显然是时间反演不变的. 从电荷的角度看,边缘电流方向相反,大小相等,净效果是没有边缘电流,如图 14.1 所示. 单看自旋,则刚好有个净的自旋流. 当然自旋流怎么定义本身还是个问题,因为自旋不像电荷,自旋流没有守恒律. 但是简单地可以认为 z 方向的自旋是守恒的,这就是一个最简单的 QSHE. 在这种情况下,边态不再是手性费

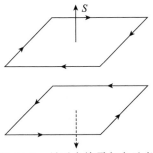

图 14.1 量子自旋霍尔态示意

米液体,称为螺旋(helical)费米液体.当然,实际上不存在这样一个自旋相关的磁场,为了实现这个图像,需要考虑自旋-轨道耦合(拉什巴耦合).在 Kane 最早提出 TI 这一概念的文章中,他们考虑的就是具有自旋序-轨道耦合的石墨烯.作为类比,还可以考虑在自旋-三线态的超导体中,让自旋向上的电子作 p+ip 成对,自旋向下的电子作 p-ip 成对,这样就得到祈晓亮他们讨论的拓扑超导/超流 TRI 的 TI,还可以在 3D 空间中实现(TRB 的 TI 只能在 2D 系统中出现).张守晟和祈晓亮在一篇文章中,讨论什么样的拓扑场论能描写 TRI 的 TI,结论相当惊人:2D 和 3DTRI 的 TI 有效场论,都可以从 4D 空间 TRI 的 TI 场论通过所谓维数缩小得到,这对人们理解 TI 拓宽了思考空间.

§14.3 拓扑能带理论

能带理论仍然是理解拓扑绝缘体的基础,这里我们将绝缘体能带结构与量子霍尔效应相比较,用量子力学进一步讨论绝缘体的拓扑特性,进而说明拓扑绝缘体的电学行为.

1. 绝缘态与整数量子霍尔效应

通常晶体中原子间共价键导致强相互作用,在没有共有化电子情况下,有限电场作用下,不产生电子流,故这种材料是不导电的,称为绝缘体.最简单的绝缘体是元素绝缘体,晶体结构具有单胞平移周期性,在其中电子被束缚在最接近原子核的壳层中,量子力学成功地描述固体中的电子结构.由晶体的平移对称性决定的量子态在动量空间中由波矢 k 表征,定义电子结构的布里渊区周期性.进而考虑电子态是布洛赫哈密顿算符的本征态 $H(k)$,用薛定谔方程描述荷电粒子的运动行为.通过本征能 $E(k)$ 定义能级,多条能级形成能带.在绝缘体中能隙分开电子占据的价带和空态的导带.在原子绝缘体与半导体中,具有同样的电子结构,见图 14.2(a),在这个 2D 的边界,在电场作用下就会产生电流[7].图(a)中右边是能带结构,存在有能隙 E_G.在此基础上,可想象在边界能带结构受到调制,在能隙间插入连续态,从而改变为绝缘体的拓扑态.

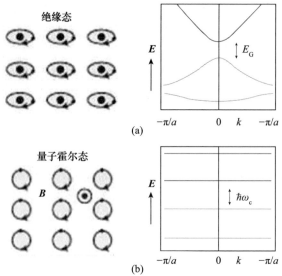

图 14.2 (a)原子绝缘体的轨道电子与能带结构,
(b)磁场中量子霍尔态的回旋电子和朗道能级

这种拓扑态最相似的例子是 IQHE 效应呈现的电子结构,当在强磁场中电子限制于 2D 面内时,磁场强度达到某一值以后,产生圆环回旋轨道量子化,即朗道能级分裂,电子具有能量 $\varepsilon_m = \hbar\omega_c(m+1/2)$,这里 ω_c 是回旋频率.电子在回旋轨道上运动,见图 14.2(b),这个结构,看上去像普通绝缘体的,在边态将出现导电电流.图(b)中右边是朗道能级结构,若 N 个朗道能级完全填充,其余是空的,能隙分开占据态和非占据态,正好像绝缘体的能带结构.但不同的是当加电场时,由于量子霍尔效应产生回旋电流,其电导为

$$\sigma_{xy} = Ne^2/\hbar, \tag{14.1}$$

式中,$e^2/\hbar$ 是量子电导,有极高的实验测量精度,显示 σ_{xy} 的拓扑特性.

在整数量子霍尔态与真空之间的边界态,可用半经典空轨道描述,电子在边界经历界面的回旋轨道反弹,见图 14.3(a),沿边界传输.由于这个运动是手性的,电子在一个方向只沿着边界传播.这些态对于无序或缺陷是不敏感的,因为没有态能产生背散射,因此,在量子霍尔效应中经历完善的量子化电子传输.这样一种路径存在与块体量子霍尔态有紧密的关系,想象一个界面,那里晶体在量子霍尔态($n=1$)和一般的绝缘体($n=0$)间插入随距离改变的函数.沿着这个路径某处能隙必达到 0,这样实现拓扑不变到改变而达到无带隙.因此在块体的能隙中存在能级连接价带和导带,与费米能级 E_F 交叉.图 14.3(b)表明沿着边界,能级作为波矢 k_x 的函数.影线区表明块体导带和价带,在近 K 和 K' 的能隙中有连续态形式.单带描述束缚边界态,连接价带到导带有正的群速度.用改变近表面的哈密顿边界态的色散可使 $E(q_x)$ 与费米能级交叉三次,两次具有正群速度和一次负群速度.右运动和左运动模式间的差 N_R-N_L,是不能改变的,为一个整数拓扑不变特征的界面.陈数 N_R-N_L 值决定于块体态的拓扑结构,块体边界相应的差表示为

$$N_R - N_L = \Delta N, \qquad (14.2)$$

式中,ΔN 是横过界面的陈数.

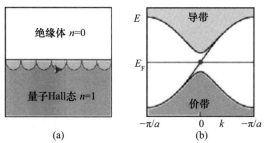

图 14.3 量子 Hall 态和绝缘体间界面有手性边界模式,(a)界面反弹的回旋轨道,(b)半无限量子霍尔态的电子结构,单边界态连接价带到导带

类似于图 14.3 电子态联合时间反演不变,图 14.4 绘出绝缘体和边态的能带结构.这里只给出布里渊区的一半 $0<k_x<\pi/a$,因为时间反演要求另一半 $-\pi/a<k_x<0$ 为简单的镜像.在图 14.3 中,影线区描述块体导带和价带,它是由能隙分开的,与邻近边界的细节有关.在表面带隙内若存在束缚电子态,在时间反演不变波矢 $k_x=0$ 和 $k_x=\pi/a$(同样有 $-\pi/a$),按克拉默斯(Kramers)理论要求它们为二重简并.离开这些特殊点(在图 14.4 中标志为 $\Gamma_{a,b}$),自旋轨道相互作用将分裂简并.有两个可能方法使在 $k_x=0$ 和 $k_x=\pi/a$ 的态连接,在图 14.4(a)中它们连接成对.在这种情况,它可能将所有束缚态推出带隙,从而排除表面局域态.在 $k_x=0$ 和 $k_x=\pi/a$ 间,偶数能带将与费米能级交叉.相比之下,图 14.4(b)中边界态不能消除.能带与费米能级奇数交叉(其发生与块体能带结构拓扑类型有关)时,将导致拓扑保护金属边界态.由于每个能带在 k_x 与 E_F 交叉,有克拉默斯配对的 $-k_x$,块体边界相应克拉默斯对数 N_K 边界模式,在 Z_2 拓扑绝缘体,与 E_F 交叉变为横过界面不变,可导出绝缘体有拓扑保护边界态,形成导体.

2. 量子自旋霍尔绝缘体

已知量子自旋霍尔态是 2D 拓扑绝缘体,首先在石墨烯中发现存在这个态,后来在 HgCdTe 量子阱结构中观察到相似的新边界态.前面讨论由于在狄拉克点反相和时间反演对称表明体系具有保护行为,但这些讨论忽略了电子自旋.自旋-轨道相互作用允许量子态有对称性.在最简单情况中,固有的自旋-轨道相互

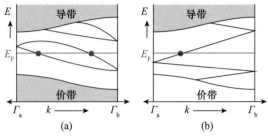

图 14.4 两个边界克拉默斯简并点 $\Gamma_a=0$ 和 $\Gamma_b=\pi/a$ 间的电子色散,横过费米能级 E_F 的表面态数是(a)偶数,(b)奇数

作用与电子自旋 S_z 交换,所以哈密顿耦合成两个独立的自旋向上和向下的哈密顿. 作为理论结果是简单的两个拷贝霍尔丹(Haldane)模型,对于向上和向下自旋具有相反符号的霍尔电导. 这不违反时间反演对称,因为时间反演 σ_{xy} 在两个自旋间摆动. 在加电场时,向上和向下自旋有相反方向的霍尔电流. 总霍尔电导为 0,但存在量子自旋霍尔电导,定义为 $J_x^\uparrow - J_x^\downarrow = \sigma_{xy}^S E_y$,这里 $\sigma_{xy}^S = e/2\pi$ 是量子自旋霍尔电导. 由于两个拷贝量子霍尔态,量子自旋霍尔态必须有无隙边态,见图 14.5. 上面讨论说明存在传统的自旋 S_z,尽管不是基本对称的,在传输过程中自旋不能保持不变,意味 σ_{xy}^S 无效. 这带来的问题是关于理论预言保持整数自旋量子 σ_{xy}^S 不变,以及早期统一理论(非量子化)自旋霍尔绝缘体. Kane 和 Mele 表明由于在量子自旋霍尔绝缘体中,时间反演对称保护边界态刚性,甚至违背保持自旋不变性. 这是因为它们在 $k=0$ 交叉,由于克拉默斯简并被保护,这样建立的量子自旋霍尔绝缘体是拓扑相. 量子自旋霍尔边缘态有自旋滤波特性,向上自旋在一个方向传输,向下自旋在另一个方向传输. 这样边缘态就呈现出摆动螺旋行为,即自旋和粒子动量间关联类似为螺旋形状. 它们形成独特的 1D 导体,为普通 1D 导体的一半. 通常,在两个方向自旋向上和向下传播是脆弱的,因为在弱无序存在时电子态容易受安德森局域化影响. 相比之下,量子自旋霍尔边缘态甚至对于强无序也不局域化. 有关问题可由求解散射问题方程决定本征态,这将关系到引入波通过无序区发生反射和透射有关问题. Kane 和 Mele 的研究表明反射大小是奇数时间反演,涉及自旋摆动. 它允许进入电子完全横过无序区传输,除非打破时间反演对称. 这样在任何能量本征态是扩展的,在温度 $T=0$,甚至 $T>0$ 边缘态传输是弹道的. 允许非弹性背散射过程,通常导致有限电导. 对弱电子相互作用的影响,边缘态有相似的保护,尽管强相互作用的拉廷格液体效应能导致稳定. 这个强相互作用边缘相是有意义的,因为它将显示电荷 $e/2$ 准粒子激发相似于 Su, Schrieffer 和 Heeger 模型中的孤子[8]. 对于足够强的相互作用,在没有磁杂质中或在量子点接触中,可在测量散粒噪声中观察到相

似的电荷分数化.

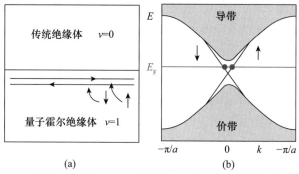

图 14.5 量子自旋霍尔绝缘体中的边界态,(a)QSHI 和普通绝缘体间的界面,(b)石墨烯模型边界态色散,向上和向下自旋相反方向传播

§14.4 三维拓扑绝缘体

2006 年多个理论研究课题组发现在 3D 体系中,自发产生拓扑量子自旋霍尔绝缘体态的特征,给出用"拓扑绝缘体"来描述这个电子相.进而建立块体拓扑序导电表面态间的关系,并预言了几个实际材料:$Bi_{1-x}Sb_x$,$HgTe$ 和 α-Sn.2008 年实验中发现 $Bi_{1-x}Sb_x$ 为第一个 3D 拓扑绝缘体.2009 年在实验和理论上,发现了第二代拓扑绝缘体,包括 Bi_2Se_3 等,具有所希望的不寻常特性.至此,系统的拓扑绝缘体研究取得一系列的成果.

1. 强和弱的拓扑绝缘体

表征 3D 拓扑绝缘体用 4 个 Z_2 拓扑不变量$(\nu_0,\nu_1,\nu_2,\nu_3)$,以描述块体边缘相的机制.3D 晶体的表面态可用 2D 晶体波矢标志,在表面布里渊区有 4 个时间反演不变点 $\Gamma_{1,2,3,4}$,这些表面态若存在必是克拉默斯简并,见图 14.6 在表面布里渊区中的费米圆,图(a)弱拓扑绝缘体,图(b)强拓扑绝缘体.远离这些特殊点,自旋轨道相互作用将提升简并.在表面能带结构中,这些克拉默斯简并点形成 2D 的狄拉克点,见图(c),在最简单的强拓扑绝缘体中费米圆围绕单狄拉克.问题是什么样的狄拉克点,在不同时间反演不变点彼此联系.在任何 Γ_a 和 Γ_b 之间,表面态结构将是图 14.4(a)或者(b)所示,主要决定于表面费米面交叉线连接 Γ_a 和 Γ_b 偶数或奇数.若是奇数,表面态是拓扑保护的.偶数或奇数取决于块体的 4 个 Z_2 不变量.最简单的 3D 拓扑绝缘体是构造具有 2D 量子自旋霍尔绝缘态表面结构,这类似于构造 3D 整数量子霍尔态.表面的螺旋边界态将成为各向异性表面态.对于弱耦合层表面费米面将沿 y 方向,如图 14.6(a)所示,图中在 Γ_1 和 Γ_2 间及 Γ_3 和 Γ_4 间有横过费米能级的单表面带,导致在图 14.4(b)

中所示的连通特征. 这个表面态是弱拓扑绝缘体, 有 $\nu_0 = 0$, 描述层的方向指数 $(\nu_1\ \nu_2\ \nu_3)$ 可解释为米勒 (Miller) 指数. 不像 2D 单层螺旋边态, 时间反演对称不保护这些表面态. 尽管对于纯洁的表面, 必然存在表面态, 在存在无序时它们不是刚性的, 将是不稳定的安德森局域化. 有意义的是, 在弱拓扑绝缘体中, 1D 螺旋边态的线位错与保护有关.

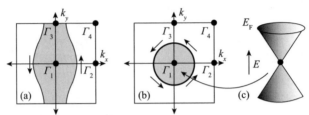

图 14.6 表面布里渊区的费米圆:(a)弱拓扑绝缘体,(b)强拓扑绝缘体,(c)费米圆围绕单狄拉克点

$\nu_0 = 1$ 显示为独特相, 称强拓扑绝缘体, 不能用 2D 量子自旋霍尔绝缘体来解释. ν_0 取决于在表面费米圆环上克拉默斯点是偶数还是奇数. 在强拓扑绝缘体表面, 费米圆环围绕狄拉克点为奇数克拉默斯简并. 在最简单情况, 具有单狄拉克点, 见图 14.6(b) 和 (c), 其哈密顿算符写为

$$H_S = -i\hbar v_F \boldsymbol{\sigma} \cdot \nabla, \tag{14.3}$$

式中, σ 是自旋参量 (对表面有镜面对称情况, 要求 $\boldsymbol{S} \propto z \times \boldsymbol{\sigma}$). 拓扑绝缘体的表面电子结构类似于石墨烯, 除了不是 4 个狄拉克点 (2 谷×2 自旋), 而有单狄拉克点. 这违反费米子成双理论, 在相对的表面有配对狄拉克点. 情况相似于 2D 量子霍尔效应, 具有手性边缘态, 违反 1D 成双理论, 在相对边缘有配对. 强拓扑绝缘体的表面态形成独特的 2D 拓扑金属, 不像普通金属, 本质上是普通金属的一半. 在费米面上的每个点有向上和向下的自旋, 表面态不是自旋简并的. 由于时间反演对称要求在波矢 $\boldsymbol{k}$ 和 $-\boldsymbol{k}$ 有相反的自旋, 具有 $\boldsymbol{k}$ 的自旋必须绕费米面旋转, 见图 14.6(b). 这导致电子进入费米圆的周围成为伯利 (Berry) 相, 时间反演对称要求这个相为 0 或 π. 当电子围绕狄拉克点时, 它的自旋反转 2π, 导致 π-伯利相. 在磁场作用下, 无序结构对伯利相有重要影响. 特别是在普通 2D 电子气中电导随温度降低而减小, 存在无序时, 反射倾向于向前安德森局域化. π-伯利相改变弱局域, 将改变电导的符号, 导致弱退局域化. 实际上, 在强拓扑绝缘体表面没有局域化, 甚至对于强无序, 只要块体能隙保持. 这种情况相似于量子自旋霍尔绝缘体的边缘态, 电子运动在表面是扩散行为, 而不是弹道的.

2. 化合物拓扑绝缘体

实验发现的第一个 3D 拓扑绝缘体是半导体 $Bi_{1-x}Sb_x$, 由角分辨光电子谱 (angle resolved photoemission spectroscopy, ARPES) 实验可知它有不寻常的

表面能带图. 纯 Bi 是半金属, 有强的自旋-轨道相互作用. 图 14.7(a) 表明它的能带结构, 导带和价带重叠, 导致布里渊区有近 T 点空穴的口袋和近 3 个等价的 L 点的电子口袋. 在 L 点价带和导带所对应的反对称(L_a)和对称(L_s)轨道有很小能隙 Δ. 近 L 的电子态有近于线性的色散, 这用 (3+1)D 狄拉克方程可以很好描述, 有较小的质量. 这些事实可用于解释 Bi 的奇特性质. 用 Sb 代替 Bi, 改变了能带结构的临界能(图 14.7(b)). 在 Sb 浓度 $x \approx 0.04$, L_a 和 L_s 接近, 其带隙为 Δ, 实现真实的无质量 3D 的狄拉克点. 当进一步增加 x 时, 它的带隙再打开具有相反序. 对于 $x > 0.07$ 在 T 点价带顶移动到低于 L 导带底, 材料变成绝缘体. 在 $x \sim 0.09$, T 一旦能带下降低于 L 的价带, 系统是直接带隙绝缘体, 具有类块体能带结构. 当 x 进一步增加时, 导带和价带保持分开, 对于 $x \geqslant 0.22$ 在不同点价带高于导带, 恢复半金属态. 在 $x \sim 0.04$ 导带和价带 $L_{s,a}$ 反转. 由于纯 Bi 和纯 Sb 有有限的直接带隙, 它们的价带可以是拓扑类的. 而由于它们有相反对称. 表 16.1 表明布洛赫态在 8 个时间反演波矢 Λ_a 的对称标志, 对于 Bi 和 Sb 的 5 个价带. δ_a 决定拓扑类 $(\nu_0; \nu_1\nu_2\nu_3)$. 在 $x \sim 0.04$ 时, Bi 和 Sb 间的差反比于 L_s 和 L_a 带. 对称标志布洛赫态的特殊部分, 在块体布里渊区, 对于在时间反演不变点为占据带, 这个信息给出 Bi 是 $(0;000)$ 类; 而 Sb 是 $(1;111)$ 类. 由于半导体化合物是在 Sb 一边能带的倒置转变, 这也说明 Sb 是 $(1;111)$ 类.

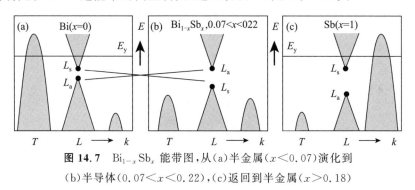

图 14.7 $Bi_{1-x}Sb_x$ 能带图, 从(a)半金属($x<0.07$)演化到(b)半导体($0.07<x<0.22$), (c)返回到半金属($x>0.18$)

表 14.1 布洛赫态在 8 个时间反演波矢 Λ_a 的对称标志, 对于 Bi 和 Sb 的 5 个价带. δ_a 决定拓扑类 $(\nu_0; \nu_1\nu_2\nu_3)$

	Bi:		类型$(0;000)$				Sb:		类型$(1;111)$		
Λ_a		对称标记			δ_a	Λ_a		对称标记			δ_a
1Γ	Γ_6^+	Γ_6^-	Γ_6^+	Γ_6^+	Γ_{45}^+	-1	1Γ	Γ_6^+	Γ_6^-	Γ_6^+	Γ_6^+	Γ_{45}^+	-1
$3L$	L_s	L_a	L_s	L_a	L_a	-1	$3L$	L_s	L_a	L_s	L_a	L_s	$+1$
$3X$	X_a	X_s	X_s	X_a	X_a	-1	$3X$	X_a	X_s	X_s	X_a	X_a	-1
$1T$	T_6^-	T_6^+	T_6^-	T_6^+	T_{45}^-	-1	$1T$	T_6^-	T_6^+	T_6^+	T_6^+	T_{45}^-	-1

电荷传输实验可用于检测 2D 拓扑绝缘体. 在 3D 材料中, 表面态变为具有拓扑特征导电是更敏感的问题. 但分辨是表面贡献于电导还是块体贡献的是困难的. ARPES 是探测表面态拓扑特征的理想工具, 它是用光子激发产生晶体中的电子, 然后从发射电子动量分析得到不同的表面或块体电子结构. 高分辨的 ARPES 可利用表面态沿垂直表面方向无色散特性, 从 3D 块体能带结构中分辨出孤立的表面态, 可以分离出块体态和表面态的不同信息. 在实验中, 可用 ARPES 执行自旋分辨模式, 能测量在费米面上的自旋取向分布, 用来评估在表面上的伯利相. 为探测存在自旋动量位置, 自旋敏感是重要的, 在预期的表面可得到块体拓扑序的信息. Hsieh 等用 ARPES 实验探测 $Bi_{0.9}Sb_{0.1}$ 的块体和表面的电子结构[9], 结果给出图 14.8 所示的 $Bi_{1-x}Sb_x$ 的拓扑表面态: 图(a)所示为 $Bi_{0.9}Sb_{0.1}(111)$ 的 ARPES, 在时间反演不变表面布里渊区的 M 点表面占据态作为波矢的函数. 在表面能带与费米能级 5 次交叉, 进一步分析 ARPES 结果提出半导体合金 $Bi_{1-x}Sb_x$ 是强拓扑绝缘体, 为 (1; 111) 类. (b) 3D 体系的布里渊区图和它的 (111) 表面投影. (c) 纯半金属 Bi 与半导体合金的电阻与温度关系. 用图 14.8(a) 的 ARPES 谱, 能解释占据电子态的能带图作为在投影表面布里渊区的沿 Γ 到 M 连接线波矢的函数 (图 14.8(b)). 块体能带与 L 点有关, 可观察接近线性 3D 的狄拉克类反射色散. 同样的实验观察到几个样品的表面态跨过块体带隙, 测量 $Bi_{1-x}Sb_x$ 表面态结构有相似纯 Bi 的表面态. 在纯 Bi 中, 出现两个带从块体带连续 Γ 到形成中央电子口袋, 而邻近为空穴圆形突出部分. 从表面

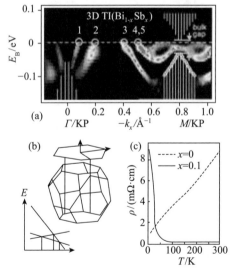

图 14.8 $Bi_{1-x}Sb_x$ 的拓扑表面态: (a) $Bi_{0.9}Sb_{0.1}(111)$ 的 ARPES,
(b) 3D 体系的布里渊区和它的 (111) 表面投影,
(c) 纯半金属 Bi 与半导体合金的电阻率与温度的关系

态自旋分裂结果预期这两个带是简并的. 在 $Bi_{1-x}Sb_x$ 中, 近 M 点附加态起重要作用, 克拉默斯理论要求在时间反演不变点 Γ 和三个等价 M 点表面态是双简并的. 这样能观察到低于 E_F 约 15 ± 5meV 的 M 的克拉默斯点. 预期系统有强自旋相互作用, 将从 M 提升简并. 在 Γ 和 M 之间观察到横过费米能级的表面带有 5 次. 这个奇数交叉相似于图 14.8(b), 说明这些表面态是拓扑保护的. 根据 (111) 面的三重转动对称和镜面对称, 这些数据表明有些面横过围绕 Γ 的费米面奇数次, 而围绕等价 M 点有偶数次的. 这表明 $Bi_{1-x}Sb_x$ 为强拓扑绝缘体, 有 $\nu_0=1$, 数据与 (1; 111) 预言的拓扑类一致.

3. HgCdTe 量子阱结构

石墨烯是具有弱自旋-轨道相互作用的轻元素材料, 其能隙是相当的小. 通常在周期表下边的重元素才能找到具有强自旋-轨道相互作用的材料, 为此 Bernevig, Hughes 和 Zhang(BHZ) 首先考虑 HgCdTe 量子阱结构[10], 这是一个实验发现量子自旋绝缘体相的一个主意. $Hg_{1-x}Cd_xTe$ 是半导体材料家族中具有强自旋-轨道相互作用化合物. CdTe 的电子结构相似于其他半导体, 在其中导带边态有 s 类对称, 其价带边态有 p 类对称. 在 HgTe 中, p 能级升高到 s 能级上面, 导致反转能带结构. BHZ 研究了量子阱结构的 HgTe 和上下两层 CdTe 的三明治结构. 当 HgTe 层厚度为 $d<d_c=6.3$nm 时, 在 2D 电子态束缚的量子阱中有下沉的能带结构. 而对于 $d>d_c$, 2D 能带反转. BHZ 表明这个能带反转是随 d 增加的函数, 是一般绝缘体与量子自旋霍尔绝缘体间量子相变的信号. 这可简单理解在近似对称系统中, 该系统具有反向对称. 在这种情况中, 由于 s 态和 p 态在 d_c 有相对奇偶带彼此接近, 没有消除交叉. 这样能隙在 $d=d_c$ 消失, 发生原子价带-边界态信号的奇偶改变, 在其中相变参数 Z_2 不变, ν 改变. 根据理论进行传输实验, 首次观测到了量子自旋霍尔绝缘体行为. Konig 等测量边态的电子电导[11], 在朗道尔-比特克样品框架内可理解低温弹道边态传输, 其中边态粒子从电极的化学势发射, 这导致量子化电导 $e^2/\hbar$ 与每个边态有关. 图 14.9 给出 (a) HgCdTe 量子阱结构; (b) 在能带反相时 2D 量子态与层厚 d 的关系, 反相态是 QSHI 态, 有手性边态; (c) 电极的非平衡粒子决定边态; (d) 实验检测的二端电导作为门电压的函数, 调制 E_F 通过块体带隙. $d<d_c$ 的样品 I 有绝缘体行为, 样品Ⅲ和Ⅳ有与边态关联的量子传输特性. 图 14.9(d) 表明测量电阻对样品串联作为门电压的函数, 它调制通过块体能隙的费米能级. 样品 I 为窄量子阱, 有大的电阻. 在反相区样品Ⅱ, Ⅲ 和 Ⅳ 有宽阱. 样品Ⅲ 和Ⅳ 显示电导 $2e^2/\hbar$, 与顶和底边态有关. 样品Ⅲ 和Ⅳ 有小的长度 $L=1\mu m$, 但宽度不同, W 分别为 $0.5\mu m$, $1\mu m$, 表明是在边界传输. 样品Ⅱ ($L=20\mu m$) 表明有限温度散射效应. 这些实验有力地说明量子自旋霍尔绝缘体存在边态.

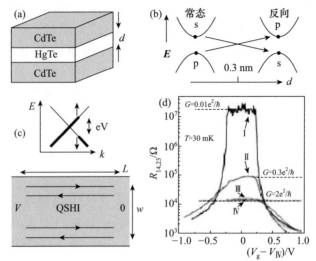

图 14.9 (a) HgCdTe 量子阱结构, (b) 能带反相时 2D 量子态与层厚 d 的关系, (c) 导线的非平衡粒子决定边态, (d) 二端电导作为门电压的函数

参 考 文 献

[1] Kane C L, Mele EJ. Quantum spin Hall effect in graphene. Phys. Rev. Lett. 2005, 95:146802.

[2] Bernevig B A, Hughes T L, Zhang SC. Quantum spin Hall effect and topological phase transition in HgTe quantum wells. Science, 2006, 314(5806):1757.

[3] König M, Wiedmann S, Brüne C, et al. Quantum spin hall insulator state in HgTe quantum wells. Science, 2007, 318(5851):766.

[4] Stewart Jr M D, Yiu A, Xu JM, et al. Supporting online material for superconducting pair correlations in an amorphous insulating nanohoneycomb film. Science, 2007, 318: 1273.

[5] Moore J E. The birth of topological insulators. Nature, 2010, 464:194.

[6] Halperin B I. Quantized Hall conductance, current-carrying edge states, and the existence of extended states in a two-dimensional disordered potential. Phys. Rev. B, 1982, 25:2185.

[7] Lin H, Markiewicz R S, Wray L A, et al. Single-dirac-cone topological surface states in the TlBiSe$_2$ class of topological semiconductors. Phys. Rev. Lett., 2010, 105: 036404.

[8] Su W P, Schrieffer J R, Heeger A J. Solitons in polyacetylene. Phys. Rev. Lett., 1979, 42:1698.

[9] Hsieh D, Xia Y, Qian D, et al. A tunable topological insulator in the spin helical Dirac transport regime. Nature, 2009, 460: 1101.

[10] Bernevig B A, Hughes T L, Zhang S C. Quantum spin Hall effect and topological phase transition in HgTe quantum wells. Science, 2006, 314: 1757.

[11] König M, Buhmann H, Molenkamp L W, et al. The quantum spin Hall effect: Theory and experiment. J. Phys. Soc. Jpn., 2008,77(3):31007.

[12] Laughlin R B. Anomalous quantum Hall effect: An incompressible quantum fluid with fractionally charged excitations. Phys. Rev. Lett., 1983,50:1395.

[13] Thouless D J, Kohmoto M, Nightingale M P, et al. Quantized Hall conductance in a two-dimensional periodic potential. Phys. Rev. Lett., 1982, 49: 405.

[14] Kane C L, Mele E J. Quantum spin Hall effect in graphene. Phys. Rev. Lett., 2005, 95: 226801.

[15] Qi X L, Hughes T L, Raghu S, et al. Time-reversal-invariant topological superconductors and superfluids in two and three dimensions. Phys. Rev. Lett., 2009,102: 187001.

[16] Kitaev A. Periodic table for topological insulators and superconductors. AIP Conf. Proc., 2009, 22:1134.

[17] Hor Y S, Williams A J, Checkelsky J G, et al. Superconductivity in $Cu_xBi_2Se_3$ and its implications for pairing in the undoped topological insulator. Phys. Rev. Lett., 2010, 104: 57001.

[18] Yokoyama T, Balatsky A V, Nagaosa N. Gate-Controlled One-Dimensional Channel on the Surface of a 3D Topological Insulator. Phys. Rev. Lett., 2010,104: 246806.

[19] Tretiakov O A, Abanov Ar, Murakami S, et al. Current driven magnetization dynamics in ferromagnetic nnowires with a Dzyaloshinskii-Moriya interaction. Appl. Phys. Lett., 2010, 97:73108.

第 15 章 量子调控

量子调控(quantum manipulation)是凝聚态物理中的术语,通常是指外场控制所研究对象的原子结构和电子结构.外场包括电、磁、光、力、热等场.在外场作用下,样品的原子结构发生改变,如固体中原子移位、晶格改变、相变等;电子结构改变,如能带结构、量子态密度、电子分布、杂质态表面态占据、过热电子产生等变化;也会激发产生激子、离子、孤子、极化子等准粒子;甚至出现宏观量子效应,电子自旋控制,费米子-玻色子转换等新物质和新奇现象.总括以上现象,归纳为量子调控是通过综合场调控复杂流,综合场指两种外场或多种外场同时作用,以及相继关联作用,产生相应的电流、磁流、自旋流、光子流、孤子流、极化子流、电荷密度波、自旋密度波等流,还包括 x 方向的场产生 y 方向的流,显著的张量所描述的现象,这些效果的总称为复杂流.综合场调控复杂流的概念是借用非平衡热力学和非平衡统计物理中使用过的术语,用在这里描述新的量子效应.量子调控的研究不仅有可能发现新物质和新现象,更重要的它可能是下一代信息器件的基础,在此基础上制造出更复杂、综合功能更强的新型器件,推进信息科技进入一个新时代.

§15.1 调控核自旋

半导体器件的迅速小型化需要考虑量子效应的影响,由于量子系统的概率行为导致不能预计的器件参量起伏.当考虑载流子的自旋特性时,用控制电子和核的自旋代替电子电荷作为信息储存和传输的载体时,就进入了自旋电子学研究领域[1],其中量子态相干起重要作用.它促进了电子学的两个主要进展:一是相干引起量子态能级分裂,导致电荷位移或自旋取向的周期振荡,具有频率 $E/\hbar$,通过控制器件的频率可驱动超快器件的运作.磁场可控制电子振荡频率,在半导体中相应磁感应强度每 T 产生为几十 GHz 振荡.二是相干可用于量子计算,计算可用核自旋或电子自旋的量子比特,将其从环境中孤立出来,便于控制它们间的相互作用.从应用量子计算的观点看,电子自旋的主要缺点是电子自旋极化不能长时间存储,控制信号关掉以后迅速湮灭.相比之下,核自旋量子比特具有足够长的弛豫时间,在低温下可达几小时,这样对于量子比特实验研究而言,核自旋是个适合的选择.尽管没有外加磁场,由核自旋极化可能导致自旋超精细塞曼分裂,等效于几个 T 的外磁场.这里讨论在低维半导体和纳米结构中退相干弛豫有关的问题,自由电子自旋系统用椭圆偏振光可以激发,用两个相干激光束可形成不同的结构激光栅,自由电子系统光诱导磁化产生特殊的不均匀空间.光学自旋激发和极化电子自旋在半导体中传输与核自旋发生很强的耦合.由于超精细相互作用机制,磁化可能从电子到核转移.在去掉外辐射以后电子自旋极化将迅速湮灭,这时不均匀诱导自旋极化核保持存储状态,保有足够长的弛豫时间,这个过程可用于写入和存储信息.存储信息可能通过动力学形成的光栅,用具有非极化特性的光读出.超精细相互作用耦合构成相位相干自旋系统,成为核自旋的量子比特信息加工的基础.图 15.1 是核自旋超精细相互作的量子比特系统能级结构[1],这是掺杂异质结 2DEG 量子霍尔系统,可以进行存储信息.低维电子气的电磁和光学特性基本不同于块体的,在低温下 2DEG 有极大的迁移率,其能谱在外磁场 B 作用下产生分立的朗道能级,每个能级单位面积允许态数 $n(B)=eB/\hbar$.在低磁场典型的朗道能级含有两个自旋态,当磁场增加时分裂成两个,即塞曼分裂.在量子磁场极限情况,对于足够大的磁场 B,所有电子位于最低朗道能级.在温度为 1K 量级和磁场为几个 T 时,电子填充到整数 $n=1,2,\cdots$ 的朗道能级.电子气形成非耗散量子霍尔效应(quantum Hall effect,QHE)流.霍尔电阻显示有平台特征,这时电子气耗尽(磁电阻)接近 0.核自旋极化可在微波辐射下,通过测量电子在半导体器件中的传输特性来检测,这是现今最常用的测量方法.电荷载流子的光激发可修饰核自旋亚系统的极化,在样品中产生特殊非均匀超精细磁场.用非共振光频率检测时,可避免不希望的光吸收和传输.在很多情况可以忽略价带位置的自旋-轨道耦合.

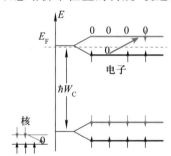

图 15.1 核自旋超精细相互作的量子比特系统

§15.2 超导纠缠

关于超导纠缠,这里主要讨论噪声关联和 Einstein-Podolsky-Rosen(EPR)态问题.V. Bouchiat 等[2]建议试验固态纳米结构电子纠缠的器件.它是单壁碳纳米管(single-walled carbon nanotubes,SWNT)与两个正常态金属电极相连接,而中间部分与超导纳米线耦合,构成超导关联电子器件,起到构成一个分裂电子束的作用.这首次表述了可以检测费米子系统中的正噪声(bosons)类实验方法.它提供了在分开的两个臂中存在一个纠缠电子源.为了产生纠缠电子态,建议了基于自旋滤波或者能量滤波两种装置,分别由铁磁层和限域量子点的静电门系统组成,这类器件的制造基于纳米加工、SWNT 制备、原子力显微镜(atomic force microscope,AFM)成像和操纵技术.

光子纠缠触发了基于量子力学信息加工的研究热情,推动了有关量子密码和基于粒子纠缠的量子通信的探索,对于量子计算提出了基于凝聚态中电子传输和相互作用的具体建议.用提取超导宏观相干波平均值的方法有希望实现全固态量子比特信息加工.一些超导中纠缠电子对产生机制的研究表明有可能在固态中实现量子纠缠.在初期的汉伯里-布朗(Hanbury-Brown)和特维斯(Twiss)光子系统实验中,观测到正关联现象,这表明置于正常金属叉指电极上的超导体可能产生正关联.正纠缠的产生是由于近邻效应使库珀对在垂直面的发射过程中逐渐消失的结果.这些库珀对可能或者在给定电极中衰减,噪声关联是负的;或者在正常金属结一面分裂.这个机制解释了产生纠缠和退局域化电子对的过程.从库珀对崩溃的 2 个电子提供了纠缠能和自旋度.这是固态类的 EPR 态,有非局域量子力学特性.正关联理论的解释,在电子系统中的 EPR 纠缠实验中观察到.这里重点讨论固态器件与检测装置的量子效应.基于金属 SWNT 与超导电极耦合,构造 S-SWNT 器件.为描述单电子传输特性,可基于几种方法:第一,至今描述 CNT 的传输特性的单电子散射理论是相当成功的,一个例子是法布里-珀罗(Fabry-Perot)实验,它可以解释弹道传输图像.第二,这里试图描述相当复杂的器件,从超导结向碳管中注入电子,有一定的散射或滤波概率.这使得第一个要求更直觉,是从散射观点看传输特性,而不是立即进入关联电子的描述.由隧穿实验测量 I-V 特性,导出产生态密度与强关联的关系.

1. 超导体隧穿电子的纠缠

一个库珀对的两个电子是源于纠缠的,系统是由两个量子点构成的(能级 $E_{1,2}$),与超导体连接,如图 15.2 所示,在有限宽度 $\Gamma_{1,2}$ 的两个能级 $E_{1,2}$ 上传输库珀对.假设两个能级处于电极禁带中,避免准粒子激发.在量子点上库珀对的传输产生一个纠缠态.为测量噪声关联施加源漏电压 V.在超导电极中给出的是 BCS 波函数

$$|\Psi_{\text{BCS}}\rangle = \prod_k (u_k + v_k c_{k\uparrow}^\dagger c_{-k\downarrow}^\dagger) | 0 \rangle.$$

对量子点隧穿用单电子跳跃哈密顿,写为

$$H_t = \sum_{k\sigma} [t_{1k} c_{1\sigma}^\dagger + t_{2k} c_{2\sigma}^\dagger] c_{k\sigma} + \text{h.c.}, \tag{15.1}$$

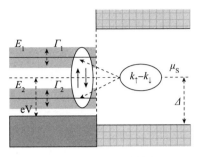

图15.2 在有限宽度 $\Gamma_{1,2}$ 的两个能级 $E_{1,2}$ 上库珀对的传输

式中, $c_{k\sigma}^{\dagger}$ 产生具有自旋为 σ 的电子. 假设传输哈密顿仅为单个库珀对. 用 T 矩阵作为最低(二级)序, 2个粒子态的波函数贡献每个量子点一个电子, 表示为

$$\begin{aligned}|\delta\Psi_{12}\rangle &= H_{\mathrm{T}} \frac{1}{\mathrm{i}\eta - H_0} H_{\mathrm{T}} |\Psi_{\mathrm{BCS}}\rangle \\ &= \sum_k v_k u_k t_{1k} t_{2k} \left(\frac{1}{\mathrm{i}\eta - E_k - E_1} + \frac{1}{\mathrm{i}\eta - E_k - E_2}\right) \\ &\quad \times [c_{1\uparrow}^{\dagger} c_{2\downarrow}^{\dagger} - c_{1\downarrow}^{\dagger} c_{2\uparrow}^{\dagger}] |\Psi_{\mathrm{BCS}}\rangle,\end{aligned} \quad (15.2)$$

式中, E_k 是博戈留波夫(Bogoliubov)准粒子的能量. 式(15.2)表明量子态有纠缠自旋自由度, 这是从隧穿自旋哈密顿得出的结果. 在超导体中给定关联电子的特性, 库珀对的 H_{T} 只可能在量子点中产生单态.

2. S-SWNT 器件中的噪声关联

考虑由超导电极与 SWNT 接触的系统, 原则上可看作 1D 导体进行电流测量. 从量子传输散射近似的朗道-比特克观点看, 在正常超导界面散射元中包括束分裂, 装置如图15.3所示, 这个器件类似于汉伯里-布朗和特维斯的实验[3,4], 只是电子源为超导体. 散射矩阵给出结上输入和输出态的大小, 不提供关于纠缠的任何信息, 因为它为单电子特性, 这里将讨论的纠缠意味关联测量. 纠缠的产生来自于非局域电子态, 为库珀对分裂, 分配它们的电子到两个电极上. 考虑到在纳米管的两臂中可能存在与库珀对有关的噪声关联, 在零频率时写为

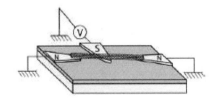

图15.3 S-SWNT 器件结构

$$S_{12}(\omega) = \int_{-\infty}^{+\infty} dt\, e^{-i\omega t} (\langle I_1(t) I_2(0) \rangle - \langle I_1 I_2 \rangle), \quad (15.3)$$

式中,$I_i(t)$是在电极i($i=1,2$)中电流. 正噪声关联表示在单通道 N-S 结中是隧穿过程的直接结果. 对于 SWNT 束在费米能级附近存在 2 个传输通道, 由于几何散射, 发生通道混合. 由于有纠缠电子对的信号, 几个横向通道的加入, 可能破坏正噪声关联. 在每个电极中有 2 个通道, 由 4×4 散射矩阵表征分枝的 N-S 结(没有自旋反转散射). 对于类型 p 的粒子($p=$ e,h, 即电子,空穴)标明为 S_{ij} 的散射大小, 表明与电极 j 相连的通道 β, 转移到电极 i 的通道 α. 同时考虑量子传输散射公式的博戈留夫-德让纳(Bogoliubov-de Gennes)变换, 零频率噪声关联低带隙变为

$$S_{12}(0) = \frac{2e^2}{h} \int_0^{eV} dE \sum_{i,j=1, 2\alpha_1, \alpha_2} (S^*_{1j\alpha_1\alpha_j eh} S_{1j\alpha_1\alpha_j eh} - S^*_{1i\alpha_1 he} S_{1j\alpha_1 hh}) \\ \times (S^*_{2j\alpha_2\alpha_i eh} S_{2i\alpha_2\alpha_i eh} - S^*_{2j\alpha_2 hh} S_{2i\alpha_2 he}). \quad (15.4)$$

这里模拟的器件为图 15.4 所描述:$\varepsilon=0$ 相应于不透明分裂器,$\delta=0$(实线),$\delta=0.1$(短虚线),$\delta=0.2$(长虚线),$\delta=0.3$(虚点线), 插图为通道束分裂器. 结构由 4 个散射元件组成, 完善的安德列也夫反射发生在 N-S 界面上(没有通道混合), 两个独立的束分裂与 SWNT 连接(对于电子和空穴). 对于 2 个电极分裂传输, 由单一参量 ε(对于最大传输 $\varepsilon=0.5$)控制[4]. 通道混合包括每个管内用数字随机矩阵排布, 这里用 2 个长方形表示, 见图 15.4 左下边. 指定每个亚系统的 s 矩阵之后, 由它们产生个 4×4 的 s 矩阵, 表征电子和空穴从路径 1 到 2 的传输. 对于包括模式混合和背散射的 2 模式量子线中产生的数字随机酉正散射矩阵:$g = \exp(i\boldsymbol{h})$, 这里 $\boldsymbol{h}$ 是随机的哈密顿矩阵, 只能理解为不同样品具有同样的无序量. 完善的 N 通道导体可用散射矩阵 s_0 描述, 是非对角线为 0 的酉矩阵. 可发现相应的矩阵为 $\boldsymbol{h}_0 = -i\ln s_0$, 但是由于指数函数的周期性, 结果不是唯一的. 用加一小的随机微扰 $\boldsymbol{h}_0, s = \exp(\boldsymbol{h}_0 + 2^{1/2}\delta\pi \boldsymbol{R})$, 产生单一的随机矩阵, 这里 $\boldsymbol{R}$ 是随机厄米(Hermitian)矩阵具有的标准. 限制 $\delta < 1/2^{1/2}$, 确保 s 矩阵以这个形式产生, 从 $\delta=0$ 开始无序量增加. 在这种形式中, 其样品具有特殊电导率, 或者样品的长度为平均自由程. 由式(15.3)得到 0 频率噪声. 对 200 个样品结构平均, 结果给出图 15.4 所示曲线, 平均 0 频率噪声关联度作为参量 ε 的函数, 这个参量与在两个管臂的束分裂有关, 不同的曲线相应于通道混合的程度. 当无限小的混合时, 或在每个管臂中(弱无序)含有背散射 δ, 对于最大耦合参量 ε 观察到正噪声关联[5]. 对于非 0 的 δ, 在管臂中的无序增加, 它限制了正关联噪声的概率. 当发生在同一范围 ε 的正关联总是减小振幅. 具有正关联 ε 的范围减小, 对于较强的混合发生湮灭. 注意无序参量 $\delta=0.3$ 位于强散射范围, 可推断这个系统足够刚性, 所以无序的激发量不能完全破坏这个效应.

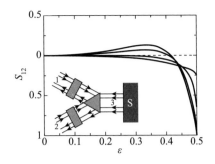

图 15.4 存在通道混合的 SWNT 电极间电流-电流噪声关联关系，作为束分裂透射率的函数

3. S-SWNT 器件中库珀对分裂

这里提出了可以实际进行实验的器件，基本原理上为文献[6]所描述. 它是由超导体连接两个正常金属电极构成(见图 15.3). 在正常金属电极中弹道传输对于检测电子纠缠是最佳的. SWNT 可认为理想的准 1D 电子波导, 金属 SWNT 有 2 个传输模式, 具有费米能级上的等效速率, 呈现准弹道传输特性. 半导体 SWNT 可能成为单通道导体, 对于结构无序更敏感. 碳纳米管突出的优点是能可靠地组装成复杂电路, 有关最新进展是用纳米加工技术实现, 如电子束光刻、集成阵列、传感器和用 AFM 操纵. 进而, 在合成和生长期间实现原位连接到超导电极上. 这些加工过程通常涉及化学气相沉积(CVD)技术. 存在的问题是形成 2 个 SWNT-超导电极的良好接触, 有实验证明这个接触可能做到足够高的透射率, 由于近邻效应构成超流通过器件. 对于这样连接有两个基本要求: 第一, 两个限定的库珀对电子在 2 个电极中对称地传输. 第二, 电极间的距离要小于库珀对传输自由程尺寸. 超导和 2 个 SWNT 连接界面尺寸与绝缘势垒厚度相比是个关键参量. 事实上, 在超导界面, 2 个分开的 SWNT 可能只用一个形成超导体耦合, 或者 SWNT 在超导体界面是弯的(曲率半径可与超导相干长度相比), 或者当超导电极在上面接触时管保持为直的. 后者情况下, 电极的宽度选择适合相干长度(图 15.3), 导致电子/空穴在接触处可能产生安德列也夫反射. 这些加工中的新问题都是在构造固体纠缠器件必须认真考虑的. 总之, 2 个 SWNT 必须很好地连接到超导体电极上, 目的是保障在两个分开的管中产生纠缠态. 在这类结构中, 通常库珀对发射振幅或是安德列也夫振幅由于几何因子而显著减小, 这个因子比例典型地为 $(k_F d)^{-2}$, 这里 d 是碳管-超导体接触间距, k_F 是超导体中的费米波矢. 由于这个几何因子, 对于两个 SWNT 长要求只有几纳米. 首先碳管与超导体做到良好接触, 其次, 更重要的是 SWNT 与超导体接触为准 1D 的结构, 尽量减小几何因子的影响. 实际上, 电子注入到碳管范围将经历多次安德列也夫反射, 见图 15.4, 要求界面透射率要足够好.

纳米管两端沉积电极上的安德列也夫反射过程:左边进入电子在超导体接触区经历多次安德列也夫反射,另一边是空穴注入传输.这个机制与碳管中的理想近邻效应有关.注意两个局域区(图15.5中的右边和左边)纳米管与超导体接触,由于弯曲管产生结构的缺陷将发生正常态散射,结果电子从左边进入是安德列也夫传输,在右边为空穴出去.

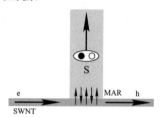

图15.5 纳米管两端沉积电极上的安德列也夫反射过程

4. 纠缠诊断

(1) 选择滤波减小波包

根据上面讨论得到正关联是可能的,这个正关联是由于库珀对的分裂,有2个电子贡献纳米管的2个臂.若库珀对被禁止进入给定的电极,将发生纠缠.在图15.6中给出了S-SWNT器件中测量电子纠缠的装置示意图:图(a)用铁磁膜作为自旋滤波的电极,F和F′有不同的尺寸,图(b)执行法布里-珀罗的量子点QD_1和QD_2,具有电压为V_1和V_2(左边的准粒子能量为E,右边的准空穴为$-E$).建议用两个特殊的装置执行关联电子的选择滤波,①用两个铁磁金属膜(具有相反的磁化方向),在两个电极中(见图15.6(a)),有一个接收和传输正自旋.②利用电子和空穴粒子动能差,每个量子点位置的能量由门电极控制(见图15.6(b)),将起法布里-珀罗类的能量滤波器作用.SWNT通道在电极间是直线的,与超导电极交叉,是两个终端滤波器,具有给定自旋的电子从电极1变换为具有相反自旋的空穴进入电极2.在两正常电极1和2间噪声关联精确地对应于在一个电极中的噪声,表示为

$$S_{12}(0) = \frac{8e^3}{\hbar} Tr\left[s_{\alpha,\alpha'} s^{\dagger}_{\alpha,\alpha'} (1 - s_{\alpha,\alpha'} s^{\dagger}_{\alpha,\alpha'}) \right] V$$

$$= \frac{8e^3}{\hbar} \sum_{\gamma=1,2} T_\gamma (1 - T_\gamma) V = S_{11}(0), \quad (15.5)$$

式中,V是所加的偏压.T_γ是2×2矩阵,传输本征值$s_{\alpha,\alpha'}$,$s^{\dagger}_{\alpha,\alpha'}$,相应于安德列也夫反射概率,表示本征通道特性.对于铁磁滤波器(SN-FF),具有向上和向下自旋的分别表示为$\alpha=\{e(h)\uparrow 1\}$和$\alpha'=\{h(e)\downarrow 2\}$,其他态传播被阻塞.具有选择电子准粒子和准空穴装置的电极N_1和N_2构成法布里-珀罗型滤波器,求电流时必须对所有自旋$\alpha=\{e\uparrow(\downarrow)1\}$和$\alpha'=\{h\downarrow(\uparrow)2\}$求和.分解式(15.5)导

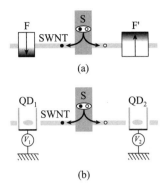

图 15.6 在 S-SWNT 器件中测量电子纠缠的装置图

出散射矩阵本征值,在分析多重安德列也夫反射现象中,量子点接触产生结对崩溃,这样得到器件的介观数据. 自旋电流在流经分枝中是完全关联的,相应地另一个电极中有相反自旋电流描述两个通道,两电极器件中纠缠态的波函数,对于两种滤波器写出本征通道表达式. 对于自旋滤波器,有

$$|\varphi_{\varepsilon,\sigma}^{\rm spin}\rangle = \sum_{\gamma=1,2} \alpha_\gamma \mid \gamma;\varepsilon,\sigma;-\varepsilon,-\sigma\rangle + \beta_\gamma \mid \gamma;-\varepsilon,\sigma;\varepsilon,-\sigma\rangle, \quad (15.6)$$

式中,γ 是 SWNT 的本征通道指数,σ 是自旋指数,系数 α_γ 和 β_γ 是磁场调制的外参量. 注意测量每个电极中自旋自由度投影值和自旋纠缠破坏情况. 而能量自由度仍是纠缠的,原则上导致量子力学测量非局域性,利用这种量子点器件/能量滤波器可测量在电极 2 中能量 ε. 然而,直接与贝尔不等式相比,能量滤波保证自旋纠缠,表示为

$$|\varphi_{\varepsilon,\sigma}^{\rm energy}\rangle = \sum_{\gamma=1,2} \alpha_y \mid \gamma;\varepsilon,\sigma;-\varepsilon,-\sigma\rangle + \beta_\gamma \mid \gamma;\varepsilon,-\sigma;-\varepsilon,\sigma\rangle. \quad (15.7)$$

原则上,利用能量滤波器上的电子发散可能进行类似于贝尔型测量中相似形式的分析,现在用自旋滤波器装置作为磁化取向的检测器,用铁磁电极与 SWNT 接触可构成有效的自旋滤波器,自旋极化电子在碳管中传输已为实验观察所证实.

(2)纠缠检测

式(15.5)表示完善的噪声关联,但仅是两电极间电荷的相关关联,进而引进电荷和自旋的关联. 在贝尔光学实验装置中检测纠缠,主要测量不同极化方向散射计数. 只用给定能量滤波器,可探索类似的玻色子系统. 当自旋纠缠时,检测各种取向极化行为. 对于测量装置中纳米铁磁电极,可用外磁场控制各自的极化取向,用滤波器进行测量,电流的磁反转强度是电极尺寸的函数. 与光学实验不同的另一点是测量传输平均电流或检测时间噪声相关平均值. 应该注意的是在长时间内,0 频率噪声关联可能与关联计数有关. 用 $N_\alpha(\tau)$ 表示在时间 τ 内检测的电子数,相应的电流噪声关联谱为 $S_{\alpha\beta}(\omega)$. 在最大时间极限,关联数与两电极电

子数有关,表示为

$$N_\alpha(\tau)N_\beta(\tau) \approx \langle I_\alpha \rangle \langle I_\beta \rangle \tau^2 + \tau S_{\alpha\beta}, \tag{15.8}$$

这里,对大的时间间隔关联数为 $\omega_0^{-1} \ll \tau \gg \omega_{f1}^{-1}$,其中 ω_{f1} 是由 $1/f$ 噪声决定的最低的阈值频率,$\hbar\omega_0 = \mathrm{Min}(e|V|, \Gamma)$ 是频率上限,或者与电压 V 有关或者与滤波器能量宽度 Γ 有关. 它可转录为贝尔不等式表示的在噪声关联时间内关联的粒子数. 必须精细地选取还原产物 $\langle N_\alpha(\tau)\rangle\langle N_\beta(\tau)\rangle$ 的贡献,减小 S-SWNT 界面的透过率可估算其大小. 对于试验贝尔不等式的典型结构,如图 15.7 所示. 图(a)为贝尔不等式的测量装置:源发射进入电极 1 和 2,用奇、偶数标志束间关联的检测器测量结构. 滤波器 $F_{1(2)}^1$ 选择自旋,极化沿着 $\pm a(\pm b)$ 方向传输,通过滤波器 $F_{1(2)}^1$ 进入电极 5 和 3(6 和 4). 图(b)为固态检测系统,用超导源发射库珀对进入电极. F_{12}^0 (法布里-珀罗双全结构或量子点结构)防止库珀对从单电极进入. 具有方向 $\pm a, \pm b$ 的铁磁电极,在图(a)中起主要滤波 $F_{1(2)}^1$ 作用:它们是沿着磁化方向统调的自旋电子传输. 在凝聚态物质中的描述如图 15.7(b)所示. 这里讨论在器件电极中测量时间与电流的关系,计算交叉关联函数,在普适基础上可能导致贝尔噪声关联 $S_{\alpha\beta}(\omega=0)$,在电极 α 和 β 中的任意极化,有两个贡献,表示为

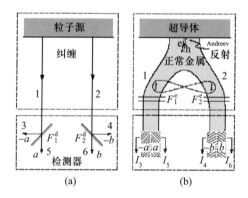

图 15.7 (a)贝尔不等式测量装置:源发射进入电极 1 和 2,(b)固态检测系统

$$S_{\alpha\beta} = S_{\alpha\beta}^{(a)} \sin^2\left(\frac{\theta_{\alpha\beta}}{2}\right) + S_{\alpha\beta}^{(p)} \cos^2\left(\frac{\theta_{\alpha\beta}}{2}\right), \tag{15.9}$$

式中,$\theta_{\alpha\beta}$ 表示电极 α 和 β 间的角,$S_{\alpha\beta}^{(\alpha(\beta))}$ 是在特殊情况下的噪声功率,这里两个铁磁取向是反平行的,可表示为

$$\left|\frac{S_{\alpha\beta}^{(p)} - S_{\alpha\beta}^{(p)}}{S_{\alpha\beta}^{(p)} + S_{\alpha\beta}^{(p)}}\right| \leqslant \frac{1}{\sqrt{2}}. \tag{15.10}$$

若考虑在边界发生安德列也夫反射(不是在两电极间传输准粒子)$S_{\alpha\beta}^{(p)} = 0$,导致贝尔不等式无效. 在每个臂中存在两个传播模式,可能存在通道混合,不破

坏检测,因为所有的量包含在全部通道内.式(15.10)明确了对于纠缠的试验可以达到散射近似内的精度.对于电流和噪声关联的量级估计可用安德列也夫截面反射概率 R_A 表示.忽略与滤波器相关的角度分布,假设电子是从超导体传输,然后通过一个滤波器的电流为 $I_a \sim eR_A\Gamma/n$,用肖特基公式表示为

$$S_{\alpha\beta}^{(a)} \sim e^2 R_A \frac{\Gamma}{n}. \tag{15.11}$$

考虑可公度的关联体与不可公度的关联体相比的产额,将 $\{N_a\} \sim \tau \{I_a\}$ 和式(15.10)一起表示为

$$\max\left(\frac{n}{\Gamma}, \frac{n}{e|V|}\right) < \tau < \frac{n}{\Gamma R_A} \tag{15.12}$$

这意味着,若贝尔试验是在这个电子亚系统中执行,收集时间或测量时间受到上述限制.这不同于量子光学情况,其中光子被计数器检测.为了探测纠缠,需要识别产生的两个光子,用光子的下转换检测,两个光子属于两个可区分的对,它是非关联的.在这里的固态装置中,安德列也夫界面散射和能量滤波器的选用都将限制纠缠的检测.但在原理上假设条件满足,就能检测到关联结果,式(15.9)含有的只是 0 频率噪声关联,与收集时间无关.交叉关联结构测量描述于图 15.7 中,进行实验是困难的,作为理想的电子有两个自旋取向 $\pm a (\pm b)$,由双电极收集.其他实验结构有两个电极,基于违反克劳泽-霍恩(Clauser-Horne)不等式[6](贝尔不等式的演变),可用更简单的铁磁体电极进行纠缠检测.

5. 拉廷格液体

有限数量原子、分子构成的物质体系,由于维数和尺寸受到限制,呈现显著的量子效应,称其为受限小量子体系.这类材料通常是 0D,1D,2D 体系,即相应于 3D 体系的三个、二个、一个方向尺寸缩小趋于 0,出现与维数有关的现象,称为维数效应.当体系的尺寸小到与块导体材料相比,其原子结构和电子结构都发生变化,如原子排列的键长、键角随体系的原子数变化,存在稳定结构的魔数.随原子数减少能级间隔 ΔE 增加,使电子更具有局域性等,称为尺寸效应.这些效应主要是用量子力学表征的,材料呈现一系列的新奇特性,将涉及一系列材料制备上的新方法,以及机理描述上的新概念、新效应和新原理.这是当今纳米科技中基础研究的重要体系.低维量子限域体系,涉及量子相变的条件、机理、调控方式等很多新现象,其中一个例子图 15.8 所示的自旋-电荷分离现象[7].在 1D 体系中,处于绝缘态特性的基态,被光子激发,产生空穴和自旋不配对电子,弛豫的结果发生电荷-自旋分离,这被称为拉廷格效应.在电场作用下,某种自旋取向的电子和空穴分别为载流子,而且两者的激发能量不同,在载流子输运上出现不同的特性.

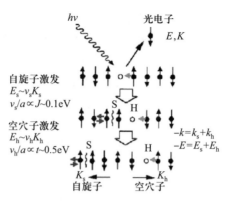

图 15.8 自旋-电荷分离现象

若认为纳米管是强关联 1D 系统,那么 S-SWNT 器件的传输特性需要修正.接近费米能级,金属管能谱近似两个通道交叉,相应两个 1D 模式.存在库仑相互作用,从理论观点可认为拉廷格液体具有相对电荷和自旋分离[8].相互作用参量 $K_{j\delta}(j\delta = C+, C-, S+, S-)$ 表征库仑相互作用强度.在时间段对称情况,自旋作用参量为 $K_{j\delta} = 1(\delta = +, -)$;在没有库仑相互作用时,$K_{j\delta} = 1$.电子排斥相互作用相应于 $K_{j\delta} < 1$,除测量态的隧穿密度,有很少实验数据表明当电荷沿管传输时是拉廷格液体行为.在 SWNT 中,低的散弹噪声水平可以理解为单电子图像的结果.这里,影响 S-SWNT 器件的传输有两个拉廷格液体物理因素:第一,考虑电荷沿管传输是很好的波导,在存在相互作用时,测量的隧穿态密度显示拉廷格相互作用参量是很强的($K_{C+} \approx 0.3$).预言 $T=0K$,尽管存在弱杂质散射可能导致绝缘行为,如重整化群表明的,微小的杂质浓度能阻止电子传播.幸运地在有限温度下有效杂质势垒长度 λ 减小,有关系 $\lambda_{eff} \sim \lambda T K_{C+}^{-1}$.这样,在足够高温度保持电流−电压线性行为,电导率表示为 $G(T) - 2K_{C+}e^2/\hbar \sim \lambda^2 T K_{C+}^{-2}$.在高温,对理想传输有小的偏离,用非自由电导重整化描述相互作用,可预期为单电子图像.若碳管上面或下面为金属或掺杂半导体基底间的门电极,则可用电极与碳管间绝缘层的耦合参量 K_{C+},来描述库仑相互作用的大小.下一个考虑在管中的电子注入,加入单电子改变碳管的本征态,导致费米能级态密度消失.电子被分成右和左方向运动,具有手性激发的分数电荷,与电荷(或自旋)、总的(或部分的)有关.这个电荷表示为 $Q_{j\delta}^{\pm}(1 \pm K_{j\delta})/2$,原则上可由关联噪声测量检测.这样在相反方向运动的电荷会发生随机纠缠.下面考虑在管中注入两个电子,对于没有滤波器的 S-SWNT 器件,两个电子预期分成纠缠的手性准粒子对,它们的纠缠是源于同一个库珀对.而在费米液体接触中,预期恢复单电子系统的基本特性,只有在超导体中由于准粒子在接触点的多次反射而纠缠.在存在选择能量滤波器或相干量子点时,由正和负的能量进行测量超导化学势,情况将相似于波导

中测量的. 量子点只容纳电子, 当离开量子点时, 超导结产生的准粒子激发将再复合成电子对. 进而在 1D 关联电子系统中通过量子点传输, 沿着管端将再次发生纠缠. 已知拉廷格液体显示电荷-自旋分离, 电荷激发传播速度不同于自旋激发的. 在用劈裂边生长技术制造的半导体量子线结构中, 观察到电荷和自旋分裂行为. 假设没有杂质扰动这个激发传播类似在 S-SWNT 器件中的操作. 若在下面加铁磁滤波器, 在电荷激发和自旋激发之间将有时间衰减为 $L(v_e^{-1} - v_s^{-1})$, 这些效应影响 Bell 不等式分析. 由于在量子点和铁磁滤波器间减小了传播长度, 可能使这个影响最小化.

近些年人们首先在 SWNT 构造的实验中检测到拉廷格液体行为, 对类似的器件结构进行了各种设计, 在 SWNT 与电极接触上做到可靠和重复, 接触电阻控制值接近理想阈值 $4e^2/\hbar^{[8]}$. 在 SWNT 中观察到超导近邻效应, 确定关联电子可能在 SWNT 中有效传播超过了介观尺寸长度. 有几个方案成功地实现这类实验, 例如制作可达到电阻 $10\mathrm{k}\Omega$ 的金属-SWNT-金属结, 先用扫描探针显微镜 (scanning probe microscope, SPM) 或 TEM 监测和操纵加工位于局域的 SWNT, 然后在上面沉积贵金属或激光脉冲黏接, 最后用电子束刻蚀技术沉积多层金属薄膜电极. 如图 15.9 所示, 在超导体与两侧金属电极之间放置碳纳米管: 中央岛是超导体与纳米管, 它们接触良好, 其他两个岛为沉积的两个正常金属岛, 管弯曲缺陷可能产生势垒, 这两个岛起到能量滤波器作用, 其电容与门电极耦合精细到每个量子点上的共振水平. 为了探测贝尔类型试验, 碳管两个末端与铁磁电极接触, 可改变自旋取向, 从而进行单电子事件测量具有可行性. 此外, 根据增加检测单电子事件的带宽要求, 改进三极管的电路, 取得了进展[9].

图 15.9 在三个金属岛上放置纳米管:中央岛是接触良好的超导与纳米管, 其他两个岛为能量滤波器

§15.3 量子调控工程

单相磁电材料的发展所遇到的最大障碍是磁有序温度较低($<150\mathrm{K}$), 或在很低的温度下才具有磁电效应. 因此, 新型磁、电序参量共存和耦合理论的探索是设计开发新型高温单相磁电多铁性材料的前期工作, 理论突破以及高温磁电材料的获得将奠定下一代元器件及其相关产业的基础.

1. 金属氧化物材料

早期研究认为铁电性和铁磁性是矛盾的, 有很少材料同时存在铁电性和铁磁性,但后来实验中发现有些材料同时呈现上述几种特性,如 Cr_2O_3、钇铁石榴石、方硼石、稀土铁酸盐和磁基钙钛矿化合物等.在这些材料中,铁电和铁磁/反铁磁相耦合产生交叉现象,呈现磁电(ME)效应.对这些材料可以用外电场调控磁相,或用外磁场调控电相.在多铁性材料领域的研究中,人们在大量的镧化物中发现了 ME 效应,后在纳米结构材料中也发现这种交叉效应.这种综合交叉的 ME 效应在器件中将有新的应用.

目前找到的具有磁电效应的材料极少,发现的多铁性材料多是晶体单胞的原子结构,会发生晶格扭曲伴随感应电极化,产生磁极化;也可能相反,产生对称崩溃,出现退极化.对于块体材料在单相中同时具有铁磁、铁电等特性耦合效应的材料很少,特别是在室温附近具有显著效应的更少.人们在探索中发现薄膜材料通过设计组装能够获得多铁特性.

过渡金属(稀土)氧化物具有复杂的铁磁和铁电效应,需要高的电场强度($\sim MV \cdot cm^{-1}$),在薄膜样品中很容易实现.但在多元金属氧化物的薄膜中,容易存在原子结构和电子结构的不均匀性,施加电场和磁场时感应的强度是不均匀的,出现多种新现象和新效应.Ogale 等[10]所做的有关锰化物场效应的实验研究,是以混合价锰化物 $Nd_{0.7}Sr_{0.3}MnO_3$(NSMO)作为通道,以 $SrTiO_3$(STO)为门介质.观察到几个有意义的效应:①在电阻峰温度(T_P)以上,电场 E 方向与电阻减小无关.②载流子调制正比于 E^2.③低于 T_P 电阻猛烈减小,$\Delta R/R$ 的符号与电场方向无关.④在高温,响应时间受器件 RC 常数限制,但接近 T_P 时,同时受本征机制限制.模拟计算和观察的结果表明电场引起样品 NSMO 的晶格缺陷.此后,Mathews 等[11]用 $La_{0.7}Ca_{0.3}MnO_3$(LCMO)半导体作为通道,用 $PbZr_{0.2}Ti_{0.8}O_3$(PZT)作为铁磁门,构造铁磁场效应三极管(FET),可实现非破坏性读出,利用剩余铁电极化薄膜实现制造非挥发存储元件.这个全钙钛矿铁电场效应器件用 CMR 通道,最小调制达到 300%.

在块体样品中没有观察到电荷序,最大可能是化学掺杂引起的,例如用 Pr 代替 La 产生晶格应力、微结构和离子破坏等,可能同时产生非均匀电荷序态,这相似于在(La/Pr)$CaMnO_3$ 发现"多相"态情况[12].外场在膜的某些部分使其变为金属态,产生某种电荷再排列序.通常电中性要求意味着正门电压引起电子在门电极积累,在膜顶积累空穴,电荷密度改变引起一面或另一面变为金属.若系统是均匀的,将会产生很薄的金属区,因为再屏蔽感应电场只有很小的尺寸.更多这类薄膜(在 $V=0$ 时)是不均匀态,部分金属和部分绝缘体.这类不均匀结构的绝缘行为基于电荷序/轨道序,在 $V=0$ 和 $T>T_P$ 金属部分不是迷津结构.这时门电压引起在金属和绝缘体相之间电荷积累,导致界面移动,增加了一相的体积分数,减小了另一相的体积分数.对于 $(La_{1-x}Pr_x)_{0.7}Ca_{0.3}MnO_3$ 薄膜材料,假设 $V=0$,其 $r(T)$ 有与这里实验相似的结果.这个材料具有多相行为,呈现电荷序和铁磁序共存. 在这个系统中, $x<0.3$ 比 $x>0.3$ 更具有金属性, 因为电荷序是 0.5:0.5 型. 这样, 在金属和绝缘体间界面, 空穴的积累将移动界面进入金属相, 增加绝缘体体积分数. 负门电压引起在界面电子积累, 从而界面移动向绝缘相, 导致金属区增加, 体系电导增加. 薄膜中迷津区增加与门电压有非线性关系. 正门电压驱动电子移向膜的底部, 使源和漏电极附近区更绝缘化. 实验所观察到的是电流达到低值饱和, 表明膜中的迷津结构破坏. 在这个图像中, 可以定性地解释对于 CMR 通道的 E 和 H 场起伏的互补特性. H 场统调铁磁(FM)区磁化的相对取向, 给出 CMR 效应; 同时 E 场改变金属区连通, 修正 FM 区相对体积分数. 由于两个场取向完全不同, 最大 CMR 预期很大程度上与是否存在 E 场无关; 最大 CER 预期同样与是否存在 H 场无关. 电场渗透到薄膜样品的电荷区, 能够在这个区和铁磁区间移动界面, 而不是改变相的特性. 对于 NSMO 和 LBMO 通道特性如图 15.10 所示, 图(a)为 $La_{0.5}Ca_{0.5}MnO_3$ 通道电阻率 R 与温度 T 的关系[13], 外加电场为 $2\times10^5 V\cdot cm^{-1}$. 插图为在 100K, $H=0$ 和 $H=8.5T$ 的 $\Delta R/R$ 与门电压 V_g 的关系. 图(b)为通道中 CER 和 CMR 的补偿示意图(侧视和顶视图), 表明绝缘体中的金属迷津结构, 在电场作用下的改变. 用电场感应移动绝缘

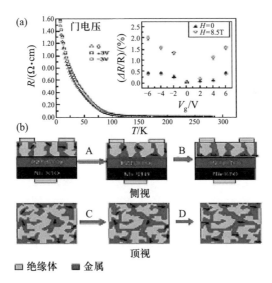

图 15.10 (a) $La_{0.5}Ca_{0.5}MnO_3$ 通道电阻率 R 与温度 T 的关系,
(b) 通道中 CER 和 CMR 的补偿(侧视和顶视)

体和金属相间的界面, 在迷津开始形成后, 通道电阻快速下降. 磁场自旋统调后, CMR 的改变是与自旋有关散射减小的结果. 由于畸变产生的应力效应同样在 NSMO 样品中观察到, 但效应的振幅还是相当小. 当温度减小低于 T_p 时, 相对

电阻变化下降. 测量在磁场下的器件行为, 在高于 T_P 区域极化不受影响, 可看成无磁场 H 情况, 极化区域随 H 增加有关, 反映在通道中金属区生长的贡献. 在几个 T 高磁场下, 极化分量占优势, 但效应不大. 在温度稍低于 T_P, 高于噪声水平约 1%, CER 峰改变约为 5%. 在 LBMO 样品中, 这个小的效应可能是高载流子浓度和宽带影响的结果. 图 15.10(a) 表明在电荷序绝缘体 $La_{0.5}Ca_{0.5}MnO_3$ 效应可忽略的小. 从插图(实三角)可看到甚至很高的电磁场 $E(2 \times 10^5 V \cdot cm^{-1})$, 其效应约小于 0.5%, 与极化无关. 有意义的是当加上高 H 磁场(8.5T) 时, 效应增加到约 2%, 没有改变极化的独立性, 是很重要的稳定态. 这个样品甚至在 H 场下的 R-T 斜率(没有表明)显示绝缘体特征, 在温度 100 K 电阻下降系数达到 15 左右.

2. 超晶格材料

对于多铁性材料从概念上最简单的情况是其中含有分开的结构单元, 通常是非中心对称的, 产生强介电响应的铁电体; 同时含有铁磁离子, 又呈现铁磁特性. 例如硼酸盐类结构 $GdFe_3(BO_3)_4$, 其中含有 BO_3 基, 显示具有铁磁、铁电特性, 尤其是特有的光学特性, 尽管存在磁和电间耦合, 但不是所期望的很强的耦合. 另一个已知多铁性材料是 Ni-I 类的硼化物 $Ni_3B_7O_{13}I$, 这是磁电体系的经典例子. 最有希望的多铁性材料通常考虑过渡金属的钙钛矿结构, 有大量的铁磁材料具有不同程度传统的铁电特性, 如 $BaTiO_3$, $(PbZr)TiO_3$(PZT) 属于这一类. 尽管它们的交叉特性还不够惊人, 人们还是以这类化合物作为第一个尝试探索多铁性材料的结构. 对几百种钙钛矿的研究, 发现在钙钛矿类中实际上几乎没有铁磁(FM)和铁电(FE)两种之间交叠现象和行为, 通常两者是彼此排斥的; 而化学计量比(不是混合)的钙钛矿 $BiFeO_3$, $BiMnO_3$ 和合成的 $PbVO_3$, 具有磁电耦合特性, 这些样品实际上不违反普通"排除"规则. 所有传统的铁电钙钛矿中都含有过渡金属(TM)离子, 有这样的离子形成结构具有空 d 轨道. 铁磁体同时具有铁电特性, 通常在 B 原子有 d^0 电子结构, 铁磁体要求局域 d 电子, 但对于 FE 不是足够的条件. 在这种类型的材料中, 所有已知的 FE 钙钛矿含有 TM 离子有空 d 轨道, 如 Ti^{4+}, Ta^{5+}, W^{6+} 等. 至少在 d 轨道上有一个或多个 d 电子, 这样体系可以是磁体, 但它们绝不是 FE. 磁的来源已知是部分填充内壳层(d 或 f 能级) 的绝缘体中存在强磁畸, 存在 FE 情况是较少的, 其中 TM 离子的中心位移对于贡献 FE 特性提供主要驱动力. 但为什么需要空 d 壳层? 模拟计算定性的回答为: TM 离子的空 d 态, 如在 $BaTiO_3$ 的可以用于建立与周围的氧原子很强的共价键. 它可以有利于 TM 离子从八面体 O_6 的中心移动向 1 个(或 3 个)氧原子, 与这个特殊氧原子形成强共价键, 同时与其他氧原子的键减弱, 增加离开中心的畸变能. 在 $BiMnO_3$ 和 $BiFeO_3$ 中只含有 TM 磁离子 $Fe^{3+}(d^5)$ 和 $Mn^{3+}(d^4)$, 两者贡献于铁电, 同时有铁磁. 好像这两种情况违反在前面讨论对铁电部分要求

d^0 的规则,而更详细地观察和分析表明这两种情况不是一般规律的例外,在这些体系中的 FE 不是由于 TM 离子导致的,即在 $BaTiO_3$ 中 FE 不是由 A 离子驱动. 在这种情况中,Bi,Bi^{3+} 和 Pb^{2+},已知有两个价电子的独立对. 在一般过渡金属氧化物中通常是 sp^2 或 sp^3 构成新化学键(sp)杂化态,但这些系统没有这种键. 从现象逻辑观点这给出相应离子的高度极化,在经典理论中这导致 FE 相增强. 从微观结构可以认为这些独立对有特殊方向或悬挂键,可以产生局域偶极子. 最后可能以 FE 序或反 FE 序形式存在,模拟计算结果支持这个定性图像. 计算表明在这个体系中 Bi 离子对起支配作用,在 $BiMnO_3$ 和 $BiFeO_3$ 中有显著的 FE 相,而其 FM 序则发生在较低温度,在 $BiFeO_3$ 中 $T_{FE}=1100K, T_M=643K$;在 $BiMnO_3$ 的 $T_{FE}=760$ K,$T_M=105$ K.

将不同物理特性结合成一种材料中实现更多功能,可产生新材料. 试图将铁磁(FM)和铁电(FE)特性结合在一个体系中的研究工作,开始于 20 世纪 60 年代,人们研究了不同铁磁、铁电的联合有关材料和特性. 但经历相当长时期的沉默之后,在 2001 年到 2003 年又出现研究这些问题的高潮,制备属于多铁性氧化物薄膜的技术有了很大的发展,主要是制造特殊的铁电材料膜技术的发展,而这又缘于新型存储器、衰减器和电子器件等应用前景的引导. 同时存在 FM 和 FE 两个序参量间的耦合导致很有意义的效应,如存在铁电体和铁磁体的层状结构,例如含有 Bi_2O_3 层交替,即钙钛矿类型交替层,呈现存在 FM 和 FE 特性. 在叠层钙钛矿结构中,如图 15.11 所示,叠层钙钛矿结构,层间是异质结,增强 FE 特性,结构中存在应力、静电势、反对称破坏等结构特性问题[14]. 进而在原子层沉积基础上构造原子排布结构,用稀土镧和过渡金属氧化物叠层堆积[15],一种稀土元素 La,三种过渡金属 Al,Fe,Cr,其八面体心原子按 A-B-C-A-B-C 堆积,其中有两层铁磁层,没有铁电层,破坏了反对称. 当存在应力时,导致晶格

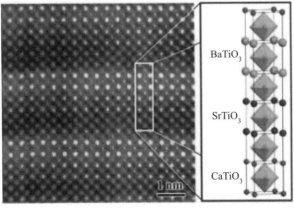

图 15.11 叠层钙钛矿结构

畸变,引起电极化,如图所示电极化强度随过渡金属原子迅速增加,这样在这类原子排布中出现 FE 特性. 根据 La(Al,Fe,Cr)O$_3$ 三层结构材料的讨论,单独的每一层都不存在 FE 特性,但组合起来,存在应力,过渡金属原子小的位移导致极大的 FE 极化,从而呈现 FE 特性. 因此这是构造多铁性材料的一个重要途径,但需要进一步研究层厚度与特性的关系,层间耦合、FM 与 FE 耦合的机制. 基于上述分析,在原子尺度上构造层状铁磁材料,通过层间稳定的应力产生畸变,成为 FE 的来源,满足量子调制的需求,这就是量子调控工程的主要研究内容. 这种铁电耦合材料具有人工制造的品格,有丰富的理论内容和极其重要的应用前景.

3. 构造场效应器件

在用钙钛矿铁电体(如 Pb(Zr$_x$Ti$_{1-x}$)O$_3$)构造器件的研究上,人们有很好的进展. 用多铁性材料作为场效应管的通道,构成铁电场效应管(Fe-FET). 通常在 Si 基底上生长 SrTiO$_3$(STO),以其为模板外延生长铁电体和 CMR 钙钛矿薄膜,能够用于全钙钛矿 Fe-FET 的集成. 以铁电体 Pb(Zr$_{0.2}$Ti$_{0.8}$)O$_3$(PZT)为门和 La$_{0.8}$Ca$_{0.2}$MnO$_3$(LCMO)为通道,用电、磁场调控 LCMO 电阻[12]. 这个器件的关键层是 LCMO 和 PZT,即铁磁层和铁电层. 可以通过门电极加电压调制电极化率和磁电阻率,室温的顺磁相在约 220 K 时达最大值,随温度的降低电阻率增加. 低于峰值温度,LCMO 趋向铁磁相,它的电阻率开始突然减小. 为了测量 LCMO 上的通道载流子传输受铁电膜的影响,通过门和漏将电压加在 PZT 层上,关掉门电压,测量源和漏间 LCMO 层的电阻. 在 200K 时,在门电压扫描中出现电阻回路,最大电阻率调制约为 20%. 用多铁性材料为 FET 的通道,可以实现多场调控的电子器件的制造,但通常由于基底或电极间的某种不匹配,需要有缓冲层,这样将出现多层结构,每层都有特定的功能,整体构成性能优异的量子调控器件,所涉及的理论和技术是量子调控工程研究的主要内容.

参 考 文 献

[1] Privman V, Vagner I D, Kventsel G. Quantum computation in quantum-Hall systems. Phys. Lett. A,1998,236:141.

[2] Bouchiat V, Chtchelkatchev N, Feinberg D, et al. Single-walled carbon nanotube-superconductor entangler: noise correlations and Einstein-Podolsky-Rosen states. Nanotechnology,2003,14: 77.

[3] Martin Th, Landauer R. Wave-packet approach to noise in multichannel mesoscopic systems. Phys. Rev. B,1992, 45: 1742.

[4] Henny M, Oberholzer S, Strunk C, et al. The fermionic hanbury brown and twiss experiment. Science,1999,284(5412): 296.

[5] Büttiker M. Role of scattering amplitudes in frequency-dependent current fluctuations in small conductors. Phys. Rev. B, 1992, 45: 3807.

[6] Phillips P, Dalidovich D. The elusive Bose metal. Science, 2003, 302:243.

[7] Egger R, Bachtold A, Fuhrer M, et al. Interacting electrons in nanostructuresed. Berlin: Springer, 2001.

[8] Reulet B, Kasumov A Yu, Kociak M, et al. Acoustoelectric effects in carbon nanotubes. Phys. Rev. Lett., 2000, 85: 2829; Kociak M, Kasumov A Yu, Guéron S, et al. Superconductivity in ropes of single-walled carbon nanotubes. Phys. Rev. Lett., 2001, 86: 2416.

[9] Schoelkopf R J, Wahlgren P, Kozhevnikov A A, et al. The Radio-frequency single-electron transistor (RF-SET): a fast and ultrasensitive electrometer. Science, 1998, 280 (5367):1238.

[10] Ogale S B, Talyansky V, Chen C H, et al. Unusual electric field effects in $Nd_{0.7}Sr_{0.3}MnO_3$. Phys. Rev. Lett., 1996, 77:1159.

[11] Mathews S, Ramesh R, Venkatesan T, et al. Ferroelectric field effect transistor based on epitaxial perovskite heterostructures. Science, 1997, 276:238.

[12] Shang D S, Sun J R, Shi L, et al. Electronic transport and colossal electroresistance in $SrTiO_3$: NbSrTiO$_3$: Nb-based Schottky junctions. Appl. Phys. Lett., 2009, 94: 052105.

[13] Wu T, Ogale S B, Garrison J E, et al. Electroresistance and electronic phase separation in mixed-valent manganites. Phys. Rev. Lett., 2001, 86: 5998.

[14] Fujii T, Kawasaki M, Sawa A, et al. Electrical properties and colossal electroresistance of heteroepitaxial $SrRuO_3/SrTi_{1-x}Nb_xO_3$ ($0.0002 \leqslant x \leqslant 0.02$) Schottky junctions. Phys. Rev. B, 2007, 75:165101.

[15] Hatt A J, Spakin N A. Trilayer superlattices: a route to magnetoelectric multiferroics? Appl. Phys. Lett., 2007, 90:242916.

第16章 关联电子器件

信息加工的过程将不断地产生噪声,使信噪比下降,故在信息加工系统中必须要进行信号放大.放大信号的基本元件是三极管器件,如真空三极管、晶体三极管、单电子管等.以三极管放大元件为基础配以其他电子元件,如电阻、电容、电感等就可以构成任何放大、振荡、倒相电路,进而构成复杂的运算、逻辑电路,所以信号放大器件是集成电路中最基本的非线性元件,它的特征是一代电子学的代表,本章将讨论以量子效应为主的纳电子器件、分子电子器件,以及关联电子器件,后者主要是电、磁、光场调控新型器件.目前这类器件还处于探索阶段,但人们已经投入了很大的关注,得到了一些值得注意的结果.

§16.1 信号放大器件的基本概念

相对于微电子器件,纳电子器件将是电子学中最具有革命特征的一代,从摩尔定律提出,人们就在探索纳电子器件的结构和特性,但至今仍没有比较一致的观点和多数人认可的结果.关于纳电子器件的研究水平仍处于探索阶段,对于关联电子器件更是刚刚为少数人考虑的初期.故本章重点介绍当前研究的有关情况.电子学中信号放大器件是一代电路的核心元件,是电子学讨论的重点内容,这里将论述过去电子器件中的一些概念在新条件下的含义.

1. 信号放大管

执行信号加工的电路是由多种基本元件组成的,其中最核心的元件是三极放大管.因为电路在进行信号运算和逻辑处理时,需要基本功能电路单元的并串联,考虑到在信号加工过程中不断产生噪声,因此信号需要不断放大才能保证有足够的可供识别检测的信噪比(S/N).电子器件的发展已经经历过真空电子管和固态晶体管,现在研究的是纳电子管.这是电子器件发展的三个阶段,经历两次变革,每种电子管在运行机理、所用材料和加工技术上都有很大的不同.真空电子管的基本元件是真空三极管,微电子器件的基本元件是场效应(field effect transistor,FET)管或pn结型三极管,纳电子器件的是单电子管(single electron transistor,SET).三者结构符号如图16.1所示.图(a)真空三极管,它是通过栅极(G)控制由阴极(C)发射到达阳极(A)的电子流,实现电信号的放大.图(b)FET管是通过门电极(G)控制源(S)和漏(D)极间的载流子(电子或空穴)实现电信号放大.图(c)pn结型三极管由导电方向相反的两个二极管串接构成,称为双结型管.

它通过基极(b)注入少数载流子,中和发射极(e)和集电极(c)间多数载流子,实现电信号放大.图(d)单电子管,借用 FET 管的电极符号来说明,通过门电极(G)控制源(S)和漏(D)极间电子隧穿的阈值电压和载流子的隧穿速率来实现电信号的放大.

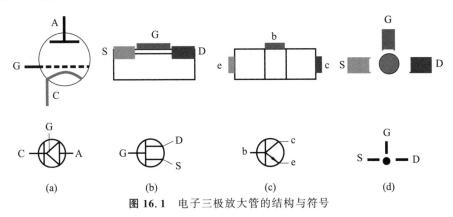

图 16.1 电子三极放大管的结构与符号

三极放大管与电阻、电容、电感等线性元件组合可构成各种放大电路、运算电路和逻辑电路.在各种元件中三极放大管是构成功能电子电路的最基本的非线性元件,它的结构和运行机理是一代电子学特征的代表.

2. 双稳态

双稳态电路是二进制信号加工电路的基本单元,其原理电路和工作特性如图 16.2 所示,图(a)为电路示意图,其中 TD 为隧穿二极管,当输入电压低于 TD 的击穿电压时,输出为高(5V);当输入电压高于 TD 击穿电压时,输出为低(0V),从而实现了两种状态,故称为双稳态电路.图(b)为双稳态电路的工作特性曲线,它是由 TD 的 I-V 特性和电阻 R 的线性特性组成的方程解来确定电路的稳定工作点,即两种曲线的交点是方程组的解,也就是双稳态电路的工作点.双稳态电路是开关电路,也是逻辑电路.它不仅具有 0 和 1 态特性,也有倒相特性,即输入为低时,输出为高;反之输入为高时,输出为低.倒相电路为构造各种逻辑电路的基本电路.

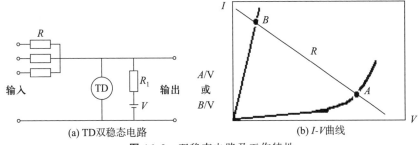

(a) TD 双稳态电路   (b) I-V 曲线

图 16.2 双稳态电路及工作特性

3. 库仑阻塞

对图 16.1 中所示的 SET,当只考虑 S 和 D 极间所加电压时,电极与导电纳米晶粒(NC)间的电容为 C,NC 荷电为 q,引起 NC 的电压改变为 q/C。当 C 足够小时,比如 $C<0.1$ fF,NC 上增加 1 个电子,将引起电压改变 1 mV。这将导致一个电子由电极隧穿到 NC 上之后,第 2 个电子就不能隧穿到 NC 上,这个现象称为库仑阻塞,是 SET 的基本特征之一;另一个特征是相位相干,统称为 SET 的量子效应。由于热噪声的影响,要检测到库仑阻塞现象,必须满足条件:

(1) $\dfrac{q^2}{C} \gg kT$,

(2) $R_T \gg R_Q = \dfrac{\hbar}{e^2} = 25.8$ kΩ.

式中,R_T 是隧穿电阻,R_Q 是量子电阻。库仑阻塞现象可表示为图 16.3,I-V 曲线呈现量子台阶行为。当考虑 SET 的信号放大时,通过门电压 V_G 抬高或降低 NC 的电位,可以控制库仑阻塞的阈值和隧穿速率。

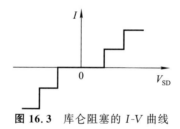

图 16.3　库仑阻塞的 I-V 曲线

4. 量子相干器

当元件的尺寸小到可与电子自由程相比拟时,器件中的载流子保有其相位,将产生相干现象。与光学相干仪类似,可构造电子信号的量子相干器,其原理结构如图 16.4 所示,图(a)FET 结构,图(b)相干仪,图(c)相位调控。在相邻二平行通道中的载流子信号会发生相干,通过门电位 V_G 或磁场 H 就可以调制两臂中的相位差,从而可以调节输出的强度,实现开关或信号放大。基于相位调控原理将会发展一代新型电子和光电器件,进行量子信息加工,这将从原理和功能上都与微电子的有很大不同,其发展前景广大。

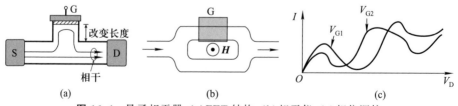

图 16.4　量子相干器:(a)FET 结构,(b)相干仪,(c)相位调控

§16.2 三极管设计原理

构造新型电子器件,首先考虑设计的基本原则,作为研制各类电子器件的基础. 从 21 世纪初纳米结构成为热门的研究领域以来,发现了很多新物理现象,具有显著的量子效应和结构特性,有希望应用于光学、电子学、光电子、磁存储,纳米机电系统(NEMS)等. 纳米结构实现了低维系统在一个或多个方向上的量子限域效应,出现了维数效应,即系统的量子态密度与维数有关. 基于纳米材料和结构构造量子三极管,研究的对象有碳纳米管(CNT)、有机分子、DNA 等,如图 16.5 所示;以量子比特为数值加工的主要特征,研究较多的对象有 CNT 和石墨烯场效应管,有机分子与电极构造三极管等. 图 16.6 是 CNT 构成的纳电子器件,是在硅基底的氧化硅层上制造约百纳米隙的铂电极,将单根纳米管置于两电极之间,成为载流子输运通道,以基底为门电极,构成 MOS 管结构. 通常的 CNT 是 p 型,当其在真空中退火时这个情况发生改变,因为退火移去了吸附氧,使 CNT 由 p 型变到 n 型. 图 16.7 的特性曲线表明这种特性的变化. 在三极管基础上构造逻辑电路,如用 n/p-CNT 构建逻辑器件. 用氧化层保护技术使器件在空气中不吸附氧构造倒相电路,图 16.8 就是将 p 型与 n 型导电的两个三极管串联 CNT 三极管构成的倒相电路,电路连接如插图所示. 图 16.9 表示设计 CNT 的 FET 的结构和有关参量,包括纳米管、纳米线、有机分子,通常以 MOS 结构

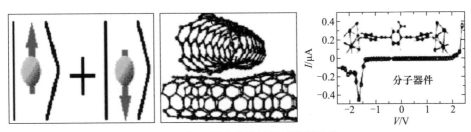

图 16.5 基于纳米结构的量子计算示意

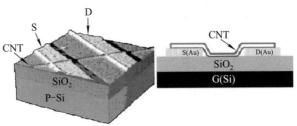

图 16.6 CNT 构成的纳电子器件

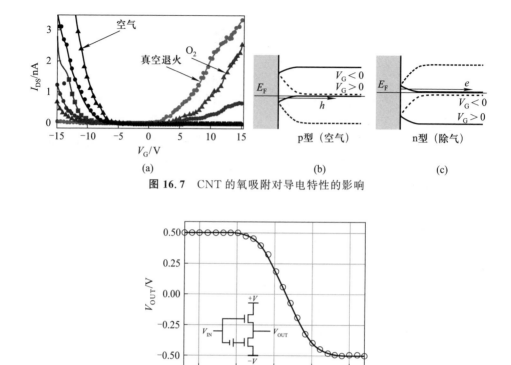

图 16.7 CNT 的氧吸附对导电特性的影响

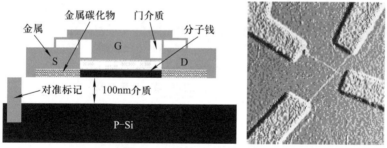

图 16.8 CNT 三极管构成的倒向电路

图 16.9 设计 CNT 的 FET

的场效应管（FET）结构为模板，用低维纳米材料代替微电子的通道，通过门电压调控通道中的载流子，实现信号放大。用有机分子构造三极管是分子电子学当前研究的主要内容，用分子、原子组装成纳米结构，包括组装 DNA. DNA 是容易得到的稳定功能材料，以其为基础有希望将信息材料与生物材料结合起来，发展新型信息器件。DNA 是双螺旋结构的分子导体。DNA 传统模型被认为是简基对周期堆积,由堆积简基对间的 π 轨道电子耦合传输电荷,研究者称其为 DNA 电子学工程[1]. 用金属离子取代简基对的氨基酸蛋白质(胸腺嘧啶的 N3 位置和鸟嘌呤的 N1 位置),金属(M)-DNA 结构提供了制造耦合离子键的路径,这是一种强耦合. 形成 M-DNA 的导带,有形成高电导能带的可能. 将 DNA 组装到 CNT 上,探索非硅的纳米尺寸器件,尽管有很高失败的风险,但存在机遇,所以试验了多种方法.

纳米材料组装和加工的过程常常产生缺陷和阵列中的非周期结构,故人们基于此类结构探索阵列基行为,如用蛋白质线性阵列(PLA)构成逻辑阵列与传统逻辑结构连接,如单电子开关器件构建神经网. 这些结构如图 16.10 所示,基于微电子加工技术,构造所要求的电极和通道. 如用 pyxcnets 材料,个别失效应该不会引起计算系统故障. 可在设计中从开始修补失效,进行概率基设计,动力学缺陷修补,实现错误最小概率的组装,然后进行结构失效处理. 在这类研究中马尔可夫(Markov)随机场(Markov random field, MRF)技术被用于图像识别和通信确认,它的操作不依赖于完善器件或完善连接. MRF 可能表示任意电路和逻辑操作,用最大态概率或最小功率形式,这与网络中的临界节点有关. 绘制逻辑电路满足 MRF 要求,实现电路操作抑制噪声和失效具有最大概率(相应能量最小),如图 16.11 所示,注入概率 $P(x_0, x_1)$[1],对于 NDNA 门,趋向尺寸要求统计量 x_0, x_1, x_2, x_3. 在此基础上讨论结构与信号误差问题,涉及基本结构和信号的

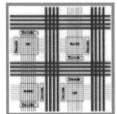

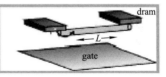

图 16.10 构造逻辑结构

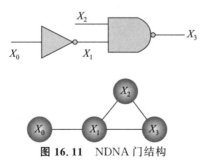

图 16.11 NDNA 门结构

基本失误,即结构的基本误差问题.纳米尺度器件含有大量的缺陷或结构误差,它的影响产生在操作时间与计算周期可比的尺度内.第二结构误差的直接影响是产生信号的加工噪声.在纳米构造中应用 MRF,原则上对任何类型的计算都可绘制成图案.

模拟研究发展趋势将是用 MRF 模型绘制成图案,用逻辑演示操作将能得到比传统硅芯片电路有更低的功率水平,进而扩展到非硅器件,如化学有机材料和 CNT 构造的电子器件构建新型集成电路.这类有关研究还处于初期阶段,其科学思路是非常有意义的,人们面临着广阔的探索领域.

§16.3 关联电子器件的概念

关联电子器件和电路是关联电子学研究的主要内容,它不同于微电子器件,也不同于摩尔定律引导人们预想的微电子之后的纳电子器件.关联电子学有自己的理论、材料和加工组装技术.关联电子学理论主要是以量子效应为基础的信息加工原理、规则和程序,其突出特点是综合场调控复杂流.材料主要是过渡金属氧化物,涉及多元素构成的复杂结构,以钙钛矿结构为基础,含有更多的按设计要求的人工组装制造的特征.相应的器件和电路制造技术将满足电、磁、光、力、热关联调控的要求,如图 16.12 所示的综合场调控复杂流示意图,信息元件单胞的输入可为电、磁、光、力、热,最后给出经过加工处理的信号输出.器件和电路将不局限于纳米尺度,但其功能特色是微弱作用产生巨大响应,简单器件显示系统功能行为.关于关联电子学的研究尚处于探索阶段,其科学思想有待于发展,这里做举例讨论.

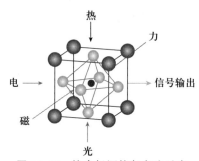

图 16.12 综合场调控复杂流示意

关联器件和电路是一个崭新的课题,主要研究内容集中在新量子功能材料和发展新型量子器件,并深入研究其物理学机制.关联电子概念表示为物质态中,存在多电子间的强相互作用.这些电子的相位可能由外场刺激产生显著改变,如磁、电、光、力、热场可能引起超原子结构和电子结构的改变.一些效应会导致显著响应,其响应速度可能快于 ps 或甚至更快.图 16.13 示意了关联电子学研究的有关内容,在电子材料中与信息载流子有关的有电荷、自旋和轨道电子,更重要的是它们间的关联作用.这种关联效应受外场调控,可用电场或光调控电荷,用磁场调控自旋,用应力调控轨道电子,更重要的是上述各种特性之间的关联和综合场调控复杂流.图的下部简单表明场调控流的特征,存在迟滞回路,是信号加工和存储的基础.从左至右:磁场调控电导率,电场调控磁化率,光强调控磁化率和电导率.在此基础上考虑关联作用的交叉效应,可以实现更复杂的场-流调控,由此出发设计、构造、组装、加工制造新型器件和电路,这就是关联电子学(correlation electron,CE)研究的主要领域.当前研究的主要课题是探索一个路径能实现空前的电子电路功能,且具有量子比特 T 量级的信息密度和 ps 级的超快响应的关联电子调控系统,这是非传统的发展路径.研究基于关联电子的光、磁和电特性间的相互耦合作用,如用载流子注入或脉冲光照射,超快产生的金属或铁磁态相变.选用的材料主要是过渡金属氧化物,典型的是钙钛矿类 ABO_3 结构材料和具有 CE 特性有机物,如利用具有扩展的 π 电子的有机分子材料,获得电子功能和强电子关联的作用场,进而用于化学调制界面工程,实现用有机分子材料设计、制造关联电子器件.图 16.14 所示为组装有机分子阵列三极管,图中上部为场效应三极管结构,通过源、漏、门电极控制按设计组装的功能分子晶体,实现阵列信息加工组件的电路运行操作.对有关物理特性的研究集中于探索由于强电子关联产生的奇异现象,如超导、磁传输和莫特绝缘体,以及有关的类似场效应三极管(FET)的信息加工器件和电路.在关联电子系统中,用光照可以很宽范围的调控电子和磁特性,呈现复杂的非线性光学效应,对于实现超快光通

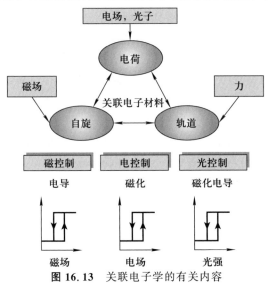

图 16.13　关联电子学的有关内容

信和光计算机是不可少的. 有关 CE 结构和特性的研究, 若将两个不同材料组装在一起, 构造原子尺度的超结构关联电子材料, 将具有原子级分开的界面和强关联电子行为, 通常用先进的薄膜技术组装样品, 再进一步研究新结构的物理特性. 为用电子关联材料构建电子器件, 需研究薄膜微加工和多层组装新技术, 在此基础上设计和精确制造关联电子器件, 研究和演示新奇电子效应和功能.

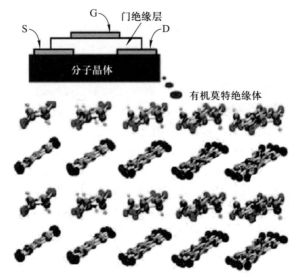

图 16.14　组装有机分子阵列三极管

半导体电子器件的物理基础是基于费米气体模型的单电子近似, 而强关联电子学是基于费米液体和非费米液体模型所描述的强电子关联, 将同时控制多粒子体系实现信息加工. 这里首先讨论绝缘体材料, 与本征半导体的能带结构相比, 绝缘体有更大的禁带宽度, 其价带为电子填满, 导带全空. 在通常情况下, 电导只能是电子在占据态与空态间跃迁. 在莫特绝缘体中, 在晶格点的位置上为具有向上和向下自旋电子占据, 即电子局域在晶格点. 在强关联体系中由于外场激发, 感应产生电荷序. 载流子注入绝缘体, 电子跃迁进入近邻空位, 扰动了体系的电子分布平衡态, 发生电子运动. 然而, 由于强电子关联效应, 将使电子不能自由运动. 当局域在晶格点上具有同一方向自旋电子, 由于洪德定则, 导电电子可能跃迁进入空位, 呈现自旋为相反方向统调.

自旋电子学是强关联电子学的重要领域, 由于存在很难移动的电子畴, 局域电子引起材料的磁性, 当三明治层结构的铁磁过渡金属氧化物和非磁绝缘体制造在一起, 将产生隧穿磁阻(tunnel magneto resistance, TMR). 由于外加磁场, 电流通过平行层的电阻可能发生变化, 采用此效应可以研制信息加工器件, 通常希望得到高于室温的 TMR 运行, 如材料 Sr_2CrReO_6 的相变温度为 615K. 但当前研制的 TMR 的功能仍是不稳定的,有很大发展的潜力.

轨道电子学(orbitronics)是关联电子学的另一个领域,跃迁电子导电能力与晶格单胞结构轨道的各向异性有关,存在轨道中电子排列规则,图 16.15 所示为钙钛矿晶格的自旋和轨道电子云排布,这里给出四种材料的晶格单胞结构:(a)$LaVO_3$,(b)YVO_3,(c)$LaMnO_3$,(d)$BiMnO_3$,这些轨道结构决定材料的电导率.当外加电场时,产生不稳定轨道态,引起电子迅速移动,导致在轨道电子中

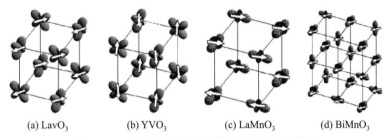

图 16.15 钙钛矿晶格的自旋和轨道电子云排布

传输.由于光同样有电场,当材料暴露在光下时也能控制导电特性.研究人员建议施加交叉关联的场,利用强关联电子的各种自由度产生新的信息处理功能.作为实体的电子有各种自由度,如电荷、自旋、自旋和电荷耦合、轨道电子和晶格耦合等,因此结合各种特性将产生新的功能材料.图 16.16 钙钛矿结构和电子相竞

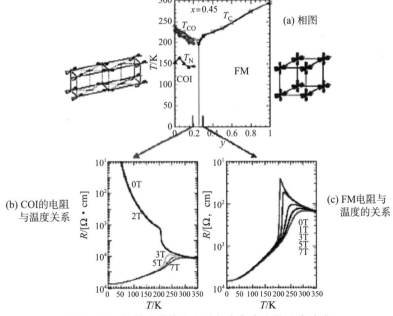

图 16.16 钙钛矿结构和电子相竞争产生的巨大响应

争产生的巨大响应:(a)相图,给出了元素成分、温度与稳定结构的关系,图中左边为电荷有序绝缘体(charge ordering insulator,COI)单胞结构,右边为 FM 结构.(b)COI 的电阻与温度的关系,在不同磁场强度下,存在不同方向电阻与温度关系变化,显示了外场产生的巨大响应效应.(c)FM 的电阻与温度的关系,显示了外磁场对性能影响的敏感性.这些基本特性表明了强关联电子的外场产生的巨大影响问题.图 16.17 给出锰氧化物的磁场、电场和光控制,其中(a)为电阻与磁场的关系,存在磁滞回路,其特性对温度是敏感的;(b)为电阻与电场的关系,在 20K 存在显著的迟滞回路效应.(c)为光作用下电阻与时间的关系,表明光作用下有显著的光电效应,有数个量级的电阻变化,而且在低电阻下有较长的弛豫时间.强关联电子器件为当前学者们感兴趣的研究课题,从概念和基本效应出发,将涉及许多科学和技术上的新问题有待解决,其进展更是未来智能信息社会的重要基础,会为社会各界所关注.

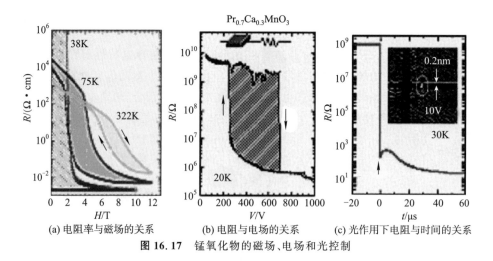

图 16.17 锰氧化物的磁场、电场和光控制

参 考 文 献

[1] Wang J J, Deng X G, Chen L. Free-space nano-optical devices and integration: design, fabrication and manufac-turing. Bell Labs Technical Journal, 2005, 10(3):107-127.

[2] Terakago M, Mine S, Sakatani T, et al. Superconducting magnetostatic wave devices using HTS/perovskite-type manganite PCMO heterostructure. Supercond. Sci. Technol., 2001, 14: 1140.

[3] Monsma D J, Lodder J C, Popma Th J A, et al. Perpendicular hot electron spin-valve effect in anew magnetic field sensor: the spin-valve transistor. Phy. Rev. Lett., 1995,

74: 5260.

[4] Kumar P S A, Lodder J C. The spin-valve transistor. J. Phys. D: Appl. Phys., 2000, 33: 2911.

[5] Perring T G, Aeppli G, Kimura T, et al. Ordered stack of spin valves in a layered magnetoresistive perovskite. Phys. Rev. B, 1998, 58: R14693.

[6] van Dijken S, Jiang X, Parkin S S P. Comparison of magnetocurrent and transfer ratio in magnetic tunnel transistors with spin-valve bases containing Cu and Au spacer layers. Appl. Phys. Lett., 2003, 82:775.

[7] Appelbaum I, Monsma D J, Russell K J, et al. Spin-valve photodiode. Appl. Phys. Lett., 2003, 83: 3737.

[8] Chen X, Strozier J, Wua N J, et al. Resistance profile measurements on a symmetric electrical pulse induced resistance change device. New Journal of Physics, 2006, 8: 229.

[9] Perfetto E, Cini M. Microscopic model for a strongly correlated superconducting single-electron transistor. Phys. Rev. B, 2005, 71:014504.